心理学方法论

心理学对象、理论、方法、技术的新视域

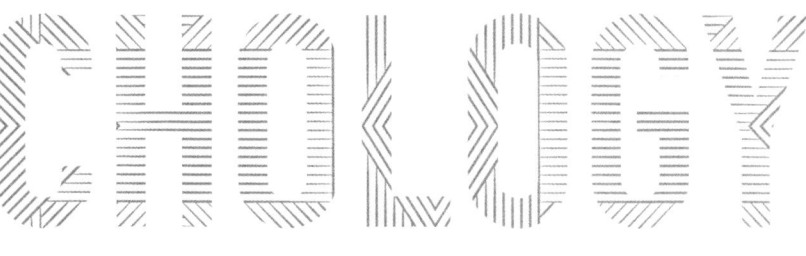

葛鲁嘉 著

中国社会科学出版社

图书在版编目（CIP）数据

心理学方法论：心理学对象、理论、方法、技术的新视域／葛鲁嘉著.—北京：中国社会科学出版社，2023.10
ISBN 978-7-5227-2451-5

Ⅰ.①心… Ⅱ.①葛… Ⅲ.①心理学研究方法 Ⅳ.①B841

中国国家版本馆 CIP 数据核字（2023）第 155157 号

出 版 人	赵剑英
责任编辑	朱华彬
责任校对	谢　静
责任印制	张雪娇

出　　版	中国社会科学出版社
社　　址	北京鼓楼西大街甲 158 号
邮　　编	100720
网　　址	http://www.csspw.cn
发 行 部	010-84083685
门 市 部	010-84028450
经　　销	新华书店及其他书店
印刷装订	北京市十月印刷有限公司
版　　次	2023 年 10 月第 1 版
印　　次	2023 年 10 月第 1 次印刷
开　　本	710×1000　1/16
印　　张	28
插　　页	2
字　　数	445 千字
定　　价	168.00 元

凡购买中国社会科学出版社图书，如有质量问题请与本社营销中心联系调换
电话：010-84083683
版权所有　侵权必究

目 录

第一章　心理学方法论的探索 ………………………………… 1
第一节　心理学的方法论 …………………………………… 1
第二节　关于科学的理念 …………………………………… 5
第三节　关于对象的立场 …………………………………… 14
第四节　关于理论的反思 …………………………………… 18
第五节　关于方法的认识 …………………………………… 19
第六节　关于技术的思考 …………………………………… 22

第二章　心理学方法论的原则 ………………………………… 26
第一节　心理学研究的内省主义 …………………………… 26
第二节　心理学研究的还原主义 …………………………… 35
第三节　心理学研究的文化主义 …………………………… 44
第四节　心理学研究的女性主义 …………………………… 48
第五节　心理学研究的共生主义 …………………………… 54

第三章　心理学方法论的发展 ………………………………… 65
第一节　常识心理学的方法 ………………………………… 65
第二节　哲学心理学的方法 ………………………………… 73
第三节　科学心理学的方法 ………………………………… 78
第四节　证实与证伪的方法 ………………………………… 82
第五节　客位与主位的方法 ………………………………… 87

第六节　局外与局中的方法 ………………………………… 90

第四章　心理学方法论的核心 ………………………………… 94
　　第一节　心理学研究的问题中心 ……………………………… 94
　　第二节　心理学研究的方法中心 ……………………………… 96
　　第三节　心理学研究的技术中心 ……………………………… 98
　　第四节　心理学研究的话语中心 ……………………………… 100
　　第五节　心理学研究的创造中心 ……………………………… 104

第五章　心理学方法论的结构 ………………………………… 107
　　第一节　心理学对象的基础构造 ……………………………… 107
　　第二节　心理学理论的基础构造 ……………………………… 112
　　第三节　心理学方法的基础构造 ……………………………… 114
　　第四节　心理学技术的基础构造 ……………………………… 120

第六章　质化与量化研究方法 ………………………………… 124
　　第一节　心理学探索中的定性与定量 ………………………… 124
　　第二节　心理学历史中的定性与定量 ………………………… 130
　　第三节　心理学理论中的定性与定量 ………………………… 132
　　第四节　心理学方法中的定性与定量 ………………………… 134

第七章　体证与体验研究方法 ………………………………… 137
　　第一节　心理学研究的实现与体现 …………………………… 137
　　第二节　心理学研究的实证与体证 …………………………… 142
　　第三节　心理学研究的实验与体验 …………………………… 146

第八章　心理学基本理论预设 ………………………………… 151
　　第一节　心理学的预设论 ……………………………………… 151
　　第二节　心理学的人性论 ……………………………………… 153
　　第三节　心理学的心性论 ……………………………………… 156
　　第四节　心理学的环境论 ……………………………………… 168

第五节　心理学的认知论…………………………………… 183

第九章　理解心理学研究对象…………………………………… 197
第一节　研究对象的不同定位……………………………… 197
第二节　研究对象的分裂对立……………………………… 202
第三节　研究对象的人性根源……………………………… 204
第四节　研究对象的学科基础……………………………… 207

第十章　理解心理学理论建构…………………………………… 213
第一节　心理学理论建构的考察…………………………… 214
第二节　心理学概念的产生方式…………………………… 216
第三节　心理学概念的定义方式…………………………… 218
第四节　心理学理论的构成方式…………………………… 220
第五节　心理学理论的检验方式…………………………… 222

第十一章　理解心理学研究方法………………………………… 225
第一节　心理学方法论本土化……………………………… 225
第二节　研究方法的核心内容……………………………… 227
第三节　心理学方法具体类别……………………………… 229
第四节　心理学的大数据方法……………………………… 237
第五节　扎根理论方法论研究……………………………… 248

第十二章　理解心理学应用技术………………………………… 257
第一节　心理学应用的技术基础…………………………… 258
第二节　心理学应用的技术手段…………………………… 260
第三节　心理学应用的技术途径…………………………… 263
第四节　心理学应用的技术门类…………………………… 270

第十三章　心理学的哲学方法论………………………………… 274
第一节　心理学研究的思想性基础………………………… 274
第二节　心理学研究的实证论基础………………………… 278

第三节　心理学研究的现象学基础……………………………282
　　第四节　心理学研究的存在论基础……………………………292
　　第五节　心理学研究的解释学基础……………………………297
　　第六节　心理学研究的后现代基础……………………………302
　　第七节　心理学研究的建构论基础……………………………306
　　第八节　心理学研究的文化学基础……………………………319

第十四章　心理学的科学方法论……………………………………329
　　第一节　横向科学的方法论……………………………………329
　　第二节　边缘科学的方法论……………………………………332
　　第三节　交叉科学的方法论……………………………………334
　　第四节　综合科学的方法论……………………………………337
　　第五节　超级科学的方法论……………………………………340

第十五章　心理学的生态方法论……………………………………343
　　第一节　生态学和心理学的交叉………………………………343
　　第二节　生态学的视角及其方法………………………………347
　　第三节　生态学的含义及其原则………………………………349
　　第四节　心理学的追求及其目标………………………………351
　　第五节　心理学的研究及其框架………………………………353

第十六章　心理学方法论的未来……………………………………355
　　第一节　人类心灵探索哲学分支………………………………355
　　第二节　多元文化论心理学潮流………………………………372
　　第三节　文化心理学新研究范式………………………………376
　　第四节　后人类主义心理学课题………………………………379
　　第五节　心理学研究的原始创新………………………………392

参考文献……………………………………………………………405

后　　记……………………………………………………………442

第一章 心理学方法论的探索

心理学的研究具有学科特定的方法论和方法。心理学关于自己的研究的方法论和方法也有着特定考察和探讨。心理学的方法论不同于心理学的方法学。心理学的方法论的探索涉及心理学科学探索的理念，心理学研究对象的立场，心理学基本理论的反思，心理学研究方法的认识，心理学应用技术的思考。心理学的方法学则是关于心理学的具体研究方法和研究工具的考察。关于心理学研究方式和研究方法的考察包括体证和体验的方法，也包括定性和定量的研究。

第一节 心理学的方法论

科学研究的方法论是科学研究的根本和核心。正如有研究所指出的，方法论决定着研究的意义，这也是寻求关于研究对象的知识，是关于特定对象的相关信息的科学化和系统化的探寻。所谓研究就是科学考察的艺术。方法论也涉及研究的目标，是通过运用科学的程序去寻找问题的答案，亦即去发现隐藏着的和尚未发现的真实。方法论还涉及研究的动机，也就是通过特定的方式和方法，去揭示未知，去解决问题，去改变现实，去创造世界，去造福社会。所带来的是理智的快乐，是探索的满足，是路径的通达。方法论也涉及科学研究的基本类型，包括描述与分析，基础与应用，质化与量化，经验与理论，短期与长期，实验与现场，临床与诊断，个案与因果，等等。方法论还涉及研究的取向，包括质化的研究取向和量化的研究取向。方法论也涉及研究的价值，包括了质疑、探索和发明。研究可以成为决策的依据，可以解决科学和社会存在的问题。研究的方法论就是为了系统化解决研究的问题的。那么，研究的方法论要比研究的方法更为宽广。方法论不仅涉及具体的研究方法，而且涉及方法背后的逻辑，具体研究的程序，优质研究的标准。①

方法论是任何科学研究的基础。这既是学科的基础，也是对象的基础，理论的基础，方法的基础，技术的基础。因此，心理学的方法论也是心理学进行科学研究的基础。方法论的探索关系到心理学学科发展的核心问题。原有的心理学方法论的研究仅仅涉及关于心理学研究方法的探索，这局限了心理学方法论的研究视野和研究范围。其实，心理学研究的方法论应该得到扩展。方法论的探索包括科学的理念，对象的理解，对象的立场，方法的认识，技术的思考，等等。

心理学中关于具体研究方法的专门考察和探索，实际上可以称为方法学。心理学的研究有属于自己的特定的研究方法。心理学具体的研究方法可以包括许多不同的种类，并具有各自独特的运用。所以，关于心理学研究方法的探讨就常常被认为是属于心理学方法论的研究内容。但是，一些研究者认为，这种关于心理学具体研究方法的研究，应该被界定为属于心理学的方法学。心理学方法论的研究范围实际上要比这种界定宽泛得多。因此，心理学的方法论研究就应该得到扩展。这种扩展后的心理学方法论研究就应该包括关于研究对象的理解和把握的基础，关于理论解说的建构和转换的基础，关于研究方法的设计和运用的基础，以及关于技术手段的发明和实施的基础。

有研究探讨了心理学的方法论和方法学。研究概括了心理学方法论的七条定理。第一条定理是所有的心理生活的存在都是不可重复的。所有的心理现象无论是最宏观的还是最微观的，都是时间中的呈现。因此，心理的证据都是唯一的。第二条定理是所有的人的心理生活都是通过符号所中介的。因此，心理学研究涉及的都是有意义的心理生活经验，这是取决于意义的创造者。符号的中介是动态的，同一个客体可以有不同的意义。第三条定理是符号是可以建构、维持和灭失的，并形成动态的层级，具有整体和部分的关系。第四条定理是符号是由符号的创

---

① Kothari, C. R. *Research methodology-Methods and techniques* [M]. New Delhi: New Age International Publishers, 2004. 1-21.

造者趋向于目标的建构产物。该定理的核心就在于目标定向和心理意向。第五条定理是构造出来的符号是包括了其背景的，这是一种共生的关系。第六条定理是符号的功能包括了最直接的未来的经验。这条定理所导致的是对心理决定的因果重构。第七条定理是符号可成为催化剂。同样的符号既可能会是生活的阻碍，也可能会是生活的促进。[①] 有研究则指出，任何科学，包括心理学，其核心都不是假设的检验，而应该是问题、模式和解释。很显然，这实际上是心理学的方法论思考的重要论题。因此，心理学在关于人类心智、人类认知等的核心问题上，都很少有回答和建树。实验心理学的研究已经远离了人的心理常识，也远离了人的心理生活。[②] 心理学方法论的研究就在于提供关于心理学研究和发展的核心性问题的透视、阐释、理解、把握、定位和导向。

　　心理学方法论的探索决定着心理学研究的基本思想、理论预设、研究基础、探索方式和干预技术。理论心理学的研究就应该包含关于心理学方法论的探讨、解说、预设。这可以成为心理学研究的理论根基和理论方法。心理学方法论的探索和研究可以包括五个基本的部分。一是关于心理学科学性质的研究。涉及心理学的科学定位，即心理学科学属性的确立，心理学研究怎样才能够属于科学的性质，符合科学的规范。从而，力争将心理学研究方式确立为属于科学的范围。心理学方法论决定了研究方式的创新，要力图突破和摆脱西方心理学的狭隘科学观的限制，为心理学的研究重新去建立科学规范。二是关于心理学研究对象的理解。涉及心理学探索内容的确定，是力求突破对人的心理行为的片面理解和错误把握。这关系到心理学的对象定位，心理学研究应该针对的是心理、行为、意识、人格、自我，并加以揭示、描述、说明、解释、预测、干预。三是关于心理学理论建构的探索。涉及心理学的理论知识，包括理论的原则、理论的形成、理论的检验、理论的发展。四是关于心理学研究方法的考察。涉及心理学的研究方式，是心理学研究者所持有的研究立场，所运用的具体方法，所实施的研究程序。五是关于心

[①] Valsiner, J. *From methodology to methods in human psychology* [M]. New York: Springer, 2017. 5-7.

[②] Toomela, A. & Valsiner, J. (Eds.) *Methodological thinking in psychology-60 years gone astray?* [M]. Charlotte NC: Information Age Publishing, 2010. 27-28.

理学技术手段的发明。涉及心理学的生活干预和对象改变，包括干预心理行为的技术工具、技术发明、技术运用、技术边界，等等。这应该避免的是把人当成被动接受和随意改变的客体。

方法论是所有不同科学门类进行研究的核心部分。这既是科学的核心，也是思想的核心，理论的核心，方法的核心，以及技术的核心。所以，心理学方法论的探讨就成为关系到心理学学科发展的最为关键的方面。可以说，心理学研究首要的、根本的和基础的方面，就是方法论的探索和确立。但是，传统心理学中的方法论的探讨主要是考察心理学研究所运用的具体研究的方法。这实际上只是将方法论缩小成方法学的内容，包括了心理学各种具体研究方法的不同类别、基本构成、使用程序、适用范围、修订要点等。随着心理学的发展和进步，心理学方法论的探索必须跨越原有的方法学范围，进而应该包括关于对象的立场，理论的反思，方法的认识，技术的思考。因此，对心理学方法论的新探索，可以说涉及的就是心理学发展的一系列重大的理论问题和方法问题。这些问题的解决不仅关系到整个心理学的命运与未来，而且也关系到中国心理学的发展和进步。杨中芳认为，在本土心理学刚起步的现阶段，似乎所有的研究都可以说是探索性的，因此就应该在内容及方法方面具有高度的包容性。[1] 有研究则认为，理论和方法的创新也是中国的人类学、民族学、心理学等学科的基本目标。[2]

心理学方法论属于心理学研究的顶层内容，这实际上决定着心理学的特定研究对象和具体研究实施，心理学的各种研究内容和独有研究方式，心理学的核心思想预设和创新理论建构，心理学的多样研究方法和特定研究程序，心理学的精密研究技术和有效研究工具，心理学的生活干预路径和心理改变效果，等等。因此，方法论的问题，方法论的研究，方法论的确立，将会在全方位上去强化心理学的考察、探索、研究、应用。

---

[1] 杨中芳. 如何研究中国人：心理学本土化论文集 [C]. 台北：桂冠图书公司，1997. 322.

[2] 杨国枢、文崇一（主编）. 社会及行为科学研究的中国化 [C]. 台北：中央研究院民族学研究所，1982. 180–182.

第二节 关于科学的理念

在心理学的发展中，在心理学的研究中，关于心理学的理念就是心理学研究者关于心理学的理解。这包括对于心理学的科学观的界定，心理学的科学观所存在着的对立，心理学的科学观在自然科学、社会科学、人文科学之间的转换，等等。心理学研究所具有的关于科学的理念，就实际决定着心理学的定向、身份、地位、研究、价值和应用。因此，心理学明晰自己的科学理念，就是最为重要的核心和关键，也是其思想方法论的根本和基础。心理学方法论首要的方面和探索就会涉及心理学的科学理念。

一 心理学的科学观

心理学从成为一门独立的科学门类开始，就一直存在着对自己的科学身份的确立和认同的问题。这就是所谓的心理学的科学观的问题。关于心理学科学观的探讨是属于心理学的自我反思和自我确认的问题。心理学能否成为一门科学？心理学怎样成为一门科学？心理学可以成为一门什么样的科学？心理学能够成为一门什么种类的科学？这都是关系到心理学的科学地位和未来发展的重大的核心性课题。所有的这些问题都与心理学的科学观有着直接和密切的关联，都应该是心理学的科学观所要决定、所能引发和所可导致的结果。

心理学的科学观的探讨，也就是所谓的心理学观的问题，是对如何建设和发展心理科学的基本认识和理解。心理学的科学观决定着心理学家所采纳的研究目标，决定着为达成目标而采取的研究策略，决定着心理学家所沿循的学术路径。这可以体现在这样一些问题的解决上，如怎样确定心理学的科学性质，怎样界定心理学的研究对象，怎样划定心理学的研究方法，怎样构造心理学的理论知识，怎样干预人的心理现象或心理生活，怎样看待心理学与其他学科门类的关系。可以这样说，心理学的科学观构成了心理学家的视野，决定了心理学家的胸怀。关于心理学的科学观的探讨，也成为一个十分重要的课题。对于心理学的科学观，最为关键的是怎样对原本被缩小化的科学观进行扩大化，是怎样使被封闭化的科学观进行开放化。这就是心理学的小科学观与大科学观的区分，以及心理学的封闭科学观与开放科学观的区分。心理学的科学观的问题在我国理论心理学的探讨中，已经成为一个热点的论题。在关于心理学的科学观的探讨中，已经有了以下一系列的后续研究。

一是针对特定心理学分支的心理学科学观的考察。例如，有研究者考察了作为心理学分支学科的社会心理学中的自然科学观及其转变。该研究指出，当代的社会心理学研究中，存在着两种对立的科学观，即自然科学观和人文社会科学观。社会心理学的自然科学观是实证主义方法论影响的结果，其特点一是重经验事实的积累，轻理论基础的建设；二是过度强调实验验证；三是超历史文化的倾向；四是价值中立倾向。研究者认为，社会心理学所研究的"人"不同于自然科学所研究的"物"，社会心理现象具有社会文化历史的特性和价值负荷的特点。因此，社会心理学应该抛弃以自然科学的模式来塑造社会心理学的尝试，走人文社会科学之路。

二是针对特定心理学派别的心理学科学观的考察。例如，有研究者评述了作为心理学流派的超个人心理学的心理学观。该研究揭示了超个人心理学所提供的一种最具包容性的人性模式，并大大拓展了心理学的研究范围。在心理学的研究方法问题上，超个人心理学提出了一种对象中心论的最具开放性的方法论模式；在心理学的研究任务问题上，超个人心理学提出了一种最具综合性的理论与应用的模式；在心理学的学科性质问题上，超个人心理学突破了科学主义的局限，不再将心理学定位于科学的架构之内或框架之中，而是明确地将心理学定位于有关人性知识的研究；在心理学的价值取向问题上，超个人心理学放弃了实证主义心理学的价值中立的立场，而是强调心理学研究的价值负荷或价值负载。在心理学的现实应用问题上，超个人心理学发展了新的心理治疗技术，拓展了心理学的应用领域，为现代人提供了一种崇尚宁静与和谐、追求超越和神圣的精神生活样式，以抗衡那种喧嚣的、浮躁的、物质利益至上的生存状态。

三是针对特定心理学框架的心理学科学观的考察。例如，有研究探讨了心理学的文化心理观。该研究确立了心理学观的问题是理论心理学元理论的基本范畴，也是心理学发展、建设及未来走向的指南和航标。这决定了心理学家的视野，导致了他们能够看到什么和看不到什么，以及容纳什么和排斥什么。心理学发展史上，有自然科学观、人文科学观、超科学观等观点或理念。文化心理学观在对上述心理学"观"批判性继承基础上，主张将心理学置于文化框架中，深入探讨文化心理观下的心理学研究对象、研究方式、研究者生存方式应有的内涵，扩展实证科学观的边界，从而为心理学带来更宽泛和更具深度的研究视野。

在心理学的发展和演变的历程中，心理学的科学观也在经历着变革和冲击，应该得到反思和考察。从根本上来说，心理学的科学观可以体现为小心理学观和大心理学观的区分与对立，也可以体现为封闭的科学观与开放的科学观的区分与对立。这会导致关于心理学研究的基本方面的不同和争执。在心理学研究对象方面，小心理学观、封闭的科学观未能带来对研究对象的完整的认定，从而未能提供对人类心理的全面的理解。大心理学观、开放的科学观则有助于克服那种切割、分离和遗弃，有助于提供人类心理的全貌。在心理学研究方法方面，小心理学观、封闭的科学观强调的是方法的客观性和精致化，强调以方法为标尺和核心。大心理学观、开放的科学观则倡导方法与对象的统一，鼓励方法的多样化，倡导方法与思想的统一，突出科学思想的地位。在心理学理论建设方面，小心理学观、封闭的科学观带来了十分严重的理论贫弱和难以弥补的理论分歧。大心理学观、开放的科学观则有助于推动心理学的理论建设。它容纳多元化的理论探讨，强化对各种理论框架的哲学反思，以促进不同理论基础间的沟通。在心理学的应用方面，小心理学观、封闭的科学观使心理学与日常生活相分离和有距离，而通过技术应用来跨越这一距离。大心理学观、开放的科学观则在此基础之上，也倡导那种缩小和消除心理学与日常生活的距离，使心理学透入人的内心的应用方式，以扩展心理学的应用范围。

总之，心理学的大科学观或心理学的开放的科学观，会带给心理学一个宽广的和开放的大视野。这不是要否定或扬弃，而是要更新或超越心理学的小科学观，而是要打破或开启心理学的封闭科学观。从而，使心理学全面改进自己的研究目标和研究策略，重新构造自己的研究方式和理论内核，全面和深入地揭示人类心理，以有力和有效地参与到社会发展和人类进步的事业中。

关注、考察和研究心理学的科学观，可以给心理学的研究和发展带来一系列更为深入的理解和更为核心的改变。例如，心理学科学观的探讨，有助于心理学的统一的进程。心理学作为独立的科学门类，一直存在着自身发展的危机，从来没有摆脱过或摆脱开危机的困扰。心理学的危机最为重要的、最为核心的和最为关键的，就在于心理学从来没有成为一门统一的学问。当代心理科学的发展也同样面临着这一危机，而且这种不统一的危机正在不断恶化。

一些心理学家对科学心理学的支离破碎深感忧虑。美国心理学家斯塔茨（A. W. Staats）曾经痛陈心理学所面对的这种"不统一的危机"。他认为，除非统一整个心理学，否则心理学就不可能被认为或被当作一门真正的科学。正如他所说的，心理学具有现代科学的多产的特征，但却没有能力去联结自身的研究发现。结果就是学界内部越来越严重的分歧，形成了越来越多的毫无关联的问题、方法、发现、理论语言、思想观点、哲学立场。心理学拥有的是如此之多的四分五裂的知识要素，以及如此之多的相互怀疑、争执和嫌弃，使得心理学面临的最大问题就是得出一般的理论。混乱的知识，亦即没有关联、没有一致、没有协同、没有组织的知识，并不是有效的科学知识。心理学作为一门科学的地位，在很大程度上便取决于自身的统一程度。或者说，心理学要想被看作一门真正的科学，就必须拥有严密的、关联的、一致的知识体系。

就是在心理学最为发达的美国，学科不统一或学科的分裂也是非常突出的问题。在很长的一段时期中，对心理学统一的问题也非常关注。探讨心理学如何统一的兴趣也在不断地增长。这为心理学的进步和发展提供了重要的推动力。在 20 世纪的后期，美国心理学会的好几个分会都已强调了统一心理学的研究目标。美国心理学会第一分会，即普通心理学分会，还设立了威廉·詹姆士奖，以鼓励为统一工作所做出的贡献。1885 年，一个心理学家小组在美国心理学会的年会上，讨论了如何推进考察心理学的统一问题，并发起成立了心理学统一问题研究会。

实际上，心理学家并没有放弃过统一心理学的努力，但至今这仍然还是个无法实现的梦想。问题在于，许多心理学的研究者并没有从心理学的科学观上去追究不统一的根源。心理学从哲学的怀抱中脱离出来成为独立的实证科学之后，就一直以成熟的自然科学学科为偶像。它从近代自然科学中直接继承了一种科学观，即实证科学观，可将其称为小心理学观。小心理学观力求把心理学建设成为一门纯粹的自然科学。它以此来划定科学心理学与非科学心理学的界限,从而把心理学限定在了一个非常狭小的边界和非常封闭的空间中。小心理学观与其说是统一心理学的尺度和保障,不如说是心理学不统一的根源和隐患。甚至可以这样说,心理学以小心理学观来统一自己,统一就永远是个梦幻。那么,心理学不放弃它的小心理学观,就不会成为统一的科学门类。

小心理学观体现在对实证方法或实验方法的崇拜上,把实证方法看作心理学研究的核心。心理学的理论知识就来自实证方法,并接受实证方法的检验。科学心理学的诞生,通常是以德国心理学家冯特1878年在德国的莱比锡大学建立心理学实验室为标志。这反映了以实证方法为核心的主张,结果使心理学的研究方法不断地精致化,但研究的问题水平却不断下降和难以提升。心理学的小科学观还体现为反哲学的倾向,这割断了心理学与哲学的天然联系,使心理学长期失去了对自己的理论基础的关注和研讨,使心理学一直缺乏对自己的理论前提的反思和批判。然而,小心理学观本身却从近代自然科学中继承了物理主义和实证主义的理论框架。只不过这一理论框架是隐含的,而不是明确的。

正因为小心理学观重方法和轻理论,心理学家重视实证资料的积累,贬低理论构想的创造,导致了心理学的极度膨胀的实证资料和极度虚弱的理论建构之间日益增大的反差。应该说,心理学发现的支离破碎和心理学主张的四分五裂,与心理学本身缺乏理论建设是两个相互关联的和彼此内在一致的问题。自从美国科学哲学家库恩(T. S. Kuhn)指出,成为科学在于形成为科学共同体所共有的统一的理论范式,许多心理学家才开始意识到了理论基础的重要性。斯塔茨曾提到,心理学的统一需要有统一的哲学,并认为这个统一的哲学就是统一的实证主义。当然,这只不过是把小心理学观的理论框架由隐含的变成了显明的,而且,这也肯定排斥基于其他理论框架的心理学研究和探索。

从心理学自身的历史发展和当代演变上来看,心理学以物理学为样板,以小心理学观为引导,去建立统一的心理科学的努力是不成功的。行为主义心理学是个典型的例子,其不仅无力涉及、考察和探讨人类心理行为的广阔领域,也无法容纳、吸收和消化已有的关于人类心理的研究成果。

正是由于实证主义心理学的科学观十分狭隘，而给在实证主义心理学之外的其他不同方式的心理学探索留下了余地和空间，使之不仅保留了独特的生机和活力，而且提供了考察和研究人的心理意识的独特的视角和资源。多样化的心理学探索或多元化的心理学研究，涉及了人类心理的各种不同的方面，共同提供了有关人类心理的更为完整的图景。问题在于，如何才能在一个新的基础之上，消除心理学四分五裂的危机和消除心理学的科学性质的危机。

心理学对科学性的追求是受其所持有的或受其所确立的科学观所支配的，或是与其所持有的或与其所确立的科学观相匹配的。心理学为自己所确立的科学观并不是统一和不变的。如果从心理学发展演变的视角去理解，心理学的科学观经历着从狭小的科学观到放大的科学观的演变或演进，或者说经历着从封闭的科学观到开放的科学观的演变或演进。

二 心理学观的扩大

在心理科学的开创和发展中，占有主导性和具有支配性的科学观可以称为小心理学观。小心理学观是从近代自然科学传统中抄袭而来的，是依据于实证主义的哲学基础和研究原则，并广泛地渗透到了心理学家的科学研究之中。小心理学观在实证的（科学的）和非实证的（非科学的）心理学之间划定了泾渭分明的边界，心理学要想成为科学，就必须把自己限制在实证的边界之内。实证的心理学是以实证方法为核心建立起来的，客观性观察和实验室实验是有效的产生心理学知识的科学程序。实证研究强调的是完全中立地、不负载价值地对心理或行为事实的描述和说明。实证主义心理学的理论设定是从近代自然科学中承继的物理主义和机械主义的世界观。这大大缩小了心理学的研究视野。科学心理学以小心理学观来确立自己，就在于其发展还是处于幼稚期。这与其说是为了保证心理学的科学性质，还不如说是为了抵御对心理学不是一门严格意义上的实证科学的恐惧。但是，随着科学心理学的进步，这种小心理学观正在逐渐地衰落和瓦解，重构心理学的科学观已经成为心理科学十分重要的基础性工作。心理学的发展已经走出了幼稚期，而进入了迷乱的青春期，并正在经历寻找自己道路的成长的痛苦。

心理学的新科学观应该是大心理学观，或者说是心理学的大科学观，心理学走向成熟也在于其能够拥有自己的大心理学观。所谓的大心理学观，不是要否定心理学的实证性质，而是要开放实证心理学自我封闭的边界。大心理学观不是要放弃实证方法，而是要消解实证方法的核心性地位，使心理学从仅仅重视受方法驱使的实证资料的积累，转向也重视植根本土的资源，强调理论的构造，支配方法的使用，设计应用的工具，以及体现文化的价值等的大理论建树。大心理学观也将会推动改造深植于实证心理学研究中的物理主义和机械主义的理论内核，使心理学从盲目排斥不同的研究，转向去广泛吸收其他心理学传统的理论营养。大心理学观无疑会拓展心理学的视野。[①] 心理学科学观的问题在心理学中国化的历程中也体现为所谓本土化的标准问题，这也是本土心理学研究的所谓本土性契合的问题。该问题表明了什么样的心理学的研究属于本土心理学的研究，什么样的本土心理学的研究属于科学性的研究。

所谓的大心理学观已经在一些心理学理论探索中得到了体现。例如，行为主义是心理学的小心理学观的典型代表。行为主义者斯金纳（B. F. Skinner）认为，相比较于人对外部世界的了解和控制而言，人对于自身心理行为的了解和控制是微乎其微的，主要的原因就在于心灵主义的推测和臆断。因此，极端的行为主义者就排除了关于人的内在心理的研究。然而，近些年来，著名的脑科学家斯佩里（R. W. Sperry）却认为，心理学新的心灵主义范式使心理学改变了对内在心理意识的因果决定的解释。传统的解释是还原论的观点，即通过物理的、化学的和生理的过程来说明人的心理行为。这是与进化过程相吻合的由下至上的决定论，他将其称为"微观决定论"。新的心灵主义范式则是突现论的观点，即人的内在心理意识是低级的过程相互作用突现的性质，这反过来对于低级的过程具有制约或决定作用。他将这种由上至下的因果决定作用称为"宏观决定论"。斯佩里十分乐观地认为，心灵主义范式在于试图统一微观决定论与宏观决定论、物理与心理、客观与主观、事实与价值、实证论与现象学。[②]

[①] 葛鲁嘉. 大心理学观——心理学发展的新契机与新视野［J］. 自然辩证法研究, 1995（9）.18-24.

[②] Sperry, R. W. Psychology's mentalist paradigm and the religion/science tension［J］. *American Psychologist*, 1988（8）, 607-613.

大心理学观也可以称为心理学的大科学观。这在相关的研究中，也受到了一些学者的误读和误解。有研究者直接套用为要建构中国大心理学。其实，严格说来，心理学并无大小之分，也不是把心理学的一切原本分离的内容集合起来就汇成了所谓"大"心理学。所谓的"观"的问题就在于，研究者用什么来框定心理学的边界，用什么来约束心理学的范围，用什么来规范心理学的研究。有研究者则对小心理学观和大心理学观的"小"和"大"的说法嗤之以鼻，认为这完全不属于研究的问题，而只是文字的游戏。可以说，这样的研究者还根本就没有意识到划分小心理学观与大心理学观的基本学术价值，也完全不知道小心理学观与大心理学观的相互对立和对抗的基本学术内涵。无疑，这属于十分盲目或特别无知的漠视和排斥。

当然，小心理学观与大心理学观的分离与对立，甚至于从小心理学观到大心理学观的更替与接续，并不见得就一定能够很贴切地反映出心理学的学科、思想和理论的演进过程。那么，换一种界定，也许就可以更清晰地说明科学心理学所设定的边界，就可以更形象地表明心理学的当代发展所必要的突破。这就是心理学的封闭的科学观与心理学的开放的科学观的分离与对立。

三 心理学观的开放

科学心理学以封闭的心理学观来确立自己，就在于其发展还是处于幼稚期。心理学急需确立自己独立的实证科学的身份，急需划定自己专属的实证研究的范围。心理学对自己的学术领地的圈定，学科范围的限定，学术影响的界定，都并不是真正为了确定或保证心理学的科学性质，而仅是为了抵御心理学要想独立门户而产生的内心恐惧。但是，这种封闭的心理学科学观正在衰落和瓦解。心理学的发展需要更为多样的和更加丰富的养分，需要整合更为复杂的关系。心理学必须开放自己原有的封闭的科学观，这已经成为心理科学十分重要的基础性工作。心理学的发展已经进入了开放的学科发展境遇中，心理学也就必须要转换和拥有开放的科学观。

所谓开放的心理学科学观，不是要否定已有的心理学的研究，而是要开放实证心理学自我封闭的边界。开放的心理学科学观并不是要放弃实证方法，而是要消解实证方法的核心性地位，使心理学从仅仅重视受方法驱使的实证资料的积累，转向也重视支配方法的运用和体现文化的价值的大理论建树。开放的心理学观也将改造深植于实证心理学研究中的物理主义和机械主义的理论内核，使心理学从盲目排斥转向广泛吸收其他心理学传统的理论营养。开放的心理学观无疑会拓展心理学的视野。

更进一步来看，在心理学的研究对象方面，封闭的心理学观并未能带来对研究对象的完整的认定，从而也未能提供对人类心理的全面理解。开放的心理学观则有助于克服那种切割、分离和遗弃，有助于提供人类心理的全貌。在心理学的研究方法方面，封闭的心理学观强调方法的客观性和精致化，强调以方法为标尺和为核心。开放的心理学观则倡导方法与对象的统一，鼓励方法的多样化，倡导方法与思想的统一，突出科学思想的地位。在心理学的理论建设方面，封闭的心理学观带来了十分严重的理论贫弱和难以弥补的理论分歧。开放的心理学观则有助于推动心理学的理论建设，从而容纳多元化的理论探讨，强化对各种理论框架的哲学反思，以促进不同理论基础间的沟通。在心理学的现实应用方面，封闭的心理学观使心理学与日常生活相分离和有距离，而通过技术应用来跨越这一距离。开放的心理学观则在此基础之上，也倡导那种缩小和消除心理学与日常生活的距离，使心理学透入人的内心的应用方式，以扩展心理学的应用范围。

当然，关于开放的心理学观或者关于心理学开放的科学观的学术认识和学术主张，也引起了许多的争论和分歧。有一些学者并不理解和认可开放的心理学观的理念，也有的学者反对这种关于心理学的科学观的认识和理解。有的学者宁可从西方文化传统和西方哲学流派中去寻求心理学统一的解决方案。例如，就有学者不赞同大心理学观的主张，认为所谓的大心理学观，"此说一则失之笼统含糊，如何才是'大科学观'？令人费解；二则亦未能妥善解决心理学中主观与客观的争执，人文主义与科学主义的对立"[①]。该研究者提出的关于心理学统一的观点在于，所谓统一的心理学，应当包括三个层次的研究模式。一是传统的、狭义

---

① 童辉杰. 广义的诠释论与统一的心理学［J］. 南京师大学报（社会科学版），2000（4）. 68-75.

的诠释研究，着重个案的、质化的分析，其目的是达到对具体的、个人的、临时的对话事件的理解；二是实证的诠释研究，重在抽象、定量的分析，以求作出具有普遍意义的推论和预测；三是广义的诠释研究，是综合以上两种研究策略，即针对同一或同样的心理现象，同时采取个案的、质化的和抽样的、量化的研究策略，既要具体的、个人的现象的丰富性和生动性，又要科学的抽象、量化、推论与预测，既要避免个案研究的局限，又要防止实证的抽象推论造成的对人类经验的割裂和肢解。

当然，也有部分学者根本就不赞同"小"心理学观和"大"心理学观的划分。其实，"小"与"大"的划分，"封闭"与"开放"的划分，都是为了开放心理学学科的门户。所谓的大心理学观就是开放的心理学观，是为了破除西方实证心理学的自我封闭的边界，解决心理学的不统一的问题，克服西方心理学的主客分离，能够在心道或心性一体的基础之上，实现中国本土心理学的理论创新，进而实现心理学在新的基础之上的统一。

总之，心理学开放的科学观会带给心理学一个更大的视野，一个更开放的眼界。这不是要否认西方实证主义心理学的科学贡献，不是要推翻现有的心理学的科学建构，不是要扬弃现有的实证主义心理学的学术积累，而是要超越自我封闭的心理学观，开放心理学的学科边界，从而使心理学全面改进自己的研究目标和研究策略，重新构造自己的研究方式和理论内核，以系统和深入地揭示人类心理和人类行为的本性，以有力和有效地参与社会发展和人类进步的事业。

第三节　关于对象的立场

在心理学的探索中，关于心理学的研究对象有着不同的理解和定位。这实际上就取决于有关研究对象不同的研究立场。立足于西方文化传统的实证心理学的探索就将心理学的研究对象确立为心理现象，而立足于中国文化传统的体证心理学的探索则将心理学的研究对象确立为心理生活。① 心理学方法论首要的方面就是有关研究对象的把握，这成为心理学探索的重要起点。心理学家可以通过反思学科研究对象的确立，来明确心理学的理论建构、方法设置、技术发明、工具运用，等等。关于心理学研究对象的把握有过不同的基础，也有过特定的转换，更有过不断的扩展。

现代的科学心理学是产生于西方的文化传统，有着西方文化的根基，运用西方文化的资源。因此，心理学在成为独立的科学门类之后，就已经有了自己相对明确的研究领域和研究对象。科学心理学将自己的研究对象界定为心理现象，从而心理学就是研究心理现象的科学。但是，目前关于心理学研究对象的理解是不是唯一正确的和唯一合理的，还是值得进一步思考和探索。随着心理科学的不断发展和进步，心理学关于自己的研究对象的理解也在不断地深入和全面。心理学成为独立的学科门类的时间还很短，因此它关于自己的研究对象的认识也并不全面和完善。心理学独立之后，就一直在向相对成熟的自然科学特别是物理学靠拢。那么，心理科学对于自己的研究对象的理解，就像自然科学的研究对自然现象的理解一样，就像物理科学的研究对物理现象的理解一样，实际上也是把心理学的研究对象理解为心理现象。②

所谓的心理现象建立在两个基本的设定之上。一是研究者与研究对象的绝对分离，研究者仅仅是旁观者，是观察者，是中立的，是客观的。二是研究者只能通过感官来把握对象或观察对象，而不能加入思想的臆断或推测。问题是人的心理在本质上是意识的活动。人的意识活动是自我觉知的活动。这决定了人的意识活动能够以自身为对象。同时，这种自我觉知的活动也是人的感官所把握不到的内隐的活动。因此，人的意识活动能否成为实证科学的研究对象，在心理科学的发展史上一直存在争议。所谓的心理现象的分类，分离了人的心理过程与个性心理，分离了智力因素与非智力因素。这种分类的标准和分类的体系，对人的心理的理解和干预，特别是对青少年心理的培养和教育，都产生了非常

---

① 葛鲁嘉. 心理生活论纲——心理生活质量的新心性心理学探索 [M]. 北京：经济科学出版社，2013. 65-66.

② 葛鲁嘉. 心理文化论要——中西心理学传统跨文化解析 [M]. 大连：辽宁师范大学出版社，1995. 286-287.

严重的问题。这必然迫使科学心理学应该重新考虑对自己的研究对象的认识和分类。

科学心理学现有对心理学研究对象的分类系统，可以说是研究性的分类系统，而不是生活性的分类系统。所谓研究性的分类系统，是指为了学术研究的方便，而对研究对象进行了分割。生活性的分类系统则强调的是"生活原态"或"生活本态"，是指按照生活的实际样式进行分类。科学心理学现有对人的心理的研究，可以说是对心理基础的研究。"心理基础"是指构成人的心理生活的基础，而不是人的心理生活本身。那么，心理学的研究还应该有另外一个重要的部分，就是对基础心理的研究。所谓的"基础心理"是指人的心理生活的样式，而不是经过分解和还原的基础。

人的心理行为成为心理科学的研究对象，可以为心理科学研究者的感官所把握到。如同自然事物成为自然科学的研究对象，可以为自然科学研究者的感官所把握到。那么，由自然科学研究者的感官所把握到的自然事物可以称为自然现象。同样，由心理科学研究者的感官所把握到的心理行为也就可以称为心理现象。心理学成为独立的科学门类之后，对心理科学的定义就是研究心理现象的科学，或者说是研究心理现象的规律的科学。那么，按照目前对心理学的研究对象的理解，所谓的心理现象包括心理过程和心理特征（个性心理）。心理过程与心理特征的划分就在于，心理过程是相对不稳定的，是随着时间的流逝而变化的。心理特征则是相对稳定的，可以在相对较长的时间里保持不变。心理过程由认识过程、情感过程和意志过程等构成。认识过程是指对认识对象的现象和本质的反映过程，包括感觉、知觉、记忆、表象、思维、想象等。情感过程则是指对认识对象所采取的态度的主观体验过程，这包括喜、怒、哀、乐、悲、恐、惊等情绪，理智感、道德感和审美感等情感。意志过程则是指自觉地确定目的并支配行动去实现目的的心理过程，这包括采取决定的阶段和执行决定的阶段。心理特征则是由人的个性倾向和个性差异所构成。个性倾向包括需要、动机、兴趣、价值观和世界观等。个性差异则包括气质、性格、能力等方面的差异。

所谓的心理生活则是由生活者自主体验和把握到的，或者说是由生活者自主创造和生成的。人不是自己心理的被动的承载者或呈现者，而是主动的创造者和生成者。人的心理的本性就在于人的心理具有的"觉"的性质。人的心理既有低级的存在方式，也有高级的存在方式。人的心理的高级存在方式指人的心理是有意识的存在。人的意识活动是一种觉解的活动，这包括以外部事物为对象的觉知，也包括以人自身为对象的自觉。"觉"的活动是一种生成意义的活动，实际上这也是一种创造性的活动。所以，人的自觉活动是一种创造性生成的活动。可以说，人的意识活动是以"觉"作为基本的特征。这也就是人们常说的"觉悟"。任何的觉悟都是对"觉"的对象的创造性的把握。当说到人要提高自己"觉悟"的时候，实际上也就是说要增进对"觉"的对象的创造性把握的程度。

人的生活是生存、发展、创造的过程。但是，人的存在并不仅仅就是自然的存在，人的心理也并不仅仅就是自发的存在。从根本上来说，人的存在也是自觉的存在，人的心理也是觉解的存在。自觉和觉解的存在，就决定了人的生活，人的心理生活，也是自觉体验到的，也是自觉创造出的。自发的心理生活所导致和带来的是现实生活之中，心理生活本身成为分离的、分裂的、分解的和分析的。自觉的心理生活所导致和带来的则是现实生活之中，心理生活本身成为贯通的、贯穿的、连贯的、一贯的。

心理生活就是人的生活中的主导的部分，是自在的含义。心理生活就是人的生活中的核心的部分，是自觉的含义。当然，人类个体在自己的现实生活之中，也有失去自主的时候，也有十分盲目的时候。从而，他就会成为环境或他人的奴隶，就会成为任人宰割的羔羊，就会成为随波逐流的存在。但是，只要一个人能够意识到自己的生存状态，确立起自己的生活目标，做了自己的意志努力，那么这个人就会成为自己生活的主导者。这也就是自由意志与个人的责任。[①] 是人性所能够达到的境界。[②] 是人能够摆脱无意义的生活。[③] 所以，心理生活是人的生活的核

---

① ［美］里奇拉克（许泽民等译）.发现自由意志与个人责任［M］.贵阳：贵州人民出版社，1994.128.

② ［美］马斯洛（林方译）.人性能达的境界［M］.昆明：云南人民出版社，1987.23.

③ ［德］弗兰克（朱晓权译）.无意义生活之痛苦：当今心理疗法［M］.北京：生活·读书·新知三联书店，1991.41.

心内容，实际走向，创造主宰。任何人的生活都是心理生活构筑和构造出来的。这是人与其他事物或动物的非常重要的差别。可以说，一个人的心理生活是什么样的，一个人的心理生活具有什么品质，那么这个人的实际生活就会是什么样的，这个人的现实生活就会具有什么品质。所以说，人的生活就是他体验到的生活，就是他创造出的生活。

第四节 关于理论的反思

心理学的研究是要通过概念与理论，去描述、解说、阐释心理行为。在心理学的具体研究中，心理学家在运用心理学的概念和通过概念来建立心理学的理论时，总是力求坚持合理性的原则。这种原则体现在两个重要的方面：一是对概念进行操作定义；二是强调理论符合逻辑规则。心理学中的许多概念常常就是来自常识或日常语言。那么，对于心理学的研究者来说，就存在着如何将日常语言转换成为科学概念的问题。心理学研究中就曾流行过操作主义，许多心理学家都希望借助于操作主义来严格定义心理学的概念。操作主义的长处在于保证了科学概念的有效性，亦即任何科学概念的有效性取决于得出该概念的研究程序的有效性。心理学理论的构成也强调逻辑的一致性。这需要的是科学语言的明晰性和科学理论的形式化。

科学理论是科学的内在骨架，是科学解说世界、社会和人类的基本方式。无论是自然科学的理论，社会科学的理论，还是人文科学的理论，都具有理论自身的基本性质、核心内涵和逻辑基础。理论的创建、理论的构成、理论的演变、理论的扩展，都需要不断的理论反思。那么，哲学的探索、思辨、反思、推论，就是科学理论的重要的根基。

心理学成为一门科学，也是以理论的方式去再现、解说、阐释、预测和掌控自己的研究对象，去把握心理行为或心理生活。心理学理论实际上具有极其多样的性质，以及非常复杂的构成。例如，心理学理论实际上兼具自然科学、社会科学、人文科学、综合科学等的构成性质和基本特征。心理学理论实际上也兼有支配的理论框架、深层的理论预设、宏观的理论模型、具体的理论假说、操作的概念定义等的基本内容和理论构成。正是通过理论心理学的反思活动，正是通过科学理论的反思，使得心理学的研究者能够获取和具有特定的思想引领，明晰的理论思路，合理的理论建构，透彻的理论阐释。

理论心理学的研究中，有着一系列重要的研究课题。这其中就具体包括了人性的理论预设、女权的理论预设、科学理论的反思、心理隐喻的研究、具身认知的研究。这些研究课题是具体地探讨心理学研究中的思想前提、理论基础、学术价值和现实影响。人性的理论预设应该成为心理学研究的逻辑起点。女性主义心理学是以女性主义立场和态度重新解读和审视主流心理学的科学观与方法论。心理学理论实际上也兼有支配的理论框架、深层的理论预设、宏观的理论模型、具体的理论假说、操作的概念定义等基本内容。心理学的发展始终伴随着心理隐喻的变迁，每一种理论、每一个流派背后都蕴涵着一个独特的心理隐喻，支撑着研究领域的共同理解。在认知科学中，就存在着具身认知的运动，这个运动正在成为心理学研究的重要进路和纲领。

在心理学的理论探索、理论预设、理论构造、理论阐释、理论创新等理论活动中，实际上存在着一系列多元化的思想理论。这体现在心理学探索的各种不同的主义之中，例如，在心理学理论研究中的还原主义、共生主义、科学主义、人本主义，等等。这些五花八门的主义，就需要通过理论的反思，才能够有效地加以明确、理解和把握。进而，也才能够合理地加以运用、排除和坚守。这也是关于心理学理论的反思的最为重要的任务和内容。

在心理学的研究中，方法论关于理论的反思，就需要将心理学的理论知识的创造和建构之中的无论是隐含的还是明确的思想隐喻和理论预设，都揭示出来，进行辨析，加以改进，确定去留。心理学的理论建构不仅仅是关于研究对象的描述和解说，而且也是关于描述和解说的思想基础、理论前提、基本预设等的深入探究和合理建构。心理方法论关于理论的反思，是心理学理论合理性的至关重要的环节。

第五节　关于方法的认识

心理学的研究有自己的研究方法。那么，科学心理学所运用的方法也就是科学的研究方法。但是，在特定的科学观的限定下，科学就是实证的科学,科学心理学就是实证的心理学。① 其实,在科学心理学诞生之后,心理学就是通过运用实证的研究方法来确立了自己的科学性质和科学地位。因此,科学的心理学就与实证的心理学有同样的含义。实证的科学运用的是实证的方法。心理学在成为独立的科学门类之后,就力图以实证主义的科学观来衡量自己的科学性。这样,是否运用实证方法,就成为心理学研究是否科学的一个根本的尺度。② 这就是把实证的方法放置在了决定性的位置。这也就是在科学心理学的发展过程中曾经盛行的方法中心主义。那么,心理学的研究是否使用了实证的方法,就成为了心理学是不是科学的唯一尺度。③

可以说,心理学正是通过使用实证的研究方法而确立了自己的科学性质和科学地位。德国的心理学家冯特,他于1878年在德国莱比锡大学建立了世界上第一个心理学实验室。这被后来的心理学史学家当作了科学心理学诞生的标志。那么,心理学研究运用了实证的方法或者实验的方法,就成了衡量心理学学科的科学性的基本标尺。这表明了实证方法在心理学研究中的中心地位。④⑤ 许多的心理学家都持有方法中心主义的立场和观点。心理学中的方法中心主义就是把科学方法在心理学研究中的运用与否,看作心理学是不是科学的基本标准。

实验的方法被认为是现代科学心理学建立的标志。在心理学研究中,实验的方法是指对所探索的人的心理行为进行定量的考察、分析和研究。通过研究者控制实验条件,来观察研究对象的实际变化。这包括实验的技术手段或实验的工具仪器,也包括实验者的感官的实际观察。实验的方法对于其他自然科学的发展来说,是至关重要的。或者说,对于自然的对象来说是客观的,精确的。但是,对于人的心理来说,人的

---

① 葛鲁嘉. 大心理学观——心理学发展的新契机与新视野[J]. 自然辩证法研究. 1995 (9). 18–24.
② 葛鲁嘉. 心理文化论要——中西心理学传统跨文化解析[M]. 大连:辽宁师范大学出版社,1995.10.
③ 葛鲁嘉. 中国心理学的科学化和本土化——中国心理学发展的跨世纪主题[J]. 吉林大学社会科学学报. 2002 (2). 5–15.
④ 郭本禹(主编). 当代心理学的新进展[M]. 济南:山东教育出版社,2003.166.
⑤ 叶浩生(主编). 西方心理学研究新进展[M]. 北京:人民教育出版社,2003.28–35.

意识自觉的心理活动，却是观察者所无法直接观察到的。这给心理学的实验研究带来了很多的困难和障碍，也使心理学的实验研究一直在寻求更好的方法和工具。

作为科学心理学的研究方法，实证的方法或实验的方法都是建立在如下的几个基本的理论假设或基本的理论前提的基础之上。这些基本的理论前提或理论假设决定了心理学研究方法的基本性质和基本功能。当然，这些理论前提或理论假设可以是明确的，也可以是隐含的，是研究者所没有意识到的。但是，无论是明确的还是隐含的，这些理论前提或理论假设都会影响到关于对象的研究视野、研究方式、研究结果等。其实，心理学哲学和理论心理学的研究，就在于揭示和评判这些理论前提或理论假设，使之明确化和合理化。

一是客体与主体的分离。或者说，是研究对象与研究者的分离。这是为了保证研究的客观性，是为了消除研究者的主观臆断。那么，心理学的研究者在研究心理行为的过程中，就必须把心理学的研究对象看作客观的存在。心理学的研究就必须是对心理行为的客观的描述和说明。问题在于，心理意识与物理客体存在着根本的不同或区别。人的心理意识的根本性质在于"觉"。无论是感觉、知觉，自觉、觉悟和觉解，都具有觉的特性。当然，在科学心理学传统的研究中，对感觉的研究是在研究"感"，对知觉的研究是在研究"知"，对自觉的研究是在研究"自"，而不是在研究"觉"。更不用说觉悟和觉解，根本就不在心理学的研究范围之中。因此，在心理学的研究中，一直存在着把人的心理物化的倾向。

二是感官和感觉的确证。科学心理学对于人的心理行为的研究，必须是客观的呈现和描述，在心理学的研究中，定量的研究和定性的研究都是建立在客观观察的基础之上。那么，无法直接观察到的意识活动和内省活动，就曾经被排斥在心理学的研究对象之外。这使心理学的研究不得不把人的心理许多重要的部分排除在研究的视野之外。或者说，在心理学的研究中，通过还原论的方式，把人的高级和复杂的心理意识都还原为实现的基础之上。如物理、生物、神经、社会的还原，以及文化的还原，等等。

三是立场和价值的中立。实证心理学的研究性质是通过实证研究方法来确立的。通过强调客观的描述，而强化了不持有立场的心理学研究的客观性，以及不采纳价值的心理学研究的中立性。这实际上忽略的是研究者的价值负载和价值取向。立场和价值的中立性就通过心理学通过自身采纳的研究方法而得到了贯彻。价值无涉是心理学以方法为中心的最为直接的后果。其实，前面所涉及的客体与主体的分离，感官和感觉的确定，都是奠定了对立场和价值的剥离。

上述的前提和假设为心理学研究的科学化或实证化带来了可能，但是同时也带来了关于心理学研究对象的某种扭曲、忽略、偏离。那么，怎样才能够在心理学的研究方法方面确立其合理性，就成为心理学方法论的十分重要的课题。

第六节 关于技术的思考

尽管科学与技术是紧密关联的，但是两者却存在着重要的区别。首先是科学的目的与技术的目的是有所不同的。科学的目的与价值在于去探求真理，揭示自然世界或现实世界的事实与规律，求得人类知识的增长；技术的目的与价值则在于去改变世界，是通过设计与制造各种技术工具或人工事物，以达到控制自然、改造世界、增长社会财富、提高社会福利、增加人类福祉的目的。

其次是科学的对象与技术的对象不相同。科学的对象是自然界，是客观的、独立于人类之外的自然系统，包括物理系统、化学系统、生物系统和社会系统。科学就是要研究它们的结构、性能与规律，理解和解释各种自然现象。技术的对象则是人工的自然系统，即被人类加工过的、为人类的目的而制造出来的人工物理系统、人工化学系统、人工生物系统和社会组织系统等。

再次是科学的语汇与技术的语汇不相同。科学与技术在处理问题和回答问题时所使用的语汇有很大的区别。在科学中只出现事实判断，从来不出现价值判断和规范判断，只出现因果解释、概率解释和规律解释，不出现目的论解释及其相关的功能解释。因而，科学只使用陈述逻辑，技术回答问题就不仅要使用事实判断，而且要进行价值判断和规范判断，不仅要用因果解释、概率解释和规律解释，而且要用目的论解释和相关的功能解释。

最后是科学的规范与技术的规范不相同。科学与技术有着不同的社会规范。科学共同体的基本规范有普遍主义、知识公有、去除私利和怀疑主义等四项基本原则，技术的发明在一定时期内却是私有的，属于个人或专利人。科学无专利，保密是不道德的，而技术有专利，有知识产权，泄露技术秘密、侵犯他人专利、侵害知识产权等，都是不道德的，甚至是违法的。

关于技术的理论反思是属于技术哲学的探索。有研究指出，技术哲学的问题涉及下列六个方面的内容：一是技术的定义和技术的本体论地位，二是技术认识的程序论，三是技术知识结构论，四是常规技术与技术革命，五是技术与文化，六是技术价值论与技术伦理学。[1]

学术界一直存在着技术"中性论"与技术"价值论"之争，即技术到底是价值中立的还是负载价值的。之所以有这样的争论，主要源于对技术本质的不同理解。换句话说，技术中性论者与技术价值论者眼中的技术之间存在着"知识分裂"，这一点可能是造成两者不能达成共识的根本原因。

在技术中性论者看来，技术即工具、手段。技术中性论者并不否认技术的应用和技术的应用后果是有善恶之分的，是存在价值判断的，但技术本身作为技术工具、手段却是价值中立的。中立的技术工具只有效率高低之分，而不应从善恶等价值尺度出发去衡量，即应该把技术本身同技术应用区别开。

技术价值论主要表现为社会建构论和技术决定论两种观点。从社会建构论者对技术本质的理解出发，自然会得出技术是负载价值的结论。现代技术自主地控制着社会和人，决定着社会发展和人类命运。技术成为一种强大的力量，左右着人类的命运，技术的发展和进步无须依赖人类的力量和社会的因素，技术有着自身独立的意志与目的，负载着独立于人的客观价值。

技术价值论主张内在价值与外在价值的统一。从过程论的观点来

---

[1] 张华夏、张志林.从科学与技术的划界来看技术哲学的研究纲领[J].自然辩证法研究，2001（2）.31-36.

看，显示技术最初表现形态的技术发明不是单纯的手段，而是合目的的手段，手段承载了人的目的，因此也就承载了人的价值。体现在技术手段中的人的价值也是潜在的，是没有成为现实的价值，因此技术发明不仅体现了内在的客观价值，同时也体现了外在的社会价值。从技术发明到生产技术是技术形态的又一次转化，技术发明转化为生产技术的过程，是技术的社会价值实现的过程，即技术原理与技术发明中所承载的潜在价值转化为现实的过程。[①]

任何心理学的应用都要涉及两个水平，也就是专家的水平和常人的水平。专家掌握的是科学，而常人掌握的则是常识。专家的水平决定了应用的性质和程度。常人的水平则决定了应用的结果和成效。专家的水平取决于两个方面。一个是职业道德，一个是专业水平。因为心理学的应用会干预到常人的日常生活，会影响到常人生活的性质和内容，所以专家必须遵守职业道德，才能够保证其研究成果为常人所用。因为心理学的应用是专业的应用，所以应用所能达到的结果是与专家的专业水平直接有关的。常人的水平取决于从科学到日常的转化。心理学的应用是针对日常生活中的普通人的。

那么，任何涉及人的科学应用，都必须考虑到人不同于其他的自然物。人具有自觉性、主动性和创造性。所以，人不是可以任意由研究者所改变的。显然，心理学的应用就必须要考虑到从科学到日常的转化。这主要涉及三个方面。首先，从科学理论到日常语言的转化。心理科学使用的是科学的语言，或者说是规范化的心理学术语。这样的语言或术语都有着十分严格的定义，或者说都有着确切的内涵和外延。而普通人的日常语言则是随意的，多义的。但心理学的应用常常是要由常人掌握了心理学的知识才得以进行，这就必须使科学理论能够转化为日常语言。其次，从科学方法到日常方法的转化。心理科学是使用科学的方法来了解人的心理行为。科学的方法都是规范的方法。但是，常人在日常生活中则是通过日常的方法来了解自己和他人的心理行为。这就要涉及怎样使科学的方法转化为日常的方法。最后，从科学技

[①] 张铃、傅畅梅. 从技术的本质到技术的价值［J］. 辽宁大学学报（哲学社会科学版），2005（2）. 11-14.

术到日常技术的转化。心理科学是使用科学的技术手段来干预人的心理行为。那么，科学的技术手段都有严格的限定。而普通人在日常生活中都是通过日常的技术来达到自己的目的。这就要涉及从科学技术到日常技术的转化。

第二章 心理学方法论的原则

心理学方法论立足于一些基本的原则。这些原则曾经支配着心理学的具体研究，并且给心理学带来了重要的研究构成、研究内容、研究方式和研究后果。心理学研究中的内省主义、还原主义、文化主义、女性主义和共生主义，都是心理学探索和研究中最具有影响力的方法论原则，并且至今仍然还会有不同样态的变形和转换，对于心理学有着不同程度的影响和作用。因此，之所以将其当成是心理学方法论的原则，不仅有着历史借鉴的价值和意义，而且有着当代演变的影响和作用。

第一节 心理学研究的内省主义

在心理学的历史传统之中，以及在心理学成为实验科学的早期，内省主义的方式、实验内省的方法，曾经一度在心理学的研究中占有着主导的地位，成为心理学研究的核心方法，支配了心理学的具体研究。因此，内省主义的原则在心理学研究的历史发展中，成为研究的方法论支柱。心理学的研究曾经是将内省主义的方法论原则和实验内省的方法，当作心理学最为重要的方法论。即使是在心理学科学化的进程之中，驱逐了内省主义，但是其仍然潜移默化地存在于心理学的基础和应用的研究之中。

一 研究的传统

中国本土传统心理学的独特之处和突出贡献，在于给出了揭示人的心灵性质和活动，以及提升人的心灵修养和境界的内省方式。这种内省方式提供了心灵把握自身、引导自身和扩展自身的理论、方法和技术。

这种内省的现代启示性在于可以达到对人的心灵的普遍性的了解和把握，可以达到心理学探索的知识和价值的统一，可以达到心理学与日常生活的密切结合。这是一种强有力的传统，给中国现代心理学的建设提供了深厚的文化资源。

涉及中国本土的心理学传统，曾经有一种比较流行的观点认为：按照科学心理学来衡量，在中国文化历史的长河中并没有心理学，而只有一些心理学思想；按照科学心理学来衡量，心理学史应该是科学史，有关心理的具有明显科学性的思想才应该算是心理学思想。① 这种观点所导致的结果，便是在研究中仅仅按西方实证心理学的框架来切割和筛淘中国古代思想家的思想，仅仅为引入的西方实证心理学提供某些中国经典的例证和中国历史的说明。

这种研究主张实际上并不是合理的观点。② 必须放弃西方实证心理学的参考构架。这样才能够看到，尽管在中国的文化土壤里，并没有生长出实证科学的心理学，但中国也有自己本土的心理学传统。中国本土的心理学传统与西方实证的心理学传统一样，也具备了解人类心理的方法，解释人类心理的理论和干预人类心理的手段。当然，二者之间探索的内容有所不同，研究的方式也大相径庭。

那么，作为根源于本土文化的独立和系统的心理学探索，中国本土的传统心理学便有着自己的探索内容和研究方式，而其探索的内容和研究的方式又是一致的。可以认为，中国本土传统心理学的独特之处和突出贡献，在于给出了揭示人的心灵性质和活动，以及提升人的心灵修养和境界的内省方式。

西方近代以来的自然科学传统建立在物理主义和实证主义的基础之上。物理主义的世界观把科学探索的世界看作由物理事实所构成的，世界相对于人而言是异己的世界，但人可以通过外观和外求来认识和把握世界。这种科学传统也被引入西方现代心理学之中。西方主流心理学把人看作其他的自然物，把人的心理看作物理，并通过外观和外求来认识和把握人的心理。

---

① 高觉敷（主编）. 中国心理学史 [M]. 北京：人民教育出版社，2008.1-2.
② 葛鲁嘉. 中西心理学的文化蕴含 [J]. 长白论丛，1994（2）.25-28.

中国本土的传统心理学则与此不同。它并非把世界看作对人来说异己的世界，而是看作与人的心灵内在相通的和一体化的世界。所以，人就无须通过外观和外求来认识和把握世界，而是通过内观和内求来体认和呈现世界的根本。这强调了人的心灵的自觉或体悟。通过心灵的自觉和内在的超越来引导个体的心灵活动，提升个体心灵的境界，以体认终极本体，获取人生幸福。因此，中国本土的传统心理学注重的是意识的训练、内心的修养、心灵的觉悟。

二　内省的方式

作为心理学的研究方法，心理学家对内省有不同的理解和不同的对待。正是这些不同的把握和不同的运用，使人们很难看清内省方法在心理学中的地位和前途，导致在心理学发展过程中对内省的褒贬不一和长期争执。因此，澄清这些分歧就尤为重要。

第一种理解是把内省等同于自我观察。在心理学的方法中，可以分离出一类方法叫观察法。而在观察法中又可以区别为客观观察和主观观察（也称为自我观察）。内省也就是主观观察或自我观察，是人对自己的心理行为的直接了解和陈述。这种分法表面看起来很明确，实际却存在着严重的问题。关键就在于，无论是客观观察和自我观察都同样属于观察，都可以按观察来对待。然而，从客观观察的角度，观察是指观察者对所观察的对象的感官印证或把握。所谓自我观察则超出了这个含义。一方面，观察者可有对自身心理行为的感官印证和把握；另一方面，人又可以有心灵的自觉活动，并非通过感官的印证和把握。例如，人内心的观念活动是人自己看不见的，只能通过心灵的自觉活动印证和把握到。这与客观观察意义上的观察根本不是一回事。因此，把内省等同于自我观察，实际上混同了完全不同的含义。

第二种理解是把内省等同于自我意识。这样的理解在于肯定了人的心理具有意识的属性，而意识也能够以自身为对象。人可以通过自我意识来觉知自己内心的感觉、感情、意愿、意向，等等。这种理解也同样存在着问题。关键在于，只要把内省等同于自我意识，那么把内省作为心理学的研究方法，就要建构在划分客我和主我的基础之上。客我是被主我觉知和把握的对象，是被知和被动的。主我则是觉知和把握客我的发出者，是主知和主动的，但却在研究的视野之外。主我可以有后退的活动，把自己放入客我，但仍有发出这一活动的主我脱离出被觉察的心理活动。应该指出的问题是：主我分离出去之后，客我是否就是人的心理活动的原貌；由隐藏着的主我提供的研究内容，是否就是可以公开认证的研究资料。答案不可能是肯定的。

第三种理解是把内省看作人心灵的存在和活动方式。立足于人的心灵具有的自觉性质，自觉活动，能够将内省确定为一种心理学的研究方式。这样的研究方式强调的是人的心灵的自我呈现、自我引导、自我扩展、自我提升和自我超越。那么，内省就不是心灵把自己的一部分分离出去作为对象，然后通过内省予以了解和描述。内省是心灵直接针对自身的活动，心灵本身仍然是一个完全的整体，并通过内省来把握、扩展和提升自身。这种对内省的理解，是中国传统心理学的理解。

在分析了把内省作为研究方式的三种不同的理解之后，还必须进一步地探讨，西方的心理学传统也采取过内省的方法，那么中国的传统心理学的内省方式与之有什么不同呢？最根本的不同在于，西方的心理学传统采纳内省的方法，是以分离研究主体和研究客体或是以分离研究者和研究对象为特征的。中国的传统心理学则没有这样的区分，而是强调一体化的心灵自觉活动，或者说是一体化的心灵内省方式。

西方科学心理学采取过实验内省的研究方法、言语报告的研究方法。但是，仔细地追究却可以发现，实验内省法中的内省，言语报告中的报告，都不是研究者采取的研究方式，而是被研究者呈现自己的意识经验或内心过程的手段。作为研究者来说，被研究者的内省提供的仍然是其客观观察和实验的对象，或者说研究者仍然是通过客观观察和实验来获取和分析被试的资料。当研究者的客观观察和实验的方法是合理的，无论被研究者是通过行为还是通过内省来呈现其心理，只要适合于观察和实验就足够了。行为主义心理学家放弃内省，是因其无法为观察和实验提供有效的资料。

中国本土传统心理学的内省方式则没有区分出研究主体与研究客体，或者研究者与研究对象。每个人的生存和发展都必须是通过内省的方式来得以进行。这就是心灵的内在超越活动，使本心得以呈现，境界得以提升，心灵得以丰满。在这里，没有旁观的、中立的、客观的、冷漠的研究者，而只有超越自我、大公无私、心灵丰满的人格典范。在这里，没有与己无关、自行演变的研究对象，而只有心灵自觉、体悟人生的成长历程。

在分析了研究者和研究对象的分离性和一体性的问题之后，还必须更进一步地探讨有关心灵的基本的理论设定。中国本土传统心理学的基本理论设定，在于人的心、性、命、天的内在贯通融合。这使人的心灵活动朝向于如何内在地扩充自己，提升心灵的境界，使一己之心扩展为天地之心。这就决定了一种特有的心理学传统。

西方科学心理学诞生之前的哲学心理学也曾设定了心灵的实体，以此来演绎和推论心灵的性质和活动。由于事先把心灵分离出去作为观照的对象，因而建立的仅仅是概念化的思辨体系，这种思辨体系存在着两个致命的缺陷。一是无法确证有关对象的理论解说是否客观，这是缺乏实证方法的问题。二是无法按照有关对象的理论解说来控制和改变对象，这是缺乏技术手段的问题。西方实证心理学诞生之后，便彻底放弃了形而上学的思辨，而开辟了描述对象的实证方法和干预对象的技术手段。

中国本土的传统心理学则并没有把心灵分离出去作为观照的对象。因此，尽管其设定了心灵的本体，但也给出了心灵本体呈显自身或者个体体认本心的进路。那么，一方面，中国本土的传统心理学以其独特的理论解释和精神修养，把西方实证心理学所抛弃的超验的存在和所探索的经验的存在，变成了一个活的整体。与西方实证心理学外观人的心理不同，中国本土传统心理学给出了内求超越的心灵发展道路。另一方面，中国本土传统心理学以其独特的理论解释和精神修养，把西方实证心理学所分割的个体存在和超个体的存在融合在了一起。与西方实证心理学重视个体有所不同，中国本土传统心理学给出了个体与世界相和谐的心理生活道路。

中国本土传统心理学的根本之处，在于使每个人都能够成为真正意义上的人。这可以通过内省的方式去觉解生存的意义，去体认更高的存在，去成就天人合一的境界。在中国文化传统中，儒家、道家和佛家均认为，心灵与天道是内在贯通的。那么，心灵对天道的把握就不是外求而是内求。内求就是觉解、呈显，体认本心、本性、天命、天道，即儒家所说的"下学上达"，道家所说的"照之于天"，佛家所说的"明心见性"。实际上，心灵与天道的内在贯通是潜在的，是求则得之，舍则失之。因此，存在着人的精神境界的高下之分。

在探讨了有关心灵的基本理论设定，还必须更进一步探讨内省的性质。西方的心理学传统所运用的内省属于狭义的认识论和方法论，仅关乎觉知和了解心灵的活动。中国的心理学传统所运用的内省则属于生存论和心性论，其关乎生存的意义和心灵的境界。

中国本土的心理学传统论及内省，在于体认本心或内求道体。有关这种内省方式的提法则有很多，如反身内求、反求诸己、尽心、体道、明心、觉悟、顿悟、豁然有觉、豁然贯通，等等。这种内省方式不是要获取有关心灵的知识，而是要印证生存的道理，体悟人生的境界。强调的是心灵自悟的直觉，亦即心灵的自我觉解和心灵的自我呈现。强调的是"以内乐外"的体验，非外物引动的情感，而是体道的至乐体验。强调的是"正心诚意"的志向，非物欲和私心，而是崇高的精神志向。[①]

例如，儒家的孟子所说的"尽心、知性和知天"。"尽心"涉及两个重要的方面：一是本心的自觉，称作思，二是心性的修养，称作"养"。[②] 心的作用是思，亦即内省反思，求其内心的善性。孟子说："耳目之官不思、而蔽于物。物交物，则引之而已矣。心之官则思，思则得之，不思则不得也。此天之与我者。先立乎其大者，则其小者不能夺也。"[③] 思则得之，就是呈显人心中的善性。然而，人的本心则易受物欲和习性的蒙蔽。这就要进行心性的修养，亦即根本转变人的气质习性。显然，孟子的"尽心"便体现了中国本土的传统心理学的特有内省方式。

在探讨了有关内省的性质之后，还必须更进一步探讨内省方式的特征。中国本土传统心理学提供的内省方式是极其独特的。首先，这种内省方式与其理论阐释是一体的。中国本土传统心理学对人类心灵的理论阐释不仅仅是一种理论知识，而是心灵的活动方向和活动方式。那么，掌握了这样的理论，便引导了内省的超越活动。这是一种生活的道理，

[①] 蒙培元. 儒、佛、道的境界说及其异同 [J]. 世界宗教研究，1996（2）. 17-20.
[②] 陈庆坤（主编）. 中国哲学史通 [M]. 长春：吉林大学出版社，1999. 63.
[③] 孟子·告子上。

是一种生活的方式，也是一种生活的境界。因此，中国本土的传统心理学给出的理论，只能通过内省才能得以体悟印证，只能通过内省才能得以贯彻实行。

其次，这种内省方式与干预手段是一体的。中国本土传统心理学正是以其特有的内省方式来引导人的内心生活，促进人的心灵成长，提升人的心灵境界。这种对人的心理的干预不是外在强加给人的，而是人的内在成长历程。这给了人以心灵的自主权，使之通过内省活动来塑造自己的生命历程，觉解自己的生命意义。

总之，中国本土传统心理学提供的内省方式，就是心灵的存在和活动方式。那么，了解、说明、干预的方法、理论、手段都融合在了这种内省方式中。这提供了心灵把握自身活动的性质和过程的方法，提供了心灵引导自身活动方向和内容的理论，提供了心灵提高自身活动的境界和丰满程度的手段。

三 现代的启示

中国本土传统心理学的内省方式是非常独特的。其采用的方法不是外观对象的客观方法，而是心灵自觉活动的呈现。得出的理论不是纯粹思辨的概念体系，而是心灵体悟印证的生活道理。给予和实施的干预不是外在强加给心灵的，而是心灵的自我扩充和自主提升。那么，这种独特的内省方式有什么重要的现代启示性呢？为了回答这个问题，必须先要解决如下两个问题。

首先，尽管可以将中国本土传统心理学称为"传统的"，或者将其看作"古代的"心理学，但这并不是说，随着时代的发展和历史的进步，这已经成为历史的陈迹和收藏的古董。这里所说的"古代的"或"传统的"，是指其早就产生出来了，并且是一种古老的或传统的形态。并且，其并没有消亡，而是有着强大的生命力，一直延续了下来，并广泛地渗透到中国的民俗文化之中。即使是在近代，中国引入了西方现代科学心理学之后，这一"古代的"或"传统的"心理学也没有被终结、被替代、被抛弃，而是依然存有其影响力。当然，可以肯定的是，这种"古老的"或"传统的"心理学，还没有被合理地揭示出来。

其次，尽管可以把中国本土的传统心理学称为"古老的"或"传统的"，但这也并不是说，就应该将其看作或当作前科学、非科学甚至是伪科学的东西而加以扬弃。毫无疑问，如果按照西方实证科学的心理学来衡量，中国本土的心理学传统显然不属于科学的行列，其至多不过仅有某种萌芽形态的科学思想。但是，如果放弃这种参考构架，便可以看到，中国本土的传统心理学也是一种具有某种合理性和有效性的心理学。其以特有的理论、方法和手段而介入了中国人的心理生活。中国的现代心理学是从西方引入的，这种西式的心理学建立了一个围墙，这个围墙阻挡了中国本土文化的渗入。心理学本土化的努力就在于打破这个围墙，还中国本土传统心理学以应有的地位。

中国本土传统心理学的内省方式的现代启示性可以体现在如下三个方面。首先，这种内省方式可以达到对人的心灵的普遍性的了解和把握。西方实证科学的心理学通常回避和排斥内省，关键在于内省的主观性和私有化的特点。内省的主观性常常是与虚假性或不真实性相联系的。内省的私有化常常是与个别性或非普遍性相联系的。

西方实证心理学的传统把人的心理看作客观性的存在，而认为对人的心理的科学研究就是感官经验的实证。然而，这实际上并没有完全涵盖心理学的研究对象和研究方式。由于人的心灵自觉的性质，人的心理还是主观性的存在，而对其进行研究还可以是内省经验的体证。关键的问题有两个：一是客观性存在和主观性存在的真实性问题，二是感官经验和内省经验的普遍性问题。前者涉及心灵的性质，后者涉及科学的性质。心灵的性质在于其是真实性的存在，而不在于其是客观性的还是主观性的存在。科学的性质在于达到经验的普遍性，而不在于其是感官经验的还是内省经验的普遍性。

中国本土传统心理学则给出了通过内省而达于普遍性的途径。如果仅仅把内省看作个体觉知和体察内心活动的方法，那内省就无法消除其私有化的特点。但是，如果把内省看作心灵自我超越的生活道路，那就有助于达到内省经验的普遍性。因为，无论哪一个体，只要按照这种内省方式，就可以实现一种普遍共有的结果。这无疑会引导心理学的研究走向另一条不同的路径。

其次，中国本土传统心理学的内省方式可以达到心理学探索的知识与价值的统一。西方实证科学的心理学通常回避和排斥价值，以保证心理学知识的客观和价值中立的性质。实证心理学分离了研究者和研究对象，强调对人的心理进行客观的考察，坚持价值无涉的研究立场。这是西方近代以来的自然科学的发展而具有的一种思想倾向。知识与价值的分野，以及给知识戴上了力量的王冠，也许大大强化了人对物理世界的探索和征服，但也造成了物理世界与属人世界的割裂和疏远。当这种探索和征服扩展及属人世界时，知识更彻底脱离了人，并凌驾于人了。实证心理学在关涉人的心理时，由于回避和排斥价值，而有两个直接的后果。一是难以深入探索被研究者的价值取向问题，二是难以给出合适的和有益的价值导向。

中国本土传统心理学的内省方式则强调心理学探索的主客一体性，立足于心灵的自觉活动，给出了心灵的内在发展道路。这本身就内含着价值取向，提供的是价值追求和实现的道理和途径。显然，这没有分离知识和价值，而是将其合为一体。心灵的自觉活动、心灵的自我超越、心灵的自我提升，这都是关涉价值的探索。这不仅涉及每个人所拥有的价值追求，也涉及心理学可提供的价值导向。

最后，中国本土传统心理学的内省方式也可以达到心理学与日常生活的密切结合。西方实证科学的心理学通常与日常生活存有距离，而坚持心理学纯粹学术的性质，这是通过实证方法来探求人的心理，通过技术手段来干预人的心理。也就是说，实证科学的心理学不能直接进入人的日常生活。人要想科学地了解、说明、干预人的心理世界，就必须成为专业的心理学家，接受心理学知识、方法和技术的训练。

中国本土传统心理学的内省方式则使心理学很自然地成为生活中的心理学。这没有分离出研究者，也没有分离出一个纯粹的学术领域，而是提供了生活和人格的典范，提供了一个所有人都可以参与其中的生活道路。这是一种"日常人性的心理学"[1]。可以说，中国本土传统心理学的内省方式是把"实验室"放在了人的心中，是把心理学引入了日常生活。

总之，中国本土传统心理学的内省方式既是中国人日常心理生活的方式，也是中国本土的思想家探索人的心灵活动的方式。这是一种强有力的传统，给中国现代心理学的建设提供了深厚的文化资源。那么，延

---

[1] Murphy, G. & Murphy, L. *Asian Psychology* [M]. New York: Basic Book, 1968. 128.

续这一传统,挖掘这一资源,开拓新的道路,就是中国心理学家的一个使命。

第二节 心理学研究的还原主义

在心理学的研究中,还原论一度非常盛行。正是因为心理的存在与其他的存在有着密切的关系,也正是因为心理的存在可以归因于其他的存在,还原主义就成为主导心理学研究的重要的理论原则。还原主义的问题涉及研究的还原主义,还原主义的体现包括了物理主义的还原,生物主义的还原,等等,重要的问题在于还原主义的理解,在于还原主义的去留。

一 研究的还原主义

实际上,还原可以成为研究的方法,可以成为研究的原则,也可以成为研究的思路。在心理学的研究之中,无论是方法、原则,还是思路,都曾经有过对还原主义的不同的贯彻和体现。

还原论是心理学方法论的必然选择之一,但并不是适用于研究所有心理学问题的方法论,而是有着自己适用的边界范围与特定的前提条件。具体说来,还原论有两个基本的思想前提与理论预设:(1)世界是由低级向高级发展的层级系统,心理现象、行为现象与物理现象、生理现象是不一样的,这一点已经得到学界的普遍认同;(2)这些层级之间是连续的,低层级事物与高层级事物之间存在着因果关联。事实上,还原论之所以能揣着足以致命的顽疾而依然生机勃勃地存活在心理学中,其根本的原因是到目前为止,人们尚无法找到一种更为行之有效的方法论来取代它。[①] 有研究者对还原论的更广义、较狭义、最狭义三个层次进行了探讨。

第一个层次是更广义的还原论。这是对自然的一种哲学思考,一种探索自然的哲学研究纲领。人类在对自然的探索中,逐渐形成了一些使大多数人都认可的解释自然的模式,即认为自然界中的各种现象有一种潜在的基础规律,比其表面实在更为根本。科学的目的就是要揭示这种

---

① 杨文登、叶浩生.论心理学中的还原论[J].心理学探新,2008(2).7-10.

潜在的规律来解释自然，这种解释自然的模式便是更广义还原论。更广义还原论的最基本内涵是，自然界中所有的现象都能够被还原为某种自然的基本规律，其总体特征就是自然的复杂性的祛魅。

第二个层次是较狭义的还原论。这是多视角探索自然规律的方法论。更广义还原论伴随着具体科学的进步，也呈现出多视角探索自然规律的具体形态，这也就是较狭义层次上的还原论。首先是本质还原论。本质还原论主张，现实中的一切最终仅仅由一种东西所构成，这种东西可能会是神灵、精神或物质。其次是方法还原论。这种还原论是和作为研究现象方法的分析相关联的，即将一个复杂的整体，解构成该整体更为简单的部分或认识一个现象更低层次的基础，然后研究这些部分或基础的特征和组成，了解其是如何运作的。再次是结构还原论。这种还原论涉及组成一切基本结构的层次问题，其基本主张是，所有现实中的并非真实的结构都可以还原成物理结构。最后是描述还原论。这涉及对现象的再解释，被还原的观点的术语不得不被转换成新的还原观点的词汇。

第三个层次是最狭义的还原论。这是不同学科之间不同层次理论的演绎，是一种科学认识论的模型。这种最狭义的还原论是试图在不同的理论间建立起某种科学认识论的模型。那么，迄今为止，最狭义的还原论仍是还原论探讨的最主要的方向。对于还原论的概念并不能单从某一个层次来理解，因为，还原论概念的三个层次并不是彼此孤立的，而是在还原论思想的发展过程中既有联系，又有区别，是一种辩证统一的关系。这正体现了还原论概念的多面性和广泛性，共同彰显着还原论的本质性含义。[1]

还原论或还原主义可以体现在不同的层次上。这在心理学的研究中也是如此。心理学实际上在思想方法、理论建构、心理理念等不同层次都有不同的还原主义或还原论的体现。进而，还原主义也就可以成为心理学的不同方面的支配性的、支持性的研究原则和理论预设。尽管还原论是一个总体性的原则，但却可以呈现出立足于不同基础的还原主义的主张。

---

[1] 严国红、高新民. 还原论概念的多维诠释 [J]. 广西社会科学, 2007 (8) .48-52.

二 物理主义的还原

有研究指出,在本体论的方面,物理主义将自然中的一切事物、性质和关系都看作依赖于、附随于或者实现于物理的事物、性质和关系。在解释的方面,则坚持各门知识以物理学为基础组成一个解释的等级结构,其中每一个层次的现象都可以由较低层次的现象得到解释,而物理学则是所有这些解释的最终根据。这种物理主义的立场反映在当代心灵哲学的研究中,就是一方面在本体的层次对心身关系从还原的物理主义到非还原的物理主义的种种解决方案,另一方面在理论的层次对常识心理学或者大众心理学这种"心的理论"能否被还原为低层次自然科学理论,或者是否与低层次自然科学理论相一致的关于常识心理学及其所预设的信念、欲望等命题态度的实在性问题的探讨,以及心灵哲学家们对这个问题所作出的种种回答。[1]

有研究从哲学的角度考察了物理主义。研究指出,在认知哲学中,物理主义与心理主义形成了理论争论的基调和焦点。认知科学等众多子学科中,物理主义成了其行动本体与方法推论的主要论证基础。无论作为方法体系还是本体理论,物理主义显现了科学逻辑的谱系框架,它始终是重大哲学争论中的核心问题症结。

在哲学逻辑主义浪潮下的科学逻辑化或"统一科学"运动中,物理主义方法论是其核心纲领。统一科学的可能性在于,所有科学的规律都根源于基本的观察陈述,科学语言与物理过程可以有机地结合起来。统一科学的语言是物理学的语言,这种过程和方法,就被称为"物理主义"(physicalism)。因而,物理语言是所有科学的统一语言,"是物理主义的核心",而哲学的目的就在于用物理主义语言、凭借逻辑形式化的研究方法和路径,为科学研究创立恰当的语义框架和研究准则。通过把所有的研究翻译成科学化的或者物理学家的陈述,就能够消除一切无意义的形而上学。

对物理主义方法论进行理论化实践的主要人物有卡尔纳普。卡尔纳普师从弗雷格,也是继罗素和早期维特根斯坦之后哲学逻辑主义的主要

---

[1] 田平.物理主义框架中的心和"心的理论"——当代心灵哲学本体和理论层次研究述评[J].厦门大学学报(哲学社会科学版),2003(6).22-28.

代表。卡尔纳普指出，物理学的语言是科学的普适语言，任何门类科学的语言都可以翻译成对等的物理语言陈述，这种翻译规则就是逻辑。但是，无论是纽拉特还是卡尔纳普，他们把物理主义方法论应用于社会与心理问题时，都不可避免地暴露出一种唯形式主义或"唯科学主义"的内在缺陷。面对关于心理与意识的信念与行为问题，他们提出了统一科学的"行为主义"研究路径。①

实证的科学心理学在自己的起步的阶段，曾经把物理学当成了自己的榜样，当成了自己的标准。这在心理学史的研究中，被描绘为"物理学妒羡"。这除了心理学家希望心理学能够像物理学那样精密和可靠之外，也给心理学研究带来了物理主义还原的研究方式。显然，物理学所揭示的物理世界被认为是最为实在和可靠的存在，物理学所揭示的物理的规律是最基本的规律。因此，心理学在解说人的心理行为的过程中，就把心理行为的规律归结为物理主义的规律。

三 生物主义的还原

生物决定论常常导致的就是生物还原论的流行。这实际上是将人的心理行为的性质、特征、变化、功能等，都归结为是人类的生物机体的性质、特征、变化、功能。这曾经在心理学研究中变得非常流行。在很长的历史时段之内，生物决定论都支配着心理学的研究和心理学的解说。

生物主义的还原可以有不同的思想体现、理论形态、研究主张、核心观点。例如，有生物遗传的还原，将人的心理行为看成是生物遗传决定的结果；有生物本能的还原，将人类的心理行为都看成是根源于生物本能；有生物习性的还原，将人的心理行为还原为生物习性的链条；有神经系统的还原，将人的心理行为还原为神经生理的活动。

生物决定论是决定论思想的近代发展。决定论认为世界上一切事物都存在着普遍的因果制约性、必然性和规律性，其理论的核心假设是事发必有因，有因必有果，因果关联决定了事物发生、发展以及灭亡的整个过程。自然科学所遵循的决定论实质上还是一种机械主义的、物理学的决定论，被决定的范围还只是"自在"的自然界。随着生物学的迅

---

① 邹顺宏. 物理主义：从方法到理论 [J]. 自然辩证法研究, 2007 (12). 37-43.

猛发展及技术的不断进步，人们开始将决定论思想的触角延伸到人类自身。将生物因素当作解释动物或人类行为及其差异的主要甚至是唯一原因的理论就是生物决定论。心理学进一步将生物决定论观点运用到人类的心理、行为的解释中，认为人的心理或行为主要受人的生物因素所决定，人类的社会行为、人格乃至社会生活的基本方面都决定于这些个体或群体（种族的或人种的）生物因素，进而形成了心理学中的生物决定论。[①]

其实，还原论在心理学研究中的盛行，在很大的程度上是因为心理学还缺乏自己的独立的研究体系。对于心理学的研究来说，直接地借用其他相对成熟学科的研究，来解说人的心理行为，正是通过还原论的方式来进行的。这使得心理学的研究长期依赖于其他学科的研究方式和研究成果。例如，心理学的研究就曾经长期地依附于生物学和生理学的研究。[②] 那么，生物还原论就曾经长期地滞留在心理学的研究之中。这也就是把人的心理行为的性质、特征、活动机制、变化规律都还原为遗传的特性、生理的特性、生物物理的特性、生物化学的特性，等等。

生物决定论是远古决定论思想运用到人类心理与行为的解释过程中的一种理论形态，是从生物学角度解释心理学问题、将心理学理论还原为生物学理论时所产生的一种理论结果。在实践中，生物决定论为改善人类健康、预防与治疗疾病、了解人类战争与利他等社会行为的动机等均有不错的效果。在理论上，生物决定论为了解人类心理、行为的历史演进及其生物学基础、为解决复杂的心理学理论问题提供了一种新的视角，与社会决定论、文化决定论一道同自由意志论等非决定论思想之间形成了一种促进学术进步的张力。

四 还原主义的理解

有研究指出，还原论存在几种不同的类型：第一是"本体还原论"，如前所述，现今绝大多数哲学家都坚持唯物主义一元论，认为世界只存在一种实体，即物质。第二是"结构还原论"，即使宇宙只有一

[①] 杨文登、叶浩生. 心理学中的生物决定论探析 [J]. 自然辩证法通讯, 2009 (1). 16–21.

[②] 叶浩生. 有关西方心理学中生物学化思潮的质疑与思考 [J]. 心理科学, 2006 (3). 520–525.

个实体，但它又丰富多彩、包含各种不同的现象，每种现象都有自己特殊的结构，那么这些结构中哪一种最为根本和真实呢？结构还原论认为，物理现象或结构决定其他一切现象或结构，其他一切现象或结构都可以还原为物理现象或结构。第三是"理论还原论"，它指的是理论之间的一种关系，认为完全可由物理学术语来解释和代替其他理论。第四是"方法还原论"，它将分析作为科学研究的唯一方法。以上几种还原论并不始终一致，坚持本体还原论的哲学家同时可能是理论、结构、方法上的反还原论者；即使在本体、结构、理论上的还原论者也有可能主张方法还原论；但如果承认结构还原论的哲学家，那么他必定也赞同理论还原。[1]

关于还原主义的理解和分类，都是深入探讨还原论的必要的进程。可以说，在心理学的研究中，心理还原论的体现和分类还缺乏必要的研究。但是，可以肯定的是在中外心理学的研究中都有各种不同的还原的主张和观点。这已经成为解说人的心理行为的一个基本的理论原则。

正是因为人的心理行为与物理、化学、生物、生理、社会、文化等方面，都有着非常密切的关联，所以心理学研究关于人的心理行为的解说，就可以体现出不同的还原的层次和阶梯。也就可以区分出所谓的物理主义的还原，化学分析的还原，生物决定的还原，生理机制的还原，社会决定的还原，文化制约的还原，等等。

这实际上是设定了世界构成顺序的一个等级——在高端的存在可以向低端还原。或者说，低端的层级可以解说高端的层级。在心理学的研究中，还原论的设定常常受到批评或批判。但是，心理学实际上在很大的层面上是得益于各种不同的还原论。

心理学在自己的学科发展的历程中，曾经有过对其他相关学科的依附。那么，心理学与其他学科的关系，最初始的就是依附的关系。这种依附关系是心理学在独立之前的一种依赖的关系。当然，在心理学从不成熟走向成熟的道路上，这种依附的关系开始表现出来的是从属的关系，后来表现出来的是还原的关系。

在特定的还原关系的阶段，在心理学的研究中，盛行的是还原论的

---

[1] 史文芬. 心灵的还原[J]. 福建论坛（人文社会科学版），2006（3）.41-44.

研究方式。还原主义曾经在心理学的研究解说中，在心理学的方法论中，占据着支配性的地位。物理学看待世界的方式提供了物理世界的谱系。在这个物理世界的谱系中，有物理的存在、化学的存在、生物的存在、社会的存在、精神的存在。物理学也提供了理解物理世界的还原主义的立场。依据于这个立场，处于根基的部分对于其他的层面具有决定性的作用。或者说，对其他层面的说明和解释可以还原到基础层面的性质和规律。这导致了在心理学的研究中，十分盛行对心理的物化的研究，或者按照解释物的方式来解释人的心理行为。这成为心理学发展中的一个痼疾。

五　还原主义的去留

有研究指出还原论的思维方式已经在终结。研究表明，从近代科学产生至今，还原论不仅一直是科学思维中的重要成分，而且还在人类社会生活的各个领域支配着人们的思想观念。大约18世纪中叶以后，理论自然科学的发展全面证明了还原论的失败。但是，由于科学本身的光辉，直到今天还原论还被视为具有某种合理成分的方法论。实际上，只要正视科学的历史和现状，就不难得出这样的结论：还原论彻底终结的时代已经到来；未来科学的突破性进展，取决于摒弃还原论的程度。[①]

有研究指出，心灵哲学中的还原论是一般还原论的典型表现，也就是完全秉承了一般还原论的精神，强调低层级事件、状态、过程对高层级事件、状态、过程的先在性、决定性。反还原论赋予心灵完全的独立性、真实性，认为它是行为的原因，即使心灵的产生依赖于神经生理过程，也不可将之还原于神经生理过程。

反还原论对还原论的批驳，实际上是一种信念对另一种信念的批驳，与还原论相比，反还原论更缺乏理论逻辑和科学证据。尤其面对意识如何产生、意识与物质两种不同质的事物如何相互作用这些问题时，反还原论者暴露出严重的神秘主义和不可知倾向。相反，还原论的态度要科学严谨得多，具体来讲表现在以下两个方面。一方面，还原论倡导意识研究的科学机制。另一方面，还原论坚持彻底的一元论、反对各种

---

① 孙革. 还原论思维方式的终结 [J]. 哈尔滨师范大学自然科学学报，1995（1）. 108-112.

形式的二元论。[①]

按照目前人们的普遍看法，还原论可以区分为三个不同的层次：一是组成性还原论（或本体论的还原论），二是解释性还原论（或认识论的还原论），三是理论性还原论。组成性还原论是还原论最弱的命题，主张高层系统的物质组成同低层系统的物质组成完全一样，否认超物质的实在。解释性还原论是还原论的基本命题，主张要在尽可能低的层次上解释系统整体的行为。例如，在分子水平上理解生命现象就比在细胞水平上的理解更为可靠。理论性还原论主张，科学的进步就是把一个科学分支还原为另一分支的过程，试图以物理学或其他具体学科的规律统一整个科学，这是还原论最强的命题。

从历史的观点看，还原论如同机械论一样，在帮助人们贯彻唯物主义路线时起到过矫正的作用。但是，还原论所带来的益处，也仅此而已。从现实来看，还原论的思维方式牢牢地禁锢着人们的思想，已经到了严重阻碍人类认识进步的程度。在 21 世纪到来之后，人们期待着科学能如同 20 世纪末那样取得决定性的突破。[②]

批评或评判还原论，包括在心理学研究中批评和批判还原论，常常是一个明确的研究倾向。但是，真正能够合理地评判和评价还原论，却并不是一个简单的任务。那么，在心理学的研究中，怎样合理地界定和评价还原论的功过，是理论心理学研究中的一个极其艰难的任务。

因此，心理学理论研究，理论心理学的课题，都在于把握还原论要比取消还原论更为重要和更有意义。在表面上看，心理学研究中的还原主义是一种简单化的或简约化的研究处理。但是，在深层上看，心理学研究却借助于还原论而形成了自己的研究框架。并且，这也是将各自不同学科的相关的探索转换成了心理学的学术性资源。

六　共生主义的超越

在科学研究中，在心理学研究中，在对人的心理行为的研究中，分析、分离、分解、分裂常常占有重要的位置。这就是把原本作为一个整

[①] 史文芬. 心灵的还原 [J]. 福建论坛（人文社会科学版），2006（3）. 41-44.
[②] 孙革. 还原论思维方式的终结 [J]. 哈尔滨师范大学自然科学学报，1995（1）. 108-112.

体的对象进行了分门别类的细致的考察和研究。但是，问题就在于，把分析的方法转换成为一种研究原则，会导致对研究对象的扭曲和歪曲。为了克服这样的研究缺失，共生主义的原则应运而生。这是把原本为一个整体的存在，但是被人为分割成不同的部分，又重新组合和整合为一个整体。这就是共生主义的研究原则。

有研究指出了共生方式具有以下本质的特征：（1）本原性，每一个生命的终极存在只能是一种关系的存在，也就是共生的存在。（2）普遍性，共生现象是自然、社会、历史领域中最普遍的存在方式。（3）自构性，共生单元之间总是会按其内在必然的要求，而自发结成时间和空间上的共时性与共空性，以及不同单元的共享性与共轭性相统一的生存方式。（4）层次性，"你"、"我"、"他"与"它"是共生的，存在是分层次存在的。（5）共进性，万事万物，生生死死，生死与共，以至无穷。共生现象的存在总是意味着，各个共生单元之间既是彼此独立，又相互承认、相互依赖、相互促进、共同适应、共同激活、共同发展。（6）开放性，构成共生的基本单元都是不确定的，共生也并不是由同质的、一元的单元所构成的封闭的系统，而是在开放性的系统运动中，实现物质、信息和能量的有效交换与有效配置。（7）互主性，共生不同于共同，共同是以特定程度上的共同价值观和目标为前提，而共生则是异质者的共存。人类因共生共存而彼此之间具有互为主体性，当我作为我自身而存在时，他人也同样作为自身而存在，"我"与"他"彼此互依，自由共在。[①]

当然，关于共生和共生主义的理解，可以有不同的立足点和出发点，因此得出的结果也会各不相同。但是，可以肯定的一点是，共生已经和应该成为一个非常重要的理念和原则，并且可以贯彻在心理学研究等不同学科的研究中。这应该能够带来一个整体性和系统化的全新的把握。

其实，人的环境与人的心理就是一个共生的过程。这种共生的过程不仅是环境决定或塑造了人的心理，而且也是人理解或创造了自身的环境。任何单一的理解，都会带来对环境和对心理的片面理解。环境并不

---

① 吴飞驰.关于共生理念的思考［J］.哲学动态，2000（6）.21-24.

是独立于人的存在。同样，人也不可能是独立于环境的存在。人与环境应该是协同的发展。有了环境，才有依附于环境的人的心理行为。同样，有了人的心理行为，也才有归属于人的生活环境。

生态学的出现不仅是一个新的学科的诞生，而且是一种新的思考方式的形成。这种思考方式不仅是突破了传统的分离的、孤立的、隔绝的思考，而且是建立了联结的、共生的、和谐的思考。这种思考方式不仅带来了对事物的理解上的变化，而且带来了研究者的眼界和胸怀的扩展。这也是生态学方法论的意义和价值。生态学方法论已经超越了生态学学科本身，而延展到了各个学科的研究之中，包括延续到了心理学的研究之中。

生态的核心含义，生态学的核心指向，就是"共生"。所谓的共生不仅是指共同的生存或共同依赖的生存，而且是指共同的发展或共同促进的发展。其实，生态学的含义不仅包含有生物学、动物学和植物学的意义，而且包含着文化学、社会学和心理学的意义。当然，生态学的含义在一开始的时候，更多的是在生物学意义上的理解。只是随着生态学的不断进步和发展，其意义才开始扩展到了其他的学科领域，才开始进入人类生活的各个方面。其实，正因为有了生态的含义，才使得科学的研究和思考有了更为宽广的域界。因此，生态学也就成了方法论的存在。

第三节　心理学研究的文化主义

有研究认为，在心理学实际的发展进程中，大多数的心理学考察关注的是文化与心理的关系在动态过程中的稳定的部分，通常使用静态的术语使文化概念化，因此加强了对文化的刻板形象，这忽视了文化与人类心理过程相互作用的动态的发展变化的一面。为了更充分和更准确地理解文化与心理学之间的关系，在将来的研究中，有必要更明确地关注于文化与心理的动态交互作用过程。一些研究阐述了考察这个动态交互作用过程的几个策略。其一是考察目前的文化模式如何影响了人际交流过程，而这些人际交流过程又如何对目前文化的发展产生影响。其二是运用动态系统理论中的逻辑与数学工具，来考察人际互动在个体和文化水平上的纵向结果。①

但是，这种关于文化与心理学关系的探讨，是一种非常简单的相互作用或交互影响的定位。这实际上是关于文化与心理的关系的探讨，而不是关于文化与心理学关系的探讨。严格说来，所谓文化与心理的关系同文化与心理学的关系，既有相互的关联，也有彼此的区别。文化与心理的关系是指人类文化与人类心理之间的关联，而文化与心理学的关系则是指人类文化与心理学探索之间的关系。一个涉及的是心理学的研究对象，另一个涉及的是心理学的学科本身。这两个方面都是十分重要的。

文化学的研究是关于人类文化的考察和探索。这是针对人类文化或社会文化所具有的性质、构成、演变、发展、内涵、功用的研究。当然，文化学是一个多学科或大学科的研究领域。许多学科都要涉及文化的问题，都要涉及文化的研究。那么，文化学研究与心理学研究的关系，应该是两个学科的研究内容和研究结果的互涉的问题。

其实，在心理学的研究中，无论是关于人的心理行为的理解和解说，还是关于心理学学科的理解和解说，都会与文化产生重要的关联。在心理学成为实证科学的门类之后，心理学的研究曾经以物理学、化学为参考系，也曾经以生物学、生理学为根基和为依据。这似乎给心理学力求成为一门精密科学带来了希望。但是，心理学在这样做的同时，却常常会忽略了人的心理所具有的文化的性质和内涵。

那么，在心理学的研究中，文化心理学的兴起就至少可以关系到两个重要的方面。一个是关于心理学的研究对象的理解，另一个是关于心理学的学科本身的理解。前者使文化成为研究的内容，后者使文化成为研究的取向。前者是对象论意义上的，后者是方法论意义上的。同样，在心理学的研究中，关于多元文化论的探讨，关于多元文化论对心理学研究影响的探讨，也是非常重要的。

有学者考察了心理学中的文化意识的演变，认为心理学中的文化意识经历了跨文化心理学、文化心理学、文化建构主义心理学等三次重大的演变。跨文化心理学视文化为心理规律的干扰因素，认为跨文化的研

---

① 纪海英.文化与心理学的相互作用关系探析[J].南京师大学报（社会科学版），2007（4）.108-113.

究就应该力求"去文化";文化心理学则认为,心理就是文化的"投射",从而去寻求理论的"文化敏感";文化建构主义心理学进而认为,心理与文化是相互影响、相互建构的关系,因而更加关注"心理"、"意义"与"现实"的双向建构过程。①

跨文化心理学预设了贯通性、普适性的心理学规律的存在,"跨文化的"就是"贯通"所有文化的,也就是对所有文化都通用的。跨文化心理学的主要功能在于阐述适用于一切个体的规律,因为跨文化心理学家相信,在一定数量个体中的研究结果就代表一个逻辑层次,这将适用于一切个体,并因而适用于人性。所以,尽管跨文化心理学采用了跨文化比较的研究方法,但就其本质而言,这还不属于文化取向的研究范畴,而是一种完全的经验主义范式。

20世纪80年代末至90年代初,真正文化取向的心理学研究开始出现,其主要的理论形态就是"文化心理学（cultural psychology）"。与早期跨文化心理学谋求对理论的"去文化"不同,文化心理学的"文化取向"表现在以下三方面。一是把心理看作文化的投射。正因为将心理视为文化的投射物、对应物,文化心理学坚决反对跨文化心理学把文化作为寻找具有普遍意义的心理规律所要规避、排除、克服的"干扰因素"。文化心理学认为,人的任何内在的和深层的心理结构及其变化,不可能独立于文化的背景和内容,心理和文化既有着相对区分的各自不同的动态系统,又彼此贯穿、相互映射、相互渗透。心理学永远不可能将自己的研究对象与文化情境相剥离。二是凸显"文化敏感"对心理学研究的重要性。文化心理学不再以一种心理学理论为研究背景,去寻求理论在异域文化中的检验,而是从某种社会文化背景下特有的社会问题、心理问题出发,以社会化过程、人际互动过程为研究重点,以"本土心理学"取代"普遍性心理学"。随着文化心理学研究成果的不断增加,对心理的文化负载、文化内涵（content）的理解的不断深化,"文化敏感"对于心理学研究的重要性也愈益凸显出来。三是实地的研究方法由边缘走向中心。以对文化与心理关系的认识转变为导

---

① 杨莉萍. 从跨文化心理学到文化建构主义心理学——心理学中文化意识的衍变 [J]. 心理科学进展, 2003 (2), 220-226.

引，实地研究方法作为实验方法的重要补充，正逐步由边缘走向中心，成为文化心理学最常用的研究方法。实地研究更加关注不同文化背景下的心理过程、心理机制和人格品性的个别性、特殊性和差异性。因此它更倾向于选择一种文化：一个对象加以深入研究，并不期望对其他文化加以概括。实地研究的研究者首先必须对所研究的社会结构、文化传统、价值偏好有深入的了解，要参与、融入被研究者的日常生活世界，并与对象建立互信互赖关系。研究者不再企图对被研究者的行为进行纯客观的描述，而是力图"理解"和"体验"研究对象的真情实感，并能站在被观察者的立场上对行为或问题做出合理的"解释"。

文化建构主义思潮与文化心理学几乎同步发生和发展。文化心理学视心理为"文化的投射"，而文化建构主义则视心理为"文化的建构"。文化建构并不是对"文化的投射"的简单否定，而是一种超越。作为后现代精神与后现代文化在当代心理学中的体现，文化建构主义从一开始就谋求消解外源论、内成论所隐含的主、客体二元论局限，试图在外成论与内源论的两极钟摆之外，构造一种全新的理论框架。这一框架既不视心理为单纯的精神表征，即对客观事实的经验性描述（经验主义），也不视其为一种先验的结构性存在（理性主义），而是将心理置于社会互动过程中，将其作为一种建构过程的结果加以理解。文化建构主义心理学不仅否定了实证的客观主义范式，也否定了文化心理学的主观主义范式，是一种超越主客对立的后现代取向。以批判为基础，文化建构主义试图在心理学现代叙事的对立面上创建一种全新的反基础主义、反本质主义的后现代的心理学理论与思想构造。文化心理学强调以本土的心理学取代普适的心理学，重视对心理的文化内涵的分析。与之不同，文化建构主义则以作为知识、理论、心理的载体的"话语"作为自己的突破口，通过阐释语言的生成、本质、意义，深刻揭示了知识、理论、心理作为社会文化建构的本质。除了话语分析之外，建构主义关注的另一个焦点是人的内在、外在世界的双向建构过程。建构主义认为"人"、"自我"、"情感"乃至一切"人对现实的信念"，都是通过社会互动建构起来的。

心理学的发展在当代面对着多元化的文化。对多元文化的存在、对多元文化的价值的肯定和推崇，这就是多元文化主义的潮流。多元文化论或多元文化主义是流行于现代西方社会科学的一种文化潮流、一种文化转向、一种学术思潮、一种学术探求。在心理学的研究中，多元文化主义心理学的出现和滥觞，是给了心理学的发展和演变一个重要的转机和提示。心理学的发展也就不再具有唯一标准和尺度，也就不再具有唯一根源和基础。多元文化纳入心理学的研究视野，多元文化成为心理学的研究基础，多元文化汇入心理学的研究内容，这都在各个层面上改变了心理学的研究进程。这凸显了文化的存在与价值。

心理学的发展在当代面对着多元化的文化。异质文化或不同的文化资源会给心理学提供什么样的发展根基，是心理学的研究者必须面对的重大的问题。单一文化的霸权的削弱，多元文化的格局的形成，必然会极大地影响心理学的发展、演变和未来。

第四节　心理学研究的女性主义

有研究考察和评价了西方女性主义心理学的发展。该研究明确指出，女性主义心理学（feminist psychology）是在20世纪六七十年代的西方女性主义运动中，所形成和发展起来的一个心理学分支。这是以女性主义的立场和态度，重新解读和审视主流心理学的科学观与方法论，着重批判父权制社会体系下主流心理学中所表现出来的男性中心主义的价值标准，揭示主流心理学及其研究行为对女性经验的排斥与歪曲理解。[1] 女性主义心理学也常常被称为女权心理学。[2] 这实际上就是对传统心理学中的男权主义的反叛与批判。当然了，这也给心理学带来了一系列重要的改变。

一　女权主义心理学的兴起

女性主义心理学产生于20世纪60年代末至70年代初。这一时期的女性主义心理学基于女性主义经验论，关注点是对心理学中性别不平等现象的批判，以及揭示心理学理论与实践中所包含的男性中心主义的偏见。尽管经验论的女性主义心理学家对科学方法提出了批判，但却认

---

[1]　郭爱妹、叶浩生．西方父权制文化与女性主义心理学［J］．妇女研究论丛，2001（6）．25-31
[2]　叶浩生、郭爱妹．西方女权心理学评介［J］．心理学动态，2001（3）．282-287．

同现代主义的科学方法以及科学主义关于"什么是好科学"的实践。

20世纪80年代,由于女性主义立场认识论的影响,女性主义心理学开始从"性别中立、平等基础上的"心理学发展为"以女性为中心"的心理学。作为女性主义心理学中的激进派,立场认识论者不满于经验主义倾向的保守性,认为传统的主流心理学的科学方法是基于男性中心主义的世界观,而应为心理学中的性别歧视和男性中心主义偏见负责的是心理学自身的概念框架和规范准则。因此,必须推翻心理学研究传统中的主流男性话语,建立女性主义心理学理论。因此,她们希望创建一种关于女性、由女性自己及为女性说话的全新的和以女性为中心的心理科学。

20世纪80年代,在后现代的女性主义思潮的影响下,女性主义心理学发生了后现代转向。后现代女性主义心理学否定所有的宏大叙述,主张建立局部的、分散的小型理论,否定传统形而上学的二元对立,主张反本质主义,倡导多元方法论,从而实现了对经验论与立场认识论的女性主义心理学的超越,推动了女性主义心理学的进一步发展。

女性主义心理学对于主流心理学的质疑与批判主要表现在以下的几个方面。第一,在女性主义心理学看来,主流心理学从来就是一种带有性别歧视与种族偏见的心理学。第二,在女性主义心理学看来,主流心理学是一种充分体现男性中心主义价值观的所谓"无女性的心理学"(womanless psychology)。第三,在女性主义心理学看来,主流心理学是一种脱离社会历史情境的厌女主义的(misogynist)心理学。主流心理学宣称心理学是价值中立或价值无涉(value-free)的科学,认为只有价值中立的研究,才能产生没有偏见的知识。因此,他们把个体看作脱离社会情境的抽象的存在,关注个体普遍的、一般的心理过程,隔断了个体行为与社会地位、社会性别、社会历史、社会信仰等文化价值因素的关系,抵制对文化价值因素的考虑。

女性主义心理学对于西方心理学有着重要的方法论的指导意义,这主要表现在以下几个方面。第一,女性主义心理学将社会性别作为一个重要的变量引入心理学研究,使女性与女性经验成为心理学的合法的研究范畴。第二,女性主义心理学强调社会历史情境与关系的重建,这使主流心理学重视文化价值因素成为可能。第三,女性主义心理学关注意义与权力之间的关系,这在一定程度上冲击了主流心理学的保守主义(conservatism)倾向。第四,女性主义心理学的社会性别建构论有利于摆脱本质主义所面临的困境,促进心理学的后现代转向。第五,女性主义心理学倡导多元方法论,使主流心理学界公认应采取多种研究方法以增加研究结论的有效度。

二 女权主义心理学的取向

女权主义心理学或女性主义心理学本身是心理学探索中的一种取向。但是,在女权主义心理学的研究中,也存在着不同的研究取向。这所导致的就是不同的女权主义心理学的研究取向。有研究认为,存在三种不同的女性主义心理学的研究取向,即实证论的取向、现象学的取向和后现代的取向。

实证论取向的女性主义心理学基于的是"女性主义的经验论"。这还是忠实于心理学中的实证主义的研究传统,但却对主流心理学的核心假设,即对价值中立与客观性提出了疑问。这种主张认为,主流心理学中存在着严重的性别歧视与男性中心主义的偏见,其原因在于心理学研究者未能严格遵循公认的科学方法论程序,使由于迷信、无知、传统和偏见而带来的敌意态度和虚假信念,渗入了科学研究的进程中。因此,这种主张尊重心理学的科学主义传统,并试图通过更严格地遵循科学研究的规范要求,超越实证主义传统的文化植根性,消除心理学研究中的男性中心主义偏见,使之成为真正客观的和公正的心理学。

现象学取向的女性主义心理学基于的是"女性主义立场的认识论"。这是女性主义心理学中的激进派。这种主张不满于实证主义倾向的保守性,认为传统的主流心理学的科学方法是基于男性中心主义的世界观,而为心理学中的性别歧视和男性中心主义偏见负责的,应该是心理学自身的概念框架和规范准则。因此,必须推翻心理学研究传统中的主流的男性话语,建立女性主义的心理学理论,才能从根本上消除科学的男性化,建构女性主义的"后续科学"(successor science)。

后现代取向的女性主义心理学基于的是后现代女性主义(postmodern feminism)。这种主张拒绝寻求普遍的女性立场,认为个人身份受个体差异和特定立场的影响,例如不同的民族、种族、性向、阶级,等等。并且,知识从来就不是中立的和客观的。现实植根于社会关系与历史情境。研究者应将注意力集中于意义的建构以及权威者如何控制这些意义上。这种主张认为，科学批判只是提供一种改造现实的可能性，并不追求新的科学模式的建构。因为，重建意味着重新落入男性中心主义圈套，树立的是新的权威和话语。因此，研究者主张采用解构的方法，去重新解读主流心理学中的有关女性的所谓"科学的"知识，并从中发现所隐含的男性偏见。女性主义心理学是对父权制文化下主流心理学无视或蔑视女性的经验和女性的主体性的一种"纠正"，这对于主流心理学的批判与审视，实际上已经动摇了主流心理学的价值中立的神话，造就了一个声势浩大的批判传统男性中心文化的女性视角，具有特定的价值和意义，可以说是心理学理论研究更趋成熟的表现。[1]

实际上，女权主义心理学本身就是西方心理学的历史发展演变和当代思想潮流之中，以及就是心理学的基本理论预设和核心思想原则之中，非常具有代表性的研究取向。该研究取向与心理学或西方心理学中的其他研究取向，实际上是有着互补或对立的关系。更进一步才是女权主义心理学本身或内部也具有不同的研究取向，带来的是不同的女权主义心理学的探索。

三 女权主义心理学的探索

有研究分析了女性主义心理学的探索，并且指出，女性主义心理学是在20世纪六七十年代的西方女权主义运动的"第二次浪潮"中，所形成并发展起来的具有明确政治目标的心理学的理论、研究与实践。长期以来，心理学内部对于女性对象或女性议题的普遍忽视、心理学本身的危机与困境，以及反实证潮流的兴起，都为女性主义心理学的产生提供了机遇。女性主义对传统心理学中存在的男性中心主义偏见，以及对心理学的核心假设与科学方法论，都进行了不遗余力的批判，并试图通过对研究议题的重新规划、解释和修正，以及对基本概念、理论构造和研究方法的变革，来重建与传统心理学相异的女性主义心理学。女性主义对于心理学，无论是在学术建制方面，还是在知识生产方面，都产生了不可忽视的影响，充当了心理学学科变革的发起者与促进者。[2] 这不

---

[1] 秦彧.试论后现代女性主义心理学［J］.中华女子学院学报，2006（1）.56-58.
[2] 郭爱妹.从批判到重构：女性主义心理学的历史发展［J］.心理学探新，2003（1）.12-15.

仅是对心理学传统的批判，而且也是对心理学创新的主张。①

由于立足于一种全新的社会性别理论，强调女性作为"他者"的话语和价值，女性主义心理学开辟了一条关注女性日常生活，强调女性主体价值等不同的研究道路，形成了以反思、批判与重建为主题的研究范式，并在反思与批判中去重构或重建心理学的理论与实践。这种尝试对心理学很具启发意义，女性主义心理学由此发展成为当代心理学中的一支生力军。②

西方心理学领域有两个值得一提的现象为女性主义心理学的产生提供了机遇：一是长期以来心理学内部形成的对女性或女性议题的普遍忽视；二是心理学本身的危机与困境及反实证潮流的兴起。心理学学科对女性作为学者与研究被试的边缘化。忽视女性与女性经验，男性往往被不成比例地用作研究被试，而研究结果却推论到女性；女性心理学家较多地集中于应用领域与社会服务领域，难以进入学术殿堂，学科地位低下。作为一种学科建制和知识模式的心理学本身也正遭遇着前所未有的危机与困境。一方面，心理学面临诸多挑战。新的科学发现的事实，打破了心理学原有的教条；而且，随着女权主义运动及第三世界国家的心理学研究的影响，建立在美国白人男性视野中的关于人类本性的观点与看法受到了质疑。另一方面，实证主义方法论的霸权已经威胁到心理学的学科地位，导致了心理学学科本身的危机和边缘化。心理学本身的危机与困境及反实证潮流的兴起在一定程度上削弱了心理学的实证主义范式，也促进了女性主义对科学心理学范式的持久挑战以及女性主义心理学的积极渗透与发展。

女性主义对传统心理学进行了批判。女性主义心理学本质上是一种批判的力量，其首要的特征就是对传统心理学进行不遗余力的批判，并

---

① 许艳丽、李燕. 女性主义心理学：从批判到主张[J]. 中华女子学院学报，2005（2）.1-7.

② 郭爱妹. "他者"的话语与价值——女性主义心理学的探索[J]. 徐州师范大学学报（哲学社会科学版），2009（1）.118-125.

以此构成女性主义心理学的思想基础。[1][2] 长期以来，心理学在追求人类心理一般规律的目标指导下，有意或无意地忽视了女性心理的研究，心理学的理论与实践一直受到男性所界定的心理学的"未被承认的"性别主义假设的影响。女性主义者开始意识到，仅仅在现有的心理学框架内进行批判与修补是不够的，更重要的是要把批判的触角直接指向心理学的核心假设与科学方法论，[3] 以此形成对西方主流心理学的挑战。[4]

那么，心理学至少在以下五个方面需要变革。（1）科学家的价值无涉。主流心理学认为，科学家应该是一个价值无涉的观察者，他的任务仅仅是从被试那里收集事实。在女性主义者看来，研究者与被研究者之间的任何形式的互动均构成关系，而这种关系不可避免地会影响心理学研究。（2）普适性原理。主流心理学认为，通过实证的范式可以获得人类行为的普遍规律。但在女性主义者看来，普适性原理至少存在着研究的实践价值问题、对研究结果的解释问题、研究对象的代表性问题以及心理学研究的时空独特性问题。（3）价值中立性。传统研究范式声称心理学是价值中立的科学。而在女性主义者看来，价值中立是不可能的。（4）客观性原则。女性主义者对"事实独立于科学家"的观念提出挑战，科学家需要用合适的语言来表述他们的研究；需要将他们的研究放在一定的理论框架与解释系统内；需要使用适合于研究的统计测量方法；还需要选择展示他们研究成果的形式。（5）科学方法的霸权地位。主流心理学从传统自然科学和实证主义那里，继承了物理主义与机械论的观点及其实证的研究方法和实证科学的理论规则，女性主义批判了这一倾向，认为其目的只是在寻求与自然科学相一致的尊重。

西方的女性主义心理学对许多的研究领域进行了新的探索。女性主义在进入心理学之初是以批判正统和填补空白的姿态而出现的，即批判

---

[1] 郭爱妹、叶浩生. 当代西方女性主义心理学研究 [J]. 南通师范学院学报（哲学社会科学版），2003（1）. 110-114.

[2] 叶浩生. 女权心理学及其对西方主流心理学的挑战 [J]. 南京师大学报（社会科学版），2000（6）. 68-75.

[3] 郭爱妹、叶浩生. 试论西方女性主义心理学的方法论蕴涵 [J]. 自然辩证法通讯，2002（5）. 15-18.

[4] 沈继荣、郭爱妹. 试析女性主义心理学的方法论 [J]. 南京师大学报（社会科学版），2010（1）. 82-86.

心理学领域对女性及相关议题的忽略与歪曲。第一，对男性化假设、方法与研究结果的经验主义批判是女性主义心理学所采用的重要策略。第二，女性主义心理学以社会性别为中心，关注女性的经验与议题，拓展了心理学的研究领域。第三，女性主义还积极进行心理学史的重建工作，将女性在心理学发展史中的地位问题作为一个重要的学术领域，研究那些参与心理学发展的女性心理学家的生活、工作及贡献，以及使她们处于无形化与边缘化地位的社会力量，并且努力将女性观点与女性主义意识整合进心理学的课程。

女性主义希望通过方法论的变革，创建一个关于女性、归女性自己以及为女性说话的全新的心理科学。无论女性主义心理学有多少不同的重建与变革的方案，从根本上说都可以归结为一种源于日常生活经验，强调作为"他者"的女性主体价值的反思的心理学、批判的心理学。

女性主义在当代心理学中的影响。在心理学的知识生产方面，女性主义的触角已经延展到心理学的所有领域，并充当了心理学学科变革的发起者。第一，女性主义对主流心理学的性别主义模式的批判和对心理学理论以及研究视野的丰富和拓展。第二，女性主义是对现代心理学中占主导性地位的自然科学研究模式的祛魅。第三，女性主义心理学以社会性别视角为基本分析范畴，透视主流心理学中所包含的男性中心主义偏见，使社会性别和社会性别理论成为女性研究与心理学研究的革命性工具。第四，女性主义心理学有着明确的政治目标与社会行动倾向，强调"个人即政治"，认为女性主义心理学的研究目的就在于促进有益于女性的社会与政治变化。

第五节　心理学研究的共生主义

认知科学的发展，在认知主义取向和联结主义取向之外，又提出了一个新的取向，即共生主义取向。这一取向强调的是，认知不是预先给定的心灵对预先给定的世界的表征，而是在世界中的人所从事的各种活动史的基础上，世界与心灵彼此的共同生成。共生主义的原则是关于心理行为和关于心理科学的整合的理解。这涉及共生主义的滥觞、含义、原则及影响。

在科学研究中，在心理学研究中，在对人的心理行为的研究中，分析、分离、分解、分裂常常占有重要的位置，也就是把原本作为一个整体的对象进行了分门别类的细致的考察和研究。但是，问题就在于，把分析的方法转换成为一种研究原则，会导致对研究对象的扭曲和歪曲。为了克服这样的研究缺失，共生主义的原则应运而生。这是把原本为一个整体的存在，但被人为分割成不同的部分，又重新组合和整合为共同存在和共同成长的整体。这就是共生主义的研究原则。

一　共生主义的滥觞

20世纪80年代初，在认知科学的研究中，出现了一种新的研究取向：共生的研究取向（enactive approach）。这一研究取向给出了人类认知与现实环境，人类心理与现实生活之间关系的特定的和全新的理解。在心理学、认知心理学和认知科学的研究中，"共生主义"超越了"认知主义"和"联结主义"，是其连贯的发展。认知主义的思想隐喻是计算机，联结主义的思想隐喻是神经系统，而共生主义的思想隐喻是人的生活经验。共生主义的观点强调，认知并不是先定的心灵对先定的世界的表征，而是在人所从事的各种活动历史的基础之上，心灵和世界的共同生成。立足于共生的观点，尽管近年来对心灵的科学研究进展很快，但却很少从日常的生活经验来理解人的认知。这导致的是脱离日常生活经验的科学抽象，结果使心灵科学落入客观主义和主观主义的窠臼，即把心灵与作为对象的世界分离开了，假定了内在心灵的基础和外在世界的基础。所以，也可称此为基础主义。如果把认知主义、联结主义、共生主义看作认知心理学或认知科学的三个连续的阶段，那么基础主义随着上述理论框架的变化而逐渐地衰退和瓦解了。

认知心理学乃至认知科学要采取共生的研究取向，就必须包容人类的经验。佛教对心灵觉悟的探索和实践是对人的直接经验的极为深入的分析和考察，它不仅强调人的无我的心灵状态，而且强调空有的世界。因此，有必要在科学中的心灵和经验中的心灵之间建立一座桥梁，在西方的认知科学和东方的佛教心理学之间进行对话。这有助于克服西方思想中占优势的主客分离和基础主义的观点。引入佛学传统是西方文化历史中的第二次文艺复兴。总之，认知心理学的研究范式的演化正在从一开始立足于抽象的、人为的认知系统，转向立足于生动的、具体的人的心灵活动。

有研究对共生理念的提出和界定进行了探讨，并且指出，共生就是不同生物和人类的共生单元之间为了生存和发展而彼此互惠、相互依赖的关系；共生双方或多方都通过这种关系获得持存发展，失去了其中一方，另一方就不能独立存在，共生单元之间构成难舍难分的互依关系，这就要求每个生命体只有保证、维护了共生系统中他者的生存和发展，自身才能得以存在，整个共生系统才能得以平衡协调。

共生的存在、共生的关系、共生的维系，都需要具有一些基本的要素。所以，共生包括如下的最基本要素：第一，确定的共生体，即生命体共生的领域和范围，这是共生的基本条件；第二，同一的共生域，即至少有两个以上的异质互补，地位平等的共生单元，这是共生的基本前提；第三，双赢的共生性，即共生必须坚持利益的双赢原则，至少是同一共生体中任何一方的利益不得受损为最低原则，共同获利，但利益不一定均等。

从事实层面看，共生是人类社会的基本存在方式之一。人与自然、人与社会之间的这种相互依赖就形成了共生关系，无论是有益或有害，人类都离不开这种关系，其实质就是利益的共生。共生还是一个矛盾冲突不断、竞争与斗争共存的动态过程，具有现实的复杂性。共生关系的和谐和稳定的状态具有相对性，是在人类漫长复杂的发展过程中，共生单元经过彼此不断斗争、冲突、竞争、妥协和让步的结果。从价值层面而言，共生关系的建立必须具备以下条件：共生单元之间的异质互补、平等独立和共同受益。[1]

人类对共生本质的认识，最早是从生物之间的相依为命的现象开始，共生双方通过相依为命关系而获得生命，失去其中任何一方，另一方就不可能生存。生物界的这种相互依存现象反映了生物界的存在本质是共生。进入人类社会，乃至整个宇宙，一般的共生内涵就是：共生是人类之间、自然之间以及人类与自然之间形成的一种相互依存、和谐、统一的命运关系。共生的基本类型可分为包括生物学的共生和人类社会

---

[1] 马小茹. "共生理念"的提出及其概念界定 [J]. 经济研究导刊, 2011 (4) . 217-218.

的共生等类型。前者是指生物学性的异种之间的关系，后者则是指以人类这一生物学上的同种为前提的，并有着不同质的文化、社会、思想和身体的个体与团体之间的关系。

二 共生主义的含义

有研究对共生、对共生理念，进行了界定，探讨了作为自然界进化事实的共生和作为文化价值理想的共生。研究认为，共生时代是人类社会的基本趋向。[①] 所谓的共生既是自然界生物进化的奥秘，也是人类理性思维的共同追求，既是体现着人类文明范式的变革，也是体现着人类的本真价值和完善理性，是现代性发展的未来走向。[②]

有研究指出，共生的方式具有以下本质的特征：一是本原性，这就是说每一个生命的终极存在只能是一种关系的存在，也就是共生的存在。二是普遍性，共生现象是自然、社会历史领域中最普遍的存在方式。三是组织性，共生单元之间总是会按其内在必然的要求而自发结成共时性与共空性、共享性与共轭性相统一的生存方式。四是层次性，"你"、"我"、"他"与"它"是共生的，存在是分层次存在的。五是共进性，万事万物，生生死死，生死与共，以至无穷。共生现象的存在总是意味着，各个共生单元之间各自处于既彼此独立，又相互承认、相互依赖、相互促进、共同适应、共同激活、共同发展。六是开放性，构成共生的基本单元是不确定的，共生也不是由同质的、一元的单元所构成的封闭的系统，而是在开放性的系统运动中，实现物质、信息和能量的有效交换与有效配置。七是主体性，共生不同于共同，共同是以特定程度上的共同价值观和目标为前提，而共生则是异质者的共存。人类因共生共存而彼此之间具有互为主体性，当我作为我自身而存在时，他人也同样作为自身而存在，"我"与"他"彼此互依，自由共在。[③]

在近些年来，佛教心理学在西方变得越来越流行。一些西方学者已开始在有关人类心灵的东方的理论体系和西方的认知科学之间建筑桥

[①] 张永缜. 共生：一个作为事实和价值相统一的哲学理念 [J]. 西安交通大学学报（社会科学版），2009（4）. 60-64.

[②] 张永缜. 共生理念的哲学维度考察 [J]. 辽宁师范大学学报（社会科学版），2009（5）. 11-18.

[③] 吴飞驰. 关于共生理念的思考 [J]. 哲学动态，2000（6）. 21-24.

梁。有研究提出，应重新理解认知科学与人类体验之间的关系。人类的心灵应该在一种扩展了的视野中得到探索，这包括对生活中的日常体验的关注，也包括对自然中的心灵科学的关注。研究者指出，认知科学实际上就站在自然科学和人文科学交会的十字路口。

"认知科学是个两面神，同时能够看到路的两端。一个面孔朝向自然，把认知过程看作是行为。另一个面孔朝向人文世界，把认知看作是体验。当人们忽视了这一处境的基本循环，认知科学的双重面孔就会成为两个极端：或者是设定人的自我理解简单地说来是错误的，因此最终将会被成熟的认知科学所取代；或者是设定不可能有关于人的生活世界的科学，因为科学必定总是预设人的生活世界。除非超越这种对立，否则在我们的社会中，科学与体验之间的断裂将加深。任何一个极端对一个多元化社会来说，都是不切实际的，多元化社会必须包容科学和人类体验的现实性。在对人类自己的科学研究中，否定人类自己的体验的真实性不仅是不令人满意的，而且是使对人类自己的科学研究没有了对象。但是，设定科学无助于对人类体验的理解，这会在现代背景中抛弃自我理解的任务。"[1]

应该去重新理解认知科学与人类经验之间的关系。人类的心灵应该在一种扩展了的视野中得到探索，既包括对生活中的日常经验的关注，也包括对自然中的心灵的科学关注。这就提出了一个构造性的任务，即扩展认知科学的视野，使之包容更为深广的人类生活经验。在西方的传统中，现象学曾经是也仍然是有关人类经验的哲学。但是，研究者指出，对人类经验或生活世界的现象学考察完全是理论的，或者说这种理论缺乏任何实用的维度。因此，现象学曾经是也仍然是作为理论反映的哲学，而未能弥合科学与经验之间的断裂。从而，许多西方学者开始转向了非西方的哲学传统，这种传统既能够在理论的方面又能够在生活的方面，提供对人类经验的考察。这些西方的学者极为重视对东方或亚洲哲学的重新发现。他们把重心放在了佛教心理学上，特别是放在了促进心灵丰满的方法上。在东方的文化传统中，哲学不是纯粹抽象的工作，

---

[1] Varela, F. J., Thompson, E., and Rosch, E. *The embodied mind: Cognitive science and human experience* [M]. Cambridge, MA.: The MIT Press, 1991. 13–14, 31–33.

而是特定的经由训练的觉知方法，亦即不同的正念的方法。更进一步，在佛教传统中，促进心灵丰满的方法被认为是根本性的。心灵丰满意味着，心灵就体现在具体的日常经验之中。促进心灵丰满的技术被设计用来使心灵能够摆脱自身的成见，摆脱抽象的态度，进入体验本身的境界。

因此，依据于心灵丰满，可以改变反映的性质，使之从一种抽象的、非具体化的活动转向具体化的（心灵丰满的）和开放式的反映。从而，反映并不仅仅就是关于经验的，而且也是经验本身的一种形式。心灵丰满的实践能够避免两个极端：一是在反映中排除了自我，这意味着有一个对经验的抽象觉知者，该觉知者是与经验本身相分离的；二是容纳了自我，但完全抛弃了反映，赞同素朴的和主观的冲动。心灵丰满则两面都不是，这是直接作用于并因此而表达了基本的具体性。毫无疑问，通过统一反映和经验，研究找到了连接科学与经验的可能途径。这就打开了使西方的传统和东方的传统相遇的通道，打开了使西方的科学心理学与东方的体验心理学相遇的大门。这使中国本土的传统心理学有可能会有助于西方心理学的发展。在东方的或亚洲的智慧传统中，中国本土的传统心理学是其重要的构成部分。进而，在中国的智慧传统中，佛教与佛教心理学从印度的方式被吸收和消化为中国的方式后，也成为其重要的构成部分。因此，中国本土的传统心理学能够提供比佛教传统更多的东西。

三 共生主义的原则

中国本土传统的心性心理学所提供的，是对人类心灵的具体而不是抽象的理解和解说，这超越了主观性和客观性的分隔。西方的主流心理学从物理学等发达的自然科学的研究中，继承了客观主义的模式，其最为重要的特点是分割了主体和客体，主体是观察者和研究者，客体是人的心理和行为。从而，观察者和研究者就是镜子，提供的是公开的资料，可为他人重复获得，提供的是公开的理论，可为他人重复检验。中国本土的传统心理学则超越了这个分裂。这种传统并没有分离出研究者与研究对象，而是强调统一性的或一体化的心灵活动的自我理解、自我修养和自我超越的生活道路。

中国本土传统的心性心理学所提出的，是把个人的体验转换为人类共有的体验的解说和实践。按照西方心理学的实证取向，统一研究者与研究对象，必然会导致把个人的私有性或个人的主观性卷入研究当中。但是，中国的思想家主张，个体必须超越他自己的片断和片面的体验，以实现共有和整体的体验。因此，人的自我理解就应该是人类共同体的自我理解，人的自我修养就应该是达于无我的精神境界。个体承载、体认和实现着天道。

中国本土传统的心性心理学所强调的，是将心灵的活动看成是一个有机的和不可分割的整体，是可以通过生活实践的过程来实现和转换。在实证心理学的研究中，心理学的实验研究所采取的是分析的研究方式。心理现象与环境条件都可以分解成不同的因素，然后在实验室中定量分析这些因素之间的关系。相对照而言，中国的思想家提出的是一种完全不同的生活实践，他们认为，个体通过体证，可以提升精神境界，与天道通而为一。这对每个人来说，不仅是可能的，而且是必要的。

总之，西方的主流心理学的发展经历了两次重要的革命。第一次革命是行为主义心理学的兴起。行为主义革命反对的是内省主义，并取代了之前所盛行的意识心理学。行为主义心理学把客观性的原则贯彻到了心理学的研究中。这种对客观性的追求走向了极端，就是对人的心理意识的否定或忽视。第二次革命是认知主义心理学的兴起。认知主义革命所反对的是抛弃内在心理意识，并取代了之前所盛行的行为主义心理学。当认知心理学的研究转向内在的心理意识时，认知心理学必然要面临着来自其他探索人类心灵的心理学传统的挑战。对于认知科学的发展来说，最为重要的事情是在心灵的科学和人类的体验之间建立有效的循环。这必然会打开西方的科学传统与东方的体验传统相遇的大门。这使中国本土的传统心理学有可能对西方科学心理学有所贡献。传统的中国思想提供了对人类心灵的特定理解，综合了主观性和客观性，提出了使个体体验转变为人类体验的解说和实践，提出了探索人类心灵的超客观和超分析的方式。因此，任何精神境界都可以通过个人的修为来证明。这种"实验"可称为超客观的和超分析的。正如有研究所说的，体验的理解和科学的理解就像两条腿,缺少任一条腿,就会无法前行。[1] 正因为如此,人的心灵实际上是具体化在了人的意识和人的行动之中。[2] 很显然,所谓的共生强调的是生成性,是创造性,是互依性,是同生性,是一体性,等等。这不仅可以贯彻到对人类心灵或心理行为的理解之中,而且可以贯彻到对心理生活和心理环境的创造之中。

四 共生主义的影响

把个人的心理行为与环境的影响作用分离或分裂开来,显然不利于对个体心理和对生活环境的合理的理解。那么,在心理学的研究中,非常重要的是应该把环境与心理理解为交互作用的过程。这种交互作用就不仅仅是环境对人的心理的影响,而且人也会作用于环境的变化。如果进一步地去分析,就会发现,这种交互的作用实际上就是一体化的过程。这种一体化的过程实际上也就是共同生长的历程。任何一方的演变或发展,都会带来另一方的演变或发展。或者说,心理与环境就是共同的变化和成长的历程。那么,心理环境的概念就是有关共生历程的最好的描述。

在目前的社会和人类的发展进程中,人类已经开始意识到,现实世界中,没有单一方面的任意发展,没有你死我活的生存竞争,没有消灭对手的成长机会,没有互不往来的现实生活。正与之相反,有的是互惠互利的彼此支撑,有的是共同繁荣的生存发展,有的是恩施对手的成长资源,有的是互通有无的现实社会。其实,在科学的研究中,无论是研究自然的、生物的、植物的、动物的,还是研究人类的,都要面对着各种不同对象之间的关联性。生态学的兴起就反映了这样的趋势,生态学的方法论则成为了引导科学的研究能够在相互关联的方面去揭示对象的原则。[3]

人的心理并不是一成不变的,而是不断地发展变化的。但是,心理的变化并不是零乱和纷杂的,而是有序和系统的。人的心理发展是没有

---

[1] 葛鲁嘉. 心理文化论要——中西心理学传统跨文化解析 [M]. 大连:辽宁师范大学出版社, 1995. 177-178.

[2] Hanna, R. and Maiese, M. *Embodied mind in action* [M]. New York: Oxford University Press, 2008. 18-21.

[3] 葛鲁嘉. 心理学研究的生态学方法论 [J]. 社会科学研究, 2009 (2). 140-144.

止境的。不断地成长就是不断地扩展或不断地丰满。所以，心理的成长是终身的。

其实，在中国本土的文化传统中，就有着天人合一的思想传统，心道一体的理论建构，心灵扩展的心性学说，境界提升的心理历程，自我引导的体证方式。这提供的是一种非常重要的和非常有价值的心理学传统资源。这种资源可以成为中国心理学在新时代创新发展的根基。或者说，本土心理学的发展可以从传统的资源和历史的根基上去求取新的内涵。中国本土的心理学传统就是心性说、心性学、心性论，或者说就是一种心性心理学。在此基础之上的创新和发展就是新心性心理学。新心性心理学的探索包含着六个部分的基本内容或六个方面的基本探索，那就是心理资源、心理文化、心理生活、心理环境、心理成长和心理科学。

对心理环境的理解和解说是新心性心理学的最为重要的构成部分。心理环境的研究就是试图在新的基点和从新的视角去揭示环境，去揭示环境对人的心理的影响。对于心理与环境的关系的理解来说，共生的概念是非常恰当和重要的。共生就是共同的变化、成长、创造，就是共同的扩展、命运和结果。共生的方法论是理解环境或理解心理环境的最基本和最根本的原则。正是通过共生的概念，才有可能真正理解心理环境的概念。

人的心理不是被动生成的，而是人主动创造的。这就是人的心理生活，心理生活应成为心理学的研究对象。同样，人的环境也不是自然而然的，而是人有意构造的。可以说，人的心理创造主要涉及两个方面。一是人构筑了自己的内心生活，二是人构筑了自己的生活环境。人的心理的一个重要的性质就是它的创造性。当然，这种创造性并不是随心所欲的，并不是凭空妄为的。因此，心理的创造是有前提的。所谓创造的前提可以体现在两个重要的方面。一是客观性，二是自主性。创造的生成可以体现在两个方面。一是现实世界的改变，二是心理生活的改变。对于人来说，无论是现实世界的改变还是心理生活的改变，都是一枚硬币的两面。其实，没有什么一成不变的东西，也没有什么神创的东西。创造的生活就是人的心理生活。当然，创造的生活可以体现为物质生活的丰富。但是，物质生活的丰富最终应落实为心理生活的丰富。个体创造的汇集就构成历史。历史既是过去的累积，也是未来的走向。人并不是生活在片断的、零碎的、偶然的延伸之中，而是生活在连续的、完整的、必然的延伸之中。所以，人是历史的存在，人就融于自己创造的历史之中。或者说，人是文化的存在，人就生存于自己创造的文化。人的心理就是广义的文化心理。

在心理学的研究分支中，并没有专门的对环境的心理学探索。在许多心理学家看来，环境也许并不是或不应该是心理学的研究内容。环境对于人的生存、成长和发展来说，具有非常重要的意义。心理学研究中一直非常重视环境对人的心理的影响，但是其所理解的环境却只是外在于人的存在，是客观的存在，是外力的作用，是独立的作用。对于环境来说，有物理的环境，有生物的环境，有社会的环境，有文化的环境，有心理的环境等。非常重要的是应该把环境与心理理解为交互作用的过程。这种交互作用就不仅仅是环境对人的心理的影响，而且人也会作用于环境的变化。这种交互的作用实际上就是一体化的过程，也就是共同生长的历程，任何一方的演变或发展，都会带来另一方的演变或发展。心理环境的概念就是有关共生历程的最好的描述。

对于心理学的研究来说，其研究的对象是人的心理行为。相对于人的心理行为，环境只是外在的影响，或者只是外在的干预。问题在于，无论是普通人还是研究者，人们都已经习惯了把环境看作外在的干预，是不以人的意志为转移的客观的力量。那么，环境就成了异己的力量，就成了强加于人的奴役，是无法摆脱的神谕。人的心理行为就是环境任意所为的对象。环境就是天意，环境就是强权。其实，无论是把环境理解成是物理的、生物的、社会的还是文化的环境，普通人和研究者都通常是把环境看作对人来说是外在的、异己的，是变化的存在。那么，人在环境面前，人只能是受到制约的。相对于无所不在和无所不能的环境来说，人是非常渺小、无助、软弱的。

如果从环境对人的影响来说，人只是环境的产物，人只能顺应环境。环境的影响是不以人的意志为转移的。在心理学的研究中，就有环境决定论的观点和主张。环境决定论是把环境的影响放在了重要的地位。人的心理行为都是环境塑造的，都是随着环境的改变而变化的。早期的或古典的行为主义学派就是环境决定论的代表。在行为主义的创始人华生看来，人的行为并不是本能决定的，或者说就不存在什么本能。所有的行为都是由环境刺激所引起的反应。没有什么中间的过程，没有意识的存在，没有内在的心理。那么，通过揭示刺激与反应之间的关系，就可以通过控制刺激，来控制人的行为。但是，把环境看作仅仅是外在的干预，显然无法完整地理解环境的内涵和作用，或者说只能是片面地理解环境的作用。

所谓的心理环境学是指对人在心理中所把握、所理解、所构建的环境的研究。这样的环境是人所建构的环境，是人赋予了意义的环境，是人与之共生的环境。心理环境学探索的就是人的心理所筑就的环境，考察心理环境的基本性质、构成方式，表现形态，变化过程，实际影响，等等。心理环境学研究的就是人在与环境的一体化过程，这也就是中国文化传统中所强调的天人合一、心道一体、物我为一的心境、意境、情境、化境、等等。在心理学的本土化的历程中，或者在心理学中国化的历程中，中国本土文化中的心理学传统会为心理与环境关系的理解，带来完全不同于西方心理学的变化。心理环境学不是对环境的物理学、生物学、社会学、文化学的考察，而是对环境的心理学的考察。心理环境学所涉及的是人对环境赋予的心理意义，是人对环境建构的心理价值，是人对环境索取的心理资源。

第三章 心理学方法论的发展

心理学学科有着长期的历史演变，心理学研究的方法论也就有着不断的现实发展。这就使得心理学的研究方法有着多元的存在形态和多元的发展演变。如果是从一个更为长远的历史发展，以及从一个更为宽泛的内容范围，这包括了常识心理学的方法、哲学心理学的方法、科学心理学的方法、证实与证伪的方法、客位与主位的方法、局外与局中的方法。心理学研究方法的发展和变革，在某种程度上决定了心理学研究的开展、性质、内容、推进、结果，等等。心理学研究的结果就取决于其研究方法的改进、推进和跃进。

第一节 常识心理学的方法

常识形态的心理学也拥有自己的特定的考察和解说人的心理行为的方法。当然了，这种方法可以体现在各种不同的心理学探索活动之中，包括植根于不同的心理学资源之中的那些心理学探索。或者说，不同的心理学探索都拥有不同的探索的方法。常识心理学的探索也同样具有自己的方法。

有研究从人格心理学研究方法的角度，考察了日常经验法。研究指出，日常经验的方法（everyday experience methods）是通过研究在日常生活中不断发生的事件经验，去研究人的思想、情感和行为进程的一种方法。日常经验可以分为三种，即样例的经验、重建的经验和发展的经验。这是从不同的角度去观察同样的现象和过程。

样例的经验（exemplary experience）是指在具体的、限定的或特殊的环境下所观察到的行为，包括在实验室实验控制条件下观察到的行为，在观察研究中出现的与情境，如与运动情境、工作情境和起居室情境有本质相关的一致的、经常产生的行为。所谓"样例"的含义主要有两种：一种是作为可以推荐和值得模仿的行为，另一种是在某种情境下作为样例的典型性行为。

重建的经验（reconstructed experience）是指研究者寻求从被试自己的视角描述现象，如他们从过去、现在或假设的角度去审视自己。这通常要求被试在问卷或访谈中，去评价、总结或描述自己在特定情境下的经验。这种重建的经验可以是一种特定的研究视角，也就是向研究者提供人们是如何理解自己的生活和活动的。

发展的经验（ongoing experience）是指研究者去关注对日常经验所进行的直接的、即时的和连续的报告。该研究设计主要考察特定的过程、常规的流程、自愿的活动等现象。通过适当的分析，预测在某些具体的环境中，目标行为是否会发生，去考察现象的自然程序和普遍程度。这些研究一般是对不断发展的和通常是日常生活中普遍的时刻和事件感兴趣，将具体背景中自发的各种感情、思想和活动联系在一起。该研究取向认为日常生活事件有其自身的结构和节奏，经验有时是易变而转瞬即逝的，有时是稳定而连续的；有些是生动、激发人的，有些是无味、无逻辑的。其核心假设是经验是重要的，仔细考察能有助于洞察人类的行为。[①]

有研究从研究方法的角度考察了日常经验研究。研究指出，日常经验研究是一种通过研究日常生活中各种事件发生时人们的瞬时感受而在自发、自然的情景中对人的心理现象、过程进行探索的方法。作为一种研究社会过程的范式，日常经验研究方法的研究对象是日常生活中各种事件发生的"当下"人们的主观感受。日常经验研究方法的背后隐藏了这样一个假设，即日常生活事件并非琐碎芜杂、无足轻重的，正相反，日常生活事件有着独特的结构和节奏；对日常生活事件进行细致、深入的研究能够帮助洞察人类的行为。日常经验研究针对的是人们当下

[①] 陈红、陈瑞. 日常经验法：一种人格心理学研究方法［J］. 西南师范大学学报（人文社会科学版），2006（2）. 8-12.

的心理体验，试图通过获得关于个人日常生活中某些特定事件或特定时刻的详细描述，来提取有关思维、情绪、行为的持久性、周期性、变化以及时间结构等方面的信息，并确定上述因素之间的情境性以及倾向性之间的关系。

根据获取数据的不同框架，可以将日常经验研究的取样方法分为间隔追随记录、信号追随记录以及事件追随记录。间隔追随记录也叫时间追随记录，参与者在有规律的、预先设定好的时间间隔内报告他们的经验感受，使用的时间间隔往往具有一定的逻辑或理论意义；信号追随记录是最常用的经验取样方法，要求参与者将接收到信号那一刻的瞬时行为记录下来，信号由专门的仪器发送，可以是随机的也可以是固定频率的，或者是二者的混合；事件追随记录则要求参与者无论何时何地，只要发生了满足预设定义的事件就要记录下来。日常经验数据的分析可以采用的方法包括三种，即聚类及分解分析、个体内回归分析以及多层模型分析。

标准的日常经验研究通常包括了个体内和个体间两个分析水平。这涵盖了三个不同的问题。一是从个体内（微观）角度考察变量在个体内部的嵌套情况，分析个人经验随时间的变化过程。二是从个体间（宏观）角度就个体间差异、个体间效应的交互作用及其相关假设进行分析、解释并建立起变量随时间的变化模型。三是分析个体间与个体内水平之间的交互作用，从而探究个体反应偏差的系统性变动对个体间因素的意义和影响。

目前，日常经验的方法在研究中已经被广泛应用在了人种学、社会学、心理学、教育学、组织管理学等领域之中。那么，在心理学的研究中，研究者就可以运用日常经验研究的方法，对动机、情感、应激、自我、心理健康、人格理论、精神分析、组织行为、团体之间关系、社会交往过程等方面的问题，进行和开展深入细致的考察和研究。这都极大地推动了相关方面的理论及实践的发展。[①]

常识形态的心理学可以根源于不同的心理学传统。那么，这其中就

---

① 李文静、郑全全. 日常经验研究：一种独具特色的研究方法 [J]. 心理科学进展, 2008（1）. 168-174.

可以包括宗教的心理学传统。宗教形态的心理学所开发的心理学方法，也会流传到常识形态的心理学之中。宗教体系和宗教传统中的宗教心理学，是宗教家按照宗教的方式和宗教的教义对人的心理行为的说明、解释和干预。这是宗教历史的文化学创造，也是宗教形态的心理学传统。这是宗教所提供的心理学资源，是宗教所涉及的心理学内容，也是宗教所开发的心理学方式。这形成的是宗教形态的宗教心理学，或者也可以称为信仰的宗教心理学。

宗教的宗教心理学是体现在不同的宗教流派或宗派思想中的心理学探索。对于世界的三大宗教，即基督教、佛教和伊斯兰教，都有自己的宗教教义，都有自己的宗教思想，也都有宗教的心理学阐释。问题就在于，怎么能够从宗教的心理学资源中，去挖掘和提取有价值的心理学内容。

有研究探讨和考察了佛教的禅、禅定和禅悟。揭示和解释了佛教作为宗教的有关人的心理的内容和方式。[1] 研究者认为，从宗教心理的角度来看，禅的修持操作主要是"禅思"、"禅念"和"禅观"等活动。禅思就是修禅沉思，这是排除思想、理论、概念，以使精神凝集的一种冥想。禅念就是厌弃世俗烦恼和欲望的种种念虑。禅观就是坐禅以修行种种观法，如观照真理，否定一切分别的相对性，又如观佛的相好、功德，观心的本质、现象等。

在该研究看来，禅修的过程中，最为重要的就是开悟和悟入。开悟与悟入是悟的不同形态。开悟是依智慧理解佛教真理而得真知，也称为"解悟"；悟入则是由实践而得以体证真理，主体不是在时空与范畴的形式概念下起作用，而是以智慧完全渗透入真理之中，与客体合而为一，也称为"证悟"。证悟和解悟不同，证悟不是对佛典义理的主观理解，不是对人生、宇宙的客观认识，不是认识论意义上的知解，而是对于人生、宇宙的根本领会、心灵体悟，是生命个体的特殊体验。这就是说，证悟是对人生、宇宙的整体性与终极性的把握，是人生觉醒的心灵状态，是众生转化生命的有力方式。

有研究指出，中国禅宗还大力开辟禅悟的途径和创造禅悟的方法。

---

[1] 方立天. 禅、禅定、禅悟 [J]. 中国文化研究, 1999 (3). 1-3.

禅宗历史悠久，派别众多，开创的途径和方法繁复多样，五花八门。然概括起来，最可注意者有三：一是禅宗的根本宗旨是明心见性，禅悟的各种途径与方法，归根到底都是为了见性。二是性与理、道相通，悟理得道也就是见性。而理、道与事相对，若能理事圆融，事事合道，也就可见性成佛了。三是禅悟是生命的体验和精神的境界，具有难以言传和非理性的性质。与此相应，禅师们都充分地调动语言文字、动作行为、形象表象的功能，突出语言文字的相对性、动作行为的示意性、形象表象的象征性，以形成丰富多彩的禅悟方法，这又构成了禅悟方法论的一大特色。研究者还指出了，悟的境界是追求对人生、宇宙的价值、意义的深刻把握，亦即对人生、宇宙的本体的整体融通，对生命真谛的体认。这种终极追求的实现就是解脱，而解脱就是自由。禅宗追求的自由，是人心的自由，或者说是自由的心态。这种自由不是主体意志的自由，而是意境的自由，表现为以完整的心、空无的心、无分别的心，去观照、对待一切，不为外在的一切事物所羁绊、所奴役，不为一切差别所束缚，所迷惑。

可以说，蕴含在宗教传统之中的或由宗教所提供的宗教形态的心理学，存在和拥有着十分丰富的心理学的学术资源，十分巨大的心理学的学术意义，以及十分重要的心理学的学术价值。大量的宗教形态的心理学中的内容，也会进入常识形态的心理学之中。当然了，这并不是在贬低和忽视科学形态的心理学，而是在为科学心理学寻找和挖掘重要的学术资源。宗教形态的心理学中，开发出了许多有着独特心理学价值的心理学的考察和研究的方法。这些特定的心理学的方法也以各种方式，进入常识形态的心理学中，成为常识形态的心理学的方法。宗教形态的心理学给出了关于人的心理的价值取向、信仰活动、心理开悟等大量的概念。这主要可以体现在如下几个方面。

首先，宗教形态的心理学以宗教的方式给出了关于信仰、信念、价值定位、价值追求等人的心理的意向性方面的解释和阐释。这正是实证科学的心理学在自己的历史发展中有所回避、有所放弃、有所否定的方面。其次，在宗教形态的心理学中，宗教家或宗教学者还把人的一些独特的心理行为放置在了一个重要的位置上，给予了十分特殊的关注，进行了宗教方式的探索。可以说，这些独特的心理行为是在人的宗教以外的其他活动领域中很少存在的，或者说是在人的宗教以外的日常生活中很少出现的。但是，这些独特的心理行为却在人的日常宗教信仰的生活中占有着十分重要的地位。这实际上就包括在宗教活动中的那种奇异体验，那种茅塞顿开、出神入化、心悦诚服、顿然开悟、宁静平和，等等。这也包括了宗教信仰者实际上所得到的种种的关于美好、高尚、圣洁、完善、永恒等的心理体验；种种的对事物本质、对存在价值、对高峰体验、对终极意义、对神圣使命、对神人相合等的心理体悟。① 这体现在了西方和东方的不同的宗教体验中，② 以及不同的心理体验的过程和活动之中。③ 对于这些独特的心理行为的考察，对于这些涉及内在体验和精神追求的解说，正是实证的科学心理学研究中所长期遗留的和缺少考察的研究空白，也是实证的科学心理学所必须去面对的研究难题。尽管宗教形态的心理学并不是以科学的方式去说明和解释上述那些独特的心理行为，但其却是以宗教的方式体现了这些心理行为的现实存在和宗教意义。最后，宗教形态的心理学还给出了各种各样的、十分独特的、力求实现的和达成目标的方式、手段、途径、步骤、程序等。无论是基督教、伊斯兰教，还是佛教，都提供了净化人的心灵、提升人的精神境界、引导人心向善的方式和方法。

有研究指出，"非科学心理学"虽然是后现代主义心理学思潮中的一个重要派别，却有着与主流心理学同样长久的思想渊源。所谓"非科学心理学"是人文主义心理学传统的继续。"非科学心理学"正是在人文主义的旗帜下向传统的实证方法的挑战，主张探索各种可能的心理学研究方法。非科学心理学的主要观点体现在如下的几个方面。

一是反对二元主义的认识论。非科学的心理学家主张的是建立和发展非二元主义的实践。他们认为，在科学认识论中，主观与客观、主体与客体、精神与物质的区分，是一种非常简单的二分法，这种通过对立两级进行建构的思想，已经不符合当今信息化的社会中知识最富生命力

---

① 林方. 心灵的困惑与自救——心理学的价值理论 [M]. 沈阳：辽宁人民出版社，1989. 148-152.

② [美] 莫阿卡宁（江亦丽等译）. 荣格心理学与西藏佛教 [M]. 北京：商务印书馆，1994. 116-118.

③ [苏] 瓦西留克（黄明等译）. 体验心理学 [M]. 北京：中国人民大学出版社，1989. 123.

的形态。

二是反对实验方法，提倡辩证的方法。科学心理学把实验研究作为主要的方法，给人们展现的，是对人类生活进行了系统歪曲的画面。人们是通过共同的活动去学习、思考、解决问题，而实验的方法排除了人类社会生活空间中关键的特征，所以说科学心理学在生态学意义上是没有效度的。非科学心理学认为，人类的心理进程是以社会、文化、历史的结构为基础的，主张以辩证法作为研究范式去考察人的心理，在现实的总体性联系中，去探讨心理现象，注重活动、变化、发展、矛盾和危机的分析，去揭示发展着的个体和变化着的环境之间的相互影响。

三是强调人的社会性先于个体性。纵观人类的生活，表明了社会性是先于个体性的。从婴儿一降生开始，就是在与他人进行互动。从婴儿的牙牙学语开始，就是在模仿他人、表演他人。这最终会把社会互动内化成为个体内在的心理活动，进而便开始拥有了社会个体的意识。普通人就是从社会互动的这面镜子中看到了自己，才开始有了"我"的概念和"我"的情感。

四是表演理论的提出。在遍及世界的心理学家对科学心理学的批评声中，表演理论逐渐成为主导意见的代言人。表演理论的主要观点在于，表演就是创造性地模仿他人。表演理论认为，人与动物的区别之一，就是人对于自己想成为什么样的人有能力去进行选择。这种对行为方式的选择就是一种创造性的表演，人们从这种表演中得到发展。表演与普通的行为是不同的。行为是个人在社会生活中那些无数重复性的情境中根据社会所赋予的角色，如性别、年龄、种族、阶级等去行动。如果说行为是社会制度强加给人们的，对每个人的要求或多或少是相同的，那么表演却是创造性的。在表演中人们可以表达自己在历史与社会中的独特性。[1]

有研究探讨了质化研究方法与常识心理学的关系。研究指出，质化研究不只为进行常识心理学领域的研究提供了方法，还使常人像专家一样从事科学心理学的研究成为可能。一方面，常人稍加训练就可以直接

---

[1] 郝琦、乐国安. "非科学的心理学"对社会心理学方法论的启示[J]. 自然辩证法通讯, 1999 (6). 14-18.

进行质化研究。质化研究的研究设计、资料收集、资料分析、呈现结论,都更强调经验的作用,更可理解。另一方面,运用质化研究的常人还具有专家无法获得的某些优势。当常人去从事质化研究的时候,他的身份一般是研究的"局内人"。所谓"局内人"指的是与研究对象同属于一个文化群体的人,他们享有共同的或比较类似的价值观念、生活习惯和行为方式。首先,作为"局内人"的常人研究者一般只研究与自己的生活实践密切关联的常识心理学问题,他与研究对象之间通常共有比较类似的生活经历,有时甚至自己就是被研究的对象,对事物往往有比较一致的视角和看法,容易与被研究者产生情感上的共鸣。因此,质化研究是"文化主位的""经验接近的",常人可以比较透彻地理解研究对象的思维习惯、行为意义以及情感表达方式,对他们常用的本土概念中的意义有更加深刻的领会。其次,常人不像作为"局外人"的专家研究者那样,后者的研究时间是有限的,在一个情境里面不太可能长久地待下去,但常人并不存在这样的问题,他们生于斯、长于斯,如果没有特殊的变动,他们有可能永远待在自己的研究情境中,尤其是对于一些需要长期投入时间与精力的研究来说,更是一个难得的优点。再次,常人一般不会专门从事研究,他们还有着其他的工作和谋生的手段,质化研究只是业余爱好。因此,他们可以用大量的时间,凭自己的兴趣,详细地收集资料、分析资料。最后,常人本身成为被研究对象中的一员,往往就会选择常人最关注的问题进行研究,所得出的结论可能有更高的情境相关性,更易于指导常人的生活实践。①

尽管可以把常识心理学的方法就看成是非科学的方法,但是这种非科学的方法却可以在常人的生活中发挥着特定的和重要的功能。普通人也可以如同科学心理学家那样,通过日常的方法来了解自己和他人的心理行为。尽管这些常识心理学的方法并不是规范的,或者说并不符合科学的规范或原则,但是这些方法却可以在现实生活或日常生活中得到日常的运用。这符合原生态的规范或原则。

---

① 叶浩生. 科学心理学、常识心理学与质化研究[J]. 南京师大学报(社会科学版),2008(4). 81–85.

第二节 哲学心理学的方法

哲学心理学的方法属于思辨的方法，这就是哲学的思辨。有研究对思辨进行了全面、系统和深入地考察。研究认为，应当区分两个不同层次的思辨：哲学认识论意义上的思辨和科学方法论意义上的思辨。认识论的思辨是既排斥经验事实的引导，也不依赖现有科学理论为逻辑的依据，并且按其本性又拒斥实践检验的思辨。科学方法论意义上的思辨不同于认识论的思辨：一是这类思辨并不排斥经验的引导作用，二是方法论的思辨总是力求经验验证。然而，这两类思辨的对立只是在思辨的来源和确证方式上具有原则的意义，而仅仅作为一种思维方法运用时，二者并无原则差别，并且可以互相转化。

哲学认识论的思辨是排斥经验的。经验定律的发现说明，对经验材料进行理论思考，也可以采取非经验的思维方式。这也说明了理性对经验的逻辑概括（如归纳推理）从总体上不能称作思辨，即总体上不是非经验的，但是渗入其中的思辨本身（如对归纳结论的确认）则是非经验或超经验的。应当强调，思辨虽具有非经验的特色，但思辨与经验又不是绝对对立的。从哲学认识论考察，一切思辨都应有它的最终经验来源。如果不是偏执于哲学认识论的立场，而是从方法论角度看问题，先验的、超验的、非经验的认识不仅可以是合理的，而且往往体现出人类认识的巨大能动性。这是理论建构的必由之路，也是理论远远超前于实践的机理所在。

可以从两个方面来理解思辨与逻辑的关系。一方面，思辨作为抽象思维的一种形式，离不开逻辑的拐杖，因而思辨绝不是"非逻辑"的。另一方面，由于思辨思维中逻辑推理具有间断性、跳跃性、前提的不确定性和结论的易谬性，使得思辨绝不是纯粹逻辑的，而具有明显的超逻辑特性。

因为新理论的基本观念是不可能从现有理论中逻辑地推导出来的，也不可能从经验材料中逻辑地概括出来的，而人类的认识按其本性又必得有理论指引，这就自然地趋向援引高层次的理论观念、信念和方法论原则。高层次的观念模式在经验事实的启示下，在认识主体有关背景知识的基础上，能够对理论基本观念的建构提供粗线条的理论构架和思维路线。在基本观念的建构中，经验事实的启示作用常常是微弱的，因为理论观念，往往远远超脱于经验事实之上，非直观猜测所能触及。这时的思维方式的基本倾向很自然地表现出非经验和超逻辑的特征，也就是说，明显地依赖于思辨和创造想象的积极作用。

思辨的作用大致有以下几点。第一，思辨能够给创造性思维设立理论观念和方法论的框架。思辨和创造想象都具有非经验和超逻辑的特性，然而，比起创造想象来，思辨更有一个优势。第二，思辨能最有效地运用逻辑的手段。逻辑思维在理论建构中是不可缺少的手段，逻辑思维一旦以思辨为主导，这种面貌全新的逻辑思辨思维即具有非经验和超逻辑的选择前提，灵活、跳跃地改变思路，敏捷、直觉地评价结论的功能，因而能够发挥理论建构的巨大作用。这是思辨能够援引高层次的理论观念和方法论原则，作为理论建构的出发点。第三，思辨是理性直觉产生的直接前提。理性直觉思维的特点无非是能够超越现有经验基础并克服逻辑思维的局限，直接而迅速地做出关于研究对象的理论猜测。而要达到这一点，单靠想象是不成的。思辨是创造性思维的基本要素之一，是理性直觉的直接前提。[①]

有研究探讨了哲学认识中的思辨和分析。研究指出，"思辨"和"分析"是哲学认识中两个至今仍然扑朔迷离的重要范畴。对这两个基本范畴及其相互关系进行深入探讨，是哲学认识论研究的一项关键任务。思辨作为对经验实在和逻辑规定的超越性思考，是哲学认识的基本方式。分析作为一种哲学活动，既不与思辨相对立，也不与之相并列，而是其重要方面之一。思辨本身包括极为不同的两方面活动：分析和建构。哲学思辨正是哲学分析和哲学建构的统一。

思辨哲学一般是指不依据经验材料或脱离经验，从一般的先天原则或概念出发进行纯粹逻辑推演，去探究现实，构造出整个客观实在，使客观世界服从于人的思维的一般法则的哲学。由于思辨哲学以先天的洞见，尤其是对于绝对甚至神的洞见为基础，以后便成了关于超验的东西或经验根据的哲学的代名词。思辨哲学和哲学思辨之间更没有必然关

---

① 杨耀坤．论思辨［J］．湖北师范学院学报（哲学社会科学版），1987（1）．17-24.

联；哲学思辨作为一种认识方式，完全不同于作为一种特定哲学体系的思辨哲学。哲学思辨并不必然导致思辨哲学，思辨哲学的衰落也并不意味着哲学思辨本身不合理。在当代哲学中，无论思辨还是分析，其存在的合理性都是不能完全否定的，也由于思辨和分析都在哲学中日益显得相互不可取代，二者的共存得到越来越普遍的承认。一种共识正在或者说已经达成：哲学既是一种思辨，也是一种分析；哲学是思辨和分析的统一。

哲学思辨是分析和建构的统一。思辨一般被认为是一种建构，而分析则被认为是一种批判。哲学的发展正是在这种不断的建构和解构的过程中实现的。那么，作为哲学认识的基本方式，思辨则是建构和分析两个方面的统一。①

有研究认为，在心理学的研究中，思辨研究是具有必要性的。研究指出，思辨研究是以逻辑推导的方式进行的纯理论、纯概念式的一种研究方法。这主要在澄清基本概念、确定基本制约因素及联系方式、制订研究方案和计划、探讨复杂现象领域、建构理论体系等的方面，对心理学研究发挥着实证研究无法替代的作用，从而体现其存在的必要性。

思辨系指运用逻辑推导而进行纯理论、纯概念的思考。思辨研究就是借助人的逻辑思维和智力技能操作概念和范畴以演绎为基本过程的研究方法。这有着悠久的历史，几乎与哲学同古，是哲学的主要研究方法，至今仍然是进学致知不可缺少的手段和途径，即使在较为成熟的学科领域，也不是完全被弃置不用。思辨研究大致可划为日常语言的思辨、专业术语的思辨和数学语言的思辨三个方面。

心理学中的思辨研究的必要性主要体现在以下几个方面。第一，基本概念的澄清。对心理学而言，由于无法对心理现象进行实物水平上的分析、比较以及其他形式的处理，因而要澄清基本概念只能凭借思维的方式在抽象层次上进行。第二，制约因素的归类和分析。心理现象是已知世界中极为复杂、最容易流动变化的现象，其产生和发展变化受许多因素的制约，概括地说，大致可归结为五个层次的因素，依次为物理因

---

① 王天思.哲学认识中的思辨和分析[J].南昌大学学报（人文社会科学版），2000(4).16-21.

素、化学因素、生理因素、心理因素和文化因素。从心理现象与其制约因素的具体联系方式来说，主要表现为以下四种。一是必然联系，心理学称之为因果研究。二是或然联系，心理学称之为相关研究。三是偶然联系，心理学称之为个案研究。四是隐然联系，即某些因素客观上存在并对某些心理现象产生制约作用，但尚不为人们所知，物理学中称之为隐变量，这是心理学创新的前沿领域和突破口。第三，研究过程的先行设定。这包括研究的课题、计划、方法、条件。第四，实证研究难以企及的研究领域的替代手段。实证研究在心理学领域的适用范围是有限的。这时只能寻求其他可行的替代性研究手段加以研究，思辨研究就是其中优先选择的研究方式之一。第五，理论建构的基本途径。理论形态的知识是科学的最高成就，是由普遍的基本定律组成，为人们提供简单而经济的世界图景，是人们能够在思想上统摄驾驭世界的工具。任何科学都追求理论建构，形成系统严谨的理论是学科成熟的重要标志。[1]

有研究对心理学研究中的思辨方法进行了考察。研究指出，心理学发展过程中的研究例证，表明了实证方法并非尽善尽美，也无法独撑心理学研究领域的天下；而备受冷落的思辨方法也并非低人一等，这在心理学价值论研究取向中，在心理学理论建构中起着不可缺少的重要作用。两种方法结合互补，才是发展心理学的正确道路。思辨作为一种思维方式和研究方法，不同于强调经验的实证方法，是通过概念形式进行思维活动去把握事物。

在心理学发展史上一直存在着与适用于自然科学的实证方法并存的另一种方法——现象学方法。现象学方法适用于人文科学，与实证方法同被视为现代心理学的两大方法论。在研究对象上，现象学把直接经验而不是观察的事实作为研究对象。现象学针对实证主义排斥意识，漠视人及人的主体性之偏差，指出心理学要以整体的人为对象，不仅研究人的经验，而且要研究更能触及人性的领域。在研究方法上，现象学强调反思分析，强调研究对象的主观性和主动性，强调对主观意识经验的整体体验与描述。

---

[1] 程刚. 论心理学中思辨研究的必要性 [J]. 沈阳师范大学学报（社会科学版），2004 (4) . 18-22.

解释学是对于文本之意义的理解和解释的理论或哲学。这里的"文本"也叫主题，包括古往今来的法律、《圣经》、文学、梦等。解释学既是一门边缘学科和一种研究方法，又是一种哲学思潮。解释学强调通过人的自我理解去解释主体与客体。被视为解释学奠基人的狄尔泰力图把解释学确立为人文科学普遍的方法论基础。他认为精神科学所研究的意识事实可以采用"自我反思"的方法去理解和解释。理解就是通过进入他人的内心世界，重新体验他人的心境，并在自己身上再现他人的内心体验。

现象学和解释学作为研究方法有一定的渊源联系：现象学要解释的是意向经验结构，而解释学要把人的直接经验作为解释的主题。两者在研究对象和方法上都有许多共性。可以在心理学研究领域中处处看到它们的影子，不管研究者是否意识到自己采用了这一方法。这种方法造就了心理学的著名学派：精神分析主义和人本主义。两者共同的成功最突出的是探讨人的心灵的意义、价值，促使人的自我提升和自我超越。这种对价值论取向的强调是人文主义心理学的立场，要靠内省、体悟等思辨方法。

如果说现象学、解释学方法反映了思辨在心理学价值论研究取向中的作用，那么构想、模型方法则显示了思辨在认识论研究取向中建构心理学理论或学说的必不可少的作用。即使是贬斥思辨的行为主义者，在其理论建构中，也还是无法离开构想。如果说构想是对无法观察的事物的抽象表征。那么模型则是对事物或现象的具体表征。模型是借助直观手段突出系统的变量和主要思想或一个过程的方法。[①]

哲学的思辨，思辨的方法，都在特定的层面和侧面影响到了心理学的研究和探索。哲学心理学就是采纳和贯彻了哲学思辨的方法。尽管在实证科学的心理学的眼中，哲学思辨的心理学是没有任何价值的心理学猜测，但是哲学思辨的心理学所实现的理论反思、理论建构、理论批判和理论探索，及其所体现出来的思想性质、思想预设、思想方式和思想引领，仍然对于心理学的研究具有不可替代的价值。

---

① 施铁如. 心理学研究中的思辨方法 [J]. 华南师范大学学报（社会科学版），2001 (1). 110-115.

第三节 科学心理学的方法

科学心理学在自身的发展历程之中，已经拥有了系列化的研究方法。关于心理学具体研究方法探讨，是属于心理学方法学的内容。当然，关于心理学研究方法的更进一步探讨，最为重要的就是关于研究方法的基本原则。这也就是属于心理学的方法论的问题。方法论的思想原则、理论预设、方法定位、程序设定，这都属于关于心理学研究方法的考察和探索。

一 实证主义方法论

心理学的研究有自己的研究方法。那么，科学心理学所运用的方法就是科学的研究方法。但是，在特定的科学观的限定下，所谓的科学就是实证的科学，所谓的科学心理学就是实证的心理学。[①] 其实，在科学心理学诞生之后，心理学就是通过运用实证的研究方法来确立了自己的科学性质和科学地位。因此，所谓科学的心理学就与实证的心理学有同样的含义。实证的科学运用的是实证的方法。心理学在成为独立的科学门类之后，就力图以实证主义的科学观来衡量自己的科学性。这样，是否运用实证方法，就成为心理学研究是否科学的一个根本的尺度。[②] 这就把实证的方法放置在了决定性的位置。这也是在科学心理学的发展过程中曾经盛行的方法中心主义。那么，心理学的研究是否使用了实证的方法，就成为衡量心理学是不是科学的唯一尺度。[③]

可以说，心理学正是通过使用实证的研究方法而确立了自己的科学性质和科学地位。德国心理学家冯特，于1879年在莱比锡大学建立了世界上第一个心理学实验室。这被后来的心理学史学家当作科学心理学诞生的标志。那么，心理学研究运用了实证的方法或者实验的方法，就成为衡量心理学学科的科学性的基本标尺。这表明了实证方法在心理学

---

① 葛鲁嘉. 大心理学观——心理学发展的新契机与新视野 [J]. 自然辩证法研究，1995（8）. 18-24.
② 葛鲁嘉. 心理文化论要——中西心理学传统跨文化解析 [M]. 大连：辽宁师范大学出版社，1995.10.
③ 葛鲁嘉. 中国心理学的科学化和本土化——中国心理学发展的跨世纪主题 [J]. 吉林大学社会科学学报. 2002（2）. 5-15.

研究中的中心地位。① 这也被认为是心理学的小科学观或狭隘的科学观。② 许多心理学家都持有方法中心主义的立场和观点。心理学中的方法中心主义就是把科学方法在心理学研究中的运用与否,作为心理学是不是科学的基本标准。

科学研究中方法中心的主张,就是立足于实证主义哲学的方法论。可以说,科学心理学在西方文化中诞生之后,就把自己的研究建立在了实证主义的基础之上。所谓的实证主义有两个基本的理论设定。一个是主观与客观的分离,或主体与客体的分离。这体现在科学的研究中就是研究对象与研究者的分离。研究者必须是客观地描述和说明对象,而不能够把自己的主观性的东西掺入其中。一个是把主观对客观的把握或主体对客体的把握,建立在感官验证的基础之上。这就是所谓实证的含义。感官的证实就能够去除研究者的主观臆断。那么,客观的观察或者严格限定客观观察的实验就成为科学研究的科学性的保障。没有被感官所验证的,没有被感官的观察所证实的存在就都有可能是虚构的存在。或者说,无法被感官所把握到的存在就都有可能是受到质疑的存在。为了在科学研究中弃除虚构的东西,那就必须贯彻客观主义的原则。所以,科学研究就是证实的活动,客观证实的活动,感官证实的活动。近代科学的诞生,强调的就是实证主义的原则,进行的就是感官证实的活动。

现代科学心理学的一个重要的起源就是哲学对心灵的探索。在科学心理学诞生之前,哲学心理学对人的心理的探索是着眼于对观念的考察。那么,观念的活动就是心理的活动。观念的存在是无法通过人的感官来把握到的,而只有通过心灵的内省来把握。所以,在哲学心理学的研究中,就运用了内省的方法。西方的哲学心理学就是西方的科学心理学的前身。就在西方科学的或实证的心理学诞生之初,也采纳了和运用了内省的方法,或者说是把内省的方法与实验的方法进行了结合。这是在科学诞生的时期所盛行的实验内省的方法。但是,在科学心理学的发

---

① 郭本禹(主编). 当代心理学的新进展 [M]. 济南:山东教育出版社,2003. 166.
② 叶浩生(主编). 西方心理学研究新进展 [M]. 北京:人民教育出版社,2003. 28-35.

展过程中，当科学心理学彻底贯彻了客观性的原则之后，就把内省的方法从心理学当中驱逐了出去。内省的方法从此成了非科学方法的同义语。内省的主观性和私有性使之被认为是不科学的，是非科学的。因此，在科学的或实证的心理学研究中，也就彻底清除了内省的方法。在实证的心理学看来，内省不仅是非科学的研究方法，甚至也是科学所无法涉及的对象。在实证心理学的视野中，根本就没有内省的位置，也就不可能有对内省的探讨，也就不可能有对内省的揭示。

二　实验主义方法论

实证与体证在心理学的具体研究中的体现，就是实验与体验的分别与不同。所谓的实验是在实证的基础之上建立的具体研究方式和方法。所谓的体验是在体证的基础之上建立的具体研究方式和方法。当然，实验方法与实验主义是有所区别的，不同就在于实验方法是具体的研究方法，实验主义则是实验方法的排他性的贯彻。实验主义能够成为心理学研究中的方法论，是立足于只有实验的方法才是科学的方法，只有依据于实验的方法，才能够得出关于心理行为的描述和解说。

实验的方法被认为是现代科学心理学建立的标志。在心理学研究中，所谓实验的方法是指对所研究的人的心理行为进行定量的考察、分析和研究。这也就是通过研究者控制实验条件，来观察研究对象的实际变化。这包括实验的技术手段或实验的工具仪器，也包括实验者的感官的实际观察。实验的方法对于其他自然科学的发展来说，是至关重要的。或者说，对于自然的对象来说是客观的，精确的。但是，对于人的心理来说，人的意识自觉的心理活动，却是观察者所无法直接观察到的。这给心理学的实验研究带来了很多的困难和障碍，也使心理学的实验研究一直在寻求更好的方法和工具。

作为科学心理学的研究方法，实证的方法或实验的方法都是建立在如下的几个基本的理论假设或基本的理论前提的基础之上。这些基本的理论前提或理论假设决定了心理学研究方法的基本性质和基本功能。当然，这些理论前提或理论假设可以是明确的，也可以是隐含的，是研究者所没有意识到的。但是，无论是明确的还是隐含的，这些理论前提或理论假设都会影响到研究的研究视野、研究方式、研究结果等。其实，心理学哲学和理论心理学的研究，就在于揭示和评判这些理论前提或理论假设，使之明确化和合理化。

　　一是客体与主体的分离。或者说，就是研究对象与研究者的分离。这是为了保证研究的客观性，是为了消除研究者的主观臆断。那么，心理学的研究者在研究心理行为的过程中，就必须把心理学的研究对象看作客观的存在。心理学的研究就必须是对心理行为的客观描述和说明。问题在于，心理意识与物理客体存在着根本的不同或区别。人的心理意识的根本性质在于"觉"。无论是感觉、知觉，自觉、觉悟和觉解，都具有觉的特性。当然，在科学心理学传统的研究中，对感觉的研究是在研究"感"，对知觉的研究是在研究"知"，对自觉的研究是在研究"自"，而不是在研究"觉"。更不用说觉悟和觉解，根本就不在心理学的研究范围之中。因此，在心理学的研究中，一直存在着把人的心理物化的倾向。

　　二是感官和感觉的确证。科学心理学对于人的心理行为的研究，必须是客观的呈现和客观的描述，而不能有虚构的成分和想象的内容。那么，最为重要的就是客观的观察或客观的证实。客观的观察或证实就确立于研究者感官的观察或感官的把握。这就是心理学中的客观观察的方法。在心理学的研究中，定量的研究和定性的研究都是建立在客观观察的基础之上。那么，无法直接观察到的意识活动和内省活动，就曾经被排斥在心理学的研究对象之外。这使心理学的研究不得不把人的心理许多重要的部分排除在研究的视野之外。或者说，在心理学的研究中，是通过还原论的方式，把人的高级和复杂的心理意识都还原为实现的基础之上。如物理的还原，生物的还原，神经的还原，社会的还原，文化的还原，等等。

　　正是基于以上的两个方面，所以心理学的研究对象就被限定为是心理现象，是可以被研究者的感官所印证的客观的存在。但是，如果采取另外的不同研究方式和方法，也就是体证和体验的方法，那心理学的研究对象就不是心理现象，而应该是心理生活。心理生活是可以被体验到的心理存在，是可以通过体证而加以证实的心理存在，也是可以生成、创造和建构的心理存在。其实，心理生活的创造性显然决定了心理生活就是文化的存在，就是文化的心理，就是文化的创造。因此，心理生活也就可以成为文化心理学的研究对象。这涉及关于文化与自我的关系的探讨。① 这也涉及文化心理学研究通过文化的思考。②

实验主义的方法论所带来的是实验的程序，是规范的程序；是变量的控制，是变量的关系；是定量的研究，是量化的方法；是因果的关系，是因果的解释。因此，对于心理学的研究来说，实验主义成了心理学推进科学化进程的非常重要的方式和路径。当然，实验主义本身也给心理学研究带来了偏激的拒斥，也就是排除了许多对于心理学研究来说是非常重要和不可或缺的理论化或质性化的研究方式和研究方法。

第四节 证实与证伪的方法

关于心理对象的科学研究与关于物理对象的科学研究，两者之间既有着相同和相通之处，也有着不同和区别之处。那么，研究的共同之处就在于，关于心理对象和物理对象的科学理论假设都可以进行证实和证伪。证实和证伪是不同的研究方式和研究方法。在科学研究中，存在有对研究方法进行的不同分类，其中就包括有证实的方法与证伪的方法。所谓证实的方法与证伪的方法，实际上就是科学的研究或心理的研究针对关于对象的理论预设、理论假设、理论构造、理论预测等所进行的验证。那么，在心理学的学术研究中，也同样具有在提出相应的理论之后，所要进行的证实和证伪。

有研究指出，实证论是心理学方法论的基石。实证论自身的演变直接影响到不同心理学流派的产生，如早期实证论、经验实证论、逻辑实证论分别成为经典行为主义、构造心理学、新行为主义的方法论基础。实证论不论是对过去心理学的研究，还是对当今心理学的研究，都具有重要的方法论指导意义。

早期实证论的创始人孔德认为自己的哲学特性是用自然科学的实证精神来统一各门知识，从而使其成为实证的知识。他认为人类思想发展经历了三个不同的理论阶段：虚构阶段（又名神学阶段）、抽象阶段

---

① Markus, H. R., & Kitayama, S. Culture and the self: Implications for cognition, emotion, and motivation [J]. *Psychological Review*, 1991, 2, 224-253.

② Shweder, R. A. *Thinking through cultures: Expeditions in cultural psychology* [M]. Cambridge, MA: Harvard University Press. 1991. 31.

（形而上学阶段）和实证阶段（科学阶段）。在实证阶段，一切知识、科学、哲学都以"实证"的"事实"为基础，因而是"高级"的、最"科学"的阶段。孔德把实证一词解释为具有"实在的""有用的""确定的""精确的""积极的""相对的"等意义。"实在的"是指一切知识必须以被观察到的事实为出发点，而不是神学与形而上学的玄想。"有用的"是指知识必须探求实在，反对满足人们空泛好奇心的无用知识。"确定的"是指致力于个人的以及人类精神的一致，反对涉及那些不着边际、悬而未决的问题进行抽象的议论。"精确的"是指提倡观点的"明晰性""坚定性"，反对超越实在现象性质所允许的正确度去谈论事物。"积极的"是指建设性的，反对有关现实的否定和破坏的倾向。"相对的"是指人们对现象的研究具有相对的意义，反对追求绝对知识的倾向。

　　孔德对"实证"的解释，反映了早期实证论的基本主张。就心理学来说，早期实证论的重要意义就在于其促成了心理学的独立，成为经典行为主义的方法论指导，并且导致了心理学中一大学派——行为主义的形成。正是实证方法—实验方法的采用导致了心理学的诞生。早期实证论对心理学的贡献，主要表现为以其为方法论指导的经典行为主义学派的形成。马赫的经验实证论带上了浓厚的现象学倾向。正是这种倾向为构造心理学提供了方法论基础，以至于对以后的格式塔心理学也产生了影响。经验实证论对构造心理学的方法论指导作用是由心理学家铁钦纳完成的。逻辑实证论的以上特点在新行为主义中不同程度地得到反映，尤其是在逻辑行为主义者赫尔以及认知行为主义者托尔曼的理论中表现得更为明显。首先，新行为主义者在逻辑实证论的影响下（除斯金纳外）开始注意有机体的内部过程，注意到在刺激与反应之间存在着中介变量。其次，新行为主义者在理论建设中采用假设—演绎逻辑系统，接受了逻辑实证论的逻辑分析法，以求获得一种完美的理论方法来补充华生的客观实验。新行为主义者赫尔的理论中运用了大量的逻辑分析及假设—演绎系统是有目共睹的。最后，新行为主义还表现出十足的物理操作主义，把意识还原为操作，对理论术语给以操作定义。操作定义是实证论的一大特点，由心理物理学家引进心理学，至今在心理学中仍有很大影响。操作定义要求任何理论术语的定义都必须是某种经验操作。

实证论与心理学的关系在心理学思想基础、理论依据、经验证实、实验研究等的重要层面，都得到过系统和深入的探索。实证论至少有以下两点对当今心理学研究仍起着巨大的作用：其一，实证论所提供的心理学方法论指导作用并没有过时，过去其对心理学起过重要的作用，今天其仍是指导心理学研究的方法论基石；其二，实证论思想已渗透到当今心理学理论之中，对心理学工作者起着潜移默化的作用。客观性研究已成为心理学研究所奉行的基本原则。[1]

有研究认为，证伪主义是20世纪较有影响的哲学思想和方法论思想，也是极富争议的理论思想。波普尔（K. R. Popper）是20世纪著名的科学哲学家，是批判理性主义的创始人。他的重要贡献就是提出了科学与非科学的划界标准不是可证实性而是可证伪性，以此为核心的科学哲学体系不仅充分削弱了逻辑实证主义，而且还破除了传统的科学观念，使科学思维方式发生了革命性的转变。

逻辑实证主义认为：一个命题如果能够在经验世界中找到根据，并能在经验现实中被证实，那么就是科学的，反之就是没有意义的，应加以摈弃。波普尔认为，科学理论不能单纯依赖于经验归纳，更不能用经验来证实。因为科学理论都是全称陈述和普遍命题，而经验所观察到的仅仅是具体事物，是一定时空条件下的有限的经验事物，有限的事实只能证实个别命题或单称陈述，无法证实普遍无限的科学理论。科学与非科学的划界标准是可证伪性。

可证伪性、证伪以及证伪主义之间的关系是有差异的，可证伪性单指理论的可被证伪的逻辑属性，证伪是指包含一整套方法论规则的理论检验过程，证伪主义则是一套逻辑严密的理论学说。无论是由经验观察所归纳出来的理论陈述，还是由演绎推理形成的假说，必然要被检验。理论一旦被检验只能有两种结果：要么被证实，要么被证伪。如果陈述或假说被证实，就可以对被观察到的具体现象做出有效的理论解释，如果被证伪，就要对理论做出修正或推翻原有理论、发展新理论。

---

[1] 张爱卿. 试论实证论在心理学发展中的基石作用[J]. 南京师大学报（社会科学版），1994 (1) .40-44.

以拉卡托斯为代表的精致证伪主义发展了波普尔的朴素证伪主义，在淘汰规则上进行了重新诠释。这没有把目光集中在波普尔式的单个理论上，而是放在了理论系列上，提出了所谓的"研究纲领"，即科学评价应该建立在不同理论的比较之上，评价的单位是理论系列而不是单个理论。精致证伪主义并不同意单个的反例就是对理论的证伪，甚至也不同意波普尔所说的通过实验、观察或业经充分证认的低层次证伪假说就能导致证伪，只有当出现了一个更"好"的理论时，才能说先前的理论被证伪、被淘汰了。由此看出，理论的淘汰规则是科学而谨慎的，而不是片面而武断的。

波普尔提出了"可证伪度""确认"等概念，来说明可证伪性标准并非只强调对科学理论的证伪和否定一面，而是把否定和肯定、证伪和"证实"统一了起来，为人们选择理论、接受理论指明了道路。容易被证伪的理论，其可证伪度就高，不容易被证伪的理论，其可证伪度就低。从逻辑上讲，可证伪度越高的理论就越进步。另一个衡量理论之间的可证伪度的标准是根据理论内容的普遍性和精确性。理论表述的内容越普遍，所提供的信息量越大，可证伪度就越高。理论表述的内容越精确，可证伪性程度就越高。仅凭可证伪度还不能判定理论就一定是进步的，还需要将理论拿到经验世界中接受观察和实验的严格检验，只有经受了观察实验的检验，得到了经验的确认，才可称为真正进步的理论。波普尔反对用证实之类的概念，而是用确认、证认来表示理论经受住了经验的检验而暂时地没有被证伪。[①]

有研究则探讨了科学研究传统。研究认为，劳丹的"科学研究传统"及其与"范式"和"科学研究纲领"间的关系长期以来未得到应有的关注。"范式"和"科学研究纲领"根本上未摆脱本质主义，而以"解决问题"为目标的"科学研究传统"表达了一种非本质主义的哲学观。这不仅使劳丹回避了库恩和拉卡托斯所遭遇的困难，而且为科学哲学带来了新的思维方式。

传统观点认为凡是合理的必然就是进步的，但在劳丹眼中，这恰恰

---

① 庞文、尹海洁. 证伪主义的理论实质及其再认识 [J]. 自然辩证法研究，2008（9）. 88-81.

把"合理性"与"进步性"的关系搞反了。科学只有是进步的,才能被称为是合理的。科学的进步体现在科学解决问题的能力上。任何东西,只要有利于解决问题,无论是被称为科学的还是非科学的、实证的还是非实证的、经验的还是非经验的,都具有合理性。"合理性"及"进步性"与确证性或证伪性关系不大,更无关乎真假,只与解题效力直接相关。

研究传统存在两种评价方式,一种是共时性的,考察的是研究传统最新理论的解题效力,以确定其合适性;一种是历时性的,也就是考察整个研究传统的历史,对其中最久远的理论与最新鲜的理论加以比较,确定解题效力上的总进步,再对给定时期最新理论解题效力的变化程度加以考察,以确定其进步率。研究传统总是处在竞争之中,因而接受某个研究传统就意味着选择了具有最大解题合适性的研究传统。

劳丹在思考问题时转换了方向,把目光投放到科学发展的目标上,以指向性思维取代了规范性思维。"科学研究传统"不仅适用于自然科学领域,而且能够很好地解释社会科学领域的某些问题。[①] 很显然,心理学研究探讨和重视过心理学的研究范式,也探讨和重视过心理学的研究纲领,但是心理学还应重视自己的心理学的研究传统。这本身就应该是心理学所指向的解决心理对象和心理科学所存在问题的系列化的努力和延续性的积累。

从今天的心理学的现实来看,人类的假设和猜想本身既构成了心理学发展的动力,同时也构成了心理学的知识体系,心理学应该建构起一个由假设和猜想为主而成的知识体系,波普尔强调,假设和猜想必须以经验为基础,绝不拘泥于经验,再通过实证来对这个体系进行证伪。在这里,波普尔反对两种知识观,一种是本质主义,另一种是工具主义。[②]

证实和证伪都在心理学的具体研究中得到过具体的贯彻和实施,并且都对心理学的理论发展起到过至关重要的作用。心理学的不同的研究方式、研究方法、研究手段,实际上都在于对心理学关于心理行为的理

[①] 曾点.从"科学研究纲领"到"科学研究传统"——劳丹的非本质主义哲学观 [J].自然辩证法研究,2017(3).22-26.

[②] 任俊.波普证伪主义的心理学意义 [J].自然辩证法研究,2004(5).45-48.

论假说或假设进行证实或证伪。这不仅可以区分科学心理学和伪科学心理学，而且可以建构心理学和解构心理学。这不仅可以提供可靠的理论解说，而且可以剔除虚幻的理论构造。

心理学的理论假设和理论假说的提出是在证实和证伪的方法和实施之前，那么方法本身的掌握和运用，就与理论的预设和理论的构造是无关的。但是，这却是与理论的确立和取舍是直接相关的。从表面上来理解，证实和证伪是相反的研究方法和研究历程，但是在"证"的层面却是相同的或相通的。证实似乎是做加法的，证伪似乎是做减法的。然而，构造起来的却同样都是关于心理行为的理论学说。

第五节 客位与主位的方法

跨文化心理学具有两种重要的和不同的研究策略，即"客位的"（etic）研究和"主位的"（emic）研究。按照通常的理解，所谓客位的研究，就是指超出本土的文化或特定的文化，从外部来研究不同文化之中的人的心理行为。所谓主位的研究，则是指从本土的文化或特定的文化内部出发来研究人的心理行为，而不涉及在其他文化中的普适性问题。显然，大部分的跨文化心理学的研究都是采取了客位的研究策略。但是，这样的研究策略却常常是以西方的文化为基础或以西方的心理学为基调。有研究曾经仔细分析过主位的研究取向与客位的研究取向的内在含义，认为这两个研究取向有着三个对比的差异：一是所研究的现象或是该文化特有的，或是该文化非特有的；二是在观察、分析和理解现象时，研究者或是采取自己的观点，或是采取被研究者的观点；三是在研究设计方面，或是采取跨文化的研究方式，或是采取单文化的研究方式。那么，原有的跨文化心理学研究主要采取的是以研究者的观点探讨非特有现象的跨文化研究。在这样的研究方式中，来自某一文化的心理学者（通常是西方的学者，特别是美国的学者）将其所发展或持有的一套心理行为概念先运用于本国人的研究，进而再运用于他国人的研究，然后就所得出的结果进行跨文化的比较。当然，这种研究方式后来受到了许多学者的批评，一些跨文化心理学者也正在寻求更好的研究方式，如客位和主位组合的研究策略、跨文化本土研究策略等。①

美国人类学家哈里斯（M. Harris）认为，文化唯物主义是一种科学的研究策略。文化唯物主义的目的就在于去说明社会文化的差异和相似的起源、维持和变化。经验主义的科学就是文化唯物主义认识方法的基础。关于人类社会生活的科学研究必须关注两种不同的现象：一是有关构成人类行为流的活动，二是人类感受到的思想和感觉。这就有了参与者与旁观者之间的区别。那么，人类学家就不是使用客观的和主观的术语，而是使用客位的和主位的术语。② 每一个社会需要解决的问题，可以包括有生产方式、社会人口、家庭经济、政治经济和上层建筑等五个不同的方面。在这五个方面中，将第一和第二类合并以后，社会就划分为客位行为的基础结构或下层结构（生产方式和社会人口），将第三和第四类合并以后，社会就划分为客位行为的结构（家庭经济和政治经济），这就将上层建筑分为主位行为的上层建筑和客位行为的上层建筑（这样便有了客位行为的三层结构，分别是客位行为的基础结构、客位行为的结构和客位行为的上层建筑）。前者包括了宗教信仰、亲属关系、政治思想、价值取向、神话、哲学、美学等方面的因素，后者则包括了文学艺术、科学、仪式等方面的因素。哈里斯的文化唯物主义主张的是：客位行为的生产方式和社会人口决定了客位行为的家庭经济和政治经济，客位行为的家庭经济和政治经济又决定了思想行为和上层建筑。

"客位研究"既具有优势，又具有劣势。就其优势而言，首先，由于客位研究是"从外部看文化"的研究，这就决定了研究者与被研究者分属于不同的文化群体，二者具有不同的价值观和行为习惯。这样，研究者在研究过程中就可以与研究对象之间在心理和空间上保持一定的距离，如此则研究者往往更容易看到事物的整体结构，更容易看到整体和其他相关现象之间的联系，也更易于发现和预测研究对象的发展脉络和趋向。其次，有助于更好地理解异（族）文化。"局外人"对所涉及

---

① 杨国枢. 我们为什么要建立中国人的本土心理学 [J]. 本土心理学研究, 1993 (1). 6-88.

② [美] 哈里斯（张海洋等译）. 文化唯物主义 [M]. 北京：华夏出版社, 1989.4, 31, 36-38.

的环境和文化的不熟悉,会导致他对一个文化事件表现出不同于异文化中的人的看法,或者在异文化人的熟视无睹中捡拾到其独特的文化意义。最后,客位研究有可能享有一些难得的优惠条件,即"陌生人效应"。"局外人"的"中间"立场有可能在研究的最终结论上更为客观和中立。当然,客位研究也有其难以避免的局限和难以克服的劣势。客位研究的内在特性决定了研究者很难根据被研究者的理解和解释进行意义的建构。①

有研究表明,主位研究方式与客位研究方式最早是由语言学家提出,后经文化人类学家系统研究形成一套完整的研究策略。这两个概念对语言以外的其他文化现象的研究也具有十分重要的意义。人类学家研究人类社会生活,研究者可以从两个不同的角度(事件参加者本人和旁观者的角度)去观察人们的思想和行为从而做出科学的、客观的评价。从事件参与者的角度去观察人们的思想和行为的方法称为主位研究法,从事件旁观者的角度去观察人们的思想和行为的方法称为客位研究法。客位研究不等于客观,主位研究不等于主观。人们有可能客观地看待主位现象和客位现象,也有可能主观地看待主位现象和客位现象。

如果用主位研究与客位研究理论分析以往的心理人类学研究就不难发现,心理人类学研究中同样存在两种方式,一种是以人类学基本方法为主的主位研究方式,另一种是以心理学基本方法为主的客位研究方式。与人类学家不同的是,心理学家通常是采用客位研究方式开展心理人类学研究。他们按照心理学的要求,携带各种精心设计的测量工具到不同民族中进行心理调查,然后根据不同民族的调查结果进行跨文化比较研究。在这个过程中,心理学家虽然也会发现不同文化中存在一些特殊的文化现象和心理现象,但大多数心理学家认为,心理学家研究不同文化背景下人的心理和行为的异同,其根本目的是要揭示人类心理和行为发生、发展、变化的规律,而不是要对某一民族的特殊文化进行专门的研究。因此,他们在研究不同民族的心理过程中,特别注意寻找一般

---

① 岳天明.浅谈民族学中的主位研究和客位研究[J].中央民族大学学报(哲学社会科学版),2005(2).41-46.

的心理和行为规律，并试图根据已有的资料构建新的理论体系。[①]

所谓的客位与主位，是关于心理学研究中研究者与研究对象的关系的问题。西方心理学的主导科学观分离了研究对象与研究者，或者说，分离了研究客体与研究主体。研究客体是已成的存在，是客观的现象。研究主体则是如实描摹的镜子，是冷漠的、中立的旁观者。显然，在心理学的研究中，这实际是占有支配性的理论预设。这既给心理学带来了巨大的研究进步，也限制了心理学的进一步研究发展。例如，这既可以导致对心理学研究对象的客观化，也可以导致价值无涉的研究立场。实际上，研究对象与研究者的分离是基于异己的自然物与人作为认识者的区分。但是，心理学的研究对象与研究者却具有共同的性质。双方既可以是按照研究对象与研究者加以区分，也可以是形成超越这种区分的特定联系。进而可以认为，在心理学的研究中，研究者与被研究者也是一体化的，是心灵的自我超越的活动和自我创造的活动。这不仅是个体化的过程，也是个体超越自身的过程，这不仅是心灵的自我扩展，也是心灵与心灵的共同构筑。

第六节 局外与局中的方法

有研究考察了心理学研究理念从"局外人"到"局中人"的演变。研究指出，自科学心理学诞生至今，心理学研究理念发生了重大转变，实现了由"局外人"到"局外人"与"局中人"并存的变革。这种转化已经而且还将继续对心理学发展产生重大影响。"局外人"又可称为"旁观者"或"无关者"，原意是指与某事无关而置身事外，在一旁观看的人。在科学研究中，则是指站在研究对象之外，处在实际事件之外，而对研究对象或实际事件进行观察的研究主体。科学研究借用该概念，就是为了保证研究的客观公正性，使研究主体能更为清晰地认识研究对象的本质或规律，获得真理性知识。该理念一直是自然科学所坚持的立场或思想，后被科学心理学所采纳并更为强烈地坚持。这要求研究

[①] 韩忠太. 论心理人类学研究中的主位方式与客位方式[J]. 云南社会科学, 2006(3). 83-87.

主体置身客体之外，保持价值中立，不带任何自己的主观因素，去进行实证研究和理论建构。心理学研究中的客位研究策略、实验研究方法等，就是该理念的具体体现。"局中人"又被称为"亲历者"或"参与者"，泛指实际的当事人。在科学研究中，这是指深入研究对象中，与研究对象相互作用、相互影响、相互交织的研究主体。"局中人"研究理念是20世纪中后期引入到科学研究中的理念，后被心理学家采用，用以消除心理学危机，解决主流的科学心理学存在的问题。这要求研究主体与研究客体融为一体，以自己为参考系，进行现场观察、参与研究和理论建构。主位研究策略、主体解释方法、参与观察方法等都是这一理念的典型体现。

上述的两种理念各有利弊，单从一个方面都很难对心理有完整的、准确的理解，因此就有必要把两者结合起来。二者整合起来，可以相互取长补短，提高研究的效度和信度，以及增进研究结果的价值。心理学的研究理念正在经历着由"局外人"向"局中人"的转变，这种转变既是心理学发展的结果与表现，又引发并加剧了心理学更为全面、更加深刻地变革。自20世纪50年代以来，作为行为主义和（狭义）认知心理学指导思想的实证主义，受到了愈来愈多的非难，其主导的地位开始动摇，科学研究理念开始由"局外人"向"局中人"转变。科学哲学一步步地实现着科学研究理念由"局外人"向"局中人"的转变。后来发展起来的反经验论则进一步强化和完善了"局中人"的思想。

20世纪初的自然科学革命，无可辩驳地展现出科学理论都是主体作用的结果，主体不可能置身于理论建构之外；随着科学研究的进展和主体认识的深入，理论必然会不断地发展，甚至彻底更新。受后现代思潮的影响，一些心理学的工作者运用了后现代主义的理论观点、思维方式和研究方法等，对主流经验心理学加以批判、否定、解构，力图建构后现代心理学的理论与方法体系，由此而形成了多个具有后现代特征的新的心理学的研究取向。这秉承了后现代主义的基本思想，坚持的是"局中人"的研究理念，为心理学研究理念的转变起到了推波助澜的作用。进而，则是复杂性研究的影响。所谓的复杂性则是相对于简单性而言的，反对简单和简化的普遍性或普适性、还原论或分离论，转而所强调的是意义多样性、不确定性、非周期性、非线性和可区分性。复杂性的研究是兴起于20世纪的80年代，主要研究复杂性和复杂系统，揭示复杂系统的有关特性。复杂性研究的基本思想所坚持的是"局中人"研究理念，认为科学研究具有情境性，是研究者（主体）或研究对象（客体）在特定情境中的"遭遇"。那么，情境不同，遭遇的方式不同，研究的效果或结果也不相同。一些心理学家把复杂性研究引入心理学，依据其思想改造心理学研究理念与方法，开始采用"局中人"研究理念。①

有研究指出，一般来说，"局内人"指的是与研究对象同属于一个文化群体的人，他们享有共同的（或比较类似的）价值观念、生活习惯和行为方式。"局内人"之间通常共有比较类似的生活经历，对事物往往有比较一致的视角和看法。"局外人"所指的则是处在某一文化群体之外的人，与这个群体并没有从属关系。"局外人"通常与"局内人"有不同的生活体验，只能通过外部观察和倾听来了解"局内人"的行为和想法。"局内人"和"局外人"的区别可以在质的研究者们常用的一些成对的词语中表现出来，如"文化主位的"和"文化客位的"，"经验接近的"和"经验疏远的"，"第一人称的"和"第三人称的"，"现象学的"和"对象化的"，"认知的"和"行为的"，等等。

一般来说，"局内人"由于与研究对象共有同一文化，他们可以比较透彻地理解当地人的思维习惯、行为意义以及情感表达方式。如"局内人"一样，作为"局外人"的研究者在研究过程中也同样具有一定的优势和劣势。首先，"局外人"由于与被研究者分属不同的文化群体，有自己一套不同的价值观念和行为习惯，因此在研究中他可以与研究的现象保持一定的距离。由于在心理和空间上与研究的现象保持了一定的距离，因此"局外人"比"局内人"往往更加容易看到事物的整体结构和发展线索。研究者作为"局外人"的另外一个优势是可以在研究的过程中利用自己的文化框架来帮助自己理解异文化中的某些现象。然而，由于"局外人"没有长期在本地文化中生活浸润的历史，而可能很难对当地的人和事中隐含的微妙之处有深刻的理解。

---

① 李炳全．从"局外人"到"局中人"：心理学研究理念的演变［J］．南京师大学报（社会科学版），2009（4）．111-116．

"局内人"和"局外人"可以各自再分成"公开的"和"隐蔽的"两种类型。前者指的是被研究的群体知道研究者在对他们进行研究，研究者的身份是公开的；后者指的是被研究者不知道研究者在对他们进行研究，研究者是隐身的、秘密的。除了"公开的"和"隐蔽的"以外，"局内人"和"局外人"还可以按"熟悉的"和"陌生的"进一步分类。前者指的是研究者与被研究者相互认识，在研究之前就已经建立起了一定的关系和交情；后者指的是研究者与被研究者相互不认识，只是在研究中才开始建立联系。因此，除了公开与否和亲疏关系以外，"局内人"和"局外人"各自还存在着参与程度上的不同。这种不同呈现为一个连续体，一头是"完全的参与者"，另一头是"完全的观察者"。在质的研究中，很多研究者并不认为主体与客体、主观与客观、事实与价值之间可以绝对分离。[①]

"局内人"和"局外人"是指在被研究者的日常生活中和研究者的日常研究中，生活者和研究者所具有的身份和地位，所处于的位置和视界。这在实际上决定了和决定着研究的进行和研究的结果。那么，如何定位和解释"局内人"和"局外人"，就成为了关于研究，关于理论，关于方法，关于技术等所进行把握的立足点和出发点。在心理学的研究中，"局内人"与"局外人"是对研究者所处位置和地位的确立。这不仅决定了研究者对研究的把握，对过程的把控，而且决定了研究者对结果的理解，对效应的说明。任何的心理行为的发生和改变，"参与者"与"旁观者"都会有不同的投入，也都会有不同的结果。

---

① 陈向明. 质的研究中的"局内人"与"局外人"[J]. 社会学研究，1997（6）. 80-88.

第四章 心理学方法论的核心

在心理学的研究中，存在着不同的理论原则。这些理论原则会成为心理学研究者的心理学研究依据的尺度或支配的纲领。或者说，在心理学的发展中，心理学有过以什么为中心或以什么为核心的研究定位。这支配了心理学的研究者在心理学研究中的基本的追求，也成为心理学的研究者在学术性活动中的基本的守则。对心理学的研究者，曾有过以不同的原则作为研究的核心依据。这包括以探讨的问题为中心，以研究的方法为中心，以干预的技术为中心。这带给心理学研究的是完全不同的学术偏重，是完全不同的学科建树，是完全不同的学理发展。

第一节 心理学研究的问题中心

在心理学的研究中，心理学的探索应该以问题为中心，还是应该以方法为中心，以技术为中心，这是决定心理学发展的重要的理论问题，也是决定心理学研究的重要的现实问题。进而，将确立的问题、采纳的方法、应用的技术等设置成为心理学研究的支配性的原则，就会将其提升为问题中心主义、方法中心主义和技术中心主义。

当然，在心理学的发展和演变的过程中，有过问题中心主义占有支配地位的时期。在这样的时期中，衡量心理学研究是否具有价值和意义的最为根本的尺度，就是看心理学的研究所着眼的问题和所解决的问题。能够确定并解决心理的问题，是心理学本身存在的价值。那么，相对于心理学所要考察的问题来说，方法和技术都是附属性的，都是为解决问题服务的。那么，心理学的研究就应该以问题为中心。

心理学的研究以问题为中心和心理学研究的问题中心主义是有区别的。以问题为中心指的是，心理学研究的主要目的是针对问题的，是为了解决人的心理行为的问题，是从问题出发的。问题中心主义则是指，心理学的研究以问题或以解决问题替代了方法的重要性，取消了方法的规范性，忽视了方法的科学性。应该说，心理学的研究应该强调问题中心，但是应该反对问题中心主义。而且，心理学的研究更应该警惕以反对问题中心主义来取消问题中心。

心理学的研究以问题为中心，说明了心理学的研究最为重要的是发现、提出、确定最有意义、最有价值、最具重要性、最具合理性的问题。应该说，心理学研究能够做到上述，取决于心理学研究者的学术修养、理论素养、研究积累，也取决于心理学研究者的学术视野、学术鉴别、学术定位。所以，心理学的理论修养、理论造诣是心理学家的非常重要的基本功。这是学术研究的起点，是学术研究的定向，也是学术研究的核心。甚至于，心理学研究提出好的问题，会决定心理学的长期的顺利发展。因此，对于心理学的研究者来说，提出理论假设的能力，进行理论建构的能力，就决定了研究者的学术命运和学术前途。

心理学家提出所要研究的问题可以表现在两个重要或关键之点上。一个是发现人的心理行为的重要的方面、核心的方面、关键的方面。从而，带动对人的心理行为的一系列更全面和更深入的理解。一个是发现心理学知识体系和理论构成中的重大的问题、核心的问题、关键的问题，从而提供新的理论设想、理论建构、理论概念。这两个方面的问题就是心理学研究应该和必须关注的基本的内容。心理学的研究可以是把人的心理行为作为研究的对象，也可以是把心理学学科自身作为反思的对象。无论是关注于哪一个方面，心理学的研究都是为了解决问题而进行的考察。

美国人本主义心理学家马斯洛就在心理学研究中倡导问题中心的原则。有研究者在考察马斯洛的问题中心原则时，指出了马斯洛的问题中心原则有两个基本的含义。一是科学的目的是解决有价值的问题。科学不是为了形成"一套套规则和程序"，而是为了解决"可以为之奉献精力的最关键和最紧迫的问题"。马斯洛本人就开列了一系列有关学习、知觉、情绪、动机、智力、认识、思维、人格等许多值得研究而为传统心理学所忽视的问题清单，认为心理学应以解决这些问题为目的。二是科学研究是问题决定方法。科学的目标或者科学的目的使方法显示出了重要性和合理性。科学家必须关心和重视自己的研究方法，但前提是方法能够有助于达到自己合理的目的，即解决重要的问题。方法只是一种研究的工具，它是受研究的目的所制约的、是为研究的学者所操纵的。方法要适合于问题，为问题服务，而不是相反。研究方法再完善，如果不能解决有价值的问题也是无用的。[1]

心理学研究的问题中心常常是与心理学研究的方法中心相对应的。这成为两种非常有代表性的立场和主张。例如，在西方心理学的发展中实证主义的心理学就属于方法中心的代表，人本主义的心理学则属于问题中心的代表。将问题中心确立为心理学研究的支配性的原则，常常会带来对方法中心的排斥，以及对于方法中心主义的批判。从而，形成心理学研究中彼此对立的研究方式和方法的选择。

第二节　心理学研究的方法中心

在心理学的研究中，问题中心与方法中心是相互对立的和彼此对应的。有的研究者主张心理学的研究应该以方法为中心，有的研究者则主张心理学的研究应该以问题为中心。这成为心理学发展中延续了很长时间的学术论争。心理学研究中的问题中心和方法中心，有着不同的研究原则、研究主张、研究重心、研究内容、研究结果。

美国的人本主义心理学家马斯洛曾经考察了科学研究中的问题中心与方法中心。在他看来，方法中心就是认为科学的本质在于它的仪器、技术、程序、设备以及方法，而并非它的疑难、问题或目的。持方法中心论的科学家往往不由自主地使自己的问题适合于自己的技术而不是相反。方法中心论的另一个强烈倾向是将科学分成等级。马斯洛认为，这种划分科学等级的做法对科学和研究都是非常有害的。因为，在这个等级中，物理学被认为比生物学更为"科学"，生物学又比心理学更为"科学"，心理学则又比社会学更为"科学"。只有依据技术的完美、成

---

[1] 刘学兰. 论马斯洛的问题中心原则 [J]. 心理学探新, 1992（4）. 8-10.

功和精确度，才有可能设想这样的一个等级序列。方法中心论往往过于刻板地划分科学的各个部门，并在不同的科学部门之间筑起高墙，使这些部门分属彼此分离的疆域。科学中的方法中心论在科学家与其他寻求真理的人之间，在理解问题和寻求真理各种不同的方法之间制造了巨大的分裂。方法中心通常不可避免地产生一种科学上的正统，这就会制造出科学上的异端。[①]

在心理学的研究中，或者说在心理学的发展历程中，方法中心和问题中心是两种不同的立场和主张。所谓的方法中心是指在心理学的研究中，能够起决定作用的和能够引导研究的是方法。心理学研究是不是科学的，要看是否采用了科学的方法。方法的性质决定了心理学研究的性质。所谓的问题中心是指在心理学的研究中，能够起决定作用的和能够引导研究的是问题。问题的确定和解决决定了心理学研究的性质。心理学研究是不是科学的，要看提出问题和解决问题的科学性。

心理学的研究以方法为中心和方法中心主义也是有所不同、有所区别的。以方法为中心强调心理学的研究应该把方法的合理性、方法的科学性、方法的适用性放在重要的位置上，保证心理学研究可以通过科学的方法来有效地揭示和解释人的心理行为。方法中心主义则是在心理学研究中把方法放置在决定性的位置上，方法的合理性和科学性决定了心理学研究的合理性和科学性。那么，在心理学研究中，研究的中心和重心就放置在了方法的规范化和精致化上，而忽视了问题的重要性和合理性，忽视了理论建构的核心性和创造性。

有研究者对心理学研究中的方法决定论或方法中心主义进行过否定和批评。该研究认为，西方心理学在借用自然科学的研究方法时，并没有认识到研究对象上的区别，而盲目地相信方法的万能。这导致了今天心理学的危机。那么，方法决定论或方法中心论对心理学研究的损害就在于如下的几个方面。一是人类与动物不分。这是把人类与动物放在了同样的地位上，忽视或漠视人类与动物的心理行为的根本区别。二是心理与生理不分。方法决定论导致了心理学的研究混淆了心理学与生理学

[①] 马斯洛（许金声等译）．科学中的问题中心与方法中心［A］．动机与人格．北京：华夏出版社，1987．14-22．

的界限。三是整体与部分脱节。方法决定论导致了心理学的研究为追求所谓的"客观"和"精确",或者是把人的心理行为分割为互不相干的碎片,或者是对人的心理行为进行人为的阉割,如将意识驱除出心理学的研究对象之外。该研究者认为,解决心理学弊端的重要方面就是抛弃方法决定论,从方法决定论转向对象决定论。[①]

应该说,心理学在追求科学化的历程中,是把科学方法的运用看作保证心理学研究科学性的基础条件。这的确为心理学的科学化进程带来了根本性的改变。但是,方法、科学方法,在占有了根本性的和决定性的地位之后,却常常会忽视和排斥心理学所要研究的问题的重要性和关键性,这也给心理学的研究带来了一系列的难题,甚至是弊端。心理学研究的方法中心主义就曾经立足于实证主义的思想基础,排斥过不相符合的思想构造和理论推论。从而弱化了心理学的理论根基。

第三节 心理学研究的技术中心

关于现代科学心理学的不同研究类别和研究类别的不同顺序,可以有不同的设想和设计,这决定了心理学研究的定位和发展。当然,在科学心理学的研究中,原有的关于研究顺序的理解和认识曾经给心理学带来了影响和促进,但也一直给心理学带来了不利和阻碍。所以,重要的是了解原有的研究顺序,并且给出应有的研究顺序。

在心理学的研究和演变中,心理学的理论研究、方法研究和技术研究的顺序,曾经有过不同的变化。首先是理论、方法、技术的顺序。在这个顺序中,理论占有首要的位置或支配的地位。理论的范式、理论的框架、理论的假设、理论的主张、理论的观点等,成为心理学研究的核心的部分。其次是方法、理论、技术的顺序。在这个顺序中,方法占有首要或支配的地位。方法的性质、构成、设计、运用、评判等,成为心理学研究的支配的部分。在这样的两个不同的甚至是对立的心理学研究类别的研究顺序中,技术都处在最末的位置上。显然,技术被认为具有

[①] 郭斯萍. 从方法决定论到对象决定论——试论21世纪心理学的发展方向[A]. 心理学探新论丛,南京:南京师范大学出版社,2000.132-133.

附属的性质，具有从属的地位。这在心理学的当代发展中，是应该受到重新考量的。

心理学研究应有的顺序还可以是技术、理论和方法。这是技术优先的思考。所谓的技术优先或心理学研究的技术优先，重视的是心理学研究中的价值定位、需求拉动、问题中心、效益为本。价值定位是指在心理学的研究中，研究者和研究者的研究都应该拥有非常明确的价值取向。在原有的实证主义心理学的研究中，是主张价值中立的，或者是价值无涉的。研究者必须在研究中持有客观的立场。但是，技术中心则必然要有价值的取向。需求拉动是指心理学的研究是人的现实生活的需要所拉动的。其实，越是发达的社会，越是高质量的生活，就越是重视人的心理生活，越是重视人的心理生活的质量。满足人的需求，满足人的心理需求，是心理学研究的根本的目的。问题中心是指，心理学的研究必须以确定问题、研究问题、解决问题作为自己的核心。效益为本则是指心理学的研究也必须考虑自己的投入和产出，即怎么样以最少的投入获得最大的收益。在技术、理论、方法的顺序中，技术是由理论所支撑的，理论是由方法所支撑的。因此，所谓的技术优先也并不是脱离了理论和方法的单纯的技术研究。

那么，心理学研究者关于心理学研究对象的理解，或者说心理学研究者关于心理学研究对象的定位，就应该有一个重大的、重要的、基本的或根本的转变。那就是从以心理现象作为心理学的研究对象，转向以心理生活作为心理学的研究对象。心理现象是已成的存在，心理生活则是生成的存在。人的心理生活是创造性生成的过程，是人建构出来的结果。关于心理现象的研究是建立于心理学研究中研究对象与研究者的绝对分离。研究者通过自己的感官观察而得到的就是心理现象。关于心理生活的研究则是建立于心理学研究中研究对象与研究者的相对统一。研究者就是生活者。生活者通过自己的心灵自觉来把握、体验和创造自己的内心生活。[①] 对于心理生活来说，最为重要的就是生活规划、规划实施和实施评估。人的心理生活是以创造为前提的，或者说人的心理生活

---

① 葛鲁嘉. 心理生活论纲——关于心理学研究对象的另类考察 [J]. 陕西师范大学学报 (哲学社会科学版)，2005（2）. 112-117.

是人自主创造出来的。

其实，人的心理不是自然天生的，不是遗传决定的，也不是固定不变的；人的心理是后天形成的，是创造出来的，也是生成变化的。把人的心理看作已成的存在与生成的存在，这有着根本的不同或区别。所以，心理学的研究不应该是着重于已成的存在，而应该是着重于生成的存在。心理科学通过生成或创造心理生活，而揭示和阐释心理生活。心理科学促使生成的和创造出来的心理生活，才会是合理的和优质的心理生活。

第四节　心理学研究的话语中心

在后现代的背景之下，也有研究者是从话语分析的角度去考察的现代心理学的存在状态和研究立场。对话的方式，被看成为心理学研究中应该采纳的方式，对话的方法论也就被认为是心理学研究中应该具有的方法论。这实际上是从反对心理学研究中占有主导地位的客观主义、普遍主义，转而强调和运用互动主义、生成主义。从而，改变了心理学探索的原有方式和生态。

有研究者对话语心理学的发生和视域进行了考察。研究指出，话语心理学作为心理学研究的一个新路向，于20世纪80年代的中、后期开始见之于学术文献。在过去的十多年间，话语心理学已引起具有人文取向的心理学家的日益关注。在某些心理学家那里，这甚至已被当成一种新的范式，以取代主流心理学的范式。目前，这一取向的研究及理论概括基本上是围绕着对传统"科学"心理学的批判而展开的。

心理学在行为主义的庇护所中度过了半个多世纪。在严格的机械主义科学传统中，人的存在、心理行为都被视作具有机械性质的、线性的存在。这一观念所带来的直接后果是心的自然化。在认知革命所带来的新范式中，人是显性或隐性认知过程的观望者的观点，被完整地保存了下来。现代认知心理学的一个基本假设是，存在着一个中枢加工机制替人进行思维。自然界中万物具有客观性，受因果律支配。而社会性世界中人的行为则具有广泛的主观性，受意向支配。如果说因果性产生了物理性世界，人则通过符号体系的运用建构了社会性世界。如果说自然的环境世界即直接置身其中的他者世界，由处在时空中的事物组成，社会的环境世界则由存在于人和会话中的言语行为组成。因此，对社会性及心理性世界的体验只有通过言谈才能达致。

话语心理学被认为是一门体现了话语转向的"新"认知心理学。相对于"传统的"主流心理学，话语心理学有其独特的原则。一是许多心理现象被解释成话语的特性。话语可以是公共的也可以是私人的。公共话语是行动，私人话语则是思想。二是对符号体系的个体的及私人的运用构成了思维。这一运用来自人际话语过程。这个过程正是人文环境的主要特征。三是心理现象的产生，如情感、决定、态度、人格展露等，在话语中都有赖于行动者的技能，有赖于他们在共同体中相关的道德立场以及所展开的故事线索。这些原则的内在意义表明，话语现象并不是隐匿的主体性心理现象的显现。话语现象就是心理现象。话语背后并不存在心之活动的影子世界。人们不过是在人际话语过程中，将私人话语转变为公共话语，亦即将思想转变成行动而已。①

有研究探讨了心理学的三种话语形态。传统的科学心理学是"我"的心理学，是心理学的第一种话语形态。传统的常识心理学是"你"的心理学，是心理学的第二种话语形态。"我与你"的心理学则是心理学的第三种话语形态。

"我"的心理学是近代科学主义的产物，是一种科学主义的话语形态。"我"的心理学实质上是心理学专家的心理学，服从于科学理性的法则，最终陷入科学话语的独白之中。普通民众的心理学在对象化的研究中被指称为"你"的心理学。在心理学家看来，"你"的心理学缺乏对普遍性的理解以及对未来生活的预测和控制，是常识性的存在，因而是不可靠的。无论是"我"的心理学，还是"你"的心理学，都是处于话语的独白状态，二者是割裂的。"我"的心理学极度渲染了心理学的合理性，而"你"的心理学则执着于心理学的合情性。两种话语的分裂导致了心理学发展的困境：一方面，"我"的心理学沉迷于研究的程序性与逻辑性，不关注日常生活的真实样态；另一方面，"你"的心

---

① 邵迎生. 话语心理学的发生及基本视域［J］. 南京大学学报（哲学·人文科学·社会科学版），2000（5）.108-115.

理学埋头于日常生活经验的网络之中,运用常识性知识解决各种问题,凸现了现实性与合情性,但却抛弃了对心理生活的反思,具有相当的盲目性。

在话语形态上,应当将"我的"与"你的"心理学转换成"我与你"的心理学。在"我与你"之间进行对话,打破独白的话语形态。"我与你"的心理学打破了传统的话语独白形态,追求一种对话与交往。"我与你"的交往关系是一种相互理解的范式。双方进入了人与人之间的关系,从而打破了研究中"人—物"的关系。从"我"的心理学和"你"的心理学两种独白的话语形态到"我与你"的心理学的话语形态的转换,意味着心理学研究应该寻求现实性与真实性。[①]

按照周宁等的理解,在心理学的研究中存在三种话语形态:理论话语、实证话语和常识话语。长期以来,心理学的中心话语是实证话语和理论话语,常识话语被严重边缘化了。心理学的理论话语和实证话语都是建立在自然科学的客观主义基础上的,都忽略了心理生活的常识性,忽略了常识话语的心理学。所有的科学研究和理论都来源于问题,这些问题首先来自人们的日常心理生活,来自人们的常识。常识话语构成了人类心理生活的真实一面。要解释人类心理生活,要解决现实心理生活问题,心理学还必须具备常识话语。

一是常识话语的"日常性"原则。常识话语的心理学抛弃了对心理行为的形式化解释,避免用抽象的原则来替代现实的关系。理解不是解释或说明,而是关注事实本身,即事实在具体情境中的意义。人们最先接触的是生活世界,生活世界的意义是一切科学认识的基础与前提。二是常识话语的"价值多元"原则。常识心理学的内涵实质是文化意义,是从文化多元论的视角来审视心理学研究,要求打破价值中立的原则,主张研究的文化性,从文化的视野探究心理生活的奥秘。三是常识话语的"问题中心"原则。常识话语的心理学在常识水平上抛弃了"方法中心"原则,一切研究应该围绕问题展开。心理学的研究必须从研究的问题出发,参照所研究的问题来选择方法和手段,而不是用研究

[①] 周宁. "我与你"的心理学——心理学的三种话语形态[J]. 南京师大学报(社会科学版), 2004 (4). 81-85.

方法来约束研究的问题。常识话语的心理学还十分强调研究真实的问题。

当代心理学应当走整合的道路，不应该局限在单一的话语之中，而是要将多种话语形态有机地融合起来。不仅关注理论话语和实证话语，还应该更多地关注日常问题，关注心理学的常识话语形态。赋予心理生活现实意义，避免心理学研究脱离人们的生活世界。心理学来源于常识，心理科学是常识的延续。[1]

有研究通过话语分析，探讨了心理学研究的对话。话语分析最初引入心理学时被当作一种与传统的研究方法并列的方法论，随着与心理学对话的深入展开，作为一种高于一般方法的研究立场，其优势开始慢慢地得到彰显，表现在无论从方法上还是研究领域上，话语分析都对心理学的发展产生了积极的作用。

话语分析是对主流心理学理论和方法的补充。首先，话语分析强调对话性、互动性和建构性。其次，话语分析强调研究的过程而不仅仅是结果。最后，话语分析强调对"文本"的研究。现代心理学的研究对象是"客观心理的本质"。而在话语分析者眼中，绝对的本质如同绝对的真理一样是不存在的。心理研究应该将目光集中在具有意义的"文本"上，通过对文本的分析，来探寻文本的发出者与文本之间的互动以及不同话语之间的冲突、分歧、权力分配等问题。

话语分析加速了"独白的"心理学向"对话的"心理学的过渡。"独白的"心理学与"对话的"心理学是话语分析特色鲜明地与心理学进行对话与互动的过程中产生出来的一个独特的研究立场。话语分析的核心假设之一是话语的建构性，这是对话心理学理论的主要支撑。

话语分析推动了心理学本土化的进程。话语分析强调情境、对话与互动、建构等特性对于心理学的本土化发展有着指导意义。运用话语分析可以使本土的文化、思想与早年引入的西方心理学研究体系进行更为有效的对话。心理学在本土化的过程中可以通过话语分析来厘清中西方心理文化的复杂关系，通过重塑中国主体性的话语来保持中西文化的平

---

[1] 周宁、葛鲁嘉. 常识话语形态的心理学 [J]. 辽宁师范大学学报（社会科学版），2004（1）. 48-51.

衡，保证中国心理学与国际主流心理学的平等对话。①

显然，心理学的研究，心理学关于人的心理行为的探讨，都有独特的话语方式。原本心理学的研究也许并没有关注到话语方式在心理学研究中的存在和作用，但是在当代心理学的演进中，分析心理学的话语方式就成为揭示和解释心理学研究的重要的方面。这不仅将心理学带入了后现代的进程，而且还以创新的方式改变了心理学的研究。

第五节　心理学研究的创造中心

应该说，心理学以什么作为自己的中心原则，或者以什么作为自己的立身之本，理论、方法、技术都曾经成为重要的选择。但是，单一的或片面的选择总是会在给心理学的研究带来巨大的改变和进步的同时，也会给心理学的研究带来许多不利的影响和阴影。那么，心理学在调整自己研究的中心原则时，就应该考虑到怎样超越原有的道路或思路。从而，人类心理的创造本性，心理科学的创新性质，就成了焦点。从创造中心到创造主义，带来了心理学的根本改变。

无论是人的心理生活，还是总的心理科学，最为核心的或最为根本的性质就是其创造性或创新性。人的心理生活是创造出来的，是创造性生成的。总的心理科学也同样是创造出来的，是创造性生成的。这种双重的创造性，就是心理科学的使命，也是心理学家的使命。那么，心理学的研究就不仅仅在于揭示和说明人的心理生活，而且也在于创生和创造人的心理生活。心理学的反思不仅仅在于考察和解释心理学学科，而且也在于创新和创成心理学学科。心理生活的创造、心理科学的创造，就是心理学家的核心性的任务。

正因为人的心理生活是文化的存在，具有文化的性质，那么，心理生活的创造就是文化的创造历程和创造结果。正因为总的心理科学也是文化的存在，具有文化的性质，那么，心理科学的创造也就是文化的创造历程和创造结果。这就是文化心理的创造过程和心理文化的创造过

---

① 薛灿灿、叶浩生. 话语分析与心理学研究的对话探析［J］. 心理学探新，2011（4）. 303-307.

程。人通过自己的创造性活动而创造了自己的文化，形成了自己的文化传统。这也就是人创造了自己，人创造了自己的心理生活，人创造了属于自己的心理科学。

心理学在自身的发展历程中，曾经以理论为中心，以方法为中心，以技术为中心。以理论为中心，带给心理学的是理论的繁荣。以方法为中心，带给心理学的是方法的精致。以技术为中心，带给心理学的则是技术的进步。但是问题在于，怎样才能够超越理论中心、方法中心、技术中心。最重要的和最核心的就在于能够确立起创造中心原则。把创造看作人的心理生活的根本，把创造看作总的心理科学的根本，才可以把心理科学引入当代的最合理、最正当、最根本、最明确的轨道。人的心理生活的根本就在于创新，创新是人的心理生活成长的本性。同样，总的心理科学的根本也就在于创新，创新是总的心理科学发展的本性。

科学化、本土化，心理学的科学化、心理学的本土化、中国心理学的科学化、中国心理学的本土化，都必须走创新之路，并只能走创新之路。因此，创造、创新，应该成为心理学发展或中国心理学发展的核心原则和核心理念，应该成为心理学发展或中国心理学发展的基本理念和基本追求。因此，心理生活的创造和心理科学的创造，是心理学的研究，是中国本土的心理学研究脱离模仿，摆脱跟随，走向现实，走向未来的根本和唯一的路径。

心理学的创造包括关于对象的创造和关于学科的创造两个基本的方面。这也就决定了心理学的研究不仅仅是关于心理现象的描述和说明，以及涉及心理研究的复制和照搬。心理学家应该追寻的是突破和创新。怎样改变和创造人的心理行为或人的心理生活，怎样改变和创新总的心理科学或总的学科门类，这都是心理学研究者的根本性的任务。当然，心理学有自己的理论、方法和技术，理论的创新、方法的创新、技术的创新，都应该成为心理学的学科追求。

任何的创造或创新都需要深厚的基础。心理学的创造或创新也是如此。任何缺失基础或缺失深厚基础的创造或创新，都只能是空虚的杜撰和空洞的幻想。但是，可以说心理学的发展或科学心理学的发展已经走出了这样的一步，心理学已经在自身的发展历程和进程之中，奠定、累积和确立了自己文化的基础、社会的基础、思想的基础、理论的基础、知识的基础、方法的基础、工具的基础、学术的基础、研究的基础，等等。怎样才能把创新确立为心理学研究和心理学发展的核心价值、核心任务、核心追求，这应该是心理学研究者的根本的关注，也是心理学研究者的职业的素养。

　　作为心理学和心理学研究的中心原则，创造性或学术创造性、创新性或学术创新性，就是心理学家的本职和天命。这个中心原则也是中国本土心理学发展的基本的原则。中国本土心理学只有通过学术创新，才能够拥有自己的学术地位，才能够确立自己的学术未来。这也是中国本土的心理学发展从复制和模仿西方发达的心理学，转向于创造和创新自己本土的心理学的必然路径。

第五章 心理学方法论的结构

心理学研究的方法论所具有的内容结构，实际上涉及心理学探索的四个基本的和重要的基础构造，即心理学对象的基础构造，心理学理论的基础构造，心理学方法的基础构造，心理学技术的基础构造。这也是心理学的对象、理论、方法和技术等方面最为核心的内容，所有的关于这些具体的内容和具体的方面的方法论的探索和研究，都会制约和决定心理学的具体课题的探索和研究。

第一节 心理学对象的基础构造

心理学家对心理学研究对象的考察和研究是建立在对心理学研究对象的理论预设的基础之上，或者说是取决于心理学家对心理学研究对象的基本性质的预先理解。心理学家关于心理学研究对象的理论预设可以是隐含的，也可以是明确的。但是，无论是隐含的还是明确的，它都决定着心理学家对心理学研究对象的理解。有什么样的关于研究对象的理论预设，就会有什么样的对研究对象的理解。心理学家关于心理学研究对象的理论预设可以有两个来源。第一是来自心理学家提供的研究传统。在后的心理学家可以把在先的心理学家的学说理论作为自己的理论前提或理论预设，例如后弗洛伊德的学者都把精神分析创始人弗洛伊德的某些理论观点作为自己的关于研究对象的理论预设。第二是来自哲学家提供的理论基础。哲学家对人类心灵的探索也可以成为心理学家理解心理学研究对象的理论前提或理论预设。这包括哲学心理学和心灵哲学的探索。① 关于对象的立场涉及以下多个方面。

自然与自主是关于心的预设。显然，人是自然演化过程的产物。那么，人的心理也就是自然历史的产物。但是，与此同时，人的心理也是意识自觉的存在，是自主的活动。所以，人的心理也就是自主创生的结果。这就是自然与自主的内涵。其实，在心理学的研究中，既有心理学家把人的心理设定为是自然历史的产物，也有心理学家把人的心理设定为是自主创生的结果。这就导致了对人的心理行为的完全不同的理解和解释，也导致了对人的心理行为的完全不同的引导和干预。这就是心理学研究中的自然决定和自主决定的区别。

物理与心理是关于心的定位。西方科学心理学的诞生直接采纳了近代自然科学得以立足的理论基础。在涉及对心理学研究对象的理解方面，西方科学心理学采纳的是近代自然科学中的物理主义的世界观。物理主义是一个有歧义的提法，在此主要泛指传统自然科学有关世界图景的一种基本理解。物理主义的世界观把自然科学探索的世界看作由物理事实构成的，物理事实能为研究者的感官或作为感官延长的物理工具把握到。相对于研究者的感官经验而言，物理事实也可以称为物理现象或自然现象。按照自然进化的阶梯，自然现象可以有从简单到复杂的排列，而正是简单的构成了复杂的，或者复杂的可以还原为简单的。西方心理学的主流采纳了物理主义的观点，把人的心理现象类同于其他的物理现象。尽管心理现象具有高度的复杂性，但却可以还原为构成心理现象的更为简单性的基础。在自然科学贯彻物理主义的过程中，物理学中有过反幽灵论的运动，生物学中有过反活力论的运动，心理学中也相应地有过反心灵论或反目的论的运动。这就使得西方心理学对研究对象的理解存在着客观化的倾向，而客观化甚至导致了对研究对象的物化。实际上，人类心理与自然物理既有彼此的关联，又有彼此的区别。最根本的关联在于，人类心理也是自然的存在，也是自然发生和变化的历程。最根本的区别在于，人类心理具有自觉的性质，这种自觉的心理历程也

---

① 葛鲁嘉、陈若莉. 论心理学哲学的探索——心理科学走向成熟的标志 [J]. 自然辩证法研究, 1999 (8). 35-40.

是文化创生的历程。① 正是由于人类心理的特殊性质，导致了人类心理的多样性和复杂性，也导致了心理学研究在理解人类心理时的困难、局限、分歧、争执、对立和冲突。

人性与人心是关于心的本性。心理学研究的主要是人的心理，那么心理学家有关人性的主张就会成为理解人的心理的理论前提。或者说，心理学家对人性有什么样的看法，就会对人的心理有什么样的理解。涉及有关人性的主张，可以体现在如下两个维度上。第一个维度是有关人性的本质属性。这基本上有三种不同的主张，一是主张人性的自然属性，一是主张人性的社会属性；一是主张人性的超越属性。以人性的自然属性为理论前提，在心理学的研究中就有心理学家是通过生物本能来理解人的心理行为。以人性的社会属性为理论前提，在心理学的研究中就有心理学家通过社会环境或人际关系来理解人的心理行为。以人性的超越属性为理论前提，在心理学的研究中就有心理学家是通过心理的自主创造来理解人的心理行为。第二个维度是有关人性的价值定位。这基本上也是有三种不同的主张：一是主张人性本善，一是主张人性本恶，一是主张人性不善不恶或可善可恶。以人性本善作为理论前提，在心理学的研究中就有心理学家把人的心理理解为向善的追求。以人性本恶作为理论前提，在心理学的研究中就有心理学家把人的心理理解为向恶的追求。以人性可善可恶作为理论前提，在心理学的研究中就有心理学家把人的心理理解为受后天环境的制约。

客观与主观是关于心的视角。人的心理意识和心理行为都可以成为客观的对象。同时，人的心理意识和心理行为也可以成为主观的自觉。其实，所谓的客观与主观，是在心理学的研究中研究对象与研究者之间的关系的确立。客观的研究在于从研究对象出发，不加入研究者主观的看法、见解、观点等。主观的研究则是从研究者出发，主张和强调心理的承载者、表现者、运作者也可以同时成为心理的体察者、体认者、体验者。其实，这是人的心理与物的存在的一个非常重要的区别。

被动与主动是关于心的决定。人的心理行为可以是被动的，也可以

---

① 葛鲁嘉. 中国本土传统心理学的内省方式及其现代启示 [J]. 吉林大学社会科学学报，1997 (6). 25-30.

是主动的。或者说，人的心理既可以是由外在推动的，也可以是自己内在发动的。在心理学的研究进程中，有的研究者是把人的心理看作被动的，是受外界的条件所决定的。环境决定论就是这样的主张。也有的研究者是把人的心理看作主动的，是人的心理自己推动的。心理决定论就是这样的主张。这成为心理学研究中对立的两极。

生理与社会是关于心的属性。人的心理行为一方面有其实现的基础，那就是人的神经系统。神经生理的活动是人的心理活动的基础。人的心理行为另一方面有其表演的舞台，那就是人的社会生活。涉及心理与生理的关系，人的心理不仅是为人类个体所拥有，而且是与个体的身体相关联。心身关系或心理与生理的关系一直是困扰着心理学研究者的重大问题。在西方心理学的发展历史中，流行着心身一元论和心身二元论的观点，包括唯物的心身一元论、唯心的心身一元论、平行的心身二元论、交互作用的心身二元论等。这无疑制约着心理学家对研究对象的理解。涉及心理与社会的关系，人的心理不仅为个体所具有，而且是为人类社会所共同拥有。

动物与人类是关于心的归依。人是地球的生物种群中的一种，或者说人也是动物。但是人又是超越动物的独特的物种。这也就是说，人既有动物的属性，也有超越动物的属性。在心理学的发展历程中，既有过把动物的心理拟人化的研究，或者说是按照对人的心理的理解来说明动物的心理；也有过把人的心理还原为动物心理的研究，或者说是按照对动物心理的理解来说明人的心理。无论是哪一种理解，都是对心理发展和演变的界限的忽视和忽略。

个体与群体是关于心的存在。对人来说，人首先是个体的存在，是在身体上彼此分离的独立个体。但是，从另外一个方面来说，人又是种群中的个体，是群体的存在。人的心理非常独特的方面在于，每个人都拥有完整的心理，或者说没有脱离开个体的所谓人类群体的心理。但反过来，人类群体又拥有共同的心理，或者说不存在彼此隔绝和截然不同的个体心理。这给理解心理学的研究对象带来了分歧。在西方心理学的研究中，个体主义的观点就十分盛行。这种观点强调通过个体的心理来揭示整体的心理，而否定了从整体的心理来揭示个体的心理。这无疑限制了心理学从更大的视野入手去进行科学研究。

内容与机制是关于心的解说。人的心理可以内含其他事物于自身。这就是人的心理活动的内容。但是，人的心理又有对内容的运作过程。这就是人的心理活动的机制。人的心理活动是内容和机制的统一体。但如何对待心理的内容和机制却有着不同的观点。在心理学的研究中，曾经有过研究人的心理内容与研究人的心理机制的对立。例如，内容心理学与意动心理学的对立和争执。相比较而言，心理活动的内容是复杂多样的和表面浮现的。因此，科学心理学的研究常常是倾向于抛开内容而去探索心理的机制。这成为心理学研究中一个似乎是定论的研究倾向。但是，实际上心理活动的内容是心理学研究所必须面对的十分重要的方面。

元素与整体是关于心的构造。可以说，人的心理是由许许多多的要素构成的，但又是一个相互关联和不可分割的整体。在对心理学研究对象的理解中，有着相互对立的元素主义的观点和整体主义的观点。元素主义是要揭示心理的最基本的构成元素，以及这些基本元素的组合规律，从而认识人的复杂的心理活动。整体主义则认为人的心理是完整的，如果加以分割就会失去人的心理的原貌，从而主张揭示人类心理的整体。

结构与机能是关于心的体现。人的心理是依照特定原则构成的结构，而该结构也具有特定的功能。在心理学的研究中，就有过构造主义心理学与机能主义心理学的对立和争执。构造主义强调心理学研究的是人的心理存在的基本结构和转换方式，包括心理结构的构成要素和构成规律，也包括心理结构的解构方式和重构原理；机能主义则强调心理学研究的是人的心理活动的基本机能和核心功能，包括心理机能的环境适应和生活应对，也包括心理机能的发展提升和自主成长。

意识与行为是关于心的显示。人的心理有内在的意识活动，也有外在的行为表现。心理学的研究曾经偏重过对意识的揭示，着眼于说明和解释人的内在意识活动。这在心理学发展也称为意识心理学。但是，心理学的研究后来也曾经抛弃过意识，把意识驱逐出了心理学的研究领域，而把人的行为当作心理学的唯一的研究对象。行为主义心理学曾经一度支配了整个心理学的研究。这强调的是环境与行为的关系，追求的是关于心理行为的客观性的理解和把握。目前心理学的研究对象注重的是心理与行为、意识与无意识、心理过程与人格自我，等等的全面地把握。

第二节　心理学理论的基础构造

心理学研究是对研究对象的理论解说。心理学的理论构成、理论传统、理论假说、理论递进、理论演变、理论更替，等等，都属于心理学探索中的核心性的方面。心理学研究中关于理论的理解，包括了一系列重要的方面。这些方面都直接关系到和决定着心理学的理论建构。心理学理论的基础构造取决于创新理论、提出理论、发展理论和繁荣理论的合理性，也取决于构造理论、改进理论、传播理论和应用理论的有效性。

一是思想与前提。心理学的研究会有自己的思想基础或理论前提。这是心理学的思想根基或理论根基。心理学的发展会受到自身的思想根基或理论根基的影响。这决定了心理学研究的思想取向、研究立场、理论构想、方法设置、技术运用等。对于心理学哲学的研究或心理学哲学的探索，有助于构建心理学的理论基础，强化心理学的理论根基，挖掘心理学的理论资源。其实，任何学科的科学研究都有自己的理论核心或理论内核，心理学的研究也不例外。心理学哲学的研究就理应成为心理学研究的理论核心或理论内核。

二是预设与假设。心理学研究者在自己的心理学研究中，关于心理学的研究对象有着特定的理论预设前提。这成为心理学研究者理解研究对象的基点、出发点、立足点。有关心理学研究方式的理解涉及的是心理学作为一门科学的预先设定。这个预先的理论设定无论是隐含的还是明确的，都决定着心理学家对心理学研究方式的理解和运用。有关心理学研究方式的理论前提有两个主要的来源。一是来自心理学家对自己所从事的科学事业所持有的立场或依据。当心理学研究者接受了一套心理学科学研究的训练，实际上也就确立了关于什么是心理学科学研究的理论设定。二是来自科学哲学家以科学为对象的哲学探讨，这提供了什么是科学的研究、什么是科学研究的方法论等的基本认识。

三是范式与框架。"范式"就是对人们的科学认识活动起指导和支配作用的理论框架和模式。理论范式的基本要素包括特定时代科学家的共同信念、共同传统，以及理论范式所规定的基本理论、基本方法和解决问题的基本范例，还包括科学实验遵循的基本操作规范和在时代影响下所形成的科学心理特征。心理学的研究有许多隐含的理论预设，这必须通过理论反思和批判来厘清和矫正。如此，心理学才能够为自己的发展和研究，确立一个思想的基础，开辟一个研究的平台，提供一系列合理的理论预设，建构一体化完整的理论框架。

四是历史与趋势。关于心理学历史演变、现实发展和未来走势的研究，也需要有特定的研究基础或思想基础。这通常被称为心理学史论的研究。现代科学心理学的产生和发展可以从不同的方面或不同的侧面去加以考察，或者说可以依据于不同的线索或不同的历程去加以追踪。那么，通过这些线索就可以更为全面地和更加深入地理解和把握现代科学心理学的产生、演变和发展。对科学心理学的历史发展和未来走向的追踪和考察，应该从笼统、单一、模糊，转向精细、多维和明确。这不仅是心理学史研究的扩展和进步，是理论心理学研究的深入和细化，也是心理学的自我反思和自我觉解，心理学的日渐壮大和走向成熟。

五是价值与取向。心理学的价值无涉和价值涉入的问题，心理学的研究取向和价值取向的问题，是心理学发展和演变过程中的重大的问题。心理学的探索与价值取向具有的关联是心理学必须面对的。在心理学的学科发展过程中，心理学探索的价值定位、心理学的探索是价值无涉的还是价值关联的，心理学的探索应该怎样确立自己的价值取向，这都是心理学家的研究所无法回避的核心性理论问题。心理学的价值取向或心理学的价值定位，关系到的是心理学的科学地位、社会地位、历史地位、现实地位。当代心理学的研究是否具有价值的定位和价值的取向，或者说，心理学是一门价值无涉的科学，还是价值涉入的科学，这是心理学研究所必须面对的一个重大的问题。可以说，当代心理学的发展和演变，都有着独特的定位或取向，都有着特定的价值定位或价值取向。

六是概念与理论。在心理学的研究中，心理学家在运用心理学的概念和通过概念来建立心理学的理论时，总是力求坚持合理性的原则。这种原则体现在了两个重要的方面：一是对概念进行操作定义，二是强调理论构造符合逻辑规则。心理学中的许多概念常常是来自经验常识或日常语言，那么对于心理学的研究者来说，就存在着如何将日常语言转换为科学概念的问题。心理学中流行过操作主义，许多心理学家都希望借助于操作主义来严格定义心理学的概念。操作主义的长处在于保证了科学概念的有效性，亦即任何科学概念的有效性取决于得出该概念的研究程序的有效性。心理学理论的构成也强调逻辑的一致性。这需要的是科学语言的明晰性和科学理论的形式化。在心理学的研究中，理论的假设、理论的预设、理论的框架、理论的范式，都决定了心理学研究的方向和基础。

七是描述与解释。心理学的科学理论既是对研究对象的描述，也是对研究对象的解说。当然，心理学的科学理论是一般性的说明，而不是形而上学的说明。因此，借助归纳法建立的经验归纳结构的科学理论，是由事实和定律所构成。成熟的或高级的科学理论是由科学公理（基本概念和基本假设）推导出科学命题、科学定律、科学事实三部分所组成的严密的逻辑演绎体系。

八是构成与检验。理论心理学的研究具有的一个重要的方面，即关于心理学研究对象的理论建构，提供的是关于心理学研究对象的理论学说，是关于心理学研究对象的理论假说，心理学研究对象的理论解释。心理学的研究是对心理行为的理论探索、理论描述、理论解说、理论阐释。那么，心理科学提供的是关于研究对象的理论知识体系。所以，对于心理学的研究来说，理论建构的能力在某种程度上决定了其学科发展的水平。

第三节 心理学方法的基础构造

科学的研究是通过研究方法来进行的。那么，对方法的认识就会决定方法的制定和运用。这也是心理学中的方法论和方法学的内容。[1] 有关心理学研究方式的理解涉及的是心理学作为一门科学的预先设定。这

---

[1] 陈宏. 科学心理学研究方法论的比较与整合 [J]. 东北师大学报（哲学社会科学版），2002（6）. 107-112.

个预先的设定可以是隐含的，也可以是明确的。这个预先的设定可以是合理的，也可以是不合理的。无论是隐含的还是明确的，无论是合理的还是不合理的，这都决定着心理学家对心理学研究方式的理解和运用。有关心理学研究方式的理论前提也有两个主要的来源。一是来自心理学家对自己所从事的科学事业所持有的立场或依据。当心理学家接受了一套心理学科学研究的训练，他们实际上也就确立了关于什么是心理学科学研究的理论设定。二是来自科学哲学家以科学为对象的哲学探讨，他们提供了什么是科学的研究、什么是科学研究的方法论等等的基本认识。例如，实证主义的哲学就成为心理学科学研究的基本立场。①

在心理学的研究中，心理学家所使用的方法总是依据于相应的理论设定。西方主流的心理学家坚持了可验证性的原则。这种原则体现在两个重要的方面：一是感官经验的证实，二是以方法为中心衡量研究的科学性。心理学的研究者作为与己分离的研究对象的旁观者，他对于研究对象的认识应始于他的感官经验。那么，研究的科学性就是建立在研究者感官经验的普遍性上。所以同样作为研究者，涉及同样的对象，其感官经验也应该是同样的。因此，实证心理学的研究总是力图排斥内省的研究方法，总是极力推崇实验的研究方法。实证心理学认为，内省的经验是私有化的，实验的观察则是共有化的。这在某种程度上来说，无疑是合理的，但也有不尽如人意的后果。那就是人的心理也是内在的自觉活动，这通过外在观察者的感官是无法直接把握到的。或者说，依赖于研究者感官经验的普遍性，使心理学无法把握到人的心理的完整面貌。确立实证方法的中心地位，强调的是通过实证的方法来确立心理学的科学性质。心理学的研究运用实证方法是一个重大的进步。但是，运用实证方法和以实证方法为中心具有不同的含义。发展和完善实证方法是十分必要的，而以实证方法为中心则相当于把实证方法摆放到了一个绝对支配性的地位。在心理学中，以实证方法为中心导致了研究是从实证方法出发，而不是从对象本身出发。这给心理学的具体研究带来了以下几点负面的效应。

---

① 陶宏斌、郭永玉. 实证主义方法论与现代西方心理学 [J]. 心理学报，1997（3）. 312-317.

一是科学与谬误。运用科学方法的一个最为重要的问题，就是如何划定或区分科学与谬误的问题。科学的认识如何与非科学或伪科学相区别。这是科学研究所要面临的。这是关于心理学学科的科学性质的问题，也称为科学划界，即如何在科学与非科学之间做出区分的问题。心理学家正是依据于科学的划界而区分出了所谓科学的心理学、前科学的心理学、非科学的心理学和伪科学的心理学。任何解决科学划界问题的方案都要回答四个问题。第一，具体的划界标准是什么？这涉及的是依据于什么对科学进行划界。第二，进行划界的出发点是什么？这涉及的是从事科学划界是为了达到什么目的。第三，科学划界的对象是什么？这涉及的是科学划界是针对什么进行的划界。第四，科学划界的元标准是什么？这涉及的是划界理论的预设或前提。在西方科学哲学的探讨中，科学划界的理论大致经历了四个发展阶段。第一个阶段是逻辑主义的绝对标准。这以逻辑经验主义和证伪主义为代表，强调的是科学与非科学的非此即彼的标准，而划分科学的标准是可证实性或可证伪性。第二个阶段是历史主义的相对标准。这以范式演进和更替的理论为代表，强调的不是超历史的标准，而是对科学进行历史的分析。所谓的科学就是指科学共同体在共有的"范式"之下的释疑活动，而科学的进步就是科学共同体持有的范式的转换。第三个阶段是无政府主义的取消划界。这以怎么都行的主张为代表。该主张认为没有办法也没有必要划分科学与非科学，科学方法是怎么都行，科学理论是不可通约。第四个阶段是多元标准的重新划界。在这个阶段强调仍要进行科学划界，但提供的是多元的标准。[1] 心理学从哲学当中分离出来之后，就一直存在着确立自己的科学身份的问题。[2] 所以，心理学的科学性质就一直缠绕着心理学的研究者。在心理学的内部，一直持续的是对彼此研究的科学性的相互指责。例如，科学主义取向的心理学对人本主义取向的心理学的指责，就是否认其研究的科学性质。心理学家总是依据自己对科学的理解

---

[1] 陈健. 科学划界的多元标准 [J]. 自然辩证法通讯，1996 (3). 8-15, 37.
[2] 葛鲁嘉. 中国心理学的科学化和本土化——中国心理学发展的跨世纪主题 [J]. 吉林大学社会科学学报，2002 (2). 5-15.

来对待心理学的探索。这体现为心理学研究的科学观。[1] 心理学研究中的科学文化与人本文化就给出了关于心理学科学性的不同理解。[2]

二是方法与问题。在心理学的研究中，或者说在心理学的发展历程中，方法中心和问题中心是两种不同的研究立场和研究主张。所谓的方法中心是指在心理学的研究中，能够起决定作用的和能够去引导研究的是方法。心理学研究是不是科学的，要看是否采用了科学的方法。心理学的研究以方法为中心，给心理学带来了研究上的进步。但是，以方法为中心也使心理学对所研究的问题的重要性有所忽视。所谓的问题中心则是指在心理学的研究中，能够起决定作用的和能够去引导研究的是问题。心理学研究是不是科学的，要看所提出的问题和所解决的问题的关键性和重要性。心理学的研究方法是为心理学研究的问题服务的，或者说，方法是用来解决问题的。其实，问题与方法都是心理学研究中最为重要的方面。脱离开方法的问题和脱离开问题的方法，都是不完整的，片面性的。

三是实证与体证。心理学的科学研究有的时候也被称为实证的研究，所以科学心理学有的时候也被称为实证的心理学。所谓的实证研究，实际上就是指研究者的感官经验的证实，而不是研究者任意的想象、猜测和推论。因此，实证的研究就被看作科学的研究，特别是被看作具有广义物理科学性质的研究。这曾经被看作心理学研究科学性的基本保证和保障。但是，心理科学的研究对象有着非常独特的性质，那就是人的心理意识的自觉性的特性。这种心理的自觉导致了人的心理包含着自我体察和自我体验。与实证相对应，人的心理的自我意识、自我引导、自我提升也可以称为体证。体证也就是通过实行和践行，来生成自己的心理行为，改变自身的心理行为，改善自己的心理行为，提升自己的心理境界，实现自己的心理人生。心理学理论的心理现实性就是通过体证来达到的。

四是实验与内省。在心理学的科学研究中，目前是实验的方法占据

---

[1] 葛鲁嘉. 大心理学观——心理学发展的新契机与新视野 [J]. 自然辩证法研究, 1995 (8). 18-24.

[2] 葛鲁嘉. 心理文化论要——中西心理学传统跨文化解析 [M], 大连：辽宁师范大学出版社, 1995. 55.

着主导的地位。但是，在心理学的历史发展中，内省的方法也曾经占据过主导的地位。或者说，在心理学研究的早期，内省的方法曾被当作主导的方法。科学心理学在早期的研究涉及的是人的意识，因此科学心理学也被称为意识心理学。人的心理意识是无法被研究者所直接观察到的，却可以被人自己体察、体验或内省到。但是，在心理学成为独立的科学门类之后，由于内省的个体性、不可重复性、无法验证性，内省的方法逐渐被实验的方法所替代。当然，实验的方法也在某种程度上会受到实验工具和实验者感官观察的某些限制。那么，内省能否超越个体性，或者说通过内省的方法能否达到普遍性，也成为内省方法能否被心理学研究重新启用的重要的问题。[1]

五是定性与定量。无论是在心理学研究的性质上，还是在心理学研究的方式上，都有定性的研究和定量的研究之分。心理学中的定性研究与定量研究也可以称为质化研究与量化研究。定性研究是对研究对象的性质的推论或断定。定量研究则是对研究对象的数量关系的确定和计算。在心理学的研究中，既包含着定性研究，也包含着定量研究。问题在于对二者优先地位的确定。也就是说，是定性研究占据决定地位，还是定量研究占据决定地位。[2] 有研究者曾专门考察了心理学研究中的定性研究方法或质化研究方法。该研究所涉及的是心理学的研究取向和心理学的研究方法论。这也就是把定性研究方法或质化研究方法与心理学的研究关联了起来。[3] 有研究则考察了文化心理学研究中的质化研究或定性研究的方法。该研究指出了实证主义方法论对于研究文化心理学的缺点和不足。[4] 在心理学的发展历程中，有过定性研究占主导的时期，也有过定量研究占主导的时期。当然，也有对两者的特定关系或组合关系的探索和研究。无论是定性的研究，还是定量的研究，都是心理学的

---

[1] 葛鲁嘉. 中国本土传统心理学的内省方式及其现代启示 [J]. 吉林大学社会科学学报, 1997 (6). 25-30.

[2] 单志艳、孟庆茂. 心理学中定量研究的几个问题 [J]. 心理科学, 2002 (4). 466-467.

[3] Banister, P. and et al. *Qualitative methods in psychology: A research guide* [M]. Buckingham, UK: Open University Press, 2011. 1, 61.

[4] Ratner, C. *Cultural psychology and qualitative methodology: Theoretical and empirical considerations* [M]. New York: Plenum Press. 1997. 13-14.

研究重要的方式和方法。

六是思辨与操作。心理学研究中的思辨研究与操作研究是两种完全不同的研究方式，或者说是心理学研究中的两种特定的考察和说明对象的方式。这两种方式有过对立和对抗，有过排斥和否定。在心理学的早期形态中，思辨的研究方式占据着主导的地位。所谓的思辨研究，是指研究者根据自己的理论立场和经验常识，预先设定了对象的性质。并通过这种预先的设定来进一步推论对象的活动、特征和规律。在心理学的研究中，思辨常常被看作哲学推论和理论演绎的方法。因而，在后来的心理学研究中受到了强烈的排斥。在科学心理学后来的发展中，替代思辨的方式，操作研究后来居上，占据了主导的地位。所谓的操作研究，是指把研究建立在操作程序的合理性和合法性上。

七是客位与主位。所谓客位与主位，是关于心理学研究中研究者与研究对象的关系的问题。西方心理学的主导科学观分离了研究对象与研究者，或者说，分离了研究客体与研究主体。研究客体是已成的存在，是客观的现象。研究主体则是如实描摹的镜子，是冷漠的、中立的旁观者。显然，在心理学的研究中，这是占有支配性的理论预设。这给心理学带来了巨大的研究进步，但也限制了心理学的进一步研究发展。例如，可以导致对心理学研究对象的客观化，也可以导致价值无涉的研究立场。实际上，研究对象与研究者的分离是基于异己的自然物与人作为认识者的区分。但是，心理学的研究对象与研究者却具有共同的性质。它们既可以按研究对象与研究者加以区分，也可以形成超越这种区分的特定联系。可以认为，在心理学的研究中，研究者与被研究者也可以是一体化的，那就是心灵的自我超越的活动和自我创造的活动。这不仅是个体化的过程，也是个体超越自身的过程；这不仅是心灵的自我扩展，也是心灵与心灵的共同构筑。[1]

八是证实与证伪。证实是指通过特定的方式和方法来确定事物、事情、事件的理论描述和解说的真实性与合理性。在科学研究中，在心理学研究中，关于研究对象的理论描述和理论解释是不是客观的和准确

---

[1] 葛鲁嘉、陈若莉. 当代心理学发展的文化学转向 [J]. 吉林大学社会科学学报, 1999 (5) . 78—87.

的，就需要特定研究方法的证实。证伪则是科学的理论或者命题不可能被经验所证实，而只能是被经验所证伪。可以被证伪的理论或者命题才是科学的，否则就是非科学的。当然，在科学研究的活动中，证实与证伪并不是对立的，而是可以统一，并共同构成科学研究的活动。

第四节　心理学技术的基础构造

在心理学的研究中，心理学家不仅要揭示、说明和预测人的心理，而且还要通过相应的技术手段影响、干预和改变人的心理。要对人的心理进行技术干预，西方主流的心理学家坚持的是有效性的原则。这个原则也涉及两个重要的方面：一是被干预对象的性质，二是技术干预的限度。显然，心理科学的技术干预对象与其他自然科学门类的技术干预对象有类同的地方，也有很大的甚至是根本的不同。人对于其他的自然对象的技术干预是为了给人谋福利，那么对象就具有为人所用的性质。然而，心理科学对人的心理的干预则是直接为心理科学的对象谋得福利，技术干预的对象不具有为人所用的性质。这就是人的尊严的问题，或者是人的价值的问题。同样，作为心理科学的技术干预的对象，不是被动的，不是可以任意加以改变的。那么心理科学的技术手段就是有限度的。这就是人的自由的问题，或是人的自主的问题。实际上，心理科学的研究对象是人的心理生活，心理生活是人自主引导和自主创造的生活。

一是中心与附属。对心理学的研究有两种区分的方式。一种就是把心理学的研究区分为基础研究和应用研究；另一种则是把心理学的研究区分为理论研究、方法研究和技术研究。基础研究与应用研究的区分主要有两个方面。首先是研究目的的区别。基础研究的研究目的是说明和解释研究对象，构建和形成知识体系。应用研究的研究目的则是确定和解决现实的问题，改进和提高生活的质量。其次是评价标准的区别。基础研究的评价标准是合理性，即心理学的理论学说、研究方法和应用技术是不是合理的。应用研究的评价标准则是有效性，即心理学的理论学说、研究方法和应用技术是不是有效的。理论研究、方法研究、技术研究的区分则主要体现在如下。心理学的理论研究可以是在两个层面上。

一个是在哲学反思或前提批判的层面。另一个是在理论构想或理论假设的层面。理论构想或理论假设可以涉及概念、理论、学说、学派，也可以涉及框架、假说、模型。心理学的方法研究则可以是在三个层面上。一个是哲学方法或思想方法的层面。这涉及的是方法论与方法。另一个是一般科学方法的层面。这涉及的是横断科学的方法论探讨，像系统论、信息论、控制论等。一个是具体研究方法的层面。这涉及心理学研究的各种具体的研究方法，像观察法、实验法、测量法、问卷法等。心理学的技术研究则可以是在两个层面上。一个是思想层面，包括技术设计的思路、技术运用的理念。另一个是工具层面，包括技术运用的手段，技术实施的步骤等。无论心理学的研究按照什么标准进行区分或作出分类，都存在着以什么作为中心，以什么作为附属的问题。例如，把基础研究作为中心和把应用研究作为附属，把方法研究作为中心和把理论研究或技术研究作为附属。这在很大程度上决定了心理学研究的性质和特征。

二是类别与顺序。其实，在心理学的研究中，不同类的研究有一个基本的顺序或基本的次序的问题。德国的哲学家康德曾经有一个关于心理学研究性质或关于心理意识的基本性质的结论。那就是心理意识只有一个维度，即只有时间的维度，而没有空间的维度，所以根本无法进行测定和量化。为此，心理学只能是内省的研究，而不能成为实验的科学。其实，康德关于心理学的结论具有如下的含义。一是人的心理是独特的，其完全不同于物理；二是实验的方法是有限度的，不可能无限度地运用。康德的结论给心理学的研究带来了一个难以克服的障碍。这导致了在心理学的研究中还原论的盛行。心理学的还原论涉及把心理的存在还原为物理的、生理的，像还原为脑、神经元、遗传基因等方面。其实，在心理学的研究中有一个非常重要的问题，那就是以什么作为中心。心理学的研究中有过以理论为中心。这在研究中强调的是哲学思辨、理论构想、理论假设和问题中心。心理学的研究有过以方法为中心。这在研究中强调的是方法决定理论、方法优先问题。对于心理学的研究顺序应该有新的设想。原有的研究顺序有过理论、方法、技术的顺序，也就是理论优先。原有的研究顺序也有过方法、理论、技术，也就是方法优先。其实，心理学应有的研究顺序应该有一个重要的变化，那就是技术、理论、方法。技术优先的思考涉及价值定位、需求拉动、问题中心、效益为本。技术、理论、方法的顺序也表明，技术应由理论支撑，理论应由方法支撑。对于人的心理生活来说，重要的是生活的规划、规划的实施和实施的评估。

三是干预与引导。对人的生活或者说对人的心理生活，科学或者说心理科学可以有两种方式加以影响，那就是干预和引导。干预是指以研究者为主导的过程，引导则是指以生活者为主导的过程。干预是使生活者按照研究者的预测和方法而进行改变或得到改变。引导则是使生活者按照自己的意愿和方式，朝研究者制定的目标和以研究者提供的方式进行的改变或产生的变化。干预和引导是两种不同的施加影响的方式。干预带有强制性，而引导强调自主性。当然，在某种程度上，干预是外在的，也有强制的性质。引导则是内在的，也有自主的性质。

四是问题与目标。心理学的应用是对现实中的具体问题的解决。所以，最为重要的就是确定问题。但是，应用心理学对现实生活中的问题的解决，还必须要确立自己的实际目标。问题是从现实出发的，目标是从学科出发的。问题决定了心理学应用的意义，而目标决定了心理学应用的导向。心理学的应用总是针对问题的过程，而心理学的应用又总是实现目标的过程。问题是现实呈现的，是实际的或现实的。目标则是学科提供的，是设定的或理想的。问题与目标的匹配，决定了心理学应用的导向和效果。

五是工具与程序。心理学的应用要涉及具体的技术工具。新工具的发明和使用，新手段的确立和运用，是心理学应用的基本的和核心的方面，也是决定心理学的应用程度和应用效果的一个重要的方面。技术思想和技术理念是可以通过技术手段和技术工具加以实现的。当然，任何技术工具的运用还要涉及一套具体的应用程序或实施的步骤。正是通过一系列具体的应用程序或实施的程序步骤，来完成对人的心理行为的改变。心理学应用的工具只有在特定的和有效的程序中，才是有价值的和有效用的。程序的合理性也决定了工具的有效性。

六是规划与实施。在心理学的应用过程中，要有对应用方案的规划、设计和制订。在制订了规划之后，最为重要的就是方案的实施。对应用方案或应用程序的制定主要有四个确定。首先确定研究的问题与目标。这包括确定问题情境与实际问题。这也包括确定长期目标与短期目标。其次确定理论的原理和原则。包括确定心理学科的原理和原则。也包括确定其他学科的原理和原则。再次确定研究的方式与方法。这包括需要了解的内容范围。这也包括需要采纳的研究方法。最后确定解决问题的技术与手段。这包括参照其他应用的成功案例。

　　七是评估与修正。在心理学应用方案的实施过程后，还要对实施的结果进行评估。评估过后，还要对原方案进行修正。对心理学应用方案的评估种类有两种。一种是建构性评估，主要是评估应用方案的基本构成。另一种是总结性评估，主要是评估应用方案的实施结果。对心理学应用方案的评估内容涉及四个基本的方面：应用方案的目标，应用方案的构造，应用方案的作用，应用方案的效率。任何的应用方案的制订，都不可能是完美无缺的。在实际的应用过程中，还要进行不断的修正和改进。

　　八是投入与效益。在心理学的应用过程中，还有一个需要关注的非常重要的方面，就是应用的投入与效益。心理学的应用必须要考虑的是，怎样以最小的应用投入，来获得最大的应用效益。心理学的应用是解决现实生活中的人的心理问题的过程，或是提升现实生活中的人的心理生活品质的过程。然而，任何对心理问题的解决都需要投入人力、物力、时间、精力和资金等，这是投入的问题。与此相对应的是，任何对心理问题的干预和解决也都会求取变化、改进、结果、收获和提升等，这是效益的问题。关键就在于，心理学的应用怎样能够以最小的投入来获取最大的效益。

第六章 质化与量化研究方法

在心理学的具体研究中，有定性研究和定量研究之分，或者有质化研究和量化研究之分。定性或质化研究通常被认为是一种人文社会科学的主观研究范式，定量或量化研究则通常被认为是一种实证自然科学的客观研究范式。在心理学的历史中，有过定性研究占主导的时期，也有过定量研究占主导的时期。在心理学的研究中，出现过定性研究对定量研究的排斥，也出现过定量研究对定性研究的排斥。在心理学的理论中，重要的是寻求定性或质化研究与定量或量化研究的关系定位。在心理学的方法中，重要的是寻求定性或质化研究与定量或量化研究的研究定位。

第一节 心理学探索中的定性与定量

定性的或质化的和定量的或量化的研究是科学研究中的重要的方法。例如，在社会科学研究中，质化研究和量化研究曾经得到了较多的探讨。[1] 有研究对质化研究的社会科学背景作了考察。[2] 有研究比较过在社会科学研究中的定性研究与定量研究。[3] 在心理学的研究中，方法论的研究也已经受到了更多的重视。有关于心理学方法论的探讨涉及心

---

[1] 沃野. 关于社会科学定量、定性研究的三个相关问题[J]. 学术研究，2005（4）. 42-48.

[2] 秦金亮、李忠康. 论质化研究兴起的社会科学背景[J]. 山西师大学报（社会科学版），2003（3）. 18-25.

[3] 陈向明. 质的研究方法与社会科学研究[M]. 北京：教育科学出版社，2000.11.

理学方法论的研究对象、研究内容、现实意义和历史概况，心理学的研究课题、研究策略，心理学的经验事实、研究资料，心理学的思想假说、理论构造。该研究按照心理学的研究活动对心理学现有的研究方法进行了分类和组合。这也就是按照选择心理学研究课题、确定心理学研究策略与计划、获取心理学经验事实、提出心理学假说、形成心理学理论，对心理学的研究方法进行了考察研究。[1] 当然，这种集合式的或罗列式的方法论研究，这种按照哲学方法、心理学一般方法、心理学特殊方法的分类，都显得老套和过时了。心理学方法论的研究可以推展到心理学对象的立场，心理学方法的认识，心理学技术的思考。这是对心理学方法论的扩展性的探索。[2]

有研究认为，心理学的研究有三种不同的研究取向，即定性的或质化的研究取向，定量的或量化的研究取向，以及两者混合的研究取向。毫无疑问，这三种研究取向的分离或分立不是非常明确。定性的取向和定量的取向并非就是分明的、清晰的、极化的或二分的，而是在两个极端之间的某个位置上。两者混合的研究取向则是在两个极端的中间位置上，是整合了定性的和定量的研究取向。[3] 那么，上述的三种研究取向就被广泛地运用在了心理学的研究之中。

无论是在心理学研究的性质方面，在心理学研究的方式方面，还是在心理学研究的方法方面，都有定性的研究和定量的研究之分。甚至于在心理学史的研究中，也有质的研究和量的研究。[4] 其实，在任何科学门类的研究中，都会有定性的研究和定量的研究。定性研究与定量研究也可以称为质化研究与量化研究。定性研究是对研究对象的性质的断定、推论、考察、说明、解释。[5] 定量研究则是对研究对象的数量关系的确定和计算。在心理学的研究中，既包含着定性研究，也包含着定量

---

[1] 朱宝荣．现代心理学方法论研究［M］．上海：华东师范大学出版社，1999.25-26．
[2] 葛鲁嘉．对心理学方法论的扩展性探索［J］．南京师大学报（社会科学版），2005（1）．84-88，100．
[3] Creswell, J. W. Research design - Qualitative, quantitative, and mixed methods approaches [M]. London：Sage Publications, 2014. 3.
[4] 高觉敷（主编）．西方心理学史论［M］．合肥：安徽教育出版社，1995.111-121．
[5] 张梦中等．定性研究方法总论［J］．中国行政管理，2001（11），38-42．

研究。有研究者考察了心理学中的定量研究。[1] 有的探讨则考察了心理学中的定性研究。并且，是将这种考察和探索放置在了当代心理学的新进展的历程之中。[2] 当然，无论是定性研究，还是定量研究，对于心理学的研究来说都是非常重要和必要的。问题在于心理学的研究对二者优先地位的确定。这也就是说，是定性研究还是定量研究应该占据着优先的或决定的地位。[3] 在科学研究的发展历史之中，在心理学研究的演变进程之中，有过定性研究和定量研究之间的相互的排斥和相互的贬低。这给心理学的研究带来了许多不良的影响。

当然了，由于心理学的研究对象具有多重的性质和特征，心理学的学科性质是属于多元学科属性的研究，这也就有可能导致在心理学的研究中，有对定性研究的偏重和对定量研究的偏重，有对各种不同研究方式和研究方法的不同的运用。研究方法的多样化或多元性，也就应该成为心理学的重要的性质和特征。心理学的研究实际上在非常宽广的范围中，整合了自然科学、社会科学和人文科学等各种不同的研究方式和研究方法。例如，研究者通常是将定性研究或质化研究，就看成是一种人文科学和社会科学的主观研究范式。[4] 当然，重要的是应该深入地去理解质性或质化的研究。[5] 质化研究所强调的是对研究对象的定性描述，主要的研究方法实际包括了参与观察、深度访谈、传记研究、个案研究、社区研究、档案研究、生活史研究、民族学研究、人种学研究、民族志研究、口语史研究、现象学研究，等等。关于心理学的质化研究方法的考察认为，质化研究的最主要的特征在于：人文主义的研究态度、整体主义的研究策略、主位研究的独特视角、主体互动的研究立场、解说对象的表现手段、研究问题的文化性质。

---

[1] 单志艳、孟庆茂. 心理学中定量研究的几个问题［J］. 心理科学，2002（4）.83-84，88.

[2] 秦金亮. 心理学研究方法的新进展——质的研究方法［A］. 郭本禹（主编）. 当代心理学的新进展. 济南：山东教育出版社，2003.238-243.

[3] 王京生、王争艳、陈会昌. 对定性研究的重新评价［J］. 教育理论与实践，2000（2）.46-50.

[4] 陈向明. 社会科学中的定性研究方法［J］. 中国社会科学，1996（6）.83-102.

[5] 凌建勋、凌文辁、方俐洛. 深入理解质性研究［J］. 社会科学研究，2003（1）.151-153.

例如，有研究指出，质化研究的人文精神。该研究认为，关于质化研究，关于心理学中的质化研究，质化研究作为社会科学中的一种新的研究范式，体现着一种人文精神。研究认为，方法学意义上的人文精神旨在为以人为本的科学研究提供内在的思想依据。质化研究的人文精神反对实证主义的原子论，倡导的是一种整体主义的研究范式，这在质化研究中表现为自然主义的研究态度和整体主义的研究策略。质化研究的人文精神反对崇尚自然科学的客观主义研究范式，倡导的是一种心理主义的主观研究范式，这在质化研究中表现为：主位研究的独特视角，主体间互动的研究立场，详尽描述的表现手段和重视研究问题中意义性和文化性的充分展现。[1]

再如，有研究认为，在文化心理学的研究中，质化研究具有自己的独特的优势。实证主义的方法论对于文化心理学的研究来说，也有着重要的缺失和不足。实证主义的教条就在于是原子论的，是数量化的，是操作性。原子论主张的是，心理都是分离和独立的变量。这些变量则是由更小的和分离的元素所构成的。数量化主张的是，心理现象可以被表达为表征的强度和等级的数量。操作性则主张的是，心理现象可以被界定为简单的和可见的行为。[2]

其实，在实证主义盛行的时期，在数理化方法普及的时期，定量的研究或量化的方法都得到了强调、强化、推广和推进。这不仅是给别的学科带来了巨大的改观，而且给心理学的研究也带来了重大的改变。但是，在量化研究得到推广、普及和强调的时候，有研究者却因此而贬低、忽视、扭曲了质化的研究方法。

尽管是量化的方法、定量的研究给心理学的研究带来了根本性的改变。这不仅导致了心理学研究的精确化和细致化，而且也将心理学带入了实证科学的阵营。但是，这也并不就实际意味着科学的探索或心理学的研究就可以忽视和排除质化的研究或定性的研究。因此，在心理学的研究中，量化方法或定量方法的盛行所带来的对定性研究或质化方法的忽略和忽视，也在受到关注和得到纠正。而且，关键也在于，定性研究

---

[1] 秦金亮. 论质化研究的人文精神 [J]. 自然辩证法研究, 2002 (7). 26-28, 44.

[2] Ratner, C. *Cultural psychology and qualitative methodology* [M]. New York: Plenum Press. 1997. 14.

方法或质化研究方法也在得到发展和细化。这也就导致了定性研究或质化研究的水准在不断地得到提升。

心理学研究者也开始重视定性研究或质化研究。并且，开始有了关于定性研究方法或质化研究方法的专门化和深入化的探讨和研究。近年来，有研究者曾经细致探讨和考察了心理学研究中的质化研究方法。[①] 当然，侧重定性研究的许多研究者会认为，定量研究有着许多的不足和缺陷，如人文性的否弃、还原论的盛行、价值说的缺失、简约化的追求。然而，这都是定性研究所具有的优势。

定量研究或量化研究被看作一种实证自然科学的客观研究范式。量化研究强调的是对研究对象的定量描述，主要的研究方法包括实验研究、量表测量、统计分析，等等。量化研究的最主要的特征在于其客观实证的研究态度、价值中立的研究立场、客位研究的考察视角、分析主义的研究策略、定量描述的表达方式。在心理学的研究中，侧重定量研究的一些研究者认为，心理学中的质化研究有着许多的不足和缺陷，如科学性的不足、思辨性的推论、主观性的猜测、假设性的说明。这都是定量研究所要克服的方面。

近年来，在心理学的研究中，研究者不仅在研究范式上寻找质化研究与量化研究的对话与融通，而且在具体操作上也在探讨质化研究与量化研究相整合的方式。[②] 这也被看成是心理学中的两种研究范式的整合的趋势。[③] 两种研究范式的整合将对我国本土心理学的研究和发展起到重要的推动作用。严格地说来，对于心理学的研究，定性研究与定量研究都是必要的和重要的。问题在于，怎样使两者的关系能够得到合理的确认，怎样使两者的运用能够相互配合。前者是心理学方法论所要探讨的问题，后者是心理学方法学所要涉及的问题。

心理学方法论的研究是心理学关于自己的研究基础的探讨。这既包括思想的基础、方法的基础，也包括技术的基础。所以，心理学方法

[①] 秦金亮. 心理学研究方法的新趋向——质化研究方法述评 [J]. 山西师大学报（社会科学版），2000（3）.11-16.

[②] 张红川、王耘. 论定量与定性研究的结合问题及其对我国心理学研究的启示 [J]. 北京师范大学学报（人文社版），2001（4）.88-105.

[③] 秦金亮、郭秀艳. 论心理学两种研究范式的整合趋向 [J]. 心理科学，2003（1）.20-23.

论的探讨是关系到心理学学科发展的核心问题。心理学研究基础的和核心的方面就是方法论的探索。心理学研究的方法论应该包括三个最基本的方面。一是对关于心理学研究对象的理解，即对心理学研究内容的确定，是力求对心理学的研究对象能够有全面、深入的理解。二是关于心理学研究方法的探索，即对心理学研究方法的确定，是力求对心理学的研究方法能够有规范、明确的理解。三是关于心理学技术手段的考察，即对心理学干预方式的确定，是力求对心理学的技术手段能够有合理、适当的理解。从心理学的方法论入手，就是要理解定性研究与定量研究的关系，并把对两者关系的合理理解代入到心理学的具体研究中。

心理学方法学的研究涉及的是心理学方法论中的第二个部分，也就是关于心理学具体研究方法的考察和探讨。所以，心理学方法学是被包含在心理学方法论当中的，是其中的一个重要的组成部分。心理学方法学的探讨主要是考察心理学研究所运用的具体研究的方法。[1] 例如，在心理学研究中所运用的具体的研究方法可以包括观察法、调查法、档案法、测量法、实验法等。心理学方法学的研究可以涉及心理学研究所运用到的这些具体研究方法的不同类别、基本构成、具体细节、使用程序、适用范围等。从心理学的方法学入手，指在心理学研究中，如何使定性或质化研究与定量或量化研究，能够有合理的组合。[2]

很显然，心理学研究中的定量研究与定性研究或量化研究与质化研究之间的关系，是心理学的研究者所要面对的非常重要的问题。这是心理学研究的方法问题，实际上也是心理学研究的理论问题。无论是心理学的定量研究，还是心理学的定性研究，都在心理学的研究中占据着不可替代的地位，发挥着不可否定的作用。厘清心理学探索中的定性与定量之间的关系，是推进心理学研究合理化和平衡化的非常重要的方面。

---

[1] 崔丽霞、郑日昌. 20年来我国心理学研究方法的回顾与反思 [J]. 心理学报，2001（6）. 564-570.

[2] 向敏、王忠军. 论心理学量化研究与质化研究的对立与整合 [J]. 福建医科大学学报（社会科学版），2006（2）. 51-54.

第二节 心理学历史中的定性与定量

心理学成为严格意义上的实证科学的时间并不长。心理学在相当漫长的历史演变中，有着十分不同的历史形态，包括常识的心理学、哲学的心理学、宗教的心理学、类科学心理学、科学的心理学。在原有的理解中，都是认为常识的心理学、哲学的心理学、宗教的心理学属于定性的研究。类科学心理学、科学的心理学则属于定量的研究。那么，更进一步，这导致的认识是把思辨的研究等同于定性的研究。例如，在心理学历史发展过程中所出现的哲学心理学的研究就应该属于立足日常经验的思辨研究。

那么，按照这样的理解，哲学思辨就是属于立足于日常经验的定性研究，是脱离了定量研究的定性研究。但是，这实际上是一种误解。这种误解不仅会导致对定性研究的不正确的理解，而且会导致对合理的哲学反思的不正确的理解。严格来说，思辨的研究并不等于定性的研究。思辨的研究是与实证的研究相对应的。在实证的研究中，定性的研究是与定量的研究相对应的。问题的关键在于对哲学思辨和哲学反思的定位。

无论是属于哲学学科的探索，还是来自心理学学科的研究，从学科的历史发展的角度来看，可以认为心理学与哲学的关系经历了以下三个重要的发展阶段。

一是哲学完全包含或基本包容心理学的阶段。心理学成为独立学科门类的时间很短，仅有一百多年的历史。在这之前，心理学主要是被包含在哲学当中。这个阶段中的心理学可称为哲学心理学。哲学心理学是哲学家通过思辨的方式对人的心理行为的说明、阐述和解释。这种思辨的方式带有推测、推论和推断的性质。

二是哲学与心理学彼此分离或相互排斥的阶段。科学意义上的心理学是在19世纪中后期才诞生的。心理学成为独立的学科门类之后，是以实证科学或实验科学自居的。为了维护自己的独立学科的地位，心理学在相当长的时间里强烈拒斥哲学，并把自己与哲学严格地区分开来，否定自己与哲学有任何的关联。甚至在当今，仍然有许多心理学家持有这样的态度，甚至成了心理学家的一种病态的反应和一种病态的排斥。

三是心理学与哲学重新组合和相互促进的阶段。到了20世纪末期，随着哲学研究的转折，心理学学科的迅速扩展和壮大，心理学与哲学的关系又有了新的变化。在众多的科学学科从早期的哲学中分离出去之后，哲学就已经放弃了自己包罗万象的研究心态和研究方式，开始致力于对人的思想前提或理论前提的反思。其实，这并不是哲学的畏缩或萎缩，而是哲学对自身的重新定位。同样，心理学在经历了急速的发展和扩展之后，也发现了自己的学科理论基础的极度薄弱。学科理论基础的建设有一个十分重要的任务，那就是对学科的思想前提或理论前提的分析、考察和反思。这不仅决定了心理学科进行理论建构的能力，也决定了心理学家提出理论假设的水平。当然，心理学与哲学的关系的改变，并不等于说明心理学与哲学就脱离了关系，就没有了关系。相反，只能说明心理学与哲学有了更为特殊的和更为密切的关系。这不仅对哲学家的研究提出了更高的要求，而且对心理学家的研究也同样提出了更高的要求。

同样，心理学的理论研究也并不等于就是心理学的定性研究。其实，心理学既是理论的科学，也是实证的科学。理论心理学是科学心理学研究的基本构成部分和重要分支学科。理论心理学是由两个部分的内容所构成的。一是关于心理学研究的理论前提的反思，二是关于心理学对象的理论解说的建构。

理论心理学的研究涉及关于心理学研究的理论前提的反思。这部分的研究实际上就是心理学哲学的研究。心理学哲学是一个特殊的研究领域，其研究具有特殊的内涵。心理学哲学的研究主要涉及两个方面的内容。一是对有关心理学研究对象的理论预设或前提假设的反思，二是对有关心理学研究方式的理论预设或前提假设的反思。无论是关于心理学研究对象还是关于心理学研究方式的理论预设，都决定着心理学研究者的研究，或者说决定着心理学研究者关于研究对象的理解和把握，决定着心理学研究者关于研究方式的确定和运用。

理论心理学的研究还涉及关于心理学对象的理论解说的建构。理论心理学关于对象的理论建构提供的是关于对象的理论学说。心理学的研究是对心理行为的理论探索、理论描述、理论解说、理论阐释。那么，心理科学提供的是关于研究对象的理论知识体系。所以，对于心理学的研究来说，理论建构的能力在某种程度上决定了其学科发展的水平。可以说，理论心理学关于心理行为的理论解说是属于定性的研究或质化的研究。理论心理学的这部分内容是心理学研究对象的理论假说，是关于心理行为的理论构造。

第三节　心理学理论中的定性与定量

在心理学的理论视野中，定性的研究与定量的研究最应该寻求的就是彼此的互通和互容。其实，无论是心理学的定量研究，还是心理学的定性研究，相互排斥和各自走入极端之后，都会存在着自己的缺失和不足。例如，在心理学发展历史上，定量的研究或量化的研究就曾经占有过支配性的地位，就曾经排斥过质化的研究。有研究者对心理学研究中的量化研究或定量研究占有的支配性地位提出了疑问。当然，这种质疑是着眼于两个方面。一是量化研究或定量研究本身存在的不足，二是量化研究或定量研究排斥质化研究或定性研究所导致的偏颇。

心理学发展史表明，量化研究或定量研究如果走入了极端，如果脱离或排斥了质化研究或定性研究，其本身就会存在着一些研究的缺失和不足。同样，质化研究或定量研究如果走入了极端，如果脱离了或排斥了量化研究或定量研究，其本身也同样就会存在着一些研究的缺失和不足。这在心理学的具体研究中，特别是在西方实证心理学的不同研究中，都是有所体现的。[①]

首先是价值中立的研究立场。价值中立是指在心理学的研究中，研究者必须是价值无涉的。表面上看来，这是为了避免研究者把自己的主观意向、主观好恶、主观猜测和主观假设，等等，强加给研究对象。但是，实际上心理学的研究或心理学的研究者并不是在真空之中，并不能摆脱自己的文化背景、思想基础和研究视野，并不会像镜子那样原样描摹、简单反映和直接表现研究的对象。心理学的研究肯定是价值涉入

[①] 秦金亮. 论西方心理学量化研究的方法学困境[J]. 自然辩证法研究, 2001 (3). 10-14.

的。其实，对于心理学的研究来说，研究者并不是对已成的存在的描述，而是对生成的存在的创造。人的心理生活是人创造出来的。心理学本身是在参与生成和建构人的心理生活。

其次是还原主义的研究方式。还原主义就是指心理学研究中的还原论。心理学研究中的还原论是把复杂多样的人的心理行为还原为实现人的心理行为的基础条件。这可以是物理的还原，生物的还原，遗传的还原，社会的还原，也可以是文化的还原。心理学研究中的还原主义，实际上是把人的心理行为的实现基础所具有的性质、特征、构成、规律等，直接用来解释人的心理行为所具有的性质、特征、构成、规律等。例如，人的心理行为是有其生物遗传的基础的，还原论则是直接把人的心理行为归结为生物遗传的结果。人的心理行为也有其人脑生理的基础，还原论则是用人脑生理的构造和功能来说明人的心理行为。

在心理学的研究中，坚持定量研究的许多研究者认为，心理学中的质化研究也是有着许多的不足和缺陷，如科学性的不足、思辨性的推论、主观性的猜测、假设性的说明。这都成为定量研究所要克服的方面。

首先是价值侵入的研究立场。质化研究或定性研究通常是立足于研究者的定性推论，这就会把研究者的价值尺度和价值判断代入关于研究对象的理解中。这就与研究者个人的文化背景、知识经验、生活态度、处世经验、理解程度等具有直接的关系或关联。那么，在这样的过程中，就很容易出现研究者在自己的研究中对研究对象的价值侵犯。即用研究者自己主观价值尺度和价值判断来替代被研究者的价值尺度和价值判断。这也很容易出现不同研究者之间的和研究者与被研究者之间的价值冲突。产生不同价值取向的对立、对抗。

其次是自然主义的研究方式。质化研究或定性研究强调在自然的情境中对人的心理行为的考察，而不是对各种条件的控制，不是对无关变量的剔除。研究者通常也是情境事件的参与者或亲历者，并且研究者通常是把自己的研究思路和研究设定，自己的生活理解和生活主张，自己的学术定位和学术观点，都融合在了自己的研究对象和研究内容之中。

当然，在心理学的理论研究中，有过对心理学的质化研究或定性研究的推崇和强调，从而贬低和排斥心理学的量化研究或定量研究。相反，也有过对心理学的量化研究或定量研究的推崇和强调，从而贬低和排斥心理学的质化研究或定性研究。这给心理学的具体研究带来了许多的不足和不利的方面。这很容易导致心理学研究的片面性和缺失性。从而，大大限制了心理学本身的发展。

所以，心理学的理论研究就应该着重去考察和探讨心理学研究中的质化研究与量化研究或定性研究与定量研究的关系。对这种关系的准确的定位或合理的定位，可以大大促进心理学的研究进步，可以带来心理学的研究繁荣。强调的是心理学研究的多元性和开放性，是心理学研究的多样性和组合性，是心理学研究的合理性和科学性。当然，最需要的是心理学理论研究的深入和扩展。

第四节　心理学方法中的定性与定量

在心理学的具体的研究操作过程中，不同的心理学流派、心理学思想、心理学主张、心理学研究、心理学专家和不同的心理学学科等都会采纳不同的心理学研究方法，都会对心理学方法中的定性研究与定量研究有不同的定位。

在心理学作为独立的学科门类诞生之后，曾经有过学派林立、学派冲突、彼此纷争、彼此对立的时期。最为核心的对立就是心理学的两种文化的对立，即物理主义的文化与人本主义的文化。这是西方心理学的两极的对立。在心理学的研究方式上的对立则是自然科学的研究方式与人文科学的研究方式的对立。

物理主义科学即传统的自然科学，将自然界看作具有机械性质的存在，人的存在、人的心理行为也不例外。在研究方式上，强调感官和物理工具获得的证据，强调对条件和变量进行精确分析和控制的实验室实验，强调对现象背后的因果规律的理性抽象。在实际应用上，实验以严格的、准确的技术手段和程序进行干预。西方的主流心理学，特别是行为心理学和认知心理学，就全盘照搬和模仿传统的自然科学。它把心理学的研究对象看作客观的自然现象，研究者可以由感官和物理工具旁进行分析和实验控制，可以抽象出因果制约的规律，也可以通过技术手段干预心理现象。

人本主义科学即传统的人文科学，则是将人放在神圣的位置上，重视人的自由和尊严。这在探讨的方式上，强调的是人的心理体验和意识自觉，对生活的意义和价值的主动构筑。在实际应用上，倡导的是人的自我选择和自我实现。这构成了西方的非主流心理学，如精神分析和人本主义心理学。非主流的心理学把心理学的研究对象看作意识经验或心理体验，这无法以研究者的感官或物理工具捕捉到，也无法进行分析肢解而不失去原义，故研究者必须进行整体的考察，必须深入到人的心理生活之中，揭示其内在的意义和价值。心理学家可以通过启迪人的意识自觉，使之主动构筑自己的心理生活。

通常来说，物理主义的、自然科学的传统中的心理学研究偏重于采纳的是量化研究或定量研究的思路和方法。人本主义的、人文科学的传统中的心理学研究偏重于采纳的是质化研究或定性研究的思路和方法。在西方心理学的众多的派别之中，构造主义心理学、行为主义心理学、认知主义心理学等心理学派别主要采纳的是量化研究或定量研究的方式和方法从事的研究。精神分析心理学、人本主义心理学、超个人心理学主要采纳的是质化研究或定性研究的方式和方法从事的研究。

在心理学成为独立的学科门类之后，心理学也迅速地发展和分解成为大量的分支门类或分支学科。这些不同的分支学科有着各自不同的研究领域、研究对象、研究内容、研究课题。这取决于心理学研究对象的复杂性、系统性、多样性、多变性等重要的特性。不同的心理学分支学科会在定性和定量研究上有不同的偏重。如实验心理学、测量心理学、感知心理学、神经心理学等，更多地采纳的是量化研究或定量研究的方式和方法；如社会心理学、教育心理学、咨询心理学、组织心理学、犯罪心理学、文化心理学等，则更多地采纳的是质化研究或定性研究的方式和方法。当然，也有心理学的分支学科对定性的研究和定量的研究采取并重的方式。

随着心理学学科的进步和成熟，随着心理学研究的扩展和深入，心理学研究中的质化研究或定性研究也在不断地改进和完善。同样，心理学研究中的量化研究或定量研究也同样在不断地改进和完善。在心理学研究中，质化研究和量化研究、定性研究与定量研究也在不断地寻求融合、组合、配合。从而，提高心理学研究的合理性和精确性。与心理学发达的国家相比，在我国的心理学研究中，无论是定性研究还是定量研究，都还存在着非常明显的缺失和不足。当然，更大的问题是，我国的研究者还缺少对心理学中定性研究与定量研究的关系的细致和深入的考察和研究。实际上，在科学研究中或在心理学的研究中，定性研究和定量研究的关系问题，最根本地是体现在这两种研究方式和研究方法的主导性的问题上。心理学的研究在相当漫长的历史时期中，是哲学思辨占主导的地位。在心理学成为科学的门类之后，心理学的研究是定量研究占主导的地位。在科学心理学的发展和演变当中，应该是定性研究和定量研究的共同主导的研究。这将会给心理学的研究带来根本性的变化。

对心理学研究中的质化研究与量化研究或定性研究与定量研究的定位问题，涉及在心理学理论探讨中的定位和心理学具体研究中的定位。能够对两者进行合理化的定位，会给心理学的研究带来非常重要的改善和推进。这是关系到心理学的学科进步和研究发展的重大的问题和关键的课题。①

在心理学的研究中，寻求定性研究和定量研究，质化方法和量化方法等之间的平衡和互补，会给心理学的研究奠定合理的方法论的基础，提供合理的方法学的依据。对心理学研究中的定量或量化方法与定性或质化方法的关系进行系统化的揭示和解释，则会关系到心理学研究质量的提升。

---

① 葛鲁嘉.心理学研究中定性研究与定量研究的定位问题［J］.西北师大学报（社会科学版），2007（6）.65-70.

第七章 体证与体验研究方法

在中国本土文化中的传统心理学所运用的方法并不是实证的方法，而是体证的方法；所运用的方法并不是实验方法，而是体验的方法。所谓体证的或体验的方法，实际上就是通过心性自觉的方式，直接体验到自身的心理，直接构筑了自身的心理，直接证实了心理的创造，并直接促进了心理的生成。实证与体证在心理学具体研究中的体现，就是实验与体验的分别与不同。因此，体证和体验也就成了心理学方法论探索中的基本内容。

第一节 心理学研究的实现与体现

在心理学的研究中和在心理学的发展中，体证都是值得重视和关注的研究方式和研究方法。其实，体证具有完全不同的文化根基、学术内涵、方式方法和结果结论。体证就是独特的研究方式和研究方法。因此，正视和重视体证和体证的方法，挖掘和开发中国本土文化资源中的心理学传统，创造性和发展性地运用这样的研究方式和方法，从而去开辟中国心理学发展的创新道路，这就是研究和探讨体证的研究方式的最根本的目的。在中国的心理学传统之中，"体"是一个十分独特的心理学术语。像体察、体验、体悟、体会等，都是对人的心理行为的独特的说明。其实，在中国本土文化中，不是用"心"去区分每一个个人。因为人心是可以扩展的，可以包容他人、包容社会、包容天地。所以，对于人与人之间的区分，就是用"体"，"个体"就具有个体性的含义。①

有研究考察了中国古代"体知"的三个维度。研究指出了，如果说西方的传统认识和把握世界是借助意识、借助思维的"识知"或"思知"的话，那么，"体知"也就是"体之于身"的身体之知，无疑是中国古人特有的认识世界和把握世界的重要方式。"体知"具有三个基本维度，即直接性，关系性，实践性。

一是体知的直接性。直接性是中国古代"体知"的首要特征。所谓直接性，即对事物本质而非现象的直接性把握，是一种"本质直觉"的"洞悟"或"洞观"。直接性的体知之所以可能，就在于中国古人对身体性质的独特理解。中国古人心目中的身体是一种本体论意义上的身体，而非那种西方式的科学意义上的身体。这种身既是一种身心合一之身，又是一种身物不二之身，可称之为"大一的身体"。身体之知并不是刻意而为的结果，而是人的天性使然，体知既不需要经验的归纳，也不需要逻辑的推演，而是要回到天赋身体的直接性体知或体验。对于中国古人来说，这种天性使然的直接性体知，既非有悖于理性的旁门左道，也非原始思维的神秘主义。成为一种"根本知""根本觉"，体知一以贯之地渗透在了中国古人的一切认知活动之中，这在中国古代"泛直觉主义"的文化现象中得到了充分的体现。

二是体知的关系性。与西方的实体性思维迥然不同，中国古人则更倾向于一种关系性思维，也就是说，中国古代的知识更多关注的不是宇宙万物如何还原到一个终极实体，而是关注看似完全相异的事物如何共生互补，并如何从中生发出"万物并育"和"道并行不悖"的协和系统。由于中国古代的本体论是一种不折不扣的身体本体论，这意味着，只有"回到身体本身"，才能真正理解中国古代体知的关系性。

三是体知的实践性。正因为中国古代体知的关系性依赖的是男女交感的关系性身体，由此决定了这种关系并非简单而机械的既定关系，而是一种共生互补的动态关系。故而，不是一味静观的思辨，而是充满创

---

① 葛鲁嘉. 中国本土传统心理学术语的新解释和新用途[J]. 山东师范大学学报（人文社会科学版），2004（3）.3-8.

造活力和不懈于动的"健行",实际上成为身体的最基本的特征。这就是体知的第三个向度:实践性。在中国古人看来,身体是一种行动的身体,身体之知也因此诉诸行动,是为实践之知。中国古人所谓的"知行合一"可以说是体知实践性的坚实力证。中国古代的身体之"体"字,既有"体察""体悟""体知"等认识之义,又同时兼有"躬行""行知""行为"等实践之义。

中国古代实践性的身体行为同时还是一种族类学的行为。对于古人而言,所谓族类学的行为意味着,行为既非个体纯粹的自谋自划,也非群体的整齐划一,而是一种"身体→两性→家族"这一族类的无限的生成活动和过程。由于族类学行为,个体中有整体,整体中亦有个体,因此不仅在共时性上消解了群己对立,而且在历时性上弥合了今人与古人之间的代际相隔。更为重要的是,由于中国古人坚持知行合一,故而与中国特有的族类学的行为相应的行为之知,实质是一种族类学之知,由此也就导致了中国古人所特有的一种认识方法论——"类思维"的推出。[1]

宗教体验是人在宗教活动中的心态或体悟,也可以说是人的宗教活动的一个过程。宗教的活动有其相应的体验,如人在崇拜某种神时产生的心态或体悟,人在从事某种具体的宗教善行时所产生的心态或体悟等。这些体验就是限定在宗教活动中的体验,称为宗教体验。宗教的体验并非只能是对某种具体的神或神性实体的体验,但至少是对一种信教者所追求的超验境界的体验。在各种有宗教性质的活动中,信奉者都可能产生某种心态或体悟,这些都属于宗教的体验。也就是说,宗教体验是要有特定的体验对象的。[2]

体认、体验、体会,等等,表面上看来,也依稀有认识、情感、意志的影子。但是,这实际上要超出了西方心理学的概念内容的范围。体认是超出了理性范围内的认识活动的对生活现实的把握。体验是超出了非理性范围内的情感活动的对生活现实的感悟。体会则是超出了意志活

---

[1] 张再林、张云龙. 试论中国古代"体知"的三个维度[J]. 自然辩证法研究,2008(9).92-97.

[2] 姚卫群. 宗教体验及其作用[J]. 长春工业大学学报(社会科学版),2004(2).1-4.

动的关于生活现实的本心掌控。

因此，"体"相对于"知""情""意"来说，更具有根本性，更具有基础性，更具有包容性。立足于"体"，就构成了解说人的心灵存在，解说人的心理生活的方法论的意义。"体"显然属于非常值得挖掘的心理学资源。从"体"出发，才可以进而去理解人的认识、情感和意向，也才可以贴切去理解人的需要、动机、本能，也才可以深入去理解人的人格、个性、性格。

在中国本土的心理学传统之中，心性学说提供了关于人的心性或心理的理论解说，而心性体悟则提供了关于人的心性或心理的践行方式。这也就共同构成了人的心理生活的基本现实。心性体悟成了非常重要的感受心性、改变心性、提升境界、创造生活的特定的或文化的方式。这具体地体现在了特定本土心理学传统之中。例如，在禅宗心理学的传统之中，禅、禅定、禅悟，就是特定的方式和方法。

方立天先生对禅、禅定、禅悟进行了界定。研究指出了，"禅"是梵语 Dhyāna 音译"禅那"的略称，汉译是思维修、静虑、摄念，即冥想的意思。用现代话语简要地说，禅就是集中精神和平衡心理的方式方法。从宗教心理的角度来看，禅的修持操作主要是"禅思"、"禅念"和"禅观"等活动。禅思是修禅沉思，这是排除思想、理论、概念，以使精神凝集的一种冥想。禅念是厌弃世俗烦恼和欲望的种种念虑。禅观是坐禅以修行种种观法，如观照真理，否定一切分别的相对性，又如观佛的相好、功德，观心的本质、现象等。

与禅的涵义相应的梵语还有 Samādhi，音译三摩地、三昧等，汉语翻译为定、等持。所谓的"定"就是令心神专一，使精神不散不乱，或是指心神进入凝然不动的状态。一般地来说，定是修得的，是禅修的结果。有时，"禅"也被当成是定的一个要素，被摄于定的概念之中。这样，在中国通常是梵汉并用，称为"禅定"。禅定已经成为惯用语，被视为一个特定的概念。实际上，禅定的主要内容是禅，是通过坐禅这种方式使心念安定、专一，其关键是静虑、冥想。至于中国禅宗的禅，则明显地向慧学倾斜，带有否定坐禅的意味，强调由思维静虑转向明心见性，返本归源，顿悟成佛。

禅悟是禅宗的用语。从词义上来说，禅的本意是静虑、冥想，悟与迷对称，指觉醒、觉悟。悟是意义的转化，精神的转化，生命的转化，含有解脱的意义。禅是修持方式，悟则是修持结果，两者是有区别的。但是，中国禅宗学人却把禅由坐禅静思变为日常行事，由心理平衡变为生命体验，从根本上改变了禅的内涵。中国禅宗学人还认为觉悟要由日常行事来体现，由生命体验来提升。禅与悟是不可分的，悟必须通过禅来获得，禅没有悟也就不成其为禅。没有禅就没有悟，没有悟也就没有禅。

一般地说，禅宗的禅修过程大约可以分为四个阶段，最初是要"发心"，即有迫切的寻求，强烈的愿望，以实现解脱成佛这一最高理想；其次是"悟解"，即了解佛教道理，开启智慧，觉悟真理；再次是"行解相应"，即修行与理解相结合，也就是在开悟后要进一步悟入，使自身生命真正有所体证、觉悟；最后是"保任"，保守责任，也就是在禅悟以后，还必须加以保持、维护，也就是巩固觉悟成果。

禅修过程中的开悟与悟入是禅悟的根本内容，也是禅宗最为关切之处。开悟与悟入是悟的不同形态。开悟是依智慧理解佛教真理而得到真知，也称为"解悟"；悟入则是由实践而得以体证真理，主体不是在时空与范畴的形式概念下起作用，而是以智慧完全渗透入真理之中，与客体冥合为一，也称"证悟"。证悟与解悟是不同的，证悟并不是对佛典义理的主观理解，不是对人生、宇宙的客观认识，不是认识论意义的知解，而是对人生、宇宙的根本领会、心灵体悟，是生命个体的特殊体验。这也就是说，证悟是对人生、宇宙的整体与终极性的把握，是人生觉醒的心灵状态，是众生转化生命的有力方式。

禅悟的时间还有迟速、快慢之别，由此又有渐悟、顿悟之分。解悟与证悟都可分为渐悟与顿悟两类。渐悟是逐渐的、依顺序渐次悟入真理的觉悟。顿悟是顿然的、快速直下证入真理的觉悟。对禅悟修持的看法不同，形成了渐悟成佛说与顿悟成佛说的对立。

中国禅宗还大力开辟了禅悟的途径和创造了禅悟的方法。最值得关注的有三个方面。一是禅宗的根本宗旨是明心见性，禅悟的各种途径与方法，归根到底是为了见性。慧能认为众生要见性，就应实行无相、无念、无住的法门，也就是不执取对象的相对相，不生起相对性的念想，保持没有任何执着的心灵状态。这是内在的超越的方法，是禅悟的根本途径。二是性与理、道相通，悟理得道也就是见性。而理、道与事相对，若能理事圆融，事事合道，也就可见性成佛了。这种禅悟的途径与方法的实质是事物与真理、现实与理想的关系问题，是强调事物即真理，从事物上体现出真理，强调现实即理想，从现实中体现出理想。三是禅悟作为生命体验和精神境界具有难以言传和非理性的性质。与此相应，禅师们都充分地调动语言文字、动作行为、形象表象的功能，突出语言文字的相对性、动作行为的示意性、形象表象的象征性，以形成丰富多彩的禅悟方法，这又构成了禅悟方法论的一大特色。

悟的境界是追求对人生、宇宙的价值、意义的深刻把握，亦即对人生、宇宙的本体的整体融通，对生命真谛的体认。这种终极追求的实现，就是解脱，而解脱也就是自由。禅宗追求的自由，是人心的自由，或者说是自由的心态。超越——空无——自由，为禅悟的特定逻辑和本质。[1]

"体"与"悟"就成为两个非常重要，又彼此联通，又相互补充的心理存在。在此基础之上，"体悟"也就成为人能够"体认"道的存在，"体现"道的存在，"体会"道的存在，等等的心灵的扩展性和创造性的活动。显然，体悟在人的心理生活中应该具有根基的和核心的地位。体悟可以成为支撑人的心理生活的心性的活动。人的心理生活是随着人的体悟在流转的。

第二节 心理学研究的实证与体证

科学研究中方法中心的主张，就是立足于实证主义哲学的方法论。可以说，科学心理学在西方文化中诞生之后，就把自己的研究建立在了实证主义的基础之上。实证主义有两个基本的理论设定。一个是主观与客观的分离，或主体与客体的分离。这体现在科学的研究中就是研究对象与研究者的分离。研究者必须是客观地描述和说明对象，而不能够把研究者自己的主观性代入其中。一个是把主观对客观的把握或主体对客体的把握，建立在感官验证的基础之上。这就是所谓实证的含义。感官

---

[1] 方立天. 禅、禅定、禅悟 [J]. 中国文化研究, 1999 (3), 1-3.

的证实就能够去除研究者的主观判断。那么，客观的观察或者严格限定客观观察的实验就成为科学研究的科学性的保障。没有被感官所验证的，没有被感官的观察所证实的存在就都有可能是虚构的存在。或者说，无法被感官所把握到的存在就都有可能是受到质疑的存在。为了在科学研究中弃除虚构的东西，就必须贯彻客观主义的原则。所以，科学研究就是客观证实的活动，也是感官证实的活动。近代科学的诞生，强调的就是实证主义的原则，进行的就是感官证实的活动。

现代科学心理学的一个重要的起源就是哲学对心灵的探索。在科学心理学诞生之前，哲学心理学对人的心理的探索是着眼于对观念的考察。那么，观念的活动就是心理的活动。观念的存在是无法通过人的感官来把握到的，而只有通过心灵的内省来把握。所以，在哲学心理学的研究中，就运用了内省的方法。西方的哲学心理学就是西方的科学心理学的前身。就在西方科学的或实证的心理学诞生之初，也采纳了和运用了内省的方法，或者说是把内省的方法与实验的方法进行了结合。这就是在科学诞生的时期所盛行的实验内省的方法。但是，在科学心理学的发展过程中，当科学心理学彻底贯彻了客观性的原则之后，就把内省的方法从心理学当中驱逐了出去。内省的方法从此成为非科学方法的同义语。内省的主观性和私有性使之被认为是不科学的，是非科学的。因此，在科学的或实证的心理学研究中，也就彻底清除了内省的方法。在实证的心理学看来，内省不仅是非科学的研究方法，也是科学所无法涉及的对象。在实证心理学的视野中，根本就没有内省的位置，也就不可能有对内省的探讨，不可能有对内省的揭示。

在中国的本土文化传统中，也有自己的不同于西方科学心理学的心理学传统。[1][2][3] 这是属于东方的心理学传统，是西方心理学所必须面对的心理学传统。[4][5] 中国的传统心理学也有自己独特的理论、方法和技

---

[1] 杨鑫辉（主编）. 心理学通史（第一卷）[M]. 济南：山东教育出版社，2000. 1-3.
[2] 高觉敷（主编）. 中国心理学史 [M]. 北京：人民教育出版社，1985. 1-2.
[3] 杨鑫辉. 中国心理学思想史 [M]. 南昌：江西教育出版社，1994. 8.
[4] Paranjpe, A. C. *Theoretical psychology: the meeting of East and West* [M]. New York: Plenum, 1984. 16.
[5] Paranjpe, A. C., Ho, D. Y. F., & Rieber, R. W. *Asian contributions to psychology* [M]. New York: Praeger, 1988. 35.

术。那么，中国本土的心理学传统所确立的方法就不是实证的方法、实验的方法、感官证实的方法。其实，中国本土的心理学传统所运用的方法是体验的方法或体证的方法。这不是西方科学的心理学或实验的心理学所确立和所运用的实验的方法或实证的方法，也不是西方科学心理学所放弃的内省的方法，这种体证或体验的方法实际上是心灵觉悟的方法，是意识自觉的方法，是境界提升的方法。[①]

实证与体证是相互对应的，实验与体验是相互对应的。这也就是说，现代科学心理学中的实证的方法是与本土传统心理学中的体证的方法相对应的，现代科学心理学中的实验的方法是与本土传统心理学中的体验的方法相对应的。正是在科学心理学诞生之后，实证的方法和实验的方法就成了确立和保证心理学科学性的最为基本的准则。这包括对文化心理的研究和考察。[②] 那么，除此之外的其他的方法或内省的方法就被抛弃到了非科学的范围之中。受到连带的影响，体验和体证的方法也就没有了存在的根基。[③]

在中国本土的文化传统中，所倡导的是天人合一的基本思想原则，所注重的是心道一体的基本理论设定。天人合一或心道一体，强调和重视的并不是在人之外或心之外去寻求所谓客观的存在。天就是人的本性，道就是人的本心，天和道就内在于人的本性和本心之中。那么，人对于天和道的追求和印证，不是到身外或到心外去求取，而是要去反身内求。所以说，人可以或能够通过心灵自觉或意识自觉的方式和方法，去自身把握、体悟、印证、显现、实现自己的本性和本心。这也就是通过体道和践道，直接体验到并直接构筑了自身的心理。[④] 中国本土文化中的心理学传统所确立的内省方式，强调了一些基本的原则或基本的方

---

① 葛鲁嘉. 心理学的五种历史形态及其考评［J］. 吉林师范大学学报（人文社会科学版），2004（2）. 20-23.

② Ratner, C. *Cultural psychology and qualitative methodology*［M］. New York：Plenum Press，1997. 27.

③ 葛鲁嘉. 对心理学方法论的扩展性探索［J］. 南京师大学报（社会科学版），2005（1）. 84-88.

④ Varela, F. J., Thompson, E., & Rosch, E. *The embodied mind：Cognitive science and human experience*［M］. Cambridge Mass.：The MIT Press，1991. 21-23.

面。① 这成为理解体证或体验方式和方法的最为重要和无法忽视的内容。这就是内圣与外王，修性与修命，渐修与顿悟，觉知与自觉，生成与构筑。

一是内圣与外王。中国本土的心理学传统都强调知行合一的原则，都主张人内在对道的体认和外在对道的践行。这就是内圣外王的基本含义。内修就是要成为圣人，体道于自己的内心。外王就是要成为行者，行道于公有的天下。那么，体道和践道就是内圣和外王的最基本的含义。内圣就是要提升心灵的境界，能够与道相体认。外王就是要推行大道的畅行，能够与道相伴随。所以，对于人的心理来说，怎么样超越一己之心，怎么样推行天下公道，就是最为基本和最为重要的。

二是修性与修命。正因为人心与天道是内在相通的，所以个体的修为实际上就是对天道的体认和践行。天道贯注给个体，就是人的性命。那么，对天道的体认和践行就是修性与修命。其实，应该说修性与修命的概念带有宗教和迷信的色彩。在中国本土的宗教和迷信的活动中，就有对修性与修命的渲染。但是，如果把这两个概念的基本含义与人的心理生活和生活质量联系起来，就可以消除其宗教和迷信的色彩。人的心理有其基本的性质，也有不同的质量。

三是渐修与顿悟。个体的修为或个体的体悟有渐修与顿悟的不同主张。渐修是认为修道或体道的过程是逐渐的，是一点一滴积累而成的。顿悟则是认为道是不可分割的，只能被整体把握，被突然觉悟到。这成为个体在体道过程中的不同途径和不同方式。那么，无论是渐修还是顿悟，实际上都是人的心灵修养与境界提升的过程。这是人对本心的觉知和人对本心的遵循。

四是觉知与自觉。在中国本土的心理学传统中，"觉"是一个非常重要的概念。觉的含义在于心灵的内省。当然，这不是西方心理学研究中所说的内省，而是中国本土文化意义上的内省。觉的含义也在于心灵的构筑。这是指心理的自我创造和自我创建。因此，觉知与知觉不同，自觉也与自知不同。觉知和自觉强调的是觉，而知觉和自知强调的是

---

① 葛鲁嘉．中国本土传统心理学的内省方式及其现代启示［J］．吉林大学社会科学学报．1997（6）．25-30.

知。觉是心灵的把握，而知是感官的把握。心灵把握的是神，而感官把握的是形。

五是生成与构筑。人的心理是自然演化的产物。因此，人的心理是生成的。正是在这个意义上，人的心理具有自然的性质，是自然的产物，循自然的规律。但是，人的心理又是人所创造的，是意识自觉的构筑。正是在这个意义上，人的心理具有创造的性质，是人文的产物，循社会的规律。所以，没有一成不变的心理行为，没有被动承受的心理行为。人的心理生活就是人的创造的体现。

第三节 心理学研究的实验与体验

实证与体证在心理学的具体研究中的体现，就是实验与体验的分别与不同。实验是在实证的基础之上所建立的具体研究方式和方法。体验是在体证的基础之上所建立的具体研究方式和方法。在心理学成为独立的实证科学之前，是体证的方法占有决定的和主导的地位，在心理学成为独立的实证科学之后，则反转为实证的方法占有决定和主导的地位。

实验的方法被认为是现代科学心理学建立的标志。在心理学研究中，实验的方法是指对所研究的人的心理行为进行定量的考察、分析和研究。即通过研究者控制实验条件，来观察研究对象的实际变化。既包括实验的技术手段或实验的工具仪器，也包括实验者的感官的实际观察。实验的方法对于其他自然科学的发展来说，是至关重要的。或者说，对于自然的对象来说是客观的，精确的。但是，对于人的心理来说，人的意识自觉的心理活动，却是观察者所无法直接观察到的。这给心理学的实验研究带来了很多的困难和障碍，也使心理学的实验研究一直在寻求更好的方法和工具。

作为科学心理学的研究方法，实证的方法或实验的方法都是建立在如下的几个基本的理论假设或基本的理论前提的基础之上。

一是客体与主体的分离。或者说，就是研究对象与研究者的分离。这是为了保证研究的客观性，是为了消除研究者的主观臆断。那么，心理学的研究者在研究心理行为的过程中，就必须把心理学的研究对象看作客观的存在。心理学的研究必须是对心理行为的客观的描述和说明。

问题在于，心理意识与物理客体存在着根本的不同或区别。人的心理意识的根本性质在于"觉"。无论是感觉、知觉，自觉、觉悟和觉解，都具有觉的特性。当然，在科学心理学传统的研究中，对感觉的研究是在研究"感"，对知觉的研究是在研究"知"，对自觉的研究是在研究"自"，而不是在研究"觉"。更不用说觉悟和觉解，根本就不在心理学的研究范围之中。因此，在心理学的研究中，一直存在着把人的心理物化的倾向。

二是感官和感觉的确证。科学心理学对于人的心理行为的研究，必须是客观的呈现和客观的描述，而不能有虚构的成分和想象的内容。那么，最为重要的就是客观的观察或客观的证实。客观的观察或证实就确立于研究者感官的观察或感官的把握。这就是心理学中的客观观察的方法。在心理学的研究中，定量的研究和定性的研究都是建立在客观观察的基础之上。那么，无法直接观察到的意识活动和内省活动，就曾经被排斥在心理学的研究对象之外。这使心理学的研究不得不排除人的心理许多重要的部分。或者说，在心理学的研究中，是通过还原论的方式，把人的高级和复杂的心理意识都还原为实现的基础之上。如物理的还原，生物的还原，神经的还原，社会的还原，文化的还原，等等。

正是基于以上的两个方面，所以心理学的研究对象就被限定为心理现象，是可以被研究者的感官所印证的客观的存在。但是，如果采取另外的不同研究方式和方法，也就是体证和体验的方法，那心理学的研究对象就不是心理现象，而应该是心理生活。心理生活是可以被体验到的心理存在，是可以加以证实的心理存在，也是可以生成、创造和建构的心理存在。其实，心理生活的创造性决定了心理生活就是文化的存在，就是文化的心理，文化的创造。因此，心理生活也就可以成为文化心理学的研究对象。有研究对文化与自我的关系进行了系统和深入的探讨。[1] 有研究则认为文化心理学是通过文化进行的思考。[2]

实验主义的方法论所带来的是定量的研究，是量化的方法，是实验

---

[1] Markus, H. R., & Kitayama, S. Culture and the self: Implications for cognition, emotion, and motivation [J]. *Psychological Review*, 1991 (2). 224-253.

[2] Shweder, R. A. *Thinking through cultures: Expeditions in cultural psychology* [M]. Cambridge, MA: Harvard University Press, 1991. 31.

的程序，是程序的规范。对于心理学的研究来说，实验主义成为心理学推进科学化进程的非常重要的方式和路径。当然，实验主义本身也排斥了许多对于心理学研究来说是非常重要和不可或缺的理论化或质性化的研究方式和研究方法。

但是，体验的方法则有所不同。体验是人的心理具有的一个十分重要的性质。体验是人的有意识心理活动把握心理对象的一种活动。这不仅仅是关于对象的认知，关于对象的理解，关于对象的感受，也包含关于对象的意向。体验的历程也是人的心理的自觉活动，也是人的心理的自觉创造，也是人的心理的自主生成。人通过心理体验把握心理自身时，可以是一种没有分离感知者与感知对象，没有分离认识者与认识对象的生活体验和心理体验的活动。在这样的生活和心理的体验中，人是感受者，是体验者。体证与体验的方法体现了以下几方面的统一。

主体与客体的统一：体验就是人的自觉活动或心灵的自觉活动，因此体验并没有分离研究主体与研究客体，并没有分离研究者与研究对象。体验不同于西方心理学早期研究中所说的内省。内省严格说来，仅仅是对内在心理的觉知活动。这是分离开的心理主体对分离开的心理客体的客观的把握。这只不过是把对外部世界的观察活动转换成为是对心理世界的观察活动。因此，体验实际上就是心理的自觉活动。通过心理体验把握的是心理自身的活动。

客观与真实的统一：实证的科学心理学一直强调研究的客观性，强调把心理学的研究对象当作客观的对象。为了做到这一点，甚至不惜把人的心理物化。这种客观性常常是以歪曲或扭曲人的心理体现出来。体验实际上强调的不是客观，而是真实。真实性在于反对以客观性来物化人的心理行为。当然，体验应该是客观性与真实性的统一。客观性是对虚构性和虚拟性的排斥，而真实性是对还原性和物化性的排斥。体验通过超越个体的方式来达到普遍性。

已成与生成的统一：原有的实证心理学的研究是把人的心理看作已成的存在，或者说是既定的存在。心理学的研究不过就是描述、揭示和解说这种已成的存在。但是，实际上人的心理也是生成的存在，是在创造和创新中变化的存在。那么，体验就不仅仅是对既定的心理进行的把握，而且也是促进创造性生成的活动过程。正是通过体验，使人能够创生自己的心理生活。

个体与道体的统一：人的心理存在是直接以个体化的方式存在的。个体的心理是相对独立和完整的。但是，在心理学的研究中，这种个体化或个体性就变成了一种基本的原则，即个体主义的原则。这在很长的时段中支配了心理学的研究，包括支配了对人的群体心理和社会心理的研究。实际上，人的心理的存在就内含着整体的存在。这在中国本土的心性心理学看来，道就隐含在个体的心中，这就是心道一体的学说，也就是心性的学说。

理论与方法的统一：体验是建立在特定理论的基础之上，是由特定的理论提供的关于心理的性质和活动的解说。同时，这种特定的理论又是一种特定的改变或转换心灵活动的方法。那么，理论与方法就是统一的。人在心理中对理论的掌握，实际上就是心理对自身的改变。心理学理论的功能也就在于能够在被心理所掌握之后，实际上改变人的心理活动的内容和方式。

理论与技术的统一：技术活动是发明、创造和使用工具的活动。对于心理学来说，人的心理生活作为观念的活动，理论观念就成为一种塑造的技术。体验本身就是理论的活动。或者说，体验就是建立在理论的基础之上。所以，这样的理论就不是纯粹的认知的产物，就不是纯粹的认知把握。心理学的理论包含着认知、情感和意向的方面，包含着对心理的形成、改变和发展的影响力。

方法与技术的统一：体验本身是一种验证的活动，是验证的方法。体验带来的是对理论的验证。通过体验，可以验证理论的性质和功能。同时，体验又是一种技术，这种技术是一种软技术。通过特定的体验方式，就可以内在地改变人的心理活动的性质、内容、方式和结果。这就决定了体验实际上也是体证的活动，可以证明理论的性质和功能。体验也是心理活动的基本方式，可以构建、改变和生成人的心理生活。

总之，无论是在人的心理生活中和在人的心理创造中，还是在心理学的研究中和在心理学的发展中，体证和体验都是非常值得重视和关注的生活内涵、生活方式、研究方法和研究方式。在现代科学心理学的诞生和发展的过程中，内省的方法曾经有过从占有支配性地位到因缺乏科学性、缺乏合理性，而遭到抛弃和受到排斥的遭遇。可以说，在科学心理学后来发展的相当长的时段里，就一直对与内省有关的方式和方法持有坚决排斥和极力反对的态度。这实际上就是因为内省方法的非科学的性质，而采取的所谓否定传统和划清界限的立场。科学心理学家要么是不屑于谈论和研究，要么是刻意地逃避。其实，内省有完全不同的文化根基，学术内涵，方式方法，结果结论。体证和体验就是独特的研究方式和研究方法。因此，正视和重视体证和体验的方法，挖掘和开发中国本土文化资源中的心理学传统，创造性和发展性地运用这样的研究方式和方法，从而去开辟中国心理学发展的创新道路，这就是研究和探讨体证和体验方法的最根本的目的。

第八章 心理学基本理论预设

心理学的方法论在心理学研究中的最为直接的体现，实际上就是心理学研究所拥有的或所采纳的基本的理论预设。对心理学研究的基本理论预设的反思就属于心理学研究的思想方法论。心理学的研究具有多样化的理论预设，这实际上成了心理学研究的思想前提和理论基础。心理学的研究关于人性具有不同的理解和设定，这进而直接影响到了关于心理和行为的不同的把握和界定。中国本土的心理学探索则更进一步，展现的是关于人的心性的设定和创新。这也是新心性心理学的理论建构的基础。心理学关于人的心理的理解和把握也立足于心理学关于环境的预设和阐释。这也就是心理学的环境论的基本思想和理解。

第一节 心理学的预设论

在心理学的长期和多样的研究中，在心理学的多元和多向的发展中，心理学的研究者自觉或不自觉地采纳了各种不同和特定的理论预设。这成为心理学研究的思想前提或理论基础，这决定了心理学研究的出发点和立足点，并且这引导了心理学研究的实际过程和理论走向。可以将心理学研究中曾经采纳或实际运用的理论预设进行一个总括。这就体现在了如下的多种多样的学说论点，多种多样的思想主义，多种多样的科学反思。可以说，在心理学学科的演进过程中，出现或流行过各种各样的"论点"、"主义"和"反思"。观点的纷杂、立场的分歧、思想的多元，都使心理学发展充满了五彩斑斓的景象。

在心理学研究中，成为心理学研究者理论预设的可以包括如下：唯物论、唯心论、客观论、主观论、实证论、现象学、存在论、解释学、心性论、建构论、一元论、二元论、多元论、实在论、唯灵论、人性论、意志论、先验论、本体论、机械论、生机论、科学观、方法论、范式论、还原论、目的论、知识论、进化论、认知论、符号论、信息论、系统论、控制论、耗散论、协同论、突变论、生态论、辩证法、真理观、语境论、后现代、隐喻论、怀疑论、互动论、超越论。

上述的心理学研究中的这一系列的理论预设，都具体地体现在了心理学研究者的心理学考察和探索之中。或者说，在心理学具体的研究中，都有各自不同的体现。在很多的方面影响到了心理学研究关于心理学的研究对象和心理学的研究方式的理解和把握。因此，每一个具体的理论预设，都在心理学研究中密切地关联着心理学的理论、方法和技术，都成为心理学研究中各种不同的研究取向和研究发展。

正因为心理学家的思考，心理学家的理论建构，心理学的研究，心理学的实证研究，都会实际持有和内在包含上述的各种不同的理论预设，所以在心理学的各种纷繁复杂和多元取向的探索中，总能够找得到某一种或某几种理论预设。这在心理学研究的理论、方法和技术中得到了贯彻。甚至会决定着具体的心理学研究的结果和走向。

心理学的发展中，各种"主义"纷呈不断。显然，心理学可以有不同的途径和方式去对待和把握这些"主义"。可以是视而不见，也可以是奉为圭臬。可以是弃若敝屣，也可以是当成至宝。心理学也可以将这些"主义"整合到自己的科学研究之中。

在西方科学哲学的兴起和发展的进程中，针对科学研究、科学发展、科学历史、科学认识、科学方法、科学技术、科学工具，有一系列的哲学反思和哲学建构。心理学成为一门科学，会在科学哲学的研究视野之中，也会在科学哲学的理论框架之内。科学哲学关于科学本身的反思，也影响到了心理科学的研究和发展。

在心理学研究中，成为心理学研究者反思对象的还可以包括：科学划界、科学特征、科学思想、科学认识、科学语境、科学隐喻、科学修辞、科学解释、科学理论、科学语言、科学概念、科学方法、科学技术、科学工具、科学观察、科学测量、科学发展、科学历史、科学结构、科学社会、科学文化、科学哲学。

上述的内容是科学本身的基本的存在内容。这也是心理学要想成为一门科学而必须涉及的重要的思想内容。科学哲学的研究就包括了对这些方面的细致的探索。这既是当代哲学研究的重要的组成部分，也是哲学形态的心理学所要涉及的重要内容。在心理学成为独立的科学门类之后，所有上述的内容就一直成为心理学发展所需要考察和研究的内容，并且会伴随着心理科学的学术成长。

心理学的理论预设可以成为心理学研究的理论前提。这些理论前提可以是隐含的或无意识的存在，成为人理解和把握心理行为和理解和把握心理科学的思想框架或理论原则。这些理论前提也可以是明确或有意识的存在，成为人理解和把握心理行为和理解和把握心理科学的理论假设或理论主张。

上述的形形色色的关于心理行为和关于心理科学的理论预设，就具体体现在了心理学的学科存在、思想原则、理论形态、研究方法、测评手段、技术工具、数理统计等一系列科学现实和科学活动之中。思想的基础、理论的预设、研究的方式、考察的工具，所有的这些方面都会直接地影响到心理学的具体研究过程。在心理学的丰富多样的思想理论、研究方法、技术工具中，都可以找到上述的不同的理论预设和思想理路。

第二节　心理学的人性论

有研究指出，心理学研究中的实证主义取向的科学主义心理学和现象学取向的人文主义心理学都否定了人性问题，心理学至今没有统一的范式是因为心理学没有确立自己的逻辑起点。当代心理学家应从学科统合的角度，登高望远，努力寻找心理学统一的理论支点。回顾与审视心理学的发展，从人性的基本含义及其与心理学的关系，以及从传统人性论与现代心理学的关系来看，人性应是构建心理学统一范式的逻辑起点。[1] 当然，心理学研究对人性问题的忽略或回避并不能够删除人性论

---

[1] 刘华. 人性：构建心理学统一范式的逻辑起点 [J]. 南京师大学报（社会科学版），2001 (5).88-83.

对于心理学研究的基础性的设定。各种从心理学视角的人性论考察，无论是对于心理学的历史演变和学科发展中，还是对于心理学的具体研究和知识构造，都是关键性的。

有研究表明，长期以来，对中国古代人性论思想的研究，一般是从哲学或伦理学的角度立论，其内容也局限在人性善恶的来源问题。那么，与研究传统不一样，有研究是从现代心理学的角度立论，其研究内容除保留人性善恶论外，还讨论了另外四个重要问题。一是人性地位论，通过就人贵论、人本论和天人论的考察，较充分地论证了人性的崇高地位。二是人性本质论，概括为生性论、习性论和心性论，揭示了人的自然本性、社会本性与心理本性。三是人性构成论，从类型论、因素论和结构论三个角度，对人性的构成进行了分析。四是人性发展论，归纳为气禀论、习染论、性习论与修身论四个论题，对影响人性发展的种种因素作了全面考察，扩展并提升了有关中国古代人性论思想研究的广度与深度。①

人性意味着人的存在依据和人对终极的关怀，这是与心理学直接对应的两个方面的问题。因为心理学是起源于人类对自身问题的关注，其中的两个问题对心理学的诞生特别重要，一是人类如何认知包括自身在内的主客世界，考察这个问题使得心理学家去关注人如何组织和运用知识，对这个问题的回答构成心理学"中心地带"的知识系统；二是人类如何生活得更加幸福，对此问题的关注则使得心理学家开始探讨人类的不幸及其防治，其答案构成的知识系统形成心理学的"边缘区域"。这两个问题也可以表述为：第一，什么是心理以及心理变化所能够达到的程度和范围；第二，心理学知识能够解释什么，以及人们如何利用这些知识。回答第一个问题确定心理学的研究内容（"中心地带"），回答第二个问题明确心理学的目标和任务（"边缘区域"）。可以说，人性论是传统的心理学，心理学是现代的人性论。心理学本来就是建立在以人性为根本研究对象的基础上的，从这个意义上，也说明人性应成为心理学研究的逻辑起点。

---

① 燕国材. 我国古代人性论的心理学诠释［J］. 上海师范大学学报（哲学社会科学版），2008（1）.113-125.

有研究探讨了人性观对心理学理论与研究的影响。心理学的基本理论，尤其是人格理论，通常都蕴含着对人性的假设。人性观的差异常常导致其理论建构的差异。而且人性观影响心理学研究的方式、方法，影响对心理成因的认识、对心理疾病的理解及对异常矫正策略的选择。心理学基本理论，尤其是人格理论，通常都蕴含着研究者对人性的基本看法或假设。研究者所持的特定的人性观是决定其理论建构的核心要素之一。在西方人格理论中，存在四种不同的人性思想，即生物动力论、积极向善论、机械运作论和交互决定论。生物动力论是以弗洛伊德为代表的精神分析理论的基本人性观。积极向善论是人本主义心理学派的基本人性观。机械运作论是行为主义心理学派对人的基本看法。交互决定论不单纯强调一方而忽视另一方，认为人是决定的，又是被决定的；是驱策的，又是被驱策的；既受生理的、遗传的影响，又受社会实践和行为的影响；既注重行为获得，又重视心理、意识和认知的影响和决定。持这种人性观者当推凯利和班都拉。①

有心理学的研究指出，"人性"，是指人所普遍具有的属性；"人性论"是指关于人性的理论、观点。心理学中研究人性论存在两种基本视角：一是从人之所以为人的本质特征论人性，二是从生命初始便具有的本来能力或欲望论人性。人性论对于心理学的作用在于：一方面作为心理学的前提假设，决定着心理学理论的方向；另一方面，由于人性论的差异，导致心理学理论之间的差异、不同，甚至分裂。

心理学中研究人性论的第一个视角是以人的本质属性为最重要的人性。强调人之所以为人的本质特征，或者人区别于他物的本质属性。事实上，以本质属性为基本视角的人性论经常出现于哲学以及哲学心理学中。心理学中研究人性论的第二个视角是以人的本来属性为最重要的人性。如果说本质属性的人性论是在人生命的内在最深处寻找人的本性，那么本来属性的人性论则是在生命起点处寻找人的本性。在生命的起点处寻找的人性，从理论上说有两种方式。一是强调人一出生便具有什么能力，也就是"本能"；二是强调人在生之初始是善还是恶。不过因为心理学自从诞生之初，便一直期望进入自然科学的殿堂。因此，科学心

---

① 况志华. 人性观对心理学理论与研究的影响[J]. 心理学动态, 1997 (3) .75-78.

理学没有抛弃人性的善恶问题，并且更关注人的"本能"问题。

可以说，有多少种人性论，便有多少种心理学。而这必然导致心理学不太可能像物理学那样，具有某种统一的、固定的范式。因此，心理学的统一，必然会归结到人性论的统一上来。心理学不是全部人性论，人性论也不是全部心理学。但是对于人性论来说，心理学是不可或缺的，因为它提供了独特的研究视角，独特的研究方法；同时，对于心理学来说，人性论也是不可或缺的，因为人性论是心理学的理论基石、前提假设。有什么样的人性论，便有什么样的心理学。[①]

心理学是有关人的心理行为的研究和探索，那么，关于人的基本的思想理解和理论预设就会决定着关于人的理解，进而就会决定着关于人的心理行为的理解。心理学的人性论理论预设可以有各种不同的来源，包括不同的文化来源、思想来源、传统来源。因此，心理学的人性论理论预设也就可以是多样化的，这也就导致了心理学的探索和研究的多样化。探索心理学的人性论的前提或假设，可以很好地把握心理学的思想、理论、方法和技术的建构和运用。

第三节　心理学的心性论

中国本土文化中的心性学或心性论，是从非常独特的文化视角，非常系统的思想论域，涉及了特定的心理学的内容。心性论给心理学的研究提供了理解人的心理行为的思想根基、文化根源、心理基础、意义来源等统一的方式和方法。儒家的心性论是儒学的核心内容，强调仁道就是人的本性，就是人的本心。道家的心性论是道家的核心内容，道就是人的本性、道心、本心。佛教的心性论是佛家的核心内容，强调佛性就在人的心中，是人的本性或本心。儒释道的心性论一个相通的地方，就是从心性论基础之上的关于人类心理的解说和阐释，提供了关于人的心性的内涵、结构、构成、功能、活动、演变、发展的理论和学说。新心性心理学是中国本土心理学的理论创新或理论突破，是将心性论设定为

---

① 熊韦锐、于璐、葛鲁嘉. 心理学中的人性论问题 [J]. 心理科学，2010 (5). 1205-1207.

中国本土心理学的理论框架、理论预设、理论解说、理论阐释,形成特定的研究思路和研究路径,去引导原始的理论突破和学术创新。

心理学的理论课题的突破和发展越来越重视探讨行动中的心灵,从而试图统一大脑、身体和世界。[1] 更进一步,本土和文化的心理学的探索,也就更为重视对特定的文化背景和文化脉络中的人的心理行为的理解和把握。[2] 有研究对文化、科学和本土心理学进行了综合性的分析。认为实验取向的心理学是植根于西方特定的文化框架、思想原则、世界观、认识论。[3] 这显然大大扩展了心理学的研究,并扩展了关于心理学研究对象的理解。有研究就将对人的心理生活或精神生活中的意识,特别是自我意识的考察,放置在了非常重要的位置。[4] 中国本土心理学应该立足于中国本土的文化,本土的创新,寻求理论建构的突破。这是中国心理学走上自主创新道路的最为基本的追求。那么,中国本土思想中的最为重要的理论学说就是心性论,其能否成为中国本土心理学创新发展的文化根基和思想源泉,就成为中国本土心理学发展的核心性的课题。

一 中国本土的心性论

中国本土文化之中的心性学或心性论,是从非常独特的文化视角,非常系统的思想论域,涉及了特定的心理学的内容。或者说,给出了有关人的心理行为的有价值的理论解说。这包括了一系列在西方心理学的传统之中属于空白或弱点的心理学的重要和重大的课题。例如,西方的实证心理学与中国心性心理学运用的是不同的概念范畴。[5]

应该说,心性论并不是专门的心理学的研究,而是属于文化传统的

---

[1] Bem, S. and Looren de Jone, H. *Theoretical issues in psychology: A introduction* [M]. London: Sage Publications, 2013. 215-220.

[2] Kim, U., Yang, K. S. and Hwang, K. K. *Indigenous and cultural psychology: understanding people in context* [M]. NY: Springer, 2006. 3-13.

[3] Kim, U. Culture, science and indigenous psychologies: an integrated analysis [A]. In David Matsumoto (Ed.). *The handbook of culture and psychology.* NY: Oxford University Press, 2001. 51-76.

[4] Robinson, D. N. *Consciousness and mental life* [M]. NY: Columbia University Press, 2007. 101-144.

[5] 葛鲁嘉. 西方实证心理学与中国心性心理学概念范畴的比较研究 [J]. 社会科学战线, 2005 (6). 42-45.

建构，属于哲学思想的探索，也就是属于中国本土文化的独特创造和传统。但是，如果通过特定的学科之间的转换，仍然能够从中把握到和理解到心理学的内容。这实际上可以成为独特的心性心理学的探索。心性论的心理内涵就在于给出了人的心理的基本思想预设，核心理论根据，系统理论推演。这其中就包括了在西方的科学心理学探索和研究之中，所一直受到忽视和排斥的内容。

心性论给出了有关人的心理的内容或意义的阐释。有研究论述了心性之学与意义世界的关系。研究指出，就人与对象世界的关系而言，心性论的进路不同于对存在的超验构造。在超验的构造中，世界往往被理解为知行过程之外的抽象存在。相对于以上的超验进路，心性之学更多注重世界对人所呈现的意义，而不是如何在人的存在之外去构造一个抽象的世界。较之于无极、太极或理气对于人的外在性，心性首先关联着人的存在；进入心性之域，则同时表明融入了人的存在之域。与之相联系，从心性的视域考察世界，意味着联系人自身的存在以理解世界。人不能在自身的存在之外去追问超验的对象，而只能联系人的存在来澄明世界的意义；换言之，人应当在自身存在与世界的关系中，而不是在这种关系之外来考察世界。

以人与对象的关系为出发点，心性之学难以悬空地去构造一种宇宙的图式，也无法以思辨的方式对世界的结构作逻辑的定位。这并非让意识在外部时空中构造一个物质世界，而是通过心体的外化（意向活动），赋予存在以某种意义，并由此建构主体的意义世界；与之相关的所谓心外无物，亦非指本然之物（自在之物）不能离开心体而存在，而是指意义世界作为进入意识之域的存在，总是相对于主体才具有现实意义。

心性之学对意义的追寻，当然并不限于化对象世界为心性之域的存在。从更内在的层面看，以心性为出发点的意义追寻所进一步指向的，是精神世界的建构和提升。作为精神世界的具体形态，境界更多地与个体相联系，并以个体的反省、体验等为形式。如果说，化对象世界为心性之域的存在首先伴随着对存在意义的理解，那么，物我一体之境则更多地包含着对存在意义的个体领悟。

作为意义世界的表现形式之一，精神之境蕴涵了对存在的体与悟，同时又凝结并寄托着人的"在"世理想。与存在及"在"的探寻相联系，境界表现了对世界与人自身的一种精神的把握，这种把握体现了意识结构的不同方面（包括理性与情意等）的综合统一，又构成了面向生活实践的内在前提。就人与世界的关系而言，境界展示了人所体验和领悟的世界图景；就人与内在自我的关系而言，境界又表征着自我所达到的意义视域，并标志着其精神升华的不同层面。[1]

对于心理学的研究来说，探索心理的机制与探索心理的内容，一直就是科学心理学或实证心理学非常难以面对和解决的问题。现代实证心理学实际上是抛弃了心理的内容，而仅仅是探索心理是机制。这给心理学的研究和发展带来了许多难以克服的障碍。将天人合一与心道一体的理念引入心理学的探索和研究，就可以吸纳能够融心理机制与心理内容为一体的新的研究理念和探索方式。

心性论就源出于中国本土的文化传统和文化创造。在心性论基础之上的心性心理学，则给心理学的研究提供了理解人的心理行为的思想根基、文化根源、心理基础、意义来源等合一或统一的方式和方法。因此，心性心理学就是在天人合一或主客统一的基础之上，去重新确立或确定心理学研究的内容和方式。研究根基的转换也就带来了心理学研究和心理学创造更为广大的空间。

心性心理学就是立足于中国本土文化中的心性论的传统，及其心性论之中的心性心理内涵。这其中所体现和表达的就是关于人的心理行为的基本的呈现。挖掘本土心性心理学的独特的方面，在此基础之上的创新性的心理学的建构，就是新心性心理学。从心性学到心性心理学，从心性心理学到新心性心理学，就属于中国本土心理学的核心理论的建构。这就将心性论的思想内容和理论内涵，汇入了心理学的探索和探究之中，并入了新心性心理学的理解和理论之中。

二　心性心理学的结构

现代的和中国的科学心理学曾经都是西方的或源于西方文化传统的心理学。这种西方的科学心理学或实证心理学是把心理现象当成是心理学的研究对象。建构于中国本土心理文化基础之上的，或建构于中国本

---

[1]　杨国荣. 心性之学与意义世界 [J]. 河北学刊, 2008 (1) . 35-38.

土心性心理学基础之上的新心性心理学，则把心理生活确立为是心理学的研究对象。在中国的本土文化中，有着独特的心理学传统。这种传统对人的心理行为有着独特的理解。其实，心理学有着不同的历史形态。在心理学的传统中，包括在西方现代的科学心理学传统中，在中国本土的心性心理学传统中，就有着对人的心理的截然不同的假设或设定。

在西方文化中，分离了客观与主观，分离了客体与主体，因此也就分离了科学文化与人本文化。那么，科学文化强调的是对客观研究对象的客观描述。人本文化则强调的是对主观经验的主观理解。这就导致了西方的实证的心理学与人本的心理学之间的分裂。西方的实证科学的心理学所理解的心理现象，是建立在两个基本的理论前提或理论假设之上。一是研究者与研究对象的绝对分离，研究者仅是旁观者，是观察者，是中立的，是客观的。二是研究者必须通过感官来观察对象，而不能加入思想的臆断推测。

中国的本土文化提供了对人的心理完全不同的理解。这就是本土的心性学说，就是本土的心性心理学，就是本土文化的心理学资源，就是新心性心理学创新的基础。新心性心理学把心理学的研究对象确立为是心理生活。所谓的心理生活也是建立在两个基本设定上。一是研究者与研究对象的彼此统一，二是生活者是通过心理本性的自觉来生成和创造自己的心理生活。心理生活的性质是觉解，方式为体悟，探索在体证，质量是基本。这说明心理生活就是自觉的活动，就是意识的觉知，就是自我的构筑。人的意识自觉能否成为心理学的研究对象，在心理学发展中一直是有争议的问题。中国心理学的创新发展有必要去重新理解和思考心理学的研究对象，以开拓心理学发展的新方向和新道路。心理学的变革一是在于对研究对象的重新理解和定位，二是在于对研究方式的重新思考和确立。把心理学的研究对象从心理现象转向于心理生活，是根源于本土文化的对研究对象的另类考察。

儒家的心性心理学与儒家的哲学思想、道德思想、社会思想、人性思想等都是相通的和一体的。这种儒家的心性心理学整合了关于人的心性、心灵、心理、心智等的一系列的思想学说和理论构想。这其中就包含了儒家关于人的人品、人格、情怀、情感、品性、品行、心智、智慧等的心理学的解说。因此，完全可以从儒家的心性心理学中分离出来关于人的心理行为的特定方面的系统化的解说和引导。并且，也完全可以将儒家的心性心理学导向关于人性的心理学、心性的心理学、品德的心理学、心智的心理学、情欲的心理学、成长的心理学、教育的心理学、社会的心理学，等等。儒家的心性心理学的演变和传承，也就构成了儒家独特的心理学传统。这也就成为中国本土的最为宝贵的心理学资源和财富。

道家的心性心理学则与道家的基本主张、基本观点、基本方法等是一致和吻合的。道家主张，道是浑然的虚空，是无法感知到的（无形），也是无法言说的（无名），但道又是万物之根源，其中蕴含着所有的潜在性和原本的自发性。进而，根据道家的思想，人能够通过自己的心灵来体认天道。可是，人必须使自己的心灵从普通的意识状态转换为虚静的意识状态。这就包括了从肯定方面的致虚、守静、澄心、凝神，以及从否定方面的无知、无欲、无情、无乐。

佛家的心性心理学则是建立在佛教的心性论的基础之上，并成为系统化和深入性的关于人的心理行为的探索。陈兵在对佛教心理学的系统阐述之中就指出，佛教的心性心理学心性的语义为心的本性、实性、自性、自体、本来、本然，意为心识本然如是、真实不变者，可理解为心本来具有、不可变异的性质，或心未被主观认识和烦恼妄念遮蔽的本来面目（心本然），或心体（心自体）。佛教诸乘诸宗所谓心性之语义，大略有三条思路：一是以心性为"本心"，即心的本性、心之法性、真如、实相等，是指心识本来具有的不变不易的性质、真相、本然，作为认识对象，主要是一种"理"。这个意义上的心性同义词有"心之实性""自心法性""心真如""心实相""识真相"等。二是以心性为"真心"，即心的本然清净状态，或本来真实的心，或净化后的心，或心识结构中的真常不变者（功能或本体）。这个意义上的心性同义词或近义词，有"本性心""性自性第一义心""真识""自性清净心""真心""心清净界""法性心""根本心""净菩提心""菩提心""如来藏心""佛心""本觉""本觉心""性觉""如来藏本圆妙心""阿摩罗识""一心""本心""中实理心"等。三是以心性为"心体"，体的释义为"主质"，有本质、实体、自体、载体意，心体的同义词有"一清净法界体""明体"等，与心体相近者有"心地"。中国佛学著作中常"体性"连用,其所谓"性",也往往有本体的意味。心性问题的实质,是建立通过观心修心获得解脱成佛的理论可能性和实践操作性。[①] 佛家心理学传统所涉及的许多具体的研究课题,许多具体的研究内容,也已经被主流的心理学所接纳,并从中确立了揭示人的心理行为的重要的研究内容。这就开辟出了包括关于"禅定"的研究、"正念"的考察、"性空"的探索、"顿悟"的把握、"涅槃"的开发、"解脱"的指向,以及关于"自在"的引导。

三 心性心理学的特点

中国的哲学心理学则与西方的哲学心理学有所不同。中国哲学的思想家提供的不仅仅是关于人的心理行为的思辨猜测。中国的哲学心理学是建立在中国文化主客体相一体的基础之上的。在这样的哲学心理学中,没有研究者与研究对象的分离。每个人都可以既是研究者,也是被研究者。物我不分的道就在每个人的心中。心道一体导致的是对人的心理的揭示就是内心体道的过程,是心灵境界的提升,是人对内心道的体悟和体验,是人对内心之道理的实践或实行。这就是中国文化传统中的内圣和外王。内心体道才能成为圣人,外在行道才能成为王者。那么,如何体道和践道,中国本土的传统心理学就给出了理论的解说和实践的行使。

在中国的文化传统中,哲学就是无所不包的学问。正如有学者所指出的,从某种意义上来说,中国的哲学就是一种心灵哲学,就是回到心灵,解决心灵自身的问题。中国哲学赋予了心灵特殊的地位和作用,认为心灵是无所不包和无所不在的绝对主体。[②] 其实,中国本土文化中的心性说,就是关于人的心灵的重要的学说。

儒家的心性论是儒学的核心内容,强调的是仁道就是人的本性,就是人的本心。通常认为,儒学就是心性之学。[③] 有的研究者就认为,心性论是儒学的整个系统的理论基石和根本立足点。所以,儒学本身也就

---

① 陈兵. 佛教心理学 [M]. 广州:南方日报出版社,2007. 428-430.
② 蒙培元. 心灵的开放与开放的心灵 [J]. 哲学研究,1995(10). 57-63.
③ 杨维中. 论先秦儒学的心性思想的历史形成及其主题 [J]. 人文杂志,2001(5). 60-64.

可以称为心性之学。① 儒家的心性论强调人的道德心和仁义心是人的本心。对本心的体认和践行，也就是对道德或仁义的体认和践行。那么，人所追求的就是尽心、知性、知天。这实际上就是孟子所说的"尽其心者，知其性也。知其性，则知天矣"②。这也就是孔子所说的下学上达。儒家所说的性是一个形成的过程，亦即"成之者性"，所以孔孟论"性"是从生成和"成性"的过程上着眼的。③ 这就给出了体认仁道和践行仁道的心理和行为的一体化的历程。

道家的心性论也是道家的核心内容，是把道看作人的本性，也就是人的道心，人的本心。这强调的是人的自然本性。这一自然本性也就是人的"真性"，人的自然本心，人的潜在本心。道家的心性论把"无为"作为根本的方式。无为就是道的根本存在方式，也是人的心灵的根本活动方式。"无为"强调的是道的虚无状态，强调的是"致虚守静"的精神境界。"无为"从否定的方面意味着无知、无欲、无情、无乐。"无为"从肯定的方面则意味着致虚、守静、澄心、凝神。道家也强调"逍遥"的心性自由境界。④ 老子强调的是人的心性的本然和自然，庄子强调的是人的心性的本真和自由。⑤

佛教的心性论也是佛家的核心内容，强调佛性就在人的心中，是人的本性或本心。中国的禅宗是佛教的非常重要的派别。禅宗的参禅过程就是对自心的佛性的觉悟的过程。这强调的是自心的体悟、自心的觉悟的过程。禅宗也区分了人的真心和人的妄心，区分了人的净心和染心。真心和净心会使人透视到人生或生活的真相。妄心和染心则会使人迷失了真心和污染了净心。⑥ 禅宗的理论和方法可以有两个基本的命题。一是明心见性，二是见性成佛。禅宗的修行强调的是无念、无相、无住。

---

① 李景林. 教养的本原——哲学突破期的儒家心性论 [M]. 沈阳：辽宁人民出版社，1998. 2-3.

② 孟子·尽心上.

③ 李景林. 教养的本原——哲学突破期的儒家心性论 [M]. 沈阳：辽宁人民出版社，1998. 8.

④ 郑开. 道家心性论研究 [J]. 哲学研究，2003（8）. 80-86.

⑤ 罗安宪. 中国心性论第三种形态：道家心性论 [J]. 人文杂志，2006（1）. 56-60.

⑥ 方立天. 心性论——禅宗的理论要旨 [J]. 中国文化研究，1995（4）. 13-17, 4.

"无念为宗，无相为体，无住为本。"①

有研究指出，中国文化传统的核心或基本精神是以人生为主题，以伦理为本位，以儒家学说为主线，充满着内在的人文精神。中国心理学文化根基以其旺盛的动力和不竭的生命气息，彰显着独具特色的魅力，其核心价值或基本精神成为今天心理学文化理论创新的资源与源头。②

中国本土的心性心理学是非常重要的心理学的资源，这是思想的资源，是理论的资源，是传统的资源，是文化的资源。这种独特源头的心理学的思想、心理学的建树、心理学的探索，无论是对于现实民族心理、文化心理和大众心理，还是对现实的心理探索、心理研究和心理建构，都是根本性的和广泛性的影响和决定。

四　心性心理学的重心

中国文化中的非常独特和重要的理论贡献就是心性的学说。中国的文化具有的是崇尚"道"的传统。但是，道的存在与人的存在，道的存在与心的存在，并不都是外在的或远人的。道就是人心中的存在，心与道是一体的。道就是人性的根本，也就是人心的本性。这就是心性说、心性论。可以说，只有了解心性学说，才能了解中国文化。

在中国的文化传统中，哲学就是无所不包的学问。正如有学者所指出的，从某种意义上来说，中国的哲学就是一种心灵哲学，就是回到心灵的自身，解决心灵自身的问题。中国的哲学传统赋予了心灵特殊的地位和作用，认为心灵是无所不包的和无所不在的绝对主体。③ 其实，中国本土文化中的心性说，就是关于人的心灵的重要学说。

中国本土文化中的心性说，就是有关人的心灵的重要的学说。从中国本土的心性学说中，就能够展现出关于人的心灵活动的一系列重要的阐释。儒释道三家的心性论所具有的一个相通的地方，就是都有从自己的思想基础之上的关于人类心理的解说和阐释，都提供了关于人的心性的内涵、结构、构成、功能、活动、演变、发展的理论和学说。这成为一种体现了中国本土文化特色的心理学传统、心理学探索、心理学学

---

① 汤一介. 禅宗的觉与迷 [J]. 中国文化研究，1997（3）. 5-7.
② 孟维杰. 心理学理论创新——中国心理学文化根基分析及当代命运 [J]. 河北师范大学学报（哲学社会科学版），2011（5）. 23-27.
③ 蒙培元. 心灵的开放与开放的心灵 [J]. 哲学研究，1995（10）. 57-63.

说。儒家的心性论也是儒学的核心内容。通常认为，儒学就是心性之学。心性论是儒学的整个系统的理论基石和根本立足点。所以，儒学本身也就可以称为心性之学。儒家的心性论强调人的道德心和仁义心是人的本心。对本心的体认和践行，就是对道德或仁义的体认和践行。道家的心性论也是把道看作就是人的本性，也就是人的道心，也就是人的本心。这强调的是人的自然本性、人的"真性"、人的自然本心，人的本心。道家的心性论确立了无为是道的根本存在方式，也是人的心灵的根本的活动方式。"无为"强调的是道的虚无状态，是"致虚守静"的精神境界。佛教的心性论强调佛性就在人的心中，是人的本性或本心。禅宗是佛教的非常重要的派别。参禅的过程就是对自心佛性的觉悟过程，是自心的体悟、觉悟的过程。

中国本土心理学的发展和演变就应该立足本土的资源，提取本土的资源，运用本土的资源。在本土文化的基础之上，在本土文化的传统之中，在中国文化的背景之下，在中国文化的资源之内，来建构特定的心理学，来创造本土的心理学。这也是近些年来许多学者努力的方向。在中国本土文化的基础之上来建构中国本土的心理学，这也是当前中国心理学研究者追求的目标。回到中国本土文化之中，挖掘中国本土文化中的心理学资源，这已经成为许多中国心理学研究者的自觉的行动。当然，不同的研究者着眼的焦点也就不同，关注的内容也就不同，思考的方向也就不同。但是，心性说或心性论却是中国本土心理学传统中的根本的或核心的部分。

五 心性心理学的建构

心理学应该是一个开放和容纳的学科概念和学科门类，应该是一个依赖创新和创造的学科概念和学科门类。中国本土的心理学也同样和更应该是如此。原本认为，本土的就是传统的。现在则认为，本土的就是创新的。人类正是通过创新而赢得了自己在大千世界中的重要的位置，科学也正是通过创新来理解、把握和改变世界，心理学也应该和必然是通过学术创新，来获得自己在科学之林中的地位，中国本土的心理学也必须通过自主创新，来迈进世界心理学的大门。这应该就是中国本土心理学的学科性的追求，也应该就是新心性心理学的学术性的追求。

在中国本土文化的传统和根基之上，进而对于中国本土文化传统之中的心性学、心性心理学，还需要顺应当代心理学的发展需要，还需要迎合中国本土心理学的成长要求，进行创新的建构和突破的发展。因此，这也就不再是回归为"心性心理学"，而应该创造性建构为所称的"新"心性心理学。这个"新"就是创新、更新、出新。新心性心理学有自己的基本目标、基本结构、基本内容、理论创新和理论演进。新心性心理学将会开辟中国本土心理学、中国理论心理学、中国文化心理学等研究中的新道路和新局面。

在中国本土心理学的研究中，关于中国本土文化传统中的心理学理论根基和学术资源的探索，是最为重要和关键的走向，最为核心和根本的未来。因此，要想推动和引领中国本土心理学的创新性发展，最为重要的就在于去挖掘和把握中国本土的心理学资源、心理学传统、心理学根基。在中国本土的、古老的和悠久的心性文化传统之中，就存在着丰富的心理学资源、特定的心理学传统和深厚的心理学根基。这就是中国文化的心性学说。从心理学的角度考察和挖掘，可以将这种心性学说转换为心性心理学。这是中国文化非常独特和重要的心理学理论贡献。

中国本土文化中的心性学说和心性心理学有着非常重要的心理学学术性价值，问题是怎样将这种心性心理学的传统转换成为中国心理学理论创新的资源。这就要对中国本土心理学的研究进行重新的定位，就要去厘清中国本土心性心理学的内涵，就要对中国本土心性心理学进行深入挖掘，就要将心性心理学的思想框架和核心理论引入中国本土心理学的具体研究之中。

心性心理学需要新的方向，新的扩张，新的建构，新的内容。这其中也就包括了对本土资源的定位、开发、提取、转换，对文化根基的解析、奠定、挖掘、延续，对研究对象的扩展、变革、重塑、创造，对环境影响的确立、把握、生成、建构，对心理成长的强调、引导、提升、扩展，对心理科学的反思、突破、开创、探新。

六　心性心理学的创新

在中国本土心性心理学基础之上的创新发展就是新心性心理学。这其中的"新"字就在于强调学术思想、理论核心的创新和突破。这也就是将原本属于传统文化、传统思想和传统理论的原则、内容、方式、方法，都引入中国心理学的核心理论的建构之中。这也就是新心性心理学的基本内涵。中国本土心理学的理论建构的选择，就是新心性心理学的核心目标。①

新心性心理学就是根源于中国本土文化传统的心理学理论突破和创新。这种理论创新或理论突破，就在于能够将中国本土心理学的理论框架、理论预设、理论解说、理论阐释纳入特定的研究思路和研究路径，并能够形成理论的突破和学术的创新。② 新心性心理学的理论创新所体现的研究思路和研究路径主要体现在如下的重要方面。

新心性心理学的理论创新需要立足中国本土文化学的传统，采纳中国自身的框架。这就是要着眼中国心理学当代发展和理论创新的文化基础、历史传统、思想资源和理论根源。中国现代的心理学是从西方或国外引入进来的，这种引入的心理学有着西方或国外文化的基础和资源。问题在于如何立足于中国本土来发展心理学，来构造心理学，来从事心理学研究，来推动心理学创新。

新心性心理学的理论创新需要挖掘中国本土心理学的矿藏，吸纳中国本土的资源。在中国本土文化的历史传统之中，心性论、心性说、心性学是其核心的内容。这是具有本土文化独特性的心理学传统，可以从中开发出心理学的特定资源。中国本土心理学可以把自己植根于中国本土文化的心性资源、心性思想、心性设定的根基和传统之中。对中国本土的心理学传统的探讨，应该能够确立中国本土文化的核心内容，以及这种核心内容的心理学定位。

新心性心理学的理论创新需要开发本土心性心理学的思想，提取中国独特的理论。中国本土的心性心理学就是一种源远流长和影响深远的心理学存在。从而，这可以导出中国本土心理学的本土文化的源流，可以奠定中国本土心理学理论建构的本土文化的基础。这其中就蕴含着有关人的本性、本心、心性、心理、人性、人格等系统化的思想学说和理论建构。

新心性心理学的理论创新需要形成本土心性心理学的框架，建构中

---

① 葛鲁嘉. 新心性心理学的理论建构——中国本土心理学理论创新的一种新世纪的选择[J]. 吉林大学社会科学学报, 2005 (5) .142-151.

② 葛鲁嘉. 新心性心理学宣言——中国本土心理学原创性理论建构[M]. 北京：人民出版社, 2008.84-88.

国心理的学说。中国本土心理学需要的是理论的预设、理论的前提、理论的原则、理论的构造。中国本土心性心理学就可以构成这样的思想理论的基础。这可以成为中国本土心理学理论构成的一个基本的框架。这个框架可以容纳中国本土心理学的基本理论预设，以及重要理论路径。

新心性心理学的理论创新需要采纳本土心性心理学的方法，形成中国研究的方式。新心性心理学的探索关系到理论与历史的研究，研究涉及心理学的思想前提、理论基础、研究框架。因此，重要的研究方法就在于采纳理论建构、前提反思、理论预设、思想架构、历史考察、历史文献、当代解读、当代转换等多种理论心理学的研究方式和方法的组合。

新心性心理学的理论创新需要厘清本土心性心理学的内容，给出中国自己的解说。中国本土心理学的创新和发展，新心性心理学核心理论的突破和建构，目前最为需要的，就是要确立和运用自己的本土历史传统、本土文化根基、本土哲学基础、本土思想方法、本土研究方式。对心性心理学的系统化的研究和深入化的考察，就可以明确新心性心理学的基本理论突破、重要思想创新、核心理论构造、多元研究方法、多样技术发明、合理生活解说和有效生活引导。因此，新心性心理学不仅是创造新理论，而且是创造新生活。

第四节　心理学的环境论

环境是心理学研究中的重要内容。心理学家常常是把环境理解为外在于人的存在，是客观的、独立的、自然的。对于心理的、意识的、自我的、觉解的存在来说，环境并不仅仅是自然意义的（自然环境）、物理意义的（物理环境）、生物意义的（生物环境）、社会意义的（社会环境）、文化意义的（文化环境）、生态意义的（生态环境），而且也是心理意义的（心理环境）。心理环境也就是被心理觉知到、被心理理解为、被心理把握成、被心理创造出的环境。心理环境是对人来说的最为切近的环境。这种环境超出了自然、物理、生物、社会、文化、生态等意义上的环境。并且，自然的、物理的、生物的、社会的、文化的和生态的意义上的环境，都可以通过或按照心理环境重新加以理解。这极大地细化了关于环境本身、心理本身、环境与心理的关系、心理与环境的关系等等方面的理解。

源于心性学的中国文化根基,立足于心性心理学的本土传统资源,依据于新心性心理学的核心理论建构,将心理学关于环境的探索,从外在的环境推至内在的环境,从分离的环境推至共生的环境,从环境心理学推至心理环境学,将心理对环境的被动接受推至心理对环境的主动创造。环境决定论和心理决定论都无法真正揭示人的心理演变和成长的实际过程。环境对人来说,常被看成是自生自灭的过程,是独立于人的存在。但是,如果从心理环境去理解,环境的演变就是属人的过程,是人对环境的把握、人对环境的作为、人对环境的创造。环境与心理是共生的过程。这不仅是环境决定或塑造了人的心理,而且也是心理理解或创造了人的环境。心理与环境是共生的关系,这就是中国文化传统中的天人合一。这带来了关于环境的心性的或心性心理学的考察和探索,也带来了关于环境与心理关系的智慧的或智慧心理学的理解和把握。

一 心理自然境

心理自然境也就是心理自然环境,是指人不但面对着自然的环境,而且人也可以通过心理的形态或以心理的方式呈现自然。不仅是自然的存在和自然的条件,而且是心理的自然存在和心理的自然条件。因此,自然的演化历程产生了人的心理,使人的心理具有了自然的性质,而且也是心理意识还原和建构了自然。

正是由于心理自然境的存在,也就给了自然的存在一种特殊的存在形态,这也就是心理自然的存在形态。这种心理自然的存在形态就成为所谓的心理自然境。其实,人所直接面对的是自己的心理呈现的自然。这是特殊的心理自然环境。

心理自然环境可以在三个方面与自然环境相通。首先,心理是自然的产物,是自然以自身的方式来体现自身的存在。因此,心理不过是自然演进过程中的自然化自我意识的形态。这是属于心理的自然境的根本性质。其次,心理是自然的呈现,是自然以心理的方式呈现出来。尽管心理的成长和发展会超越自然的状态,会改变自然的形态,但是心理却无法或不能完全脱离开自然或割裂与自然的关联。最后,心理是自然的延伸,是自然通过非自然的心理的方式所进行的延伸。自然的影响可以通过心理的方式去实施。

　　心理自然环境可以在三个特征上是与心理存在相通的。首先是心理自然环境的心理的存在。心理自然环境具有心理的性质和特征。这不是原有的自然环境或自然条件，而是经过了人的心性或心理呈现出来的自然环境或自然条件。其次是心理自然环境的心理的功能。心理自然环境所起到的是心理的影响，是心理的作用。最后是心理自然环境的心理的结果。心理自然环境会导致人的心理行为按照自然的方式存在和变化。尽管人的心理通过社会和文化的方式超越了自然，但是这并不等于人的心理就可以脱离了自然。

　　人的心理所具有的自然的本质属性、自然的存在方式、自然的活动形态、自然的回归结果，都构成了心理自然境的基本的方面。心理自然境也就是自然通过心理这种自身方式自我意识、自我把握、自我建构。

　　心理自然境是人的心理所再现的自然，是人的心理所给出的自然的环境。这种自然或这种自然环境也就具有了人的心理的性质、特征、功能和价值。在心理自然境之中，心理确立了自然的价值、地位、功能、影响。这就包括了对自然的崇拜的心理，对自然的敬畏的心理，对自然的顺从的心理。这也包括了对自然的轻蔑的心理，对自然的歪曲的心理，对自然的贬低的心理。

　　对于人来说，尽管人类所面对的是一个共同的自然环境，但是在人类的心理层面，人所把握到的却是完全不同的自然环境。人也就通过自己的心理创造，将自然环境赋予了人的意义和价值，赋予了人的心理的意义和价值。这不仅是人类个体心理的意义和价值，也是人类种族心理的意义和价值。

　　自然环境的心理存在、心理功能、心理影响和心理价值，实际上也决定了自然界的命运和前途。自然环境可以通过心理的方式自我损害、自我毁灭，也可以通过心理的方式自我延续和自我繁荣。因此，实际上也正是心理自然境的性质、构成、变化，决定了人与自然界的关系，也决定了人与自然界的关联。

　　当然，伴随着人的社会生活，伴随着人的文化生活，人的心理自然境也就具有了社会和文化的性质和属性。人不仅是通过心理还原了自然，而且把自然纳入了属于人的本性和本心的范围之中。心理自然环实际上就决定了人与自然的心理的关系。这种心理的关系就会成为现实关系的心理建构、心理创造和心理改变。因此，在心理自然境之中，人就重新定位了自己与自然的关系，人也重新赋予了自己和自然一种特定的意义，人也就会获得自己在自然之中的独特地位。心理自然境也就因此而超出了自然界的范围，也同样就因此而超出了心理界的范围。

同样，人在自己的心理自然境之中，也可以将自己的人性、自己的心理、自己的生活和自己的创造等都归属在了自然的范围之中，都赋予了自然的天性本质。使人会保留属于自己的自然之根。人在心理中给出的自然环境是具有人类属性的自然环境，是具有心理属性的自然环境。

心理自然境内含了人所觉知的自然环境，人所理解的自然环境，人所建构的自然环境和人所创造的自然环境。心理的方式、心理的呈现、心理的创造也就给了自然环境一个更为丰富的人化的内容和人化的意义。心理自然境不同于现实化的人工自然环境。人工自然环境是人通过创造性的活动所创造和建构出来的另类的人工化自然环境。这实际上也就是"心化"的方式和"物化"的方式所表现出来的区别。

二　心理物理境

心理物理境也就是心理物理环境。这意味着人是属于物理的存在，人的心理也同样具有物理的属性。这也更意味着人能够在心理中构成以心理的方式呈现的物理环境。物理的实在或物理的现实能够以人的心理的方式体现出来。这可以构成人的心理物理环境。

有研究对时间观进行了考察和探讨。研究指出，有些哲学家和多数自然科学家、自然哲学家，标榜客观时间或物理时间。另一些哲学家和不少宗教哲学家，则张扬主观时间或心理时间。客观的物理时间一般都与空间相关联，与物体的空间化运动相关联，因此也可以称为空间化了的时间。这类时间，一般地说，都是可计量的，可量化的。至于主观时间或心理时间，则是内在的时间，隐性的时间。它们是"表象流"或"意识流"中的时间流程，只能凭体验和领悟去把握。一般地讲，主观时间或心理时间同外部物体的运动和物体在物理空间中的位移，并无直接的关联，所以是非空间化的时间。进言之，主观或心理时间是难以计量、难以量化的，至少不能精确计量或精确量化。

西方传统哲学的时间观，十分重视物体运动的时间度量，重视自然时间中的时间哲学问题，因而也极为关注如何确立自然界或物理界的绝对时间或纯粹时间。这种时间不依存于物体运动的时间进程，也不依存于物体运动的速度和加速度中包含的时间度量。这个绝对时间为自然界或物理世界各种依存于物理运动的物理时间，制定了一条使这些物理时间之所以为物理时间的根本原则，这就是独一无二的时间本体。[①]

心理物理境实际上就是将人在心理中所呈现和提供的物理存在、物理条件和物理环境看成是不同于物理现实之中的物理存在、物理条件和物理环境。这中间就存在着人类心理的功效和作用。当然了，心理物理境本身所突出的和所呈现的，已经不是原初的物理的存在、物理条件和物理环境，而是以心理的方式，以心理的形态所生成和建构的物理的存在和物理的现实。

其实，不仅在人的现实生活之中，能够区分或分离出物理的世界、物理的存在、物理的现实，而且在人的心理生活之中，也同样能够区分或分离出物理的世界、物理的存在、物理的现实。因此，现实世界中的物理环境与心理现实中的物理环境是一种共同的存在，也是一种共生的存在。

那么，物理的空间、物理的时间与心理的空间、心理的时间；物理的改变、物理的运动与心理的改变、心理的运动，对于人的存在来说，对于人的心理来说，就会产生重要的和密切的交集。这两者之间既有着十分重要的区别，也有着非常重要的联系。

心理物理境是在心理时空之中的心理物理存在、心理物理运动、心理物理把握。这可以成为人的心理生活之中的独特的和建构的物理环境或心理物理环境。在这样的环境之中，物理的现实所具有的是心理的意义，所体现的是心理的时空。正是因为如此，人的心理生活呈现的物理世界是心理物理的存在，是心理物理的环境。

因此，心理的世界、心理的时空、心理的存在、心理的物体，都是以心理的方式呈现了物理的世界、物理的时空、物理的存在、物理的现实。这也就是所谓的心理物理境。心理物理境在人的心理生活之中，所

---

① 赵仲牧. 时间观念的解析及中西方传统时间观的比较 [J]. 思想战线，2002（5）. 77-88.

占据着的是物理环境在人的现实生活中同样的地位。尽管这两者在实际上是有着不同的性质、特征、变换、影响。实际上，心理学家所能够揭示的就是心理物理境。

三 心理生物境

所谓的心理生物境也就是心理生物环境。心理生物环境是在心理学和生物学跨界研究的基础之上，考察和探讨由心理生物方式所给出的和体现的环境存在和环境条件。这涉及两个重要课题的研究，即心理空间的研究和心理时间的研究。当然了，生物学意义上的空间和时间是由生物物种和生物环境所共同决定的。

有研究者考察了基于自身的心理空间转换的现象和问题。研究指出了，所谓的心理空间转换（mental spatial transformation），实际上就是人类处理空间推理问题时的一种重要的认知能力。在不进行外界物体和自身的真实运动的情况下，如果个体要从另一个角度认识外界物体，就需要对物体或自身进行想象的空间运动，即心理空间转换。那么，按照转换参考系的不同，心理空间转换可分基于物体空间转换（object-based spatial transformation）和自我中心视角转换（egocentric perspective transformation）。两种空间心理转换都与自我中心参考系、物体中心参考系和环境参考系三者之间的关系变化有关，进行基于物体空间转换时，个体需要保持物体自我中心参考系和环境参考系的关系不变，而不断调整物体中心参考系，以协调其与另两种参考系之间的关系，进行自我中心视角转换时，个体需要保持物体中心参考系和环境参考系的关系不变，而不断调整自我中心参考系，以协调它与物体中心参考系和环境参考系的关系。[1]

有研究者评述了国外关于时间生物学的研究进展。研究指出，心理时间是与生物节律的研究有关。宇宙中的一个重要现象，就是周期性。周期性振动，即节律性。它是以时间和空间的形式展现的。自然有自然的节律；生物有生物的节律。二者关系密切，相互影响。生命需要节律，需要各种节律的相互协调，更需要节律的守时，即生物节律的严格

---

[1] 赵杨柯、钱秀莹. 自我中心视角转换——基于自身的心理空间转换［J］. 心理科学进展，2010（12）. 1864-1871.

"时空"调控。生物节律对生物体的影响十分广泛，主要表现在体温、行为模式上，并且时间生物的节律变化在许多疾病包括心血管疾病和神经病的发病机制和恶化中发挥了主要作用。人们对人类在健康和疾病状态下的时钟系统和行为模式的研究兴趣日益增加。[1]

时间生物学是研究机体生物节律及其应用的科学，是一门新兴的生命科学领域的交叉性学科。在自然界中，从单细胞到高等生物，乃至人类的几乎所有生命活动均存在着按照一定规律运行的、周期性的生命活动现象，这种生命活动现象称为生物节律。生物节律作为生命活动的基本特征之一，依照周期的长短可以分为亚日节律、近日节律和超日节律等。其中，近日节律最为普遍和重要，是当前物质基础相对研究得最清楚的生物节律。

普遍存在于生物体中的近日节律具有以下共同特点：一是广泛性，从简单的单细胞生物到复杂的哺乳动物均存在近日节律，而且高级生物在整体、系统、器官、细胞和分子水平均存在近日节律。二是内源性，近日节律是机体内在固有的，在外界环境条件恒定的情况下，近日节律仍然存在。三是可调性，外界环境，如光暗循环等，能够影响内在的近日节律，机体通过近日节律的重置效应，使内在的近日节律与外界环境同步。

产生、维持和调节近日节律的近日钟系统共包括了三个基本的要素：近日节律系统中枢（或称为中枢生物钟）、近日节律系统输入和近日节律系统输出。[2]

生物的空间性质和特征，以及生物的时间性质和特征，无疑会直接决定着心理行为的生物的空间性质和特征，以及心理行为的时间的性质和特征。建立在生物性基础之上的心理的时空属性，成为人的心理行为存在和演变的不可忽视的方面。因此，生物的环境就决定着心理的存在、心理的性质、心理的特征、心理的变化、心理的结果。

人属于生物的存在，就具有生物的节律，受生存环境的影响。因此，环境的生物学存在和演变性质和属性，意义和价值，也就成了环境

---

[1] 王凌. 国外时间生物学进展 [J]. 生物医学工程学杂志, 2005（1）. 185-188.
[2] 王正荣等. 时间生物学研究进展 [J]. 航天医学与医学工程, 2006（4）. 308-312.

与生物的存在和成长，与人类的存在和成长，是一体和共生的。那么，环境也就具有了生物的存在、生物的性质、生物的特征、生物的演变、生物的影响。这实际上也就是生物环境的根本的方面。

四　心理社会境

有研究者考察了社会学理论中的社会空间的探索。研究指出，空间是一个重要的知识性的或分类性的概念，且为整个知识存在的重要基础，空间的逻辑和运作机制能有助于重新推演发展出理解社会的一个不同的新的知识系统，将空间概念发展成一种重要的、旨在解释人类行动的系统理论，赋予空间研究在理论上的意义，使之具有社会科学理论上的意义，将是一项重要的具有开创性的研究。

20世纪末，学界开启的"空间转向"，依赖于嵌入空间的各种模式，空间演绎为看待和理解城市的新方式，而该转向被认为是当时的知识和政治发展中最是举足轻重的事件之一，也是社会空间经验研究的不断扩展的时期。学者们开始去演绎日常生活实践中的"空间性"，把以前给予时间和历史，给予社会关系和社会变革的关注，转移到空间上来，涉及城市空间是如何隔绝人们的自由实践，又是如何促使人们找到自我空间的分布，涉及在空间中的定位、移动，并加以渠道化和符号化的共生关系。

空间作为一种社会学的方法论或社会学的基本概念解释，其理论框架体现在下面几个层面。第一，空间作为主体性存在的策略与场所。这是一个具有生成能力和生成性源泉的母体，是一个自我主体性的空间。社会阶层、社会阶级和其他群体界限，都镶嵌在一定的空间里，各种空间的隐喻，如位置、地位、立场、地域、领域、边界、门槛、边缘、核心、流动等，莫不透露了社会界限与社会抗衡的所在。第二，空间作为社会权力关系。在社会学视域，空间同样被诠释为一种实践性权力与规训或一种社会权力关系，这种权力关系体现在控制与抗争、分割与操作、规训与退让、垄断与监控、冲突与反抗以及斗争、协商与妥协。第三，空间作为一种符号体系。在社会学视域，空间作为一种符号体系，被诠释为一种叙事性分类、差异性的建构的场所，空间是一个生产实践的分类架构体系，是一个包含关系或排斥关系的过程。第四，空间作为一种情感体验。在社会学视域，空间最终还是要回归到人的"存在"，一种基于经验事实的体验。空间被诠释为一种身份认同与情感归依的生成领域以及实现身份认同、产生自我归属感、获取情感归依和本体性安全的场所。[1]

有研究考察了西方社会学对社会时间的研究。研究指出，长期以来，对时间范畴的研究仅仅停留在自然科学领域和哲学辩证法对时间的一般性概括，而很少扩展到社会领域。这就把本来与人类社会密切相关的时间概念排斥在了社会领域之外，使之变为了极其抽象和空泛的东西。正是在这种背景下，西方社会学家把时间概念与社会学联系起来进行考察，令人耳目一新。

在20世纪七八十年代，社会时间的研究受到了广泛的重视，并且取得了长足的进步。甚至还成立了一个专门探讨时间的科学——时间学。在社会学领域，最早对社会时间给出的定义，是认为"质"的意义上的社会时间，不同于可以衡量其长度的、表现为一定时刻或时期的时间。社会时间是由许多部分组成的，通过各种各样的标志、符号、事件、仪式或活动，实际上构成一个连贯的整体，是通过其自身的节奏而体现着社会组织的一个象征性的结构。在迪尔凯姆看来，时间是一个社会范畴，是社会的产物，犹如人们对于社会空间和因果关系等概念的理解一样。集体记忆为对社会时间的理解提供了一个总的框架，人们之所以能够回顾历史、追忆往事乃至产生梦境，便是有着这么一个社会框架，标志着它们的重要内容、节奏及其相互联系。

建立在社会和文化人类学的基础上对社会时间的研究强调：第一，社会时间和组成社会时间的活动有着极为密切的联系。一个活动或事件与其时间背景之间的联系有着重要意义。第二，社会时间体现着社会群体的节奏。研究认为，社会群体自有的特定的"时间系统"是其活动的特定节奏以及归属和"成就"的一种感觉。这是整个时间系统的一个有机的组成部分。

20世纪80年代中期，社会时间的概念和理论研究取得了重要的发展。第一，时间预算研究取得了新进展。第二，社会学领域的一些专门学派发展了时间社会学，特别是闲暇和自由时间社会学。这一现象表明

---

[1] 潘泽泉. 当代社会学理论的社会空间转向［J］. 江苏社会科学，2009（1）. 27-33.

社会学界对各种社会时间的研究表现出经久不衰的兴趣。第三，社会学家对工作时间的重新组织，或者说重新安排；对工作、教育、家庭与闲暇时间之间的关系变化的研究；对现代社会中生活方式的变化；等等，都给予了新的关注。①

心理社会境是由人类群体或人类个体所形成或建构的，在心理行为的层面之上所体现或表达的，具有心理性质的社会性的环境存在或环境影响。当涉及人的心理行为的社会属性的时候，提示出人的心理行为的社会变化的时候，实际上也就确立了人的社会环境或社会化的生活环境可以是以心理的方式存在和形成影响。

五 心理文化境

所谓的心理文化境也就是心理文化环境。"心理文化"概念的提出，是用以考察心理学成长的文化根基，探讨心理学发展的文化内涵，挖掘心理学创新的文化资源。心理学本身的起源、产生和发展都是出现于特定的文化圈，立足于特定的文化条件，属于特定的文化历史。或者说，文化是心理学植根的土壤和养分的来源。在过去，无论是心理学的发展还是对心理学发展的探索，都缺失了文化的维度。其实，文化是考察当代心理学发展和演变的重要视角。当代心理学的研究和发展越来越重视对文化环境、心理文化、文化心理的探讨。这包括了当代心理学发展的文化学转向②，包括了文化心理学通过文化的思考③，也包括了文化心理学的学科分支的兴起和发达④。

对于心理学研究来说，心理学的考察者是人，心理学的考察对象也是人，所以是人对自身的了解。更进一步地说，去认识的是人的心灵，被认识的也是人的心灵，所以是心灵对自身的探索。人类的心灵既是自然历史的产物，也是人类创造的文化历史的产物。分开或分别来看，得到考察的心灵活动所展示的是文化的濡染，进行考察的心灵活动所透显的则是文化的精神。合起来看，成为对象的心理行为与阐释对象的心理

---

① 吴国璋. 西方社会学对社会时间的研究 [J]. 学术界，1996（2）. 56-57，55.

② 葛鲁嘉、陈若莉. 当代心理学发展的文化学转向 [J]. 吉林大学社会科学学报，1999（5）. 78-87.

③ Shweder, R. A. *Thinking through cultures: Expeditions in cultural psychology* [M]. Cambridge Mass.：Harvard University Press. 1991. 73-76.

④ Cole, M. *Cultural psychology* [M]. Cambridge Mass.：Harvard University Press. 1998. 1-3.

学探索是共生的关系。不仅对特定心理行为的把握就是特定的心理学传统，而且特定的心理学传统所构筑的就是特定的心理行为。二者共同形成的就是心理文化（mental cultures）。不同的文化圈产生和延续的是独特的心理文化。那么，特定文化圈拥有的心理文化就会与其他文化圈拥有的心理文化存在着很大的差异。这表现为心理行为上的差异和心理学性质上的差异。

人类的心理行为不仅具有人类共有的性质和特点，而且具有文化特有的性质和特点。冯特（W. Wundt）在创立科学心理学之时，就构想了两部分心理学。一是个体心理学，通过对个体心理意识的考察，探讨人类心理行为的共有的性质和特点。二是民族心理学，通过对民族文化历史产物，像语言、神话、风俗等的分析，了解人类心理行为的文化特有的性质和特点。但是，科学心理学后来的发展，只推进了个体心理学，而忽略了民族心理学。这揭示给人们的，似乎是只有唯一的心理学，那就是实验的个体心理学，它揭示的是人类心理行为共有的性质和规律。无论是实证科学意义上的还是其他意义上的心理学家，都生活在特定的文化圈中。在他们的探索之中隐含着的理论框架或理论设定无不体现其独特的文化精神。进而，心理学家了解和认识心理行为或心理生活的途径，解释和理解心理行为或心理生活的理论，影响和干预心理行为或心理生活的手段，都属于相应的文化方式。所以，可以将心理学看作文化历史的构成，是文化历史的传统。

本土心理学（indigenous psychologies）是由本土文化延续着的对人的内心生活的基本假定和说明。实际上自从有了人类和有了人类的意识开始，人就有了对自己的心理生活的直观了解和把握，有了对自己的心理生活的主动认定和构筑，并且作为心理文化积淀下来和传承下去，成为植根于本土文化的心理学传统。所以，特定文化背景中的社会个体能够通过掌握本土文化中的心理学传统，来了解、认定和构筑自己的心理生活。本土心理学不仅在不同的文化之间存在着差异，而且在同一文化中的不同历史境况中也存在着差异。

中国本土文化有其对人的心灵活动或心理生活的基本设定。例如，中国文化的精神是强调普遍的统一性，即道。儒家的义理之道，道家的自然之道和佛家的菩提之道，探究的都是道的存在之理。但是，道并非外在于人的心灵，与之相分离，而是内在于人的心灵，与之相一体。道就是人的本性，就是人的本心。这也就是人的心性。人的心灵内在地与宇宙本体相贯通。人类个体只有反身内求，把握和体认道，才能获取人生的真实和永恒。这必须通过精神修养，来不断提升自己的精神境界和完善自己的人格，从而相融于天道。这给探求和构筑人的心理生活提供了特定的文化基础。

有研究考察了属于文化环境的两个维度，即文化时间与文化空间。研究指出，文化环境是人的存在和社会发展赖以依托的各种文化条件的总和，是由人创造的、与人发生效应的人的境遇。从文化哲学角度看，时间与空间不仅仅是物质的存在方式，更是人的生命和文化的展开方式。时空观念的演变直接反映人类文化的历史变迁和人类自身生存与发展的现实境遇，文化时间和文化空间是构成文化环境的本体论维度。

任何存在都必须在一定的时间和空间中，人类文化当然也不例外。时间与人的意识和文化具有内在的逻辑关联，时间观念一旦形成，就成为人类认识事物的基本形式，同时也构成人类文化环境的重要维度。空间观念同样源自人的实践，与时间观念相伴而生，是事物的关联性、结构性、有序性在人头脑中的反映，是人在文化创造过程中形成的认识世界、感知世界的基本形式。

文化的时间性表现为文化的历史过程性、传统连续性以及民族现实性。文化就是人类自我创造、自我发展、自我实现的历史过程，文化的时间性来自人的文化创造，也就是人的自我创造。只有在自我创造中，人才能形成一种过程意识、时间意识和历史意识。文化的传统性是文化时间性的重要表征。文化时间不仅凭借过程性和连续性来昭示生命尺度的意义，而且还通过民族性现实地展现其作为人的发展空间的维度。

文化空间是人的世界的空间维度，是从空间角度考察的人的世界，是人的世界的一种基本的存在形式。进一步说，文化空间是人及其文化赖以生存和发展的场所，是文化的空间性和空间的文化性的统一。

文化空间和文化时间作为人的世界的基本存在形式，两者的耦合共同构成了文化时空环境。文化的产生则是构成了一个属人的意义世界，逐渐把人从自然界中提升了出来；文化的发展充实和丰富着人的世界的形式和内容，逐步完成了人的生成。文化的存在塑造了和塑造着人的意志、情感、兴趣、爱好、世界观、人生观、价值观、生活方式、生产方式、思维方式，人的方方面面无不是文化赋予的，同时文化世界包括的物质文化、制度文化、精神文化，又都是由人创造的，文化世界的一点一滴都是人类智慧的结晶。①

心理文化环境就是通过心理所呈现出来的文化的属性、文化的延续、文化的决定，或者说心理文化环境也就是通过文化所呈现出来的心理的属性、心理的延续、心理的决定。可以说，真正的文化的影响实际上都是属于心理的影响。经过心理转换的文化的存在才是人类的存在，才具有人文化的影响。

六　心理生态境

生态学是研究生物与环境之间关系的一门科学。生态学对科学心理学的影响则在于提供了共生发展的生态学方法论。对人的发展，包括心理发展，一开始都是采纳的单一发展的方法论。人的发展可以破坏环境，可以破坏未来。随着环境的恶化，随着生态的危机，人们越来越重视共生的发展。生态学本身也开始研究生态心理，研究人与环境的共同发展。生态学也考察人的心理行为对环境的影响，对环境的破坏。因此，生态心理学和心理生态学就应运而生。在生态学的框架中，人的心理与他人、社会、环境、世界等，都是彼此共存的，都是相互依赖的，都是共同成长的。

生态的核心含义是指共生。生态的视角是指从共生的方面来考察、认识和理解环境、生物、社会、人类、生活、心理、行为等。在中国的文化传统中，一个非常重要的原则性主张就是天人合一。这是人与天的合一，是我与物的同一，是心与道的统一。

有研究者探讨了生态自我的理论。研究指出，生态自我的理论是将自我的意义扩展到了生态，是自我向自然的延伸，自然成为自我的一部分。生态认同、生态体验、生态实践构成生态自我的三重结构。生态自我超越了现代西方哲学主客二分的观点，既涉及环境对自我认同的影响也包含自我对环境行为的影响，从而体现了主体客体化和客体主体化的

---

① 苗伟. 文化时间与文化空间：文化环境的本体论维度［J］. 思想战线，2010（1）. 101-106.

主客一体性的思想。可以说，损害生态环境也就意味着损害人自身，因此成就中国生态文明的梦想，要实现生态与自我的完美统一。

社会建构论的自我是关系自我、情境自我，自我表现出完全的不确定性。这体现了一种在社会与文化背景下，关于个体的系统的观点。个体深处于社会背景之中，而自我建构则创造了社会过程，又被社会过程所创造。自我的生态学观点从生态学的角度看待自我，把自我描述为一个生态系统的一部分，这个生态系统是他人、环境与客体的联合。"自我"既塑造了这个生态系统，又是它的一个反映。

在西方传统中的"自我"是一种分离的自我，将"自我"看作一个特定的、单个的人，是小写的"自我"（self）。而"生态自我"则是与周围环境紧密联系的"自我"，是具有生态意识的"自我"，是大写的"自我"。自我成熟的过程，就是我与他人、他物的认同过程，是自我得到扩展与深化的过程，是不断扩展自我认同对象范围的过程。

随着自我认同范围的进一步扩大，"我"会逐渐缩小与自然界其他生物存在的疏离感。"自我"逐渐扩展，超越整个人类而达到一种包括非人类世界的整体认同，对生态系统、整个星球的深深认同：人不是与自然界分离的个体，而是自然整体中的一部分，是地球生物圈的一部分。人与其他存在不同，是由与他人、与其他存在的关系决定的。"我"会和地球上的其他生命分享一切。

生态自我是一个延展的自我概念，是自我感知的扩展，是自我边界的重建。自我从一个小的、个人意义上的自我发展到一个广阔的、生态意义上的自我，这就需要改变自我建构的边界。生态自我将自我的意义从个体扩展到了生态。生态自我是自我向自然的延伸，自然成为自我的一部分，是人与其他生物知、情、意的统一，是自然和自我融为一体。

生态自我具有多个维度，从心理要素去分析，生态自我至少有三个心理要素：认知的，一种对生命相似性、关联性，以及对其他生命形式认同的认知；情绪的，一种对其他生命形式的情感共鸣，即对其他人、其他物种、生态系统的同情、关怀、共情和归属的感觉；行为的，一种像对待自身的小我一样去关注其他人、其他物种、生态系统健康的自发行为。生态认同、生态体验、生态实践构成生态自我的三重结构。生态认同（ecological identity）是在认知层面对生态自我的建构。生态认同是人对其他生命形式存在的认同。"生态自我"的阶段，能在所有存在物中看到自我，并在自我中看到所有的存在物。生态体验（ecological experience）是在情感层面对生态自我的建构。生态体验就是人与其他生命形式的情感共鸣。通过生态体验，达到与其他人、其他物种、生物圈的共情、归属的感觉。在情感上，自我与他者的边界模糊了。生态实践（ecological practice）是在行为层面对生态自我的建构。生态实践是人们"自发的"生态保护行为。保护、养育地球的行为成为人的自然反应，对待其他生命就像是对待我们自己那样。通过更深入地拓展我们的身份认同，人们将获得一种更为生态化的行为反应方式。[①]

有研究将生态自我的理念与中国本土哲学传统中庄子的物我观，进行了对比考察和探讨。研究指出，"生态自我"是深层生态学提出的一个重要概念，是其"自我实现"理论得以确立的基础。"生态自我"的概念与东方的物我观有着紧密的联系，是企图突破西方传统的人类中心主义的观念，将自我的意义从个体扩大到生态。而庄子哲学中的物我观体现了丰富的生态智慧，与"生态自我"的理念有着内在的一致性，可以丰富和深化深层生态学的哲学基础。

深层生态学最独特的理论贡献是它的"自我实现"理论，这一理论同时也是深层生态学的最高原则和终极目标，并同样也是东西方文化资源交融的产物。自我成熟的过程就是自我不断得到扩展和深化的过程，是不断扩大自我认同对象的范围的过程，到了"生态自我"的阶段，自我的意义便从个体扩大到生态，自然成为自我的一部分。这就是深层生态学所追求的自我实现。"生态自我"的实现需要自我认同的不断扩展才最终得以完成。

庄子的物我观更加切合深层生态学所提出的"生态自我"理念，也更加值得深层生态学家们关注和汲取。庄子的物我观主要包括以下几方面的内容。一是万物齐一的思想。在庄子看来，自然万物都是由气所构成，气是弥漫宇宙的普遍的存在，气聚则为物，气散则复归于天地，人也不例外。二是物化流转的思想。为了打破物我的界限，庄子提出了

---

① 吴建平. "生态自我"理论探析［J］. 新疆师范大学学报（哲学社会科学版），2013（3）. 13-18.

物化思想，认为万物之间是流转变化的，这是比认同更为超越的思想。三是理想社会的思想。庄子憧憬的理想社会是一个人与动物、人与自然和谐共处的社会，比老子的"小国寡民"更接近于原始的、朴素的自然状态。①

生态自我的确立和探索，实际上是将人的心理自我扩展到了整个生态系统。这也就将心理与环境一体化了。当然，这种一体化可以定位于生态系统，也可以定位于心理自我。如果是后者，那么心理生态境就成为最为合适或恰当的表述。生态自我的理念也就与心理环境的理念相贯通了。这不仅是贯通了自我与生态，也不仅是贯通了心理与环境，而且也贯通了西方与东方，也贯通了学理与生活。当然了，按照"心理环境"的理念去理解，应该能够超越"生态自我"的理念。这不仅仅是放大了自我，而且是放大了文化。

第五节 心理学的认知论

心理学的认知论是由认知心理学的兴起和演变所体现的。严格而言，认知心理学并不是心理学中新出现的一个分支，而是心理学研究所兴起的一种元理论，是心理学发展所涌现的一种新思潮，是心理学研究所开创的一种新范式。这种新的理论框架支配了对于人的心理、人的认知、人的行为等心理学研究对象的新的理解，也实际决定着心理学家所采取的理论概念、研究方法、技术手段等心理学研究方式的新的确定。

一 心理学范式转换

西方心理学从诞生之日起，其主要的研究范式或理论框架经历了一个演变和发展的过程。通过追溯这种元理论的变化，才可以更深入地把握认知心理学。尽管西方心理学的发展和演变经历了学派林立、相互倾轧的阶段，但是其基本的思想预设和理论框架却有着相对完整的转换。

首先是内省主义（introspectionism）的研究范式。西方的科学心理学诞生之后，就处于内省主义元理论的支配和引导之下。在心理学的研

---

① 马鹏翔．"生态自我"与庄子的物我观 [J]．哈尔滨工业大学学报（社会科学版），2013（1）．137-140．

究对象方面，内省主义主张以人的心灵为实在，考察的是人的意识经验，故也可以称此类研究为意识心理学。在心理学的研究方式方面，内省主义主张通过内省的方式或内省的途径来考察人的意识经验，故也可称此研究为内省心理学。

科学心理学的建立者把心理意识作为心理学的研究对象，实际上是肯定了人的心理现象与物理现象有着根本的不同，它也不能按照物理科学解释的规律加以说明。这显然与西方近代科学进程中的反心灵主义和反目的论的趋向不相一致。强调人的有目的的意识活动是对近代自然科学的物理主义世界观的威胁。如果人的意识包含着非物理的实在形式，那物理主义就是不完备的；如果心理作用的法则包含着指向目的的活动，那就无法还原为物理的因果规律。

科学心理学的建立者在探索人的心理意识时面临着一个困境，那就是人的心理意识可以进行内观，而成为科学则意味着进行外观。作为心理学的研究对象，人的心理意识无法直接外观到，那么内观就很自然地成为心理学的基本研究手段。但是，人的意识内省很难证实其真实性，或者说内省的研究方式存在着一些十分难以克服的困难。例如，不同的人会有不同的内省经验；内省的活动有可能会干涉到被内省到的心理过程；内省到只能是能够意识到的心理；等等。

其次是行为主义（behaviorism）的研究范式。行为主义心理学的兴起被看成是西方主流心理学中的第一次革命。行为主义的研究范式推翻了内省主义的研究范式的统治。在心理学的研究对象方面，古典的行为主义反对心理学研究人的内在意识，而主张心理学研究人的可观察的行为，故也可称为行为心理学。在心理学的研究方式方面，行为主义反对内省和内省的研究方法，而主张采用客观的观察和实验的研究方法，故也可称为客观心理学。

行为主义心理学把物理主义的世界观推至心理学的研究之中。这彻底抛弃了意识心理学，彻底改变了心理学的研究对象。在行为主义看来，意识是无法确定的和虚幻不实的一种存在。那么，为了建立严格客观的心理学，就必须对意识和目的等进行处理，将其清除出心理学的研究对象或研究领域。行为主义把心理学的研究对象确立为人的行为。心理学的任务就在于客观地考察人的行为，亦即考察环境刺激与机体反应之间的因果关联。

行为主义不仅改变了心理学的研究对象，而且改造了心理学的研究方式。将内在的心理意识从心理学中清除了出去，也将研究心理意识的内省方式从心理学中清除了出去。行为主义把内观的主观的方法扭转为外观的客观的方法。在行为主义看来，内省的方法根本无法为心理学的研究提供有效的研究资料，也绝对不会在此基础上产生出客观的知识。行为主义主张以客观的研究程序取代主观的研究程序，并认为只有如此才能确立心理学的科学地位。

再次是认知主义（cognitivism）的研究范式。认知心理学的兴起被看成是西方主流心理学中的第二次革命。认知主义研究范式推翻了行为主义研究范式的统治。在心理学的研究对象方面，认知主义反对把人的内在心理意识排除在心理学的研究之外，主张正是内在的认知可以解释和预见行为，并构成行为的重要的基础。在心理学的研究方式方面，认知主义仍然强调客观的观察和实验，但主张通过收集实证资料来构造理论，以推至无法直接观察到的内部认知构造。

认知主义的研究范式否弃了行为主义对人的内在心理意识的排斥，扭转了行为主义那种无心理或无头脑的心理学。认知心理学主张，在刺激的输入与反应的输出之间，不可能没有中间的心理过程或者说内在的认知过程。因此，认知心理学恢复了心理学对内在心理意识的研究，使意识与行为统一起来成为心理学的研究对象。认知心理学力图揭示在刺激的输入与反应的输出之间的内在心理机制。

认知主义的研究范式把人的内在心理机制看成是信息加工的过程，从而进一步拓展了心理学的研究途径和方法。认知心理学的研究仍然强调客观的观察和实验，但更进一步去推论无法直接观察到的人的内在认知过程。认知心理学从实现认知的生理基础上分离出了认知加工的过程，并通过计算机类比或计算机模拟来推理和说明人的内在认知活动机制。认知心理学在具体的研究中，也采用了被试的口头报告，被试可以报告出自己的内心活动。认知心理学在具体的研究中，也采用了对被试的认知作业的作业速度和作业成绩的测量，来推论人的内在认知活动。

从上述的西方主流心理学研究范式的演变中，可以了解到一些基本理论设定的变化。内省主义把心理学定义为是对心理意识的内容、过程、结构、机能等的研究,这设定了心灵是真实的存在。行为主义把心理学定义为是对有机体的物理运动的研究,这设定了心灵是虚幻的,而只有物理世界才是真实的存在。认知主义把心理学定义为是对内在认知加工过程的研究,这可以由外部观察推论出来,这设定了心灵是推论出来的真实的存在。显然,内省主义是心灵主义的观点,行为主义是物理主义的观点,而认知主义则是双面的物理主义的观点。

二 认知论范式转换

认知心理学的兴起是西方主流心理学中的一场革命,这推翻了行为主义对心理学长达半个世纪的统治。在很短的时间里,认知心理学取得了突飞猛进的发展,不仅经验实证的资料迅速增加,而且理论研究的范式也不断递进。经过新生时期的理论碰撞之后,从 20 世纪 70 年代初起,认知主义（cognitivism）的研究取向开始占据了主导性的地位,但只独领了 10 余年的风骚。20 世纪 80 年代初起,联结主义（connectionism）的研究开始取得了节节的胜利,并与认知主义并驾齐驱了 10 余年。从 20 世纪 80 年代初开起,共生主义（enactivism）的研究取向悄然出现。如此看来,在 20 世纪中,70 年代认知主义盛极一时,80 年代联结主义席卷而来,80 年代初期共生主义开始崛起。因而,可以说认知心理学乃至认知科学的基础理论的变迁速度很快,几乎是每 10 年就会出现一个新的探索取向或研究范式。[①]

实际上,在认知研究孕育和新生之时,降生了探索心灵工作原理的孪生子。一是认知主义的研究取向,亦即符号模型（symbolic model）。二是联结主义的研究取向,亦即网络模型（network model）。佩珀特（S. Papert）曾经指出,这两种研究取向均试图建立智能的模型,但是偏重则有所不同。符号模型更偏重于人工的智能,是以计算机作为理论的隐喻或启示（metaphor）,这是通过符号的串行加工方式建立智能模型。网络模型更偏重于自然的智能,是以神经系统作为理论的隐喻或启示,通过神经网络的并行分布加工建立智能模型。认知革命兴起之时,这对孪生子同时出现在舞台上,两者比肩发展、各有千秋。直到 20 世纪 60 年代后期,局面才发生了改变。认知主义的研究取向占据了上风,

---

① 葛鲁嘉. 认知心理学研究范式的演变 [J]. 国外社会科学, 1995 (10).63-66.

处于主导性和支配性的地位，成为认知心理学的理论基础和核心。① 联结主义的研究取向则转入了低潮，其败退下去的主要原因，就在于所显示出的联想主义色彩。这为许多研究者所反感，从而大大限制了对网络模型可靠性的信任。

认知主义在认知研究中称霸一时，并建立起了完善的研究手段、概念体系和应用技术。在 20 世纪 70 年代，符号的范式被当成了认知研究的同义语。但是，到了 20 世纪 80 年代初期，局面又发生了戏剧性的改变，被挤出舞台的联结主义卷土重来，而且来势迅猛。在 1981 年，欣顿（G. E. Hindon）和安德森（J. A. Anderson）主编的《联想记忆的并行模型》一书，是重兴网络研究的一个重要标志。此后，便开始了对符号范式的霸主地位的挑战，且网络范式的研究迅速增加。1996 年，鲁梅尔哈特（D. E. Rumelhart）、麦克莱兰德（J. L. McClelland）和 PDP 研究小组共同编辑出版了《并行分布加工》一书，被公认为是联结主义事业的"圣经"。② 到了 20 世纪 80 年代末期，联结主义已开始占上风，并很有可能取代认知主义成为认知心理学的新的理论基础和核心。因此有些研究者认为，这是认知心理学研究范式的转换。联结主义重整旗鼓的重要原因在于：一是认知主义所揭示的符号加工系统与人类认知存在距离，因而具有很多局限性，如过于脆弱，不够灵活等；二是新的研究方法和技术的发展，如对非线性系统的数学描述的进展等，促进了对神经联结和心理认知的混沌系统的科学把握。

在认知心理学的研究中，认知主义的研究取向与联结主义的研究取向是主导的研究取向或研究范式。这两种研究取向无论在理论框架、建模原则、加工方式等许多方面都存在着重要的差别。

认知主义也被称为符号的研究范式，其指导性启示和核心性工具是数字计算机。采纳的是机能的或软件的描述水平，把心智看作信息加工系统。信息加工系统亦即符号的操纵系统，是对符号的接收、编码、储存、提取、变换和传递。符号具有双重性质：一是可以代表着一定的内

---

① Papert, S. One AI or many? [J] . *Daedalus*, 1988 (1) .1-14.
② Rumelhart, D. E., McClelland, J. L. & the PDP Research Group. *Parallel Distributed Processing* [M] . Cambridge, MA: MIT Press. 1986.

容或意义,即表征着一定的事物;二是其自身又具有物理的或形式的特征。认知可看作心理的表征,任一心理状态除了是其自身,还表征着对象世界的内容。在认知主义看来,认知是通过符号进行的表征。这也被称为符号表征理论(symbolic representational theory)。符号又可以按照一定的规则进行加工,这一过程也就是符号的操作和计算,认知主义强调的是确定符号的形式结构和算法规则。那么,认知也就是符号的计算或依据一组规则对一组符号进行的操作。这也被称为符号计算理论(symbolic computational theory),因循这一理论主张的认知心理学研究,称为计算心理学(computational psychology)。显然,认知主义赋予符号以核心性的地位。采纳符号表征和计算的理论,强调的是符号的序列或串行的加工,注重的是符号加工的逻辑基础。

联结主义也被称为网络的研究范式,其引领的启示和主要的灵感是来自大脑或神经系统。当然,联结主义的目标不是建立脑活动模型,而是以一个类似于脑的神经元网络的系统建立认知活动的模型。联结主义不是把认知解释成符号运算,而是看成网络(network)的整体活动。网络是个动态的系统,这由类似于神经元的基本单元(units)或节点(nodes)所构成。每个单元都有不同的活性(activation),外部的输入、其他单元的活性传递和随着时间的衰减,都会使一个单元的静息活性发生动态的改变。单元相互联结在一起。单元与单元之间是加权的联结(weighted connections),权值为正的是兴奋性联结,权值为负的为抑制性联结。每一单元可以兴奋和抑制其他单元,也可以受到其他单元的兴奋和抑制。当网络有一初始输入,其兴奋和抑制便在其单元之间扩散,直到形成一个稳定的状态。在联结主义看来,心理表征就在于网络突现的整体状态与对象世界的特征相一致,这被称为分布表征理论(distributed representational theory)。网络的信息加工不同于符号的串行加工,而是网络的并行加工,这被称为并行分布加工(parallel distributed processing,PDP)。显然,联结主义赋予网络以核心性的地位,采纳分布表征和并行加工理论,强调的是网络的并行分布加工,注重的是网络加工的数学基础。

显然,与认知主义相比,联结主义的确有独特的优越性,其展示了许多与人类认知相吻合的特征,故而吸引了许多认知的研究者。联结主义的网络模型具有如下几点较为明显的优越特征。

第一是网络系统更近似于人脑，网络模型要比符号模型更类同于神经系统的活动。实际上，网络模型的灵感就是来自神经系统。例如，一个单元的活性和激活的状态就意在相符于神经元的静息电位和发放冲动。单元之间的联络则是按神经元的轴突和树突的形态加以想象的，一个单元可以连通许多单元，反过来许多单元也可以连通许多单元，从而构成复杂的网络。当然，联结主义研究取向建立的不是神经系统的模型，而是认知的模型。但是，采取神经网络的形态，更贴近于人的认知的特征。

第二是网络系统更显得灵活。符号系统是通过规则来约束的，有了前提，根据规则，才能得出结论。规则具有确定性，有什么样的规则，就有什么样的加工步骤。但是，规则都有例外，为此就要加写更为复杂的规则。网络系统则是通过联结来约束的。两个单元之间的联结构成了对加工的约束。如果该联结是兴奋的（正的权值），那第一个单元是活跃的，就决定了第二个单元也是活跃的。联结和规则有着重要的差别，联结具有灵活性。在网络中，一个单元可以与其他许多单元相联结，它总是寻求对多重约束的最佳总体解决。

第三是网络系统更具有弹性。人脑的一个十分重要的特征是其高度的适应性。人脑显然有各种局限，如信息过载、生理损害等都会影响到脑的活动，但这并不会使脑停止工作，而只是使脑适当衰减其功能。符号系统就没有这样的优点。一旦失去某一要素或消除某一规则，系统的特定加工就会完全丧失。网络系统则具有相当的弹性，某些单元和某些联结的破坏，一般不会使系统停止活动，而只能使之恰如其分地衰减其功能。

第四是网络系统更适合学习。符号系统的任何改变，都要求助于外在的程序编制者来改写程序或改写规则。网络系统具有学习能力，即可以在先前活动的基础之上，自动地和连续地改变其单元之间的联结强度（权值）。一个单元的活性水平，在某种程度上依赖于来自其他单元的输入，而输入部分地是由联结强度（权值）所决定的。联结强度（权值）并不是固定不变的。单元活性水平的变化可以导致单元之间的联结强度（权值）的适当改变，联结权值的变化又可以相应地导致网络的加工结果的改变。这说明网络系统可以通过与环境的关联来学习。

联结主义的研究取向重兴之后,以其特有的长处对认知主义的研究取向形成了强有力的挑战。然而,符号的研究传统也并未退让,双方展开了激烈的学术争论。①

福多(J. A. Fodor)和皮利森(Z. W. Pylyshyn)便提出了对联结主义的批评,认为认知理论必须是符号水平上的分析,而联结主义仅仅说明了符号系统的实现基础,就如同神经系统仅能说明认知活动的生理实现基础一样。他们抓住了表征的问题。表征的观点认为,认知系统的内在状态是表征的(或意向的和语义的)。认知主义和联结主义都持有这种观点。只有符号系统是适当的表征系统,可为认知过程建立模型。关键在于,符号表征具有语言的特征,即具有统合的句法和统合的语义。但是,联结主义的网络系统却不具有这些,所以这不适合于作为表征的系统。②

联结主义的倡导者则对符号的研究传统进行了抨击。他们反对把符号模型看作在解释认知活动方面具有至高无上的地位。一种观点认为,联结主义的网络模型对认知活动提供了更为详尽和确切的说明,而认知主义的符号模型则过于抽象化和理想化。鲁梅尔哈特和麦克莱兰德便指出,传统的基于规则的系统是脆弱的,其并未抓住认知系统展示的多变性、复杂性和精致性的特点。另一种观点认为,人的确可以为了某些目的而从事明确的和基于规则的符号加工。研究可以开始于规则加工的说明,然后设计出实现这些规则的网络。再有一种观点认为,网络是亚符号的系统,或者是一种亚概念的分析水平,从事的是直觉的加工。语言是典型的符号系统,其具有双重的角色,即外在的工具(如沟通)和内在的工具。正是在外在的方式下,语言才可以在一种形式符号系统中得到运演。通过外在符号的内化,网络完全可以发展出特定的能力去理解和运用语言符号。

在认知主义和联结主义的学术争论中,也有研究采取了一种折中主义的立场。认为认知主义的符号模型和联结主义的网络模型是可以互补

---

① Bechtel, W. & Abrahamsen, A. *Connectionism and the mind* [M]. Cambridge, MA: Basil Blackwell, 1991.

② Fodor, J. A. & Pylyshyn, Z. W. *Connectionism and cognitive architecture: A critical analysis* [J]. *Cognition*, 1988(3): 71.

的，分别更适合于解释和说明认知活动的不同方面。两种研究定向都可以加强认知科学。因此，极力排斥网络研究定向的极端的认知主义和极力排斥符号研究定向的极端的联结主义都是不可取的。

从认知主义的流行到联结主义的兴起，存在着一条清晰的思想脉络。认知主义以计算机为启示，或者说通过计算机的物理操作来类比人的认知活动，把符号的表征和计算看成是认知加工。联结主义则以神经系统为启示，或者说通过脑的生物过程来类比人的认知活动，把分布的表征和计算看成是认知加工。这显然已在逐步贴近人的真实认知过程。但认知主义和联结主义均揭示的是计算的心灵，与体验的心灵存有一道鸿沟。下一步的发展就应该填平这道鸿沟。实际上，认知心理学的基础理论还在不断地演变之中。这必然会给更为全面和深入地揭示和解释人的认知提供新的和诱人的广阔前景。

20世纪80年代初期，又悄然出现了一种新的研究取向。新取向的倡导者将其称为共生的研究取向（enactive approach），并认为这一取向超越了认知主义和联结主义，是其连贯的发展。瓦雷拉（F. J. Varela）等人于1991年出版的专著《具身心智——认知科学与人类经验》，可以看作共生主义研究取向的一部代表作。[①] 认知主义的指导性启示是计算机，联结主义的指导性启示是神经系统，而共生主义观点的指导性启示是人的生活经验（lived experience）或人的生活历史（lived history）。共生观点强调，认知并不是先定的心灵对先定的世界的表征，而是在人所从事的各种活动历史的基础之上，心灵和世界的共同生成。

立足于共生的观点，瓦雷拉等人认为，尽管近年来对心灵的科学研究进展很快，但却很少从日常的生活经验来理解人的认知。这导致的是脱离日常生活经验的科学抽象，结果使心灵科学落入客观主义和主观主义（objectivism/subjectivism）的巢穴。实际上，也就是把心灵与作为对象的世界分离开了，假定了内在心灵的基础和外在世界的基础。所以，也可称此为基础主义（foundationalism）。如果把认知主义、联结主义、共生主义看作认知心理学乃至认知科学的三个连续的阶段，那么基础主

---

① Varela, F. J., Thompson, E., & Rosch, E. *The embodied mind: Cognitive science and human experience* [M]. Cambridge Mass.: The MIT Press. 1991.

义也随着上述理论框架的变化而逐渐地衰退和崩解。

显然，从一个同心圆来看，认知主义处在圆心的位置。认知主义假定，人的认知是符号的操作或计算，而符号表征着以某种方式存在着的世界。从圆心发展起来的第一个外圆是联结主义。联结主义不赞成把符号加工看作表征的适当载体。符号加工仅着眼于符号的物理形式，故是局部性的，而联结主义强调的是系统的整体活动，是分布的加工，是整体特征的突现。突现的整体状态表征着世界的特征。从第一个外圆发展起来的第二个外圆是共生的观点。共生的观点不赞成把表征作为认知科学的阿基米德之点。实际上，认知主义已经消解了作为内在心灵基础的自我，而联结主义则揭示了通常被归于心灵之我（mind's I）的现象也能在没有自我的情况下出现，这也是认知过程的自组织性和突现的特征。但是，认知主义和联结主义仍都是把认知看作表征。在表征的观念之后有三个基本假设。一是人生存的世界拥有独具的特征；二是人通过内在的表征来获得这些特征；三是做这些事情的是分离的主观之"我"。共生的研究取向则把认知看作具体化的活动（embodied action），那么，认知并不存在超出其具体化历史的最终的基础。认知就是共同生成（enaction），是结构耦合（structural coupling）的历史，这不仅生成认知系统，而且生成一个相应的生存情境或世界，共生的观点也消解了外在世界的基础。那么，认知便是与世界共同生成和共同进化的过程，也就是人的生活道路。

认知心理学乃至认知科学要采取共生的研究取向，就必须包容人类的经验。瓦雷拉等人认为，佛教对心灵觉悟的探索和实践是对人的直接经验的极为深入的分析和考察，这不仅强调人的无我的心灵状态，而且强调空有的世界。因此，有必要在科学中的心灵和经验中的心灵之间建立一座桥梁，在西方的认知科学和东方的佛教心理学之间进行对话。这有助于克服西方思想中占优势的主客分离和基础主义的观点。瓦雷拉等人将引入佛学传统看作西方文化历史中的第二次文艺复兴。[①] 总之，可以看到，认知心理学的研究范式的演化正在从一开始立足于抽象的、人

[①] Varela, F. J., Thompson, E., & Rosch, E. *The embodied mind: Cognitive science and human experience* [M]. Cambridge Mass.: The MIT Press. 1991.

为的认知系统，转向立足于生动的、具体的人的心灵活动。新的探索已然拉开了序幕。

三　具身认知新发展

有研究探讨了认知的具身观。研究指出，在认知科学中存在一个具身认知的运动。认知的具身观认为，心智和理性的能力是具身的。与认知的具身观相对立的是"第一代认知科学"的认知主义（cognitivism）的观念，这是一个基于"客观主义"意义的认知观。客观主义的意义理论认为认知过程和结果独立于进行认知活动的人的身体结构和认知发生于其中的认知情境。与之相对，认知的具身观认为认知是身体—主体在实时的环境中的相互作用活动。认知科学的当代发现表明，意义在认知中处于中心地位：认知活动是通过意义和世界紧密关联的。心智的本质在于其构成意义的活动。

在认知科学中，存在一个具身认知（embodied cognition）的运动，这个运动正成长为一个坚定的研究进路和纲领。具身认知运动的基本见解是：人的心智、理性能力都是具身的（embodied），有赖于身体的具体的生理神经结构和活动图式（schema）；认知过程、认知发展和高水平的认知深深地根植于人的身体结构以及最初的身体和世界的相互作用中。第一代认知科学或传统的认知主义将心智（mind）视为一个按照一定规则处理无意义符号的抽象的信息处理器。第一代认知科学认为，心智能够根据其认知功能来研究，而无须考虑源于身体和大脑的这些功能的实现方式。从功能主义（functionalism）的观点看，心智被形而上地视为一种抽象的计算机程序，能够运行在任何一种合适的硬件上。这个隐喻的结果就是，硬件——或者不如说"湿件"（wetware）——被认为一点都不决定程序的本质。也就是说，身体和大脑的特性对人类的概念和理性不起任何作用。

心智的一切能力（感知觉、注意、记忆、思维、想象、情感等）始终以具身的方式实现着与世界的交往，同时也制约着与世界交往的可能性。心智是身体的心智，而不是无形质的心智，心智是具身的心智。瓦雷拉等人的生成观点强调，认知并不是先定的心智能力对先定的世界的表征，而是在人所从事的各种活动历史的基础之上，由心智和世界共同生成的。作为一个正在成长的运动，具身认知观的强有力的辐射力，源于贯穿了一些对心智、理性和认知的重要观念，特别是关于意义的相互作用的、建构的、进化的和历史的思想。认知是具身的，理性是具身的，心智是具身的。[①]

对认知科学中和对心理学中的认知革命与第二代认知科学进行的考察指出了，与以计算隐喻为核心假设的传统认知心理学以及联结主义心理学均不能克服离身心智（disembodied mind）的根本缺陷，当代认知心理学正面临着新的范式转换。以具身性和情境性为重要特征的第二代认知科学将日受重视，并促使认知神经科学进入新的发展阶段。研究认为，在身心关系上应该坚持生理只是心理的必要条件，而非充分条件的立场，克服生理还原论的危险；应该重新审视基于二元论的生理机制这种说法；心理学传统中的科学主义和人文主义有可能在第二代认知科学强调认知情境性的基础上达成某种融合；第一代认知科学对意识的研究是不成功的，因为对知觉、注意、记忆、思维等心理过程的研究不能代替意识的研究，同时还应避免以意识内容的研究取代心理学研究的倾向。第二代认知科学中的动力系统理论关于变量（因素）之间的耦合（coupling）关系完全不同于变差分析中的变量之间的交互作用关系，其动力系统模式可能更有助于破解意识的产生（涌现）之谜，并引发心理学研究的方法论的变革新潮。第二代认知科学的兴起将启发人们对身心关系、生理还原论、意识研究在心理学中的地位、人工智能对心智完全模拟的可能性等重大问题重新思考。[②]

自 20 世纪 80 年代以来，"具身的"（embodied）几乎已成为认知科学所有领域中的重要的概念。在哲学、心理学、神经科学、机器人学、教育学、认知人类学、语言学和研究行动和思维的认知动力系统方案中，人们越来越多地谈到"具身的"概念。

传统的认知观或多或少地具有以下特征：认知是计算的，其哲学基础是功能主义；认知科学可以独立于生物学和神经科学而取得发展；在对认知能力进行研究时，无需考虑诸如生物学的、知觉运动的、物理的背景或需要。但是现在，研究者们已普遍认为具身性是任何形式的智能

[①] 李恒威、肖家燕. 认知的具身观［J］. 自然辩证法通讯，2006（1）. 28-34.
[②] 李其维. "认知革命"与"第二代认知科学"刍议［J］. 心理学报，2008（12）. 1306-1327.

（自然的或人工的）不可或缺的条件之一。智能不再仅仅是一种抽象的运算法则的形式，而是需要身体的示例（physical instantiation）和肉体的介入。有的研究者提出了四个具身认知观的论题：（1）关注身体在认知实现中的作用；（2）要理解身体、大脑和世界之间复杂的互相影响，就必须运用一些新的概念、工具和方法来研究自组织和涌现现象；（3）如果新的概念是恰当的，那么这些新的概念、工具和方法可能会取代（不仅仅是挑战）计算和表征分析的旧的解释工具；（4）需要对知觉、认知和行动之间以及心智、身体和世界之间的区别进行反思，甚至抛弃这些区别。

温和的具身认知进路与传统认知观纲领有着共同的形而上学核心：根据内部表征的计算来处理信息。一方面，虽然温和的具身观也重视智能行为中环境的作用，但是这仅仅把环境看作思维系统、大脑输入的一个来源。这仍然与大脑的计算理论相容。另一方面，具身观并没有从根本上触及形而上学的核心。非具身化依据的是实践的理由，尽管这并不是传统认知观形而上学核心中显而易见的部分。

激进的具身认知进路的核心是放弃了表征性分析。这可以用以下几个观点来概括：第一，世界是模拟计算机的，而非数字化的；第二，认知不是由内部的表征而是由行动来导向的，因而，以表征为开端的分析对理解认知来说是错误的；第三，智能行动是复杂系统和复杂环境之间连续互惠作用的结果。①

有研究把具身认知看成是认知心理学的新取向。研究认为，具身认知强调身体在认知的实现中发挥着关键作用。其中心含义包括：（1）认知过程的进行方式和步骤实际上是被身体的物理属性所决定的；（2）认知的内容是身体提供的；（3）认知、身体、环境是一体的，认知存在于大脑，大脑存在于身体，身体存在于环境。具身认知最初仅仅是一种哲学思考，有深刻的哲学思想渊源，但是现在这种哲学思考已经开始走向实证领域，实验的认知心理学家开始从具身的角度看待认知，形成了具身认知研究思潮。但是，具身认知研究也面临着许多亟待解决的问题。

具身认知也译作"涉身"认知，其中心含义是指身体在认知过程

---

① 何静. 具身认知的两种进路 [J]. 自然辩证法通讯，2007（3）. 30-35.

中发挥着关键作用，认知是通过身体的体验及其活动方式而形成的。认知是包括大脑在内的身体的认知，身体的解剖学结构、身体的活动方式、身体的感觉和运动体验决定了人们怎样认识和看待世界，认知是被身体及其活动方式塑造出来的，而不是一个运行在"身体硬件"之上并可以指挥身体的"心理程序软件"。

认知是具身的，其含义可以从三个方面加以理解：第一，认知过程进行的方式和步骤实际上是被身体的物理属性所决定的。第二，认知的内容也是身体提供的。第三，认知是具身的，而身体又是嵌入（embedded）环境的。认知、身体和环境组成一个动态的统一体。①

其实，"具身认知"从英语到汉语的翻译还是存在着问题。最好还是表述为具体化的心灵，或者具体化的心智，或者具体化的认知。因为这里的"具体化"是与原本认知研究中的抽象化的心灵，或者抽象化的心智，或者抽象化的认知，是相互对应的。在西方认知科学家最早关于具体化心智的表述中，核心的含义并不仅仅是将认知与身体关联起来，而是将认知与人的生活关联起来，与人的生活史衔接起来。这早就在关于认知心理学研究范式演变的讨论中，得到了表述。② 这也就是认知心理学研究范式从认知主义，到联结主义，再到共生主义的转换。这种转换使认知心理学的研究范式，经历了从计算机的隐喻，到脑神经的隐喻，再到生活史的隐喻的一个连续的或接续的转换。这种转换就使得认知心理学的研究更加贴近了人的现实生活中的认知。从抽象化的认知到具体化的认知，从实验室中的认知到生态场中的认知，从片断化的认知到生活史中的认知，这都是认知心理学或认知科学的重大的研究进步。

尽管目前的从离身的认知到具身的认知的表述，已经被广泛接受为关于认知心理学研究进步的表述，但是从抽象化的认知到具体化的认知的表述，还是能够更好地说明认知心理学研究的进程和进步。对于人的心智来说，对于人的认知来说，这都是在人的现实生活之中所展现出来的，这也都是在物理、生物、生理、神经、社会、文化、历史、生态等的具体和整体的构成之中所生成出来的。

---

① 叶浩生. 具身认知：认知心理学的新取向 [J]. 心理科学进展，2010（5）. 705-710.

② 葛鲁嘉. 认知心理学研究范式的演变 [J]. 国外社会科学，1995（10）. 63-66.

第九章　理解心理学研究对象

心理学方法论的开端就是关于心理学研究对象的确立和把握。在心理学的演变和发展的历程之中，心理学研究者关于学科的研究对象有着不同的定位和理解，并且都是立足于不同的文化根基、思想根基、理论根基、学术根基，等等。无论是将心理学的研究对象确立为心灵、心智、意识、行为、本能、欲望还是心理、认知、情感、意向、人格、自我，实际上都是依据于不同的研究性预设，根基于不同的方法论预设。因此，心理学方法论非常重要的方面就是理解心理学的研究对象，即理清心理学关于研究对象的基本的界定和分类，揭示心理学关于研究对象的理解的分裂和对立，反思心理学关于研究对象的人性的基础和设定，论证心理学关于研究对象的学科的根源和把握。

第一节　研究对象的不同定位

现代的科学心理学是产生于西方的文化传统，有着西方文化的根基，运用西方文化的资源。心理学在成为独立的科学门类之后，就已经有了自己相对明确的研究领域和研究对象。科学心理学是将自己的研究对象定义为是心理现象，也就是心理学是研究心理现象的科学。但是，目前关于心理学研究对象的理解是否就是唯一正确的和唯一合理的，还是值得进一步的思考和探索。随着心理科学的不断发展和进步，心理学关于自己的研究对象的理解也在不断地深入和更加地全面。心理学成为独立的学科门类的时间还很短，因此关于自己的研究对象的认识也并不全面和完善。心理学独立之后，就一直在向相对成熟的自然科学特别是物理学靠拢。那么，心理科学对于自己的研究对象的理解，就如自然科学的研究对自然现象的理解一样，就像物理科学的研究对物理现象的理解一样，实际上也是把心理学的研究对象就理解为是心理现象。①

心理现象建立在两个基本的设定之上。一是研究者与研究对象的绝对分离，研究者仅仅是旁观者，是观察者，是中立的，是客观的。二是研究者只能通过感官来把握对象或观察对象，而不能加入思想的臆断或推测。问题是人的心理在本质上是意识的活动。人的意识活动是自我觉知的活动。这决定了人的意识活动能够以自身为对象。同时，这种自我觉知的活动也是人的感官所把握不到的内隐的活动。因此，人的意识活动能否成为实证科学的研究对象，在心理科学的发展史上一直是有争议的问题。所谓的心理现象的分类，分离了人的心理过程与个性心理，分离了智力因素与非智力因素。这种分类的标准和分类的体系，使对人的心理的理解和干预，特别是对青少年心理的培养和教育，都产生了非常严重的问题。这必然迫使科学心理学应该重新考虑对自己的研究对象的认识和分类。

科学心理学现有对心理学研究对象的分类系统，可以说是研究性的分类系统，而不是生活性的分类系统。研究性的分类系统，是指为了学术研究的方便，而对研究对象进行了分割。生活性的分类系统则强调的是"生活原态"或"生活本态"，是指按照生活的实际样式进行分类。科学心理学现有对人的心理的研究，可以说是对心理基础的研究。"心理基础"是指构成人的心理生活的基础，而不是人的心理生活本身。那么，心理学的研究还应该有另外一个重要的部分，就是对基础心理的研究。"基础心理"是指人的心理生活的样式，而不是经过分解和还原的基础。②

人的心理行为成为心理科学的研究对象，可以为心理科学研究者的感官所把握到。这就如同自然事物成为自然科学的研究对象，可以为自然科学研究者的感官所把握到。这被认为具有的是同样的性质。那么，

---

① 葛鲁嘉. 心理文化论要——中西心理学传统跨文化解析 [M]. 大连：辽宁师范大学出版社，1995. 286-287.

② 葛鲁嘉. 心理生活论纲——心理生活质量的新心性心理学探索 [M]. 北京：经济科学出版社，2013. 65-66.

由自然科学研究者的感官所把握到的自然事物可以称为自然现象。同样，由心理科学研究者的感官所把握到的心理行为也就可以称为心理现象。心理学成为独立的科学门类之后，对心理科学的定义就是研究心理现象的科学，或者说是研究心理现象的规律的科学。那么，按照目前对心理学的研究对象的理解，所谓的心理现象包括心理过程和个性心理。心理过程与个性心理的划分就在于，心理过程是相对不稳定的，是随着时间的流逝而变化的。个性心理则是相对稳定的，可以在相对较长的时间里保持不变。心理过程是由认识过程、情感过程和意志过程等所构成。认识过程是指对认识对象的现象和本质的反映过程，包括感觉、知觉、记忆、表象、思维、想象等。情感过程则是指对认识对象所采取的态度的主观体验过程，包括情绪和情感，如喜、怒、哀、乐、悲、恐、惊等情绪，如理智感、道德感和审美感等情感。意志过程则是指自觉地确定目的并支配行动去实现目的的心理过程，包括采取决定的阶段和执行决定的阶段。个性心理则是由人的个性倾向和个性差异所构成。个性倾向包括需要、动机、兴趣、价值观和世界观等。个性差异则包括气质、性格、能力等方面的差异。

　　心理生活则是由生活者自主体验和把握到的，或者说是由生活者自主创造和生成的。人不是自己心理的被动的承载者或呈现者，而是主动的创造者和生成者。人的心理的本性就在于人的心理具有的"觉"的性质。人的心理既有低级的存在方式，也有高级的存在方式。人的心理的高级存在方式就是人的心理是有意识的存在。人的意识活动是一种觉解的活动，这包括以外部事物为对象的觉知，也包括以人自身为对象的自觉。"觉"的活动是一种生成意义的活动，实际上这也就是一种创造性的活动。所以，人的自觉活动是一种创造性生成的活动。可以说，人的意识活动是以"觉"作为基本的特征。这也就是人们的日常语言中常常说到的"觉悟"。任何的觉悟都是对"觉"的对象的创造性的把握。当说到人要提高自己"觉悟"的时候，实际上也就是说要增进对"觉"的对象的创造性把握的程度。

　　人的生活是生存、发展、创造的过程。但是，人的存在并不仅仅就是自然的存在，人的心理也并不仅仅就是自发的存在。从根本上来说，人的存在也还是自觉的存在，人的心理也还是觉解的存在。自觉的存在和觉解的存在，就决定了人的生活，人的心理生活，也是自觉体验到的，也是自觉创造出的。自发的心理生活所导致和带来的是现实生活之中，心理生活本身成为分离和分裂的、分解和分析的。自觉的心理生活所导致和带来的则是现实生活之中，心理生活本身成为贯通和贯穿的、连贯和一贯的。

　　心理生活是人的生活中的主导的部分，这也就是自主的含义。心理生活就是人的生活中的核心的部分，这也就是自觉的含义。当然，人类个体在自己的现实生活之中，有失去自主的时候，也有十分盲目的时候。从而，他就会成为环境或他人的奴隶，就会成为任人宰割的羔羊，就会成为随波逐流的存在。但是，只要一个人能够意识到自己的生存状态，确立起自己的生活目标，施加了自己的意志努力，那么这个人就会成为自己生活的主导者。这也就是自由意志与个人的责任。[①] 这也就是人性所能够达到的境界。[②] 这也就是人能够摆脱无意义的生活。[③] 所以，心理生活是人的生活的核心内容，是人的生活的实际走向，是人的生活的创造主宰。实际上，也许根本就不可能去理解没有心理生活的人的生活。任何人的生活都是心理生活构筑和构造出来的。这是人与其他事物或动物的非常重要的差别。可以说，一个人的心理生活是什么样的，一个人的心理生活品质是什么样的，那么这个人的实际心理生活就会是什么样的，这个人的现实心理生活品质就会是什么样的。所以说，人的生活就是他体验到的生活，就是他创造出的生活。

　　实证的心理学现有对研究对象的分类是研究性的分类，而不是生活性的分类。研究性的分类系统是为了学术研究的方便而对研究对象进行的分割。生活性分类系统则强调"生活原态"或"生活本态"，是按照生活的实际样式进行的分类。原有实证的心理学对心理的研究是对心理基础的研究。所谓的"心理基础"是指构成人的心理生活的基础，而不是人的心理生活本身。这包括对心理的生物基础、生理基础、社会基

　　[①] 里奇拉克（许泽民等译）. 发现自由意志与个人责任 [M]. 贵阳：贵州人民出版社，1994. 128.
　　[②] 马斯洛（林方译）. 人性能达的境界 [M]. 昆明：云南人民出版社，1987. 23.
　　[③] 弗兰克（朱晓权译）. 无意义生活之痛苦：当今心理疗法 [M]. 北京：三联书店，1991. 41.

础的研究。那么，新心性心理学对心理生活的考察则是对基础心理的研究。所谓的"基础心理"是指人的心理生活的本真样式，没有经过分解和还原。

心理生活是"心"与"性"一体的，其基本的性质就是心性的自觉体验和创造。人不是自己心理被动的承载或呈现者，而是主动的创造和生成者。人的心理本性在于人的心理所具有的"觉"的性质。"觉"是人的心理活动的基本特征。人的心理生活都是心性所创造生成的，并没有脱离开心性的人的心理生活。因此，要想理解人的心理生活，就必须要理解人的心性。[1]

人不是自己心理被动的承载者或呈现者，而是主动的创造者和生成者，心理生活就是人的生活中的主导部分，应该在心理科学中占有重要位置，成为心理学研究的核心内容。心理科学应该通过对人的心理生活的探索，而在当代人的生活中占有重要地位。心理学的研究对象从心理现象转换为心理生活，是基本的前提假设的转换。对心理生活的探讨建立在中国本土的心性心理学的基础之上，人的心理生活的一个重要的方面就是心理生活的拓展问题。心理生活的拓展就是使人的心理生活更为丰富和更为深厚，这就是心理科学的目标，也关系到心理生活的质量。[2]

人的心理生活是人所创造的、体验的和拥有的。涉及人的心理生活，就要涉及心理生活的质量。所谓心理生活质量的高低，不仅是指有无内心的冲突、矛盾的认识和痛苦的体验等，还指有无心理的扩展、心理的成长和境界的提升。随着我国社会生活的快速发展和进步，不但要提高物质生活的水平，而且要不断地提高心理生活的质量。心理生活的质量涉及心理生活的健康，心理生活的成长，心理生活的环境，心理生活的创生。

在心理学的研究中，幸福心理学已经成为当代的热流。关于幸福感和幸福观的研究既是跨学科研究的主题，也是心理学研究的焦点。幸福

---

[1] 葛鲁嘉. 心理生活论纲——关于心理学研究对象的另类考察[J]. 陕西师范大学学报（哲学社会科学版），2005（2）. 112-117.

[2] 葛鲁嘉. 心理学视野中人的心理生活的建构与拓展[J]. 社会科学战线，2008（1）. 40-44.

感研究为现代生活质量评估提供了新的视角，新的指标，目的是促进人类与社会的健康发展。幸福心理学的探索正在不断地转换自己的研究主题，不断地扩展自己的研究视域，不断地加深自己的研究挖掘，不断地增进自己的研究深度。幸福心理学所导向的就是研究的多元化。这体现的是幸福心理学探索的丰富性。幸福心理学正在追求扩展自己的研究视野，正在寻求与各种学术资源建立起关联。幸福与人类生活和与人类心理的各个方面都有着密切的关联。生活的质量、心理生活的质量，生活的丰满、心理生活的丰满，生活的扩展、心理生活的扩展，生活的境界、心理生活的境界，生活的快乐、心理生活的快乐，这都属于极其重要又彼此关联的重要方面。幸福心理学的研究，心理生活质量的探讨，就需要关注所有这些不同的方面，并能够落实到人的心理生活之中，带来人的心理生活的幸福和提升人的心理生活的质量。其实，这也正是通过关于心理生活质量的考察和探索，而将其与心理生活幸福的研究关联在了一起。有质量的心理生活一定就属于幸福的心理生活。

第二节　研究对象的分裂对立

关于心理学的研究对象的理解和把握，存在着不同的前提假设或理论预设。尽管心理学的研究对象就被界定为是人的心理行为，但是关于心理行为却有着不同的设定。这包括心理过程与心理个性的分离与对立，包括心理内容与心理机制的分离与对立，包括客观心理与主观心理的分离与对立，还包括个体心理与整体心理的分离与对立。那么，在这些不同的理解和把握之中，最为核心和关键的就是有关人的心理行为的个体主义的基础和整体主义的基础。所涉及的是个体主义的对象基础，以及方法论的个体主义；整体主义的对象基础，以及方法论的整体主义。关于心理学的对象基础的不同的理解，导致了关于心理学研究的不同的取向，不同的强调，不同的路径，不同的结果。

个体主义者的基本理论预设是："社会是由个人组成的。"人的行动受动机驱使，因此，应该从个人的主观动机（意志、目的、精神）去解释人的行为及意义。虽然他们也承认社会关系、制度等的存在，但这些不过是有意识的个人活动所假以进行的条件和媒介，它们是个人活动的产物，因而在社会研究中不具有根本性。[①]

有研究认为，个人主义作为西方文化精神的基本构成要素，广泛地渗透于西方的社会生活，不正视个人主义在西方文化发展中的这种影响，就将很难在真正意义上系统把握西方文化的基本精神。在我国，由于种种原因，"个人主义"范畴一直受到曲解甚至误解，人们习惯于将个人主义等同于"自我中心"或"自私自利"，进而对其采取本能的拒斥态度。这在客观上决定了"个人主义"这一西方文化精神的基本范畴，不可能进入正常的人文学术研究视野。

个人主义作为个性参与社会生活的态度、倾向和信念，有其历史表现的必然性。质言之，在西方社会的文明进程中，个人主义作为一种生活方式、人生观和世界观，具有整体性和普遍性意义，它构成了西方人赖以把握人和世界关系的基本方式和存在状态。具体而言，个人主义在西方社会生活各方面的渗透可以大致归纳为表现在哲学上的人本主义、政治上的民主主义、经济上的自由主义以及文化上的要求个性独立的自我意识等层面的内容。

个体主义的核心原则和基本主张贯彻在心理学研究之中，特别是成为西方心理学研究关于研究对象的基本理解和基本定位。个体是心理学研究的最为基本的单元，个体心理是不可分割的整体单位。现代的科学心理学或实证心理学就是在西方文化的基础之上发展起来的，也就是立足于西方文化中的个体主义的基本设定。个体自我、个体心理、个体人格、社会个体、文化个体，就成为心理学探索和研究的基本对象。正是通过个体的存在和性质、个体的心理和行为、个体的变化和发展，才能够去理解和把握整体或群体的存在和性质、整体或群体的心理和行为、整体或群体的变化和发展。

方法论的个体主义在心理学研究中的贯彻，实际上就是个体主义对象基础的思想延伸和理论原则。个体主义的方法论在西方心理学的研究中，成为一个不言自明的理论预设，成为一个支配研究的思想基础。因此，对于心理学的研究来说，对于心理学的预设来说，真实的存在、真

[①] 张文喜.超越个体主义与整体主义的对立［J］.安徽师大学报（哲学社会科学版），1998（1）.40-44.

实的对象、真实的历程,就是个体的存在,就是个体的发生与发展。应该说,在西方的文化传统之中,在西方心理学的学术研究之中,个体主义常常是一个毋庸置疑的理论前提。脱离了这一前提的心理学研究,就会被归类于虚构的对象存在或人为的哲学思辨。

整体主义者提出了一种不同的社会整体观。他们认为,社会整体不仅仅是其构成元素的总和,相反,社会作为一个整体获得了比这个"总和"更多的属性,即结构属性。这种结构属性既不是来源于个体本身,也不是个体的属性可以解释得了的。社会的整体与部分之间的区别并不是量的不同,而是质的差异。造成这种质的差异的原因在于社会整体、社会制度或宏观社会现象具有一种超越个人的结构。整体主义与个体主义在"整体观"上的对立的原因之一在于前者采取了一种反化约主义和反原子主义的立场。形成这种立场的认识论根源在于它的综合主义和直观主义的思维方式。整体主义正确地抓住了社会整体的"不可化约"的结构属性。但是,它的局限在于难以从发生学的角度来解释社会结构的形成过程,即社会结构是如何通过无数和无数代个体的行动而被建构或被再生产出来的。

在心理学的研究中,整体主义对象基础是将个体或个体的心理行为都融入超越个体或超越个体心理行为的整体之中。无论是社会的整体,文化的整体,还是存在的整体,都是决定人的心理行为的整体。只有从整体出发的心理学研究,才有可能真正理解人的心理行为的基本性质、核心特征、变化规律。

在心理学的研究中,方法论的整体主义、整体主义的方法论,会带来不同于方法论的个体主义、个体主义方法论的不同的研究基础、研究取向、研究思路、研究结果。当然,这也许形成的是与个体主义的对象基础,是与方法论的个体主义的对立、对抗和对峙。这体现出来的是心理学研究预设的不同,所导致的是研究思路的不同,所形成的是研究结果的不同。

第三节 研究对象的人性根源

有研究者指出,心理学研究中的实证论取向的科学主义心理学和现象学取向的人文主义心理学都否定了人性问题,心理学至今没有统一的范式是因为心理学没有确立自己的逻辑起点。当代心理学家应从学科统合的角度,登高望远,努力寻找心理学统一的理论支点。回顾与审视心理学的发展,从人性的基本含义及其与心理学的关系,以及从传统人性论与现代心理学的关系来看,人性应是构建心理学统一范式的逻辑起点。

人性意味着人的存在依据和人对终极的关怀,这是与心理学直接对应的两个方面的问题。因为心理学源于人类对自身问题的关注,其中的两个问题对心理学的诞生特别的重要,一是人类如何认知包括自身在内的主客世界,考察这个问题使得心理学家去关注人如何组织和运用知识,对这个问题的回答构成心理学"中心地带"的知识系统;二是人类如何生活得更加幸福,对此问题的关注则使得心理学家开始探讨人类的不幸及其预防,其答案构成的知识系统形成心理学的"边缘区域"。这两个问题也可以表述为:第一,什么是心理以及心理变化所能够达到的程度和范围;第二,心理学知识能够解释什么,以及人们如何利用这些知识。回答第一个问题确定心理学的研究内容("中心地带"),回答第二个问题明确心理学的目标和任务("边缘区域")。可以说,人性论是传统的心理学,心理学是现代的人性论。心理学本来就是建立在以人性为根本研究对象的基础上的,从这个意义上,也说明人性应成为心理学研究的逻辑起点。[①]

有研究者指出了人性观对心理学理论与研究的影响。心理学的基本理论,尤其是人格理论,通常都蕴含着对人性的假设。人性观的差异常常导致其理论建构的差异。而且人性观影响心理学研究的方式、方法,影响对心理成因的认识、对心理疾病的理解,以及对异常矫正策略的选择。心理学基本理论,尤其是人格理论,通常都蕴含着研究者对人性的基本看法或假设。研究者所持的特定的人性观是决定其理论建构的核心要素之一。在西方人格理论中,存在四种不同的人性思想,即生物动力论、积极向善论、机械运作论和交互决定论。生物动力论是以弗洛伊德

[①] 刘华.人性:构建心理学统一范式的逻辑起点[J].南京师大学报(社会科学版),2001(5).88-83.

为代表的精神分析理论的基本人性观。积极向善论是人本主义心理学派的基本人性观。机械运作论是行为主义心理学派对人的基本看法。交互决定论不单纯强调一方而忽视另一方，认为人是决定的，又是被决定的；是驱策的，又是被驱策的；既受生理的、遗传的影响，又受社会实践和行为的影响；既注重行为获得，又重视心理、意识和认知的影响和决定。持这种人性观者当推凯利和班都拉。[1]

有心理学的研究者指出，"人性"是指人所普遍具有的属性；"人性论"是指关于人性的理论、观点。心理学中研究人性论存在两种基本视角：一是从人之所以为人的本质特征去讨论人性，二是从生命初始便具有的本来能力或欲望去讨论人性。人性论对于心理学的作用就在于：一方面作为心理学的前提假设，决定着心理学理论的方向；另一方面，由于人性论的差异，导致心理学理论之间的差异、不同，甚至分裂。

心理学中研究人性论的第一个视角是以人的本质属性为最重要的人性。强调人之所以为人的本质特征，或者人区别于他物的本质属性。事实上，以本质属性为基本视角的人性论经常出现于哲学以及哲学心理学中。心理学中研究人性论的第二个视角是以人的本来属性为最重要的人性。如果说本质属性的人性论是在人生命的内在最深处寻找人的本性，那么本来属性的人性论则是在时间起点处寻找人的本性。在时间的起点处寻找的人性，从理论上说有两种方式。一是强调人一出生便具有什么能力，也就是"本能"；二是强调人在生之初始是善还是恶。不过因为心理学自从诞生之初，便一直期望进入自然科学的殿堂。因此，科学心理学虽然没有抛弃人性的善恶问题，但更关注人的"本能"问题。

可以说，有多少种人性论，便有多少种心理学。这必然会导致心理学不太可能像物理学那样，具有某种统一的、固定的范式。因此，心理学的统一，必然会归结到人性论的统一上来。心理学不是全部人性论，人性论也不是全部心理学。但是，对于人性论来说，心理学是不可或缺的，因为心理学提供了独特的研究视角，独特的研究方法；对于心理学来说，人性论也是不可或缺的，因为人性论是心理学的理论基石、前提

---

[1] 况志华. 人性观对心理学理论与研究的影响[J]. 心理学动态, 1997（3）. 75-78.

假设。有什么样的人性论，便有什么样的心理学。①

心理学是有关人的心理行为的研究和探索，那么关于人的基本的思想理解和理论预设就会决定着关于人的理解，进而就会决定着关于人的心理行为的理解。心理学的人性论理论预设可以有各种不同的来源，其中就包括了不同的文化来源，不同的思想来源，不同的传统来源。因此，心理学的人性论理论预设是多样化的，这也导致了心理学探索和研究的多样化。探索心理学的人性论的前提或假设，可以很好地把握心理学的思想、理论、方法和技术的建构和运用。

第四节　研究对象的学科基础

不同的学术取向可以形成不同的理论建构，不同的理论建构则提供了关于人的心理行为的不同理论解说。心理学研究是集合了多样化的不同学科的研究取向，其中就包括了生物学、心理学、人类学、社会学、文化学和生态学的研究取向。多学科的和多元化的关于人的心理行为考察为把握心理学的研究对象提供了多学科视角的独特的探索、理解和阐释，构成了非常丰富的系列化的心理学理论构造。

生物学的学科基础在涉及心理学的研究对象上，就包括了社会生物学的研究、人类习性学的研究、生物基因学的研究、心理生物学的研究，等等。社会生物学创建于美国，以威尔逊的巨著《社会生物学：新的综合》作为理论代表。其目的是将社会行为的机制彻底还原到基因水平，力图去建构一切社会行为的遗传学。威尔逊认为，有机体仅仅是 DNA 复制更多的 DNA 的工具。社会生物学家在习性学的基础上更为激进地认为，一切社会行为的生物学基础都是基因。动物（包括人）生存的目的就是让自身的亲本基因能够长存下去。一切难以解释的社会行为如攻击、利他主义等，都是基因为了复制自己所采取的策略，其目的是通过自己或他人把自己的基因传给下代，一切生物科学及行为科学的研究都必须以基因的遗传规律为基点，才能阐明动物的各种

---

① 熊韦锐、于璐、葛鲁嘉. 心理学中的人性论问题 [J]. 心理科学，2010（5）. 1205-1207.

种群现象，揭示动物的生活习性和行为模式。人类习性学的研究者认为，如果通过生物学的假设来解释人类的社会心理行为，那么就要区分所谓的因果分析和功能分析。因果分析是为了说明结构或行为的原因，而功能分析是为了说明结构或行为的结果。例如，对人类利他行为的因果分析和功能分析就是根本不同的。因果分析在于说明人类的利他行为的生物学的或社会学的原因或因素，功能分析则在于说明人类的利他行为的适应性的或生长性的机制。精确地说，人类利他行为的因果分析应该能够详细说明包含在所界定的行为中的神经学、发展学及社会学的诸多因素。而功能分析则要解释何种程度上这种行为以及与它有关的因果机制是适应性的。从经典习性学的社会行为的生物学努力再到社会生物学的社会行为的遗传学努力表征了关于社会行为的生物基础研究的不断深化。可以说，习性学对于动物社会行为的研究是卓有成效的，并且其研究成果正汇入当代心理学的理论图式中。因此，逻辑上产生了一个自然推论：习性学的方法及其成果应用和外推到有关人类社会行为中的有效性，就成为许多心理学家关心的问题。一种建立人类习性学新学科的努力在 20 世纪 70 年代后期开始了。

　　心理学的学科基础在涉及心理学的研究对象上，包括了实验心理学的研究、精神分析学的探讨、社会学习论的描述、群体动力学的理解、社会认知论的把握，等等。有研究从现代社会心理学的实证主义、实验主义和个体主义入手，深入分析了现代社会心理学的危机根源。实证主义、实验主义和个体主义在使社会心理学摆脱思辨模式、成为现代科学的过程中起过积极的作用，但也由此埋下了其日后危机的种子。实证主义造成了对研究方法与技术手段的过分崇拜，导致了对理论研究和理论整合的极端轻视。实验主义割裂了社会心理学研究同现实社会的联系，并造成了价值中立的假象。个体主义则混淆了个体与群体的辩证统一的关系，并加剧了现代社会心理学的内部分裂。在此基础上，以上述三大特征为标志的旧的社会心理学范式的危机，可能正预示着社会心理学新范式的诞生。对于个体主义来说，可以从以下的两个方面，论述由奥尔波特确立的个体主义在现代社会心理学的后继发展中的积极意义。从理论上说，这有效地抵制了早期社会心理学家将"群体心理"视为超个体的精神实体的错误。在这个方面，德国民族心理学家深受其前辈学者、哲学家黑格尔的影响。从实际研究中说，这使研究者们能够直接而便捷地获得数量资料，从而使社会心理学的定量化研究成为可能。不过，奥尔波特对个体与群体的看法，多多少少混淆了这两者之间的辩证统一关系。从较全面的意义上说，个体和群体是互为依赖的。个体并非自然的单个存在物，他是通过在群体中或在社会中生活而后成为个体的，是通过在群体中或社会中占有既独一无二又与他人联系的地位而成为个体的。因此，个体是作为群体成员的个体。群体也不是超个体的，而是通过个体间的互动才形成的。群体一旦形成，便具有某些组成群体的个体本身所不具有的特征。因此，群体虽是由个体组成的，但却不能还原为个体的群体。①

人类学的学科基础在涉及心理学的研究对象上，就包括了文化决定论的研究、民族性格的研究、心理人类学的研究，等等。文化人类学的研究就系统考察了文化与人格、文化与自我的关系。正如有研究提示出的，由文化人类学所进行的每一次跨文化研究都是一次震动社会心理学的冲击。在此之前，社会心理学基本上是关于西方人的社会心理学。在这种社会心理学的面前，文化人类学家的研究则充分证实了文化的多样性对人格和心理塑造的决定性意义，从而表明，先前的社会心理学对人的社会行为模式的描述和阐释并不具有绝对普遍的意义。文化人类学家经过长期的持续不懈的努力，终于彻底打破了社会心理学领域由社会学家和心理学家双雄争霸的局面，形成了新的三足鼎立的阵势。对人类行为研究具体化、多学科化，是这种研究从原始综合过渡到辩证综合的必经阶段。②

社会学的学科基础在涉及心理学的研究对象上，就包括了社会互动论、符号互动论和社会结构论等理论。例如，来自人格与社会结构的观点，就提供了一种社会学取向的社会心理学理解社会心理的视角，主要是通过社会调查的方法来研究个体心理与社会生活之间的因果或相关关系。后来在美国种族偏见的研究中，也多是采用这一视角，即研究个人

---

① 周晓虹. 现代社会心理学的危机——实证主义、实验主义和个体主义批判[J]. 社会学研究, 1993 (3). 84-104.

② 周晓虹. 论文化人类学对社会心理学的历史贡献[J]. 社会学研究, 1987 (5). 61-72.

对种族的歧视如何影响了社会阶层分布、国家经济发展和实际人口流动。跨文化社会心理学看起来还是心理学取向的社会心理学，或者是心理学取向的社会心理学家从事的。由于要考虑到把人的心理放在不同的社会文化中来看，因此，许多过去的所谓普遍性的观点开始动摇了。用变量的观点来看，虽然社会心理学在其研究中只加入了"文化"这一个变量，但这个变量不是一般性的变量，而是有可能从根本上改变传统的心理学取向的社会心理学。过去对人的实验和测量之所以能够比较容易地得出普遍性的结论，就在于控制了文化变量和假定了文化因素不存在，人不过是更为复杂一点的动物。现在加入了文化，就等于提升了人，包括人的主体性、理解性、人与环境互动等一系列内容，结果跨文化社会心理学在客观上可能使心理学取向的社会心理学向社会学取向的社会心理学靠拢，尽管这种靠拢目前更多的是形式上的，在研究方法上，心理学取向的社会心理学家还是坚守他们的一套做法，比如拿修订后的量表来测量当地人的性格，或在实验时考虑到被试的社会背景差异等，或者干脆就直接设计一种测量文化心理差异的量表，如个人主义和集体主义量表等。

　　文化学取向的心理学研究包括对文化与人格研究，以及对文化与自我的探索。在文化学取向的心理学研究中，经历了从文化与人格研究到文化与自我的探索的重要的转换。这实际上体现在了心理人类学的研究重心的转移或转换之中。心理人类学的研究重心从文化与人格转向文化与自我，体现了如下两点。首先是人类文化的回归，即从立足于文化，通过文化来看人，转向了立足于人，通过人来看文化。文化不再是一种外在于人的抽象的存在，不再是从外部对人的塑造和控制，而是人的创造，人的自我决定。其次是日常生活的凸显，即从立足于人的抽象人格，转向了立足于人的日常心理生活。人的心理生活是人的最直接的现实体验，并且就是人所主动构筑的。人对自身的心理生活有什么样的把握和理解，也就会构筑什么样式的心理生活，而这种把握和理解则有其文化的传承。上述的两点，对于全面和深入地理解文化与人、文化与人的心理生活的关系，都具有重要的学术和生活意义。① 西方心理学的发展有过忽视文化而导致的危机，因此也就有了关注文化的研究转向。② 文化学的心理学研究的课题包括文化心理的研究，也包括多元文化与心理学的研究。

社会心理学与文化心理学是彼此密切相关的心理学分支。文化心理学的研究是近期的心理学研究中心和重点。有研究指出，目前人们主要从两个方面来界定文化心理学的内涵：一是从研究对象和内容上，二是从研究方法上。前者实际上是要求拓宽心理学的研究范围和内容，从新的角度开展心理学研究；后者实际上是要突破传统心理学的立场观点和方法，克服其研究方法的不足。文化心理学是研究意义的一门学科。"文化"是有意识的人类活动，因而就具有人的意义。人在从事文化活动之前，只是自然界中存在的一个物种，还算不上真正的人。正是文化使人成为人，使世界成为人的世界，使自然现象具有了人的意义。更明确地说，人在实践活动中，逐步地通过心理的活动，在促使外在自然人化的同时，也使自己的内在自然人化。从而，创造出一个意义或价值的世界，并通过意义或价值把人与自然、人与他人等联系起来。进而，以意义或价值为中心来构建自己的心理观念、生活方式、社会制度等。正是这种以人为中心，从人的立场和视域出发，文化才得以形成，世界及其中的万物才有了人的意义和价值。心理与文化的相互建构是文化心理学的基本观点和研究内容。心理是与外在文化世界相应的内在世界，而外在文化世界是心理这一内在世界的表达或展现。作为一种新的心理学研究思路或方法的文化心理学，心理学研究必须以实际的文化语境为出发点和归宿。由于人生活在一定的文化中，文化是人的生存或存在方式，因此心理学研究必须以文化语境为出发点和归宿，在具体的文化语境中进行研究。采用主位研究方略进行心理学研究。主位研究强调文化心理和行为与当地的社会、文化背景、地理环境和历史语境等有密切的

---

① 葛鲁嘉、周宁. 从文化与人格到文化与自我——心理人类学研究重心的转移 [J]. 求是学刊, 1996 (1) . 27-31.
② 杨莉萍. 当代西方社会心理学的危机与文化转向 [A]. 叶浩生（主编）. 西方心理学研究新进展. 北京：人民教育出版社, 2003. 238-250.

关系，对它的研究应在其中进行。文化心理学研究主要采用这一方略。[①]

生态学取向的心理学研究是立足于共生主义（enactionism）的理念和原则。共生主义强调的是应该把环境与心理理解为交互作用的过程。这种交互作用不仅仅指环境对人的心理的影响，而且指人也会作用于环境的变化。[②] 如果进一步地去分析，就会发现，这种交互的作用实际上就是一体化的过程。这种一体化的过程实际上也就是共同生长的历程，任何一方的演变或发展，都会带来另一方的演变或发展。心理环境的概念就是有关共生历程的最好的描述。在目前的社会和人类的发展进程中，人类已经开始意识到了，现实世界中，没有单一方面的任意发展，没有你死我活的生存竞争，没有消灭对手的成长机会，没有互不往来的现实生活。而是只有互惠互利的彼此支撑，只有共同繁荣的生存发展，只有恩施对手的成长资源，只有互通有无的现实社会。其实，无论是研究自然的、生物的、植物的、动物的、人类的，还是社会的、文化的、历史的、未来的，都要面对各种不同对象之间的关联性。生态学方法论的兴起就是反映了这样的趋势。[③]

显然，心理学由于其自身研究对象的特殊性，而决定了心理学的探索不可能是单一取向的研究。但是，心理学的多元学术取向也并不意味着心理学的分裂。共生的原则给出了一个心理学发展的基本方式。心理学需要整合自己不同的研究取向，需要确立共同促进的整合方式，需要汇集各种不同的学术资源，需要采纳多学科性的探索方法，需要创造多视角化的干预手段，需要把握多取向性的研究思路。关于研究对象的更为全面的理解和阐释，关于研究方式的更为恰当的设置和运用，这才能够推动心理学的合理和快速的进步。

[①] 李炳全、叶浩生. 文化心理学的基本内涵辨析 [J]. 心理科学，2004（1）. 62-65.
[②] Varela, F. J., Thomption, E. and Rosch, E. *The embodied mind: Cognitive science and human experience* [M]. Massachusetts: The MIT Press. 1991. 172-178.
[③] 葛鲁嘉. 心理学研究的生态学方法论 [J]. 社会科学研究，2009（2）. 140-144.

第十章　理解心理学理论建构

有研究认为，可以从心理学研究所指向的对象内容，所立足的核心观点，所确立的研究重心，所偏重的研究内容，去区别和划分心理学研究之中的不同的理论取向或研究范式。因而，可以将心理学的理论取向或研究范式划分为六种。这也就是行为主义的研究取向、心理动力的研究取向、人本主义的研究取向、生物观点的研究取向、认知观点的研究取向、社会观点的研究取向。[①] 不过，这种有关心理学研究取向的界定，实际上还可以按照统一的尺度来进行。并且，还可以按照特定的顺序来加以排列。这也就是生物取向的心理学研究、社会取向的心理学研究、认知取向的心理学研究、行为取向的心理学研究、动力取向的心理学研究、价值取向的心理学研究。作为一门科学，心理学研究的概念和理论是如何形成和建构的。这就要涉及关于心理学的理论建构的考察，更进一步，就包括心理学概念的产生方式和定义方式，也包括心理学理论的构成方式和检验方式。任何心理学的概念或心理学的理论，都有产生和定义、构成和检验的问题。心理学在科学化的历程之中，曾经有过重理论而轻方法的历程，也曾因矫枉过正而有过重方法而轻理论的过程。这都给心理学的探索和研究带来过伤害，从而限制了心理学的正常的发展。

---

① Jarvis, M. *Theoretical approaches in psychology* [M]. London: Routledge, 2000. 6–10.

第一节　心理学理论建构的考察

科学理论是以客体为原型而形成的主体描述客体的模型图景；社会科学理论是以客体为中心而形成的使主体实践活动客体化的叙述图景。一个科学理论的建构首先必须在科学理论的指导下观察客观事实，其次是描摹这个可观察系统，再次是将科学理论模型还原于原型并进行检验，最后是将检验的结果放之于理论场中，受到其他辅助性理论的检验，并看它的覆盖面有多大，只有做到这样，一个科学理论的建构才算比较全面。社会科学理论是主体在征服自然、改造自然过程中的人的社会关系实践的客体化的叙述图景，所展现的是人与人的多重复杂关系，归纳起来为三点：一是时间上的分离关系，指一定时代的主体与不同时期或时代的社会历史运动之间在时间链条上的不同步性；二是空间上的分离关系，指特定地域、国度、民族中的认识主体与其他地域、其他国度和其他民族社会历史客体之间在存在的空间上的异地性；三是存在方式上的异质性，指主体在主体实践活动客体化过程中寻求的语言符号系统、民族心理中文化积淀和传统思想观念的方式，掌握和再现客观对象的方式、方法都各有千秋。

符号化和形式化的人工语言决定了科学理论覆盖面的范围，抽象化和人工化的自然语言决定了社会科学理论覆盖面的范围。科学理论是由科学语言所构成的，它既具有一般语言的特征和功能，又具有作为一种特殊语言的特点。第一，科学语词意义的单义性。科学语词（科学术语）是专门用于科学认识中作为表达科学认识成果意义的固定的词语。例如：电子衍射、波函数、基因等，它们一般不会因科学劳动者的主观意识去影响词义。第二，科学语句意义的确定性。科学语句的确定性是由科学语词的单义性决定的，科学理论通常由科学思想、科学认识过程、科学推理过程、科学命题，科学定理和定律所组成，它们之间是一种确定关系，也就是说任何一个科学劳动者在理解科学语句所陈述的意义时都是相同的。第三，科学语言形式的单纯性。在科学语言中，科学语词意义的固定性、科学语句意义的稳定性，就必然决定着科学语句在结构形式上的单纯性。第四，科学语言具有一定的国际性，国际性的科学语言是以前三者为前提条件的。

科学理论的建构是从假设到定律的纯化过程；社会科学理论的建构是从抽象事实到普遍原理的泛化过程。所谓假说是在科学事实上的猜测，从假说到定律的纯化实质上就是在选择中建构科学理论。科学理论的形成过程是由建构目标（科学理论）—科学定律—科学概念—科学事实组成的能进行循环往复地自我组织、自我调节和自我反馈的动态系统。

一般来讲，形成科学理论的逻辑方法有三种：（一）解释建构法；即在认识秩序上是从个别—特殊——一般，来发展科学理论，也就是说从经验事实到科学定律，然后再建构一定的理论，来解释客观的自然现象。解释建构法是服从于实践的需要而产生的，这种需要常常是从解释新的事实和新的矛盾开始的。（二）模型描述法。这种形成科学理论的逻辑方法是把模型作为原型客体的再现并视为建构科学理论的中介，也就是从认识研究对象的外部表现入手，然后通过分析和综合深入了解事物的内部机制，并为这种内在机制构造一个模型，进而再用这个模型来描述和解释该对象，从而达到现象与本质、内容与形式，必然与偶然之间的有机统一。（三）假说竞争法。科学理论的真理性最终要通过实践来检验，科学理论的发现和形成总要经历一个历史过程。面对主客观条件的限制，对于复杂的科学问题无法一下子就能建立起一种在解释、描述和预测等功能方面都满意的理论来，因而，科学概念和理论的形成都只能在实践中不断前进。

社会科学理论由社会科学事实、社会科学概念、社会科学规则、范畴、规律等所组成。社会科学实际上就是指社会关系之网，社会科学概念、范畴即社会关系之网上的纽结，社会科学规则、规律即贯穿于纽结之间的经纬。如何才能够建构起社会科学的理论呢？一般而言，社会科学理论是由抽象的事实，到普遍的原理的一个泛化的过程，抽象的事实就是从社会关系中找到社会科学理论的生长点，这个生长点是个别和一般、个性和共性、现象和本质、必然和偶然、内容和形式的统一体，是研究的起点，但不一定是逻辑的起点，逻辑的起点是最抽象、最本质、最必然的概括，这必须使后面的概念、范畴、规则、规律包容在逻辑起点之中。①

心理学的理论，以及心理学的各个具体门类或分支的理论，都有其建构、扩展、验证等方面具体的环节。涉及了理论框架的搭建、理论假设的形成、理论检验的方法、理论演进的过程等的一系列不同的方面。考察心理学的理论建构，关联到心理学研究中采用的概念是怎样产生的，是怎样界定的，也关联到心理学探索之中运用的理论是怎样构成的，是怎样检验的。

第二节　心理学概念的产生方式

概念是理论构成的基石或基础。科学理论就是由科学概念组合构成的。当然，涉及概念或科学概念，就会涉及一系列的基本的关系。这是对应的关系，是决定概念的基本内涵和价值的对应关系。那么，主要会涉及如下的三对对应的关系。一是科学的概念与学科的概念，二是科学的概念与常识的概念，三是科学的概念与本土的概念。科学的概念与学科的概念既有重要的联系，也有重要的区别。科学的概念是概念的科学含义，学科的概念则是特定学科分支中有特定领域性的概念。科学的概念与常识的概念既有重要的联系，也有重要的区别。科学的概念是在科学研究中确定其基本含义的，而常识的概念则是在普通人的日常生活中生成和使用的。科学的概念与本土的概念也是既有重要的联系，又有重要的区别。科学的概念是具有跨本土的和普遍性的含义，而本土的概念则是在特定文化圈的文化构成中具有特定的和特殊性的含义。

解释中国本土传统心理学提供的术语可以有分类的角度、考察的角度、解析的角度、评价的角度。那么，分类就有分类的尺度，考察就有考察的尺度，解析就有解析的尺度，评价就有评价的尺度。分类的尺度是不同衡量的尺度。其实，可以从中国本土文化的典籍中，从中国古代学者的学说中，分拣出大量的描述人的心理行为的术语。问题是怎样对这些传统心理学的术语进行分类。这实际上是一个非常重要又非常困难的工作。考察的尺度是不同学科的尺度。仅仅是罗列出涉及人的心理行

---

① 陈波. 科学理论与社会科学理论建构方法比较研究［J］. 求索，1991（5）. 38-41.

为的特定术语，并没有多大的意义。问题是怎样对这些术语进行考察。考察可以有不同学科的尺度。解析的尺度是不同时代的尺度。分析和解释大量的心理学术语，或者说是传统心理学的术语，是一项非常重要的工作。问题是解析必须面临不同时代的尺度。评价的尺度是不同视角的尺度。如何评价中国本土传统心理学的术语，这涉及不同的视角。①

追踪心理学的源流、演变和发展，可以根据不同的线索。其中，非常重要的就是文化的线索。西方的科学心理学可以称为实证心理学，这是起源和发展于西方本土文化的心理学传统。中国的传统心理学可以称为心性心理学，这是起源和发展于中国本土的心理文化传统。其实，在西方的科学心理学或西方的实证心理学中创建和运用了大量的心理学术语或概念，这些术语和概念有其特定的含义和使用的范围。同样，在中国的本土心理学或中国的心性心理学中也创建和运用了大量的心理学术语和概念，这些术语和概念的含义与西方的科学心理学有着根本的和明显的不同。对西方的心理学传统与中国的心理学传统进行比较是非常重要的研究工作。

西方的科学心理学继承了实证心理学的传统，提供了一整套理论、方法和技术，特别是提供了一系列的心理学的概念和概念范畴。例如，实证、实验、心理、人格、生理、性格、感觉、感知、知觉、思维、情绪、情感、思想、本能、心境、动机、意志，等等。这些概念和概念范畴都有其明确的含义或定义。中国本土的心理学传统也可称为心性心理学的传统，其在长期的历史演变和发展中，也形成了自己独特的一整套理论、方法和技术，同样也提供了一系列的心理学概念和概念范畴。例如，体证、体验、心性、人品、生活、品格、感受、感悟、知道、思考、情理、情义、思念、情欲、心情、欲望、意念，等等。

其实，在任何的心理学探索之中，都创造和运用了一系列的心理学的概念和概念范畴。这成为特定的心理学传统的核心内容。如果掌握和理解了这些核心的内容，就可以真正借助于这些心理学的遗产，而促进心理学的当代发展。可以说，中国的本土文化中，并不缺少心理学的资

---

① 葛鲁嘉. 中国本土传统心理学术语的新解释和新用途［J］. 山东师范大学学报（人文社会科学版），2004（3）.3-8.

源，但却缺少对这些传统资源的挖掘和阐释。所以，我国文化传统中有着丰富的心理学传统资源，但却缺乏对这些传统资源的认识；可能有对本土心理学传统资源的认识，但却缺乏对这些心理学传统资源的挖掘；可能挖掘了本土的心理学传统资源，但却缺乏在此基础之上的心理学理论创新。[①]

心理学不同的和多样的概念的提出和验证，都存在着一系列的不同的程序和规范。对于心理学的研究者来说，能够提出自己的概念、新颖的概念、合理的概念和有效的概念，实际上取决于许多方面的理论修养和研究工作。这不仅是关于心理学具体研究对象的理解，而且是关于心理学研究者所具有的理论修养。心理学原始性创新的非常重要的方面就在于提出和形成新的概念，特别是核心的概念。

第三节　心理学概念的定义方式

涉及概念的定义应包括：（1）作为思想单元的概念，指的是思想者个人的观点、见解与知识所构成的概念。这所构成的思想和知识模块并非一定要经过实际客观的验证，有可能会是一些错误的东西，概念的生命期取决于思想者个人头脑中的认知变化。（2）作为知识单元的概念，指的是知识模块的全部特征，在特定的时间经过专业人士或者权威机构一致确认后所形成的概念，这个概念的生命期取决于认知方面的动态变化。（3）作为认知单元的概念，指的是具有生命期的知识单元的概念已经完结，因此，依据认知的动态变化，某些特定的知识特征也会相应地发生变化，其结果是形成新的独立的知识单元。

作为思想单元的概念定义。首先，概念作为"思想单元"也好，作为"心理构想"也罢，其定义都是说只适用于个体的人的思维过程，即思维无疑是与个人相关。这个"思想单元"的概念意义蕴涵着某个特定的人，在自己大脑中所储备的众多的知识单元，可以在思维过程中进行无数的组合调用。其次，在思维过程中，一个概念的各种可能的特

---

① 葛鲁嘉．西方实证心理学与中国心性心理学概念范畴的比较研究［J］．社会科学战线，2005（6）．34-37.

征或者知识模块只可能是部分而非全部地被激活应用。人的思维过程会或多或少地有意识地指向某一个确定的目标并且要达到这一目标。再次，在特定的交际语境中所激活的特征数目与特征的类型会随着语言条件、个人的知识和个人的语言特征而变化。最后，作为思想单元的概念定义，尽管在概念的思维过程中非常重要，但是由于思维属于个人的心理构想活动或者个人的行为，对于专业领域的同一个概念，任何个体的人都难免带有主观的臆断、想法，要达成共识，成为标准规范，似乎缺乏些科学客观的成分，因此，概念作为思想单元的定义需要其他内容的补充与完善。

作为知识单元的概念定义。可以从三个方面来讨论知识单元的概念定义。首先，作为知识单元的概念定义理应包括在特定的时空可以运用的全部概念知识，当然这是一种理想的境地。其次，知识单元的概念可以作为术语分析的基础。这意味着术语工作的结果是以一种"综合一体化"的术语单位的形式反映出来。人们对概念的内容引申、升华、纯净化、标准化的过程即减少个人主观地确认知识特征的过程，也是达成共识，得到专业领域主流公认，实现标准化目标的过程。把概念视为知识的单元意味着在术语分析中要尽量包括全部知识的特征，这样才能够达成术语知识单元综合一体化的目标。最后，根据语用方面的要求，一个综合一体化的术语单位可以拆分为若干个应用型单元。在术语学的研究中，同一个概念属于多个不同的学科领域的认知层面或者概念成分的现象早已屡见不鲜，而且不同学科领域的同一个概念又会对不同的知识特征或者知识模块有不同的侧重点。

作为认知单元的概念定义。首先，概念作为认知单元，是概念动态变化分析的一个不可或缺的工具。概念的动态变化与获得更牢靠稳定的知识意义，实际功能中的概念与概念的生命循环期，这两组关系的认识概念紧密联系在一起。一方面，各个专业领域的研究人员、科技人员的工作目标少不了要对已有的人类知识进行确认、修正、改进与完善，而更为重要的是，要能够不断地创造新的知识。另一方面，在特定的时间内，通过分析概念的功能便可观察到概念动态变化的迹象。其次，将概念作为认知单元，代表着以认知科学为先导的现代术语学派。与传统的术语概念理论不同的是：认知单元是在不断演变的；认知单元具有类典型（prototype）的特征结构，是按照范畴归类；比喻的认知模式在概念的发展中起着重要的作用；一词多义和同义词在概念的认知中有其作用，不可忽略对它们的客观描述；概念范畴中的成员具有家族成员的相似性及模糊性等特征。最后，需要指出的是：代表认知学派的术语学概念理论绝不是传统的术语学概念理论的替代品，认知单元的概念定义是思想单元的概念定义的补充，它们两者不是对立的关系，也不是新的要"颠覆"旧的所谓传统的东西。①

其实，如何界定或定义具体的心理学的概念，特别是那些核心的或关键的心理学的具体概念，这在心理学的发展史中，也曾有过不同的尝试和分歧。操作定义就属于立足于操作主义哲学的概念界定方式。这曾经一度支配了心理学的研究。可以说，心理学新的理论概念的提出和界定，是心理学的思想进步和理论突破的最为基础和关键的方面。心理学理论实际上就是系列心理学概念的系统化。

第四节 心理学理论的构成方式

科学理论既是描述性的，也是说明性的，但不是形而上学的理解。因此，借助归纳法建立的经验归纳结构的科学理论，是由事实和定律所构成。成熟的或高级的科学理论是由科学公理（基本概念和基本假设）、导出命题或科学定律、科学事实等三大板块所组成的，是严密的逻辑演绎体系。

科学理论的性质就在于是描述还是说明。科学回答的问题是有关事件怎样（以什么方式或在什么条件下）发生和事物如何联系的问题。因而，科学家获得的至多只是精确的、综合性的描述体系，而不是说明体系。科学说明必须符合两个特定的要求，即说明的相关性要求和可检验性要求。说明的相关性要求意指，所引证的说明性的知识为人们相信被说明的现象真的出现或曾经出现，提供了有力的根据；说明的可检验性要求意指，构成科学说明的那些陈述必须能够接受经验检验。科学说

---

① 梁爱林. 术语学研究中关于概念的定义问题［J］. 术语标准化与信息技术，2005（2）. 8-15, 20.

明采取两种形式：演绎性说明（deductive explanation）、或然性说明（probabilistic explanation）或归纳性说明（inductive explanation）。广义地说，现代说明理论可以分为演绎主义的、与境主义（contextualism）的和实在主义的三种。对演绎主义者来说，说明一个事件，必定是从一组初始（和边界）条件出发，加上普遍定律，从而演绎出关于该事件的一个陈述；同样，对定律、理论和科学的说明也是借助演绎的小前提进行的。与境主义者认为，说明本质上存在于社会交流中，这种交流发生在讲解者和听讲者之间，通过交流消除了听讲者对某事物的疑惑。一些与境主义者把注意力集中在说明事件的实用方面或社会方面，另一些则集中在说明理由唤起想象力的或启发性的内容上。在实在主义者看来，说明是要对给予说明的现象或事件发生的未知模式所做的一种因果性的说明。

科学理论有其构成的要素。逻辑经验论者对科学理论的要素做过系统的研究，认为科学理论由三部分组成：形式系统、对应规则和概念模型。形式系统是所谓的"假设""抽象演算"，是由逻辑句法以及一组初始概念和公理两部分组成。利用逻辑句法提供的形式规则和变形规则，可以从公理导出理论的全部定理（科学定律）。对应规则即把理论语言同观察语言对应起来，前者的意义可由后者导出。概念模型就是对形式系统作语义解释，是施加于形式系统的初始概念和公理或公设之上，由此使抽象的演算变成具体的科学理论。

科学理论有其基本的结构。在前科学和科学的幼年时期，或者是在一门科学的初创阶段，其理论形态往往是呈现为经验归纳结构。这种结构的科学理论主要由事实和定律两种要素构成。它满足于经验事实的收集、整理、分类和抽象。仅有的科学定律基本上直接从经验事实归纳概括而来，其涵盖性和普适性不是很大。一般而言，假设演绎结构是科学发展到成熟时期的产物，即科学理论开始步入公理化、形式化、系统化的形态。假设演绎结构的理论取代经验归纳结构的理论，可以说是科学发展的必然结果。[1]

心理学的理论建构是心理学探索和研究的最为重要的方面。心理学的发展史常常就属于心理学的理论学说和理论学派的发展史。因此，心

---

[1] 李醒民. 论科学理论的要素和结构 [J]. 中国政法大学学报，2007（1）. 20-30.

理学的发展在某种程度上就是心理学理论的演变。心理学理论的发展就应该成为心理学把握人的心理行为的根本性途径，也正是通过理论描述、理论阐释、理论解说，也才使得心理学有可能去把握、干预、引导、创造人的心理生活。

第五节　心理学理论的检验方式

科学与非科学的划界问题，始终是一个科学哲学中困扰人的举世难题。这个问题的实质就是，要分析清楚科学不同于其他任何非科学的观念形式的基本性质，或者说，就是要划出一个界限来回答"科学是什么"。

逻辑实证主义的划界标准是以"可证实性标准"为基础的。进而，可证实性标准又与特定的"意义"标准相关联。陈述可以分为两大类：有意义的陈述和无意义的陈述。无意义的陈述无所谓真假。有意义的陈述则称为命题，它们有真假之别。一个陈述是否有意义，可通过可证实性标准来区分。有意义的陈述，又可以分为两类。一类是分析命题，另一类是综合命题。这两者的证实方法是不同的。分析命题是分析地可证实的；综合命题是综合地可证实的。所谓分析命题，就是其真假仅以意义的分析为根据而不依事实为根据的命题。相应地，所谓分析真理，就是以意义为根据而不依赖于事实的真理。逻辑实证主义关于科学与非科学划界的理论，就是建立在区分分析命题与综合命题的理论基础上的。这是把可证实性标准与意义标准、划界标准紧密地捆绑起来，其中的核心是可证实性原则。因为按照上述的理解，可证实性既是意义的标准，也是划界的标准。划界标准被看作与意义标准密切关联着的。而其可证实性概念的基础又在于"中性观察"和"归纳合理性"的假定。

一是逻辑实证论的"可证实性"的含义。对于逻辑实证主义学派来说，"可证实性"可以说是其哲学的核心概念之一。逻辑实证主义哲学的最大特色是反对形而上学。进而，其反对形而上学的主要武器就是"可证实性"标准。"可证实性"标准既是其"意义"（meaning）标准，又是其借此区分科学与形而上学的"划界标准"。首先是可证实性的标准与意义的标准就是反形而上学。逻辑实证论所提出的"划界"

问题，其主要目的是要拒斥形而上学，用以揭露形而上学的陈述完全是一些无意义的假陈述，不曾告诉人们任何东西。其次是逻辑实证主义者把有意义的命题分为两类。一类是分析命题，是先天地为真的。因为分析命题实际上是一些重言命题，可以通过意义分析而判定其为真，所以是分析上可证实的。另一类是综合命题，是一些事实命题，因而是经验上可证实的。最后是逻辑实证主义的"可证实性"的含义的演变。早期的逻辑实证主义者强调"可证实性"。但是，可证实性原则很容易受到攻击。所以，一些有头脑的逻辑实证主义者，如艾耶尔等人，在20世纪30年代，就已把可证实性标准实际上修改为了可检验性标准。所谓"可检验"，是意味着"可证实"或者"可证伪"。

二是关于经验上的"可证实"。20世纪20年代末以后，逻辑实证主义者就建立起了"可证实性"的原则。往后争论的焦点就在于探讨"经验上可证实"的含义。一是原则上可证实。逻辑实证主义作为意义标准或划界标准的"可证实性"，只是说的"原则上可证实"（或被否证），而不是实际上被证实。二是"强"可证实与"弱"可证实。早期的逻辑实证主义强调"强可证实"。强可证实当然会遇到困难，所以在后来，逻辑实证主义区分了"强可证实"与"弱可证实"这两个不同的概念。强可证实是指，当且仅当一个命题的真实性在经验中可以被确切证实时，这个命题才是强可证实的。弱可证实是指，一个命题，如果经验能使其成为或然地为真的，那么这一命题是弱可证实的。三是直接证实与间接证实。直接证实是指，一个陈述是直接可证实的，如果其本身是一个观察陈述，或者是这样的一个陈述，即与一个或几个观察陈述之合取，至少可导致一个观察陈述，而这个观察陈述不可能从这些其他的前提单独地推演出来。间接证实是指，一个陈述如果满足下列条件，第一，这个陈述与某些其他前提之合取，就可导致一个或几个直接可证实的陈述，而这些陈述不可能仅仅从这些其他前提单独地推演出来；第二，这些其他前提中不包括任何这样的陈述，其既不是分析的，又不是直接可证实的，又不是能作为间接可证实而可被另有证据地独立证实的。四是"可证实性"与"可检验性"。早期的逻辑实证主义强调可证实性，大有毛病。所以稍后，如艾耶尔等人，就加以改进。艾耶尔认为可证实性，其实是指"可检验性"。五是在可证实性标准中，用来证实经验假设的"基元"是什么？逻辑实证主义强调科学中的理论，原则上都要求具有经验上的可证实性。但是，这经验是指什么？真正能够作为基础性的证实依据是什么？这是一个难题。早期逻辑实证主义者强调，真正能够用来作为证实之基础的是"记录语句"，或是"基本命题"或"基本陈述"。六是记录语句的困境——转向物理主义。由于早期逻辑实证主义者强调记录语句只涉及某个认知主体在特定时空条件下的特定的单一经验内容。这就不可避免地要使其陷入难以自拔的困境。首先，这不可避免地要陷入心理主义。其次，用这种所谓的记录语句作为科学中"证实"的基础，远远地偏离了科学。所以研究者就提倡物理主义。物理主义有两个主要的论题。第一是关于科学语言的统一性论题。强调必须以"主体间可证实"作为有无科学意义的标准。在此基础上，强调的是物理语言是科学统一的语言。第二是断言自然科学和社会科学中的种种事实和规律，至少从原则上都可以从物理学的理论假说中推演出来。所以，这个论题也就包含着科学统一和还原论的思想。[①]

心理学的理论框架、理论假设、理论建构、理论解说、理论突破，等等，都并不是虚构的，而应该都是能够进行相应检验的。心理学的理论假设与心理学的理论检验实际上就是对应的关系。因此，怎样才能够对心理学的理论进行检验就成为关键的方面。可检验性和可证实性对于心理学的理论假设和理论建构来说都是不可或缺的。但是反过来，强调方法优先和方法中心，却常常带来心理学理论的废弃或弱化。这也就是说，心理学的研究取决于理论建构与经验验证之间的平衡性。

---

① 林定夷．逻辑实证主义关于科学与非科学的划界理论 [J]．华南理工大学学报（社会科学版），2007（4）.11-16.

第十一章 理解心理学研究方法

心理学的研究方式和研究方法也可以有本土的特性和特征。方法论的探索是关系到心理学学科发展的核心问题。方法论是任何科学研究的基础。这既是理论的基础，也是方法的基础，技术的基础。心理学的本土化不仅要包括对本土文化中的独特心理行为的研究，而且也要包括对研究方法论的本土化的变革和改进。心理学研究方法有自己的核心理念，有自己的核心内容，有多样化的具体研究方法。心理学的大数据方法则是大数据时代的心理学研究新范式。扎根理论研究方法论是在人文社会科学中使用最广，却误解最深的研究方法论之一。"扎根理论"是一种质化研究的方式或方法，其主要的宗旨是从经验资料的基础之上去建立理论。在心理学的研究中，在心理学本土化的追求中，扎根理论也同样被放置在了一个突出和焦点的位置上。那么，对扎根理论研究的方法论考察，就成了重要的课题。

第一节 心理学方法论本土化

方法论是任何科学研究的基础。这既是理论的基础，也是方法的基础，也是技术的基础。因此，心理学的方法论也是心理学研究的基础。对于不同的本土文化之中的心理行为的研究，也存在着研究方法论的本土化的问题。实际上就是研究方式和研究方法的本土化创造和本土化创新。在心理学方法论本土化的探索之中，心理学的研究方式和研究方法应该是适合于研究本土文化中的本土独特的心理行为的。因而，心理学方法论也就可以有本土的特性和特征。这就是心理学方法学问题或方法论问题的本土化。

　　方法论的探索是关系到心理学学科发展的核心问题。原有的心理学方法论的研究仅仅涉及关于心理学研究方法的探索。其实，心理学研究的方法论应该得到扩展。方法论的探索包括关于对象的立场，关于理论的构造，关于方法的认识，关于技术的思考。[①] 心理学的研究可以包括四个基本的部分：一是关于对象的研究，涉及的是心理学的研究对象，是对心理行为实际的揭示、描述、说明、解释、预测、干预等；二是关于理论的构造，涉及的是有关对象的理论概念和理论阐释；三是关于方法的研究，涉及的是心理学的研究者，探讨的是心理学研究者所持有的研究立场、所使用的具体方法；四是关于技术的研究，涉及的是对所涉及的研究对象的干预和改变。那么，心理学研究的方法论也就应该包括四个基本的方面。一是对关于心理学研究对象的理解。即研究内容的确定，是力求突破对人的心理行为的片面理解。二是关于心理学理论概念和学说的构造。即理论学说的创新，是力争建构关于对象的理论解说。三是关于心理学研究方式和方法的探索。即研究方法的创新，是力图突破和摆脱西方心理学的科学观的限制，为心理学的研究重新建立科学规范。四是关于心理学技术手段的考察。即干预方式的明确，是力争避免把人当作被动接受随意改变的客体。

　　心理学方法论的探讨是关系到心理学学科发展的核心问题。心理学研究涉及的基础的和核心的方面就是方法论的探索。但是，传统心理学中的方法论的探讨主要是考察心理学研究所运用的具体研究的方法。这包括心理学具体研究方法的不同类别、基本构成、使用程序、适用范围、修订方法等。随着心理学发展和进步，心理学方法论的探索必须跨越原有的范围，应该包括心理学关于研究对象的立场，关于理论解说的建构，关于研究方法的认识，关于应用技术的思考。因此，对心理学方法论的新探索，可以说就是反思心理学发展的一些重大的理论问题和方法问题。这些问题的解决关系到中国心理学的发展，而且也关系到整个心理学的命运与未来。

---

　　① 葛鲁嘉.对心理学方法论的扩展性探索［J］.南京师大学报（社会科学版），2005(1).84-88.

心理学本土化，中国心理学的本土化发展，也需要有方法论上的考察、探讨、突破和创新，进而也就需要心理学方法论的本土化。其中，扎根理论的方法论是涉及中国本土心理学的理论创新发展的重要方面。因此，也受到了许多研究者的关注和探讨。这所表明的是，中国心理学的本土化的研究应该通过扎根理论，去寻求自己的理论创新的方法论依据和根基。

因此，立足于中国本土文化的心理学方法论的变革和创新，就是心理学研究的方法论的本土化。这关系到的是心理学的研究方式和研究方法的一系列最为核心的方面和最为基本的理念。在研究对象的本土化进程之中，针对本土的文化心理、本土的文化人格等的研究是非常重要的方面。但是，进一步则是更为重要的研究方式的本土化进程，所针对的则是本土的研究方法论、具体的研究方法的改造和创新。

第二节 研究方法的核心内容

心理学方法论的最为重要的方面之一，就是其在心理学研究中所倡导和持有的有关具体研究方法的核心性理念。这些基本的理念实际上都是心理学的方法论和方法学之中的关于研究方式和研究方法的最为基本的设定，最为重要的方面，最为核心的理念。这些核心理念也就成为心理学方法学和方法论的现实的骨架。从而，也就支撑起了心理学实证研究的基本构造。

心理学研究方法的核心理念或关键内容主要包括了如下的一些基本的方面。这也就是理论研究与实证研究，观察方法与实验方法，自然观察与参与观察，自然实验与控制实验，组内设计与组间设计，前测设计与后测设计，物理痕迹与档案资料，测验信度与测验效度，重测信度与复本信度，分半信度与同质信度，内在效度与外在效度，简单设计与复杂设计，离散变量与连续变量，研究总体与研究样本，描述统计与推断统计，应用工具与应用程序，技术思想与技术手段，统计关系与因果关系。上述的这些基本的方面实际上涉及的是心理学研究方法的主要类型、研究设计、数据获得、统计方法、技术工具、结果把握等的一些最为重要和非常基本的内容。

尽管涉及心理学研究方法的核心内容包括了上述的多样化的方面，但是这些不同的方面所涉及的则是最基本层面或最基本维度的内容。这包括了心理学具体研究之中的有关研究人员的层面，有关研究对象的层面，有关研究方式的层面，有关研究方法的层面，有关技术工具的层面，有关统计方法的层面，等等。因此，心理学具体研究方法的确立、设定、创新、构造、改进、修订、完善，等等，就将会取决于对上述特定内容的明确化。

有研究指出，多年来，一直存在着对心理学学科的狭隘性的不满，认为其过于强调实验研究、实验设计、统计分析，以及立足于自然科学特定理念的认识论。这种不满的结果就是，心理学开始摆脱心理学实验室实验的霸权。那么，生态效度就开始成为强调对更为真实的世界进行研究的理念。这种对更为自然化的心理学的趋向可以是在几个水平上。一是心理学开始对那些在原有的研究中受到忽视的领域变得更加的开放，例如工作对人的自我产生的影响。二是心理学对不同类型的数据收集变得更加的开放，例如现场实验、自我报告，等等。三是研究开始包容更为恰当的被试群体，而不是如原来那样更多运用于学生被试。不过，无论是怎样的变化，心理学研究的一个核心的成分却并没有改变，那就是定量的研究仍然是对数据进行的收集和分析。但是，后实证主义的研究范式，也使得心理学必须去寻求新的研究方法。从而，心理学的方法论就不会是立足于实验室的实验，而是试图去建构一种新的工作方式，使其更加适合于人的心理生活。[①]

有研究探讨了应用心理学的高级研究方法，并系统考察了研究设计、数据收集技术、缺失数据分析、研究结果，等等，这在研究项目中都是内在相关联的。研究讨论了应用科学方法所具有的，对研究者来说是最需要加以考量的，共五个关键的特点：一是可靠的和合理的心理测量，二是足够的和充分的研究样本，三是有关复杂理论的研究证据，四是促进因果概括的研究设计，五是对终端应用者的研究含义。[②]

[①] Smith, J. A., Harre, R., & Langenhove, L. V. (Eds.) *Rethinking methods in psychology* [M]. London: Sage Publications, 1995. 1-3.

[②] Brough, P. (Ed.) *Advanced Research Methods for Applied Psychology* [M]. New York: Routledge, 2018. 12.

正如有研究所指出的，心理学的科学研究方法取决于两个非常最重要的特点。一是依赖于心理学家描述心理行为的经验主义的取向，二是心理学家解释心理行为采纳的怀疑主义的态度。[1] 实际上，也可以按照心理学研究方法的性质和构成，将其区分为描述的方法、实验的方法和应用的方法。描述的方法可以有观察的方法、调查的方法，实验的方法可以有独立组设计、重复测量设计、复合设计，应用的方法则可以有小样本研究，准实验研究，方案评估，等等。

第三节　心理学方法具体类别

在心理学的具体研究之中，研究所采纳或运用的方法是多种多样的，各种不同的研究方法都为心理学的探索提供了重要的途径。当然，划分心理学方法的具体类别，可以依据于不同的尺度来进行，针对的可以是心理学的研究方式和心理学的研究构成。心理学方法的具体类别既可以立足于心理学方法学的基础，也可以立足于对心理学具体研究的基本方法的分类。心理学方法的具体类别也可以是立足于心理学方法学的程序，而对心理学具体研究的基本构成的分类。前者所涉及的是心理学不同的研究方法，后者所涉及的是心理学不同的研究方式。

心理学具体的研究方法都是心理学研究者在实际的心理学研究中所运用的。这可以是分散在心理学的一系列具体的研究课题之中，例如在关于感觉、知觉、记忆、思维、语言、交往等的具体的研究内容，就会涉及各种不同的研究方法。这样的研究方法的探讨已经分属于感觉心理学、知觉心理学、记忆心理学、思维心理学、人格心理学、社会心理学、语言心理学、应用心理学等心理学分支的探讨之中。当然，这也可以是将分散在不同心理学研究领域和研究课题之中的研究方法，集合或整合到心理学方法学的框架之中，而对各种不同的研究方法的分门别类的考察和探索。这也就是将心理学的研究方法划分为了实验的方法、观察的方法、访谈的方法、测验的方法、调查的方法、问卷的方法、个案

---

[1] Shaughnessy, J. J., Zechmeister, E. B. & Zechmeister, J. S. *Research methods in psychology* [M]. New York: McGraw-Hill, 2015. 5-6.

的方法、档案的方法，等等。

有研究阐述了心理学的实验方法，将其看成是科学心理学发展中的根本，认为心理学研究与其他学科的研究密切相关，但也有别于其他学科研究。心理学研究鲜明的特点是方法的独特性。心理学的发展史几乎就是一部心理学方法的发展史。每个重大的心理学发现都离不开心理学研究方法的重大突破。心理学实证研究方法的创立奠定了心理学的科学基础，科学的心理学研究又促进了心理学研究方法的日新月异。科学心理学的重要标志是强调实验方法的使用和对环境变量的控制。

1879年，冯特建立了第一个心理学实验室，使用实验的方法探讨心理现象。经典的实验心理学研究借鉴了化学、物理学、生理学的思想方法，认为复杂的心理可以分解为元素，可以建立外界物理变化与感知变化的公式等。然而，当时研究者认为高级心理过程不能用实验的方法进行研究，因此研究结果主要依靠被试的主观报告。艾宾浩斯因采用实验方法去研究作为高级心理过程之一的记忆，而被载入心理学史册。行为主义心理学家强调研究可直接观察的外显行为，阐明能客观地加以测量的刺激和反应之间的关系，在研究方法上摈弃内省，主张采用客观观察法、条件反射法、言语报告法和测验法。认知心理学突破了行为主义的局限，继承了实验心理学的传统，吸收了计算机科学的研究成果，形成了一套比较完整的研究方法——实验、模拟、理论分析相结合的研究方法。认知心理学与神经科学的结合，将探讨大脑加工过程的生物学方法引入了认知心理学，从而产生了认知神经科学。用电生理方法研究感觉信息如何在动物大脑中表征，用成像方法研究正常人的感觉和其他复杂心理过程。脑成像技术的发展，使科学家实现了观察人脑认知活动的梦想。认知神经科学与分子生物学的结合，促使了认知神经生物学的诞生，使科学家能在分子水平上探索思维、记忆、意识等心理加工过程。

在发展过程中，心理学研究逐渐分化成两大类，即实验室研究和自然实验研究。前者广泛应用于认知心理学等分支，采用反应时、眼动仪、脑电图和脑成像等技术手段，通过严格控制的实验环境和严谨的实验设计排除大量干扰因素，操纵研究者关心的有限自变量的有限水平（分类变量），探索自变量和因变量之间的因果关系。而自然实验研究主要在不加控制或在有限干预的相对自然条件下进行，研究者依照实验计划对社会生活中的行为现象进行搜集、整理和分析，该类研究广泛用于发展心理学、教育心理学、社会心理学等领域。

研究问题、研究假设、研究方法是构成科学研究的三个基本要素。科学研究的主要目的是揭示问题产生的根源，研究问题是科学研究的前提，研究假设是关于研究问题的因果关系的推论，研究方法是检验研究假设的正确与否。因果关系在心理学上被表达为自变量与因变量之间的关系，为获得"纯净"的因果关系的证明，主要的工作是控制那些影响因变量的其他变量——额外变量，科学研究的基本特征——控制也在这里得到充分的体现。因此，围绕自变量、因变量、额外变量之间关系展开的工作就是实验设计的过程。心理学家已经发展出了形式多样的实验设计类型。例如，依据实验中含有自变量的数量多少，把实验分为单因素实验和多因素实验；依据实验中每个因素上分配被试随机化程度，又把实验分为被试内实验、被试间实验以及混合实验。

在数据采集方面，反映内外部刺激引起的心理活动的外部指标有多种，如反应时、正确率、心率、血压、呼吸、脉搏、神经递质成分、激素含量、神经活动的频率与强度、血氧含量，等等，对这些指标加以客观、准确、有效地记录是研究者所期望的。因此，记录手段与技术的改进也一直伴随着心理学研究的发展进程，甚至推动着心理学研究向更深层次的迈进。无论是实验室研究还是自然实验研究，都要基于对实验数据的恰当处理、分析和统计，得到实验结果进而得出理论上的推断。因此，统计方法是心理学研究极为重要的方法学基础，也是使心理学由对现象的简单描述或思辨升华为真正科学研究的重要依靠。由于涉及的变量较少，实验室研究往往采取较简单的方差分析方法作为统计手段；而自然实验研究则依靠更为复杂的回归分析、结构方程等统计方法。新一代统计分析方法最突出的发展是结构方程的发展和应用。结构方程模型拓展了心理学研究的思路，使研究者有可能提出和检验更丰富的假说，使多变量、交互作用、多指标、潜变量的探索成为可能。结构方程模型既可用于实验设计的研究中也可用于非实验设计的研究中。另一个突破性发展是多层分析的理论和方法。多层分析技术解决了困扰社会科学多半个世纪的生态谬误问题，大大减少由于忽略取样的嵌套结构引起的统计误差。[1]

有研究考察了现代心理实验技术的发展与应用。研究指出，认知实验心理范式主要指建立在现代信息加工观点之上的实验技术范式。其主要特点是借助于复杂的实验设计，通过反应时和正确率等较简单的指标，实现对人类心理与行为内部机制的研究。目前，国内外各实验室应用比较广泛的认知实验技术主要包括行为实验技术、眼动实验技术和虚拟现实技术三大类。

认知行为实验法常被称为认知行为实验技术或行为实验技术。目前，此类技术主要是通过计算机来实现心理实验材料的编辑与制作、实验参数控制、实验过程与实验设计控制、被试信息与实验数据的采集与初步处理等的全过程，既可以使心理实验标准化，同时也尽可能避免各种可能影响实验结果的额外因素对实验结果造成的不利影响。

眼动研究是通过眼动仪记录被试在完成心理任务时眼球运动的信息来研究相关的心理活动及规律。如通过记录被试的注视时间与频率、眼跳次数与角度、回扫次数、兴趣区（AOI）眼球运动轨迹等客观指标，探索人的心理现象和活动规律。眼动在心理学研究方面的应用主要集中在阅读心理、图形认知、广告心理和交通心理等方面。眼动在应用领域的研究也很成熟，如工效学、广告学、航空、医学和体育等都有诸多的应用研究。

虚拟现实是指用计算机生成一种特殊环境，人可以通过使用各种特殊装置将自己"投射"到这个环境中，并操作、控制环境，实现特殊的目的，人是这种环境的主宰。从本质上来说，虚拟现实是一种先进的计算机用户接口，是通过给用户同时提供视觉、听觉、触觉等各种直观而又自然的实时感知交互手段，最大程度地方便用户操作。一般来说，一个完整的虚拟现实系统由虚拟环境，以高性能计算机为核心的虚拟环境处理器，以头盔显示器为核心的视觉系统，以语音识别、声音合成与声音定位为核心的听觉系统，以方位跟踪器、数据手套和数据衣为主体的身体方位姿态跟踪设备，以及味觉、嗅觉、触觉与力觉反馈系统等功

---

[1] 舒华、周仁来等．心理学实验方法：科学心理学发展的根本［J］．中国科学院院刊，2012（增刊）．188-208.

能单元构成。

认知神经科学被视为21世纪的领头学科，同时也是代表当前科学心理学最先进研究理念和最高研究水平的一种研究范式。目前，认知神经科学常用的研究技术主要可分为脑成像技术和脑损伤技术两大类。在脑成像技术中，以功能磁共振成像（fMRI）、事件相关电位（ERP）、脑磁图（MEG）、正电子发射计算机断层显像（PET）、近红外光谱技术（NIRS）等五大技术最受欢迎和重视。脑损伤技术主要是通过虚拟脑损伤的方法来实现的，但是这种脑损伤是暂时的、可逆的，目前主要是通过经颅磁刺激（TMS）技术来实现。这一技术最大的优势在于能够通过对大脑活动进行短暂干扰，从而建立"虚拟的脑损伤"条件来帮助考察大脑功能与行为反应之间的因果联系。[1]

在心理学关于人的心理行为的研究中，有统称的描述的方法。这通常被认为是关于心理行为的科学描述，而描述的方法则又是通过一系列具体的研究方法所体现的。这包括了心理学研究所运用的观察、调查、问卷、个案以及档案的方法。这些描述方法使得研究者可以对具体的研究内容进行把握。

观察的方法在心理学的研究中，被看成是描述的方法。有研究对于生活之中的普通人的日常观看与心理学者作为科学家的科学观察之间进行了区分。日常的观看常常是带有偏见的，是主观的，也不会有细致的记录。科学的观察则是精确界定的，是客观的，并会有仔细的记录。观察方法的原始目标就是要尽可能全面地和精确地描述心理行为。心理学家关于人的心理行为的观察是针对的样本，并且力求该样本能够代表人的普遍的心理行为。同时，心理学家所面对的另一个挑战是，尽管需要对心理行为进行全面和完整地描述，但是心理行为却是依赖于环境和条件而不断变化的。要完成关于心理行为的描述，就要跨越不同的情境和时间。因此，观察就是发现心理行为方式根源的第一步。[2]

观察的方法可以按照研究者在观察中所进行的干预程度来进行分

---

[1] 曾祥炎. 现代心理实验技术的发展与应用 [J]. 心理技术与应用，2013（1）. 32-36.

[2] Shaughnessy, J. J., Zechmeister, E. B. & Zechmeister, J. S. *Research methods in psychology* [M]. New York: McGraw-Hill, 2015. 83.

类，也可以按照心理行为得到记录的方式来进行分类。通常可以将观察划分为非干预观察和干预观察。非干预观察是指研究者或观察者不加以干预的自然情境之中对心理行为的观察，因此这也被称为日常环境中的系统观察。干预观察则是依赖于研究者或观察者研究心理行为的目的、所观察的心理行为的性质、所进行的具体研究的创见。之所以要进行干预，就只在于认为促使和引起的事件在自然情境之中是很难发生的或很难观察的，就只在于通过系统地改变刺激来考察心理行为反应的结果，就只在于通过对于研究者或观察者是不开放的情境或事件，就只在于通过安排和控制在先的事件来使在后的心理行为得到观察，就只在于通过操纵不同的自变量来确定对心理行为的不同的影响。干预观察包括参与性观察、结构性观察、田野性实验。无论是非干预观察还是干预观察，都涉及在观察时对心理行为进行记录，需要对具体情境和心理行为进行完整和系统的描述。记录可以采取多种多样的形式，包括笔录、录音、录像等。记录最为重要的就是确定描述的单位，这可以通过确定清单和量尺来进行，所需要的是记录的清单，以及记录的量尺。例如，被试的年龄、性别、种族、地点、时间等静态的清单，被试的特定的活动、行为、互动等动态的清单。再如，心理行为所发生的时间、频度、等级等不同的量尺。这就要涉及取样的技术：例如对心理行为进行取样，包括时间取样和事件取样；再如对具体情境进行取样，这可以提高观察研究的外在效度。运用观察的方法最后则涉及对观察资料进行必要的分析，进行必要的归纳概括。

调查的方法在心理学的研究中，也是属于描述的方法。观察更适合的是关于个体的心理行为的记录和研究，以及关于小群体的了解和考察。但是，人的心理行为包括更为宽广的范围、人群、事件，也还包括更为内隐的感受、观点、思想。因此，心理学家、社会学家和政治学家，还常常采取调查的方法，去了解那些更大范围的和更为隐秘的心理行为。调查通常都要涉及被调查者的取样。

问卷的方法在心理学的研究中，是最为常用的调查研究的工具。一个问卷可以设定六个基本的步骤。一是确定寻求或获取什么信息；二是确定或使用什么类型的问卷；三是设计或提出问卷的问题，这包括问题的格式和顺序；四是重新考察或修正问卷，要保证问卷的问题是客观的和清晰的表述，最好是由专家来进行审查；五是对问卷进行预先的检验，即将问卷先在小范围或小样本进行运用；六是对问卷进行校订，并最终确定问卷使用的程序和说明。问卷的问题可以是开放性的，也可以是封闭性的。前者不容易评分，而后者则容易评分。

个案的方法在心理学的研究中，也是基本的调查研究的方法。个案研究的特点就只在于可以是针对单一个体所进行的深入和系统的描述和分析。个案的研究能够运用观察、访谈、个人资料、档案记录等各种不同的研究方法，针对个体进行的系统和深入的追踪性的了解和考察。这常常由人格心理学家、儿童心理学家、临床心理学家、犯罪心理学家、社会心理学家等所运用。个案的方法可以用来提出新的研究假设、考察独特而稀有的心理现象、尝试进行独特的研究创新、对研究假设进行挑战，对行为通则的研究补充。当然，个案的方法也有许多的弱点和不足，如难以得出普遍性的因果结论，很容易出现研究的偏差和多样的结果。

档案的方法在心理学的研究中，也是基本的调查研究的方法。档案是对个体或群体的活动所进行的记录。这可以包括连续性的记录和不连续性的记录。传媒的档案信息非常丰富，是重要的信息来源。这可以包括报纸、电视等不同的媒体形式。对于档案资料是需要进行内容分析的。当然，档案的方法也是有其优缺点的。档案的缺点就包括了，档案都是有选择的积累，档案也是有选择的存留，档案的记录是有着时代的印记的，档案也非常容易进行造假。

在心理学关于人的心理行为的研究中，还有通常的实验的方法。这通常被认为是关于心理行为的因果关系，而实验的方法则又是通过设计和构造人工的情境，而分离出需要考察的变量，并通过操控变量来把握和解释变量之间的关系。实验的方法包括了独立组设计、被试内设计、复杂设计。

在心理学关于人的心理行为的研究中，还有统称的应用的方法。有研究探讨了应用心理学的高级研究方法。该研究的目的就在于，帮助应用研究者去理解和掌握相应的研究方法。这包括了应用研究设计、数据收集技术、缺失数据分析、最终研究结果，等等。所有的这些方面又都是内在彼此相关联的。从而，最后能够形成高质量的研究。研究共涉及了应用心理学及其相关领域之中关键和流行的主题。该研究的内容共分成了四个基本的部分。一是起步的内容。所涉及的是初始研究的计划和重要研究的设计，研究的被试取样技术，研究的伦理和法律问题，研究的技术工具。二是数据的收集。考察了十种最常用的数据收集方法。这其中就包括元分析方法；档案数据的运用；质化研究方法，个体面谈、小组座谈、专家征询的方法；实验和准实验研究设计；民意调查和网络研究；评价认知过程；纵向数据收集；日记研究；事件案例；电话访问；组织干预设计。三是真相数据分析。包括对待缺失数据的不同方法，准备分析数据，内容分析和主题分析，进行真实的统计分析，中介效应检验，自举置信区间，结构方程建模，多水平建模，经由社会网络分析的数据评价。四是研究传播。怎么写作论文，怎么发表成果和怎么组织报告。[1]

应用心理学对问题的解决，建立在对问题的了解基础之上。有了对问题的透彻的了解，才有可能解决好问题。当然，了解问题，就要确定所要了解的问题的内容范围。应用心理学对问题的了解，可以采纳任何适用的方法，或者是多种方法的综合运用。那么，按照所用方法的定性和定量的程度，或者按照所用方法的粗略和精确的程度，可以运用如下的一些方法。这包括叙说分析、经历分析、话语分析、深度访谈、问卷调查、量表测量、实验研究，等等。当然，无论在应用研究中使用什么方法来确定和了解心理行为的问题，其目的都是为了解决问题。

心理学的应用研究或应用心理学的探索和研究，实际上同样可以采纳心理学研究的一般的方法论和具体的研究方法。心理学的这些方法论原则和具体的研究方法就有可以支撑起心理学的应用研究。当然，心理学的方法论探讨其中就包含了有关心理学的生活应用和技术应用的理解和探讨。这成为应用心理学的最为基本的研究方法论。

运用心理学的特定的研究方法去考察和研究人的心理行为，实际上都具体化为特定的研究程序。研究程序含纳了具体的心理学研究的全过程，包括研究的选题、研究的被试、研究的内容、研究的方法、研究的

---

[1] Brough, P.（Ed.）*Advanced Research Methods for Applied Psychology－Design, Analysis and Reporting*［M］. New York：Routledge, 2018. 1-3.

数据、研究的统计、研究的结果、研究的伦理等一系列具体的和重要的方面。

第四节 心理学的大数据方法

人类社会的发展从农业化、工业化、信息化到大数据，经历了阶段性、转折性和进化性的历程。大数据时代是一个新时代的到来，也带来了心理学研究的新范式。大数据就是指对数量大、类型杂的海量数据进行数学分析，以描写现状、发现问题、预测趋势的一种挖掘数据潜在价值的信息科技与思维方式。大数据时代的量化世界观就是数字化和数据化。大数据思维具有整体性、多样性、平等性、开放性、相关性和生长性等特征，从本质上来说是一种复杂性思维。大数据技术的兴起对传统的科学方法论带来了挑战和革命。大数据时代给科学本身所带来的是科学研究更为重视和趋向系统性、多元性、共生性。大数据时代给心理学学科所带来的是心理学自身的开放化、资源化、创新化。大数据时代给心理学研究所带来的是生成性、未来性、预见性。大数据时代给心理学应用带来的是掌控性、引领性、智慧性。

人类社会的发展从农业化、工业化、信息化到数据化，经历了阶段性的、转折性的和进化性的历程。大数据时代就是这种发展进程中的新的时代。在这个进程之中，心理学也随之而有了自身的变化和革新。因此，了解大数据时代和了解大数据时代的心理学，就成为心理学研究者的重要任务。英国学者舍恩伯格等出版的《大数据时代：生活、工作与思维的大变革》一书，揭示了一个新时代的到来。该著作表明了，大数据所带来的信息风暴正在变革人们的生活、工作和思维，大数据开启了一次重大的时代转型。书中用三个部分讲述了大数据时代的思维变革、商业变革和管理变革。[①] 中国心理学会的学术期刊《心理科学》编辑部，为了纪念发刊50周年，提供了心理学具有前瞻性的50个课题。其中，第48题就是"大数据时代下的心理学研究的新范式"。该课题

---

① ［英］舍恩伯格、库克耶（周涛等译）. 大数据时代：生活、工作与思维的大变革［M］. 杭州：浙江人民出版社，2013.

表达的是：计算机信息科学技术的发展使得记录人类日常心理和行为成为可能，脑成像技术的普及使得多模态的神经影像数据库实现共享。需解决的关键问题有：如何动态、实时获取人的行为数据？如何把社会感知计算技术、数学模型建构与心理学研究成果紧密结合，通过大数据揭示人类社会内在活动规律，预测人的心理与行为模式，并为个体或群体的心理健康、决策、社会安全等提供服务？如何建立正常人的心理与神经常模，发现个体毕生发展中的关键期，并对异常行为和脑功能障碍提供预警？①

很显然，大数据时代已经到来了，这也必然会带来对心理学学科、研究和发展的重要或重大的改变。因此，了解大数据时代的基本特征，把握大数据时代的科学发展，掌控大数据时代的心理学的走向，促进大数据时代的心理学的应用，就成为对于心理学具有重要意义的研究课题。

一　大数据时代的基本特征

大数据就是指对量大、类型杂的海量数据进行数学分析，以描写现状、发现问题、预测趋势的一种挖掘数据潜在价值的信息科技与思维方式。随之带来的还有一系列相关概念，数据重组、数据折旧、数据废弃、数据价值、数据估价、数据独裁、数据偏执、数据仓库、数据安全、数据挖掘，等等，合并构成了当下最时尚的IT语境。

有研究探讨了风靡世界的著作《大数据时代》，认为量化世界观重要的实证基础就是量化一切，这与"数字化"和"数据化"两个概念与技术的不同或差异直接相关。数字化即用数字符号来表征事物和现象，是数据化的前提。数据化则是将所有数字转化为可以参与计算的变量，信息也就成为可以进行统计或数学分析的数量单元。以量化方式表达万物，或者说世界的本质就是数据，不仅是今天时代才具有的特征。只是今天因为信息技术的发展，更逼近了这一本质而已。②

大数据是数据科学的一个研究领域。研究大数据要从受（数据采集）、想（数据分析）、形（数据重构）、识（数据挖掘）等四个方面

---

① 《心理科学》编辑部. 心理科学研究50题［J］. 心理科学, 2014（5）. 1030-1038.
② 赵伶俐. 量化世界观与方法论——《大数据时代》点赞与批判［J］. 理论与改革, 2014（6）. 108-112.

来进行，从而获得认识现实世界的大智慧。数据科学涉及数据采集、描述、表示、分析、重构、理解、演绎、挖掘等部分。大数据与传统的数据科学的差异主要在于：数据的异源、异构、不能直接嵌入经典的数学空间、含有深层的隐藏信息，以及与已获得的经验数据的联系、融合。这是大数据研究的挑战性所在。受是数据采集，想是数据分析，形是数据重构，识是数据解读。[①]

大数据正在扑面而来，世界正急速地被推入大数据时代。随着大数据时代的来临，人类的思维方式也将产生巨大的改变，因此必须从以往的小数据思维迅速转换成大数据思维，以适应这场急速的变革。大数据思维具有整体性、多样性、平等性、开放性、相关性和生长性等特征，从本质上来说它是一种复杂性思维。大数据思维获得了技术上的实现，因而影响更加巨大和深远。

大数据是一个总称性的概念，从中还可以细分为大数据科学、大数据技术、大数据工程和大数据应用等领域。随着大数据时代的来临，人类的思维方式必然会产生革命性的变革。这些变革主要表现在如下几个方面。第一是整体性。随着大数据的兴起，整体和部分终于走向了统一。大数据理论承认整体是由部分组成的，但面对大数据，不能用抽样的方法只研究少量的部分，而让其他众多的部分"被代表"。在大数据研究中，不再进行随机抽样，而是对全体数据进行研究。第二是多样性。承认世界的多样性和差异性，在大数据时代，随时随地都在产生各类数据，而且这些数据没有统一要求或标准，五花八门。按大数据的视野看来，这些数据虽然没有标准化，但依然是宝贵的资源，无论是标准的还是非标准的数据都有其存在的理由。大数据时代真正体现了百花齐放的多样性，而不再是小数据时代的单调乏味的统一性。第三是平等性。各种数据具有同等的重要性，由原来的等级结构变成了平等结构。第四是开放性。一切数据都对外开放，没有数据特权。第五是相关性。关注数据间的关联关系，从原来的凡事皆要追问"为什么"，到现在只关注"是什么"，相关比因果更重要，因果性不再被摆在首位。第六是生长性。数据随时间不断动态变化，从原来的固化在某一时间点的静态

[①] 吴宗敏. 大数据的受、想、形、识 [J]. 科学，2014（1）. 37–41.

数据，到现在的随时随地采集的动态数据，在线地反映当下的动态和行为，随着时间的演进，系统也走向动态、适应。

大数据思维从本质上来说就是复杂性思维。简单性科学与复杂性科学在世界观、本体论、认识论和方法论等诸多方面都有着根本性的差别和革命性的转换。简单性科学到复杂性科学可以体现为五个方面的转变。一是本体信念的转变，是从要素世界到网络世界，从统一世界到多元世界，从客观实在论到主观实在论，从坚信世界的简单性到承认世界的复杂性。二是认识方向的转变，是从客观自然知识到包含社会知识，从单一逻辑到多种逻辑的对话，从分析思维到整体思维，从现实主义到工具主义。三是共有价值的转变，是从简单性到复杂性，从确定性到不确定性，从统一性到多样性，从科学预测到科学解释。四是方法特性的转变，是从由上而下的演绎体系到由下而上的归纳实践体系，从受控实验到进化模拟，从普遍性知识到地方性知识，从基于数学推导的定律到基于规则的实验模拟。五是符号表达的转变，是从以方程式表达到计算指令表达，从线性的静态性到非线性的动态性，从平衡的稳态到创造性的远离平衡态，从因果性到涌现性。[①]

大数据时代的最为基本的特征就在于人类面对着海量化、细分化、定位化的数据。数据的海量化意味着数据的量级的增长和扩展，对于海量的数据，无论是心理学研究者，还是心理学研究，都必须从根本上改变自己的思维方式和研究方式。数据的细分化则意味着大量或海量的数据实际上是指向于特定的领域和特定的对象。数据的定位化则意味着数据本身是关联着特定的内容和特定的关系。

二　大数据时代的科学发展

大数据时代给科学的发展和研究带来了新的条件和新的背景。这无论是给科学研究的思想理论、研究方式、具体方法和应用技术，都带来了改变。在大数据时代，科学发展和科学研究必须进行自己的重新定向和定位，必须进行自己的中心调整和资源配置。

知识图谱在图书情报界也称为知识域可视化或知识领域映射地图，

[①] 黄欣荣. 大数据时代的思维变革 [J]. 重庆理工大学学报（社会科学），2014（5）. 13—18.

是通过可视化技术，描述知识资源及其载体，挖掘、分析、构建、绘制和显示知识及知识发展进程和结构关系的一系列图形化方法。该方法是一种多学科融合研究方法，将应用数学、图形学、信息可视化技术、信息科学等学科的理论与方法与计量学引文分析、共现分析等方法结合，用可视化的图谱形象地展示学科的核心结构、发展历史、前沿领域以及整体知识架构，从而为学科研究提供切实的、有价值的参考。[1]

大数据，一般意义上，是指无法在可容忍的时间内用现有 IT 技术和软硬件工具对其进行感知、获取、管理、处理和服务的数据集合。所谓数据"大的程度"是数据关联复杂度×价值尺度×发掘难度。大数据具有的 4V 特性（Volume 规模巨大，Velocity 速度极快，Variety 模态多样，Veracity 真伪难辨），导致的规模与复杂度所带来的技术挑战主要集中在数据的异构性和不完备性、数据处理的实效性、数据的隐私保护、大数据价值服务的有效性发掘、大数据的再分析处理等方面。

首先，大数据带来的科学问题是数据本身的复杂性。传统意义上的量或规模已经不再是衡量复杂性的第一要素，复杂关联与聚集阵发使得数据复杂性远远超过规模所带来的复杂性。为此，需要针对大数据的复杂性，探明网络大数据复杂性的内在机理。其次，大数据带来的科学问题是数据计算的复杂性。研究网络大数据的计算复杂性问题，阐明大数据科研的新型计算范式，主要涉及大数据表示、数据流计算及其特点（一次存取、有限存储、快速响应、内存计算、非停机计算等）。再次，大数据带来的科学问题是数据处理的复杂性。研究网络大数据的来源，即处理网络大数据的系统的复杂性问题来提升处理系统整体的效能评价与优化能力。最后，大数据带来的科学问题是数据学习的复杂性。大数据对传统机器学习表示及计算方法提出了挑战，也为以数理统计为手段的研究带来了可能的样本数据前提条件。针对大数据机器学习的理论假设，需要对复杂模型还是简单模型做出进一步选择研究；针对大数据机器学习的建模问题，也有数据模型和特征模型这样两个切入点，同时还有统计与逻辑的融合是否能增强模型能力的考虑；针对数据学习的样本

---

[1] 王新才、丁家友. 大数据知识图谱：概念、特征、应用与影响[J]. 情报科学，2013（9）.10-14.

来源，也有随机和并行采样的不同。

科研范式的发展，经历了四个阶段。第一个阶段是以小数据定量为特征的实验型科研，这已有几千年的历史。第二个阶段是以思想模型为要义的理论型科研，这也已经有了数百年的历史。第三个阶段是以复杂模拟为代表的计算型科研，这是近几十年发展起来的。第四个阶段是以大数据为基础的数据密集型科研，这是新出现的一个发现的时代。

面向大数据领域的主题知识体系模型，是网络大数据科研第四范式的基础与核心，那么如何构建大数据的主题知识，成为大数据科研第四范式的关键。只有面向领域—论域—主题知识，才便于研究大数据之间的关联关系，发现业务协作关系，发掘服务价值；才能研究大数据的分析和语义内容理解；才能研究异域、多源异构大数据之间的业务关联分析，发掘隐含的巨大价值服务。[1]

社会科学研究的是人，以及人所在的群体、组织和相互关系。社会是由人和关系所组成的，而社交网络为人们提供了在线交流和信息传播，人们的在线社会化生活，使社会化媒体形成新的媒介生态环境，社交媒体为人们构建了一张巨大的社会网络，且不断演化。关键是这些演化的信息都被记录下来，网络科学和社会网络分析成为大数据分析的重要技术和方法论，网络科学让社会科学能够更好地观察到人类社会的复杂行为模式。如果能够从大数据中捕捉某一个个体行为模式，并将分散在不同地方的信息数据，全部集中在大数据中心进行处理，就能捕捉群体行为。所以，有种说法，大数据时代也是社会科学研究的春天。

在大数据时代，社会科学理论更需要思考突变理论，解决人们如何理解微小作用导致社会突然变化的机理开拓道路；混沌理论提出了复杂而不断变化的系统，即使其初始状态是详尽了解的，也会迅速进入无法精确预知的状态；复杂性理论表明在大量个体各自按照不多的几条简单规则相互作用时，解释如何从中产生出秩序与稳定。[2]

大数据时代给科学的发展所带来的是科学研究更为重视和趋向系统

---

[1] 何非、何克清. 大数据及其科学问题与方法的探讨 [J]. 武汉大学学报（理学版），2014（1）. 1-12.
[2] 沈浩、黄晓兰. 大数据助力社会科学研究：挑战与创新 [J]. 现代传播，2013（8）. 13-18.

性、多元性、共生性。所谓系统性所强调的是，心理学的学科和研究都应该重视和强调心理学对象和心理学学科的完整系统。所谓的多元性则是强调心理学研究的思想、理论、原则、方式、方法、技术、工具的多样化和多样性。所谓的共生性则是重视心理学研究的彼此匹配、相互促进、互为依赖和共同成长。

三　大数据时代的心理科学

大数据技术的兴起对传统的科学方法论带来了挑战和革命。大数据方法论走向分析的整体性，实现了还原论与整体论的融贯；承认复杂的多样性，地方性知识获得了科学地位；突出事物的关联性，非线性问题有了解决捷径，由此复杂性科学提出的科学方法论原则通过大数据得到了技术的实现，从而给科学方法论带来了真正的革命。

小数据指的是数据规模比较小，可以用传统的工具和方法就足以进行处理的数据集合。后来，随着科学的发展，数据量有了比较大的增加，为了处理这些当时看来的"大数据"，统计学家创造了抽样方法，由此解决了数据处理难题。现在的大数据却是真正的海量数据，各种数据的差别又特别巨大，用抽样方法也难以处理，只能用现在的数据挖掘和云计算、云存储等新技术才能解决。因此，从广义上来说，大数据实际上指的是一种新的数据世界观，将世界上的一切事物都看作由数据构成，一切皆可"量化"，都可以用编码数据来表示。

大数据技术革命还将为科学研究提供新的思维方式和新的科学方法，因此大数据技术必然会对传统的科学方法论产生巨大的挑战，带来科学方法论的革命。大数据权威论述了大数据带来的三大思维变革，即要全体不要抽样，要效率不要绝对精确，要相关不要因果。这三大思维变革如果更具体化地落实到科学方法论上，必然会对传统的科学方法论产生革命性的转变。

随着科学问题的日益复杂，特别是面对有机世界的各种生命现象，还原论显得越来越力不从心，各种问题和矛盾越发突出。20世纪80年代，基于超越还原论的复杂性科学逐渐兴起，并被英国著名物理学家霍金称为21世纪的科学，而将以前的所有基于还原论的科学都被称为"简单性科学"。在大数据中，整体和部分都有了科学、具体的所指，整体和部分的关系是一个具体、实在的关系。这样，在大数据技术中，由于处理了所涉问题的全部数据，这就让整体论中所说的全面、完整把握对象有了科学的表述并落实到了具体的数据。大数据技术把语境性知识、地方性知识、多样性知识统统纳入知识的范围，科学不再挑三拣四，不再排斥异己，而是体现了更多包容心。大数据技术带来的第三个方法论革命就是凸显事物间的相关关系和非线性特征，而不再特别关注其因果关系。①

大数据时代给心理科学所带来的是心理学学科和研究的开放化、资源化、创新化。开放化是指，心理学原来为了保证自己的学科纯洁性和科学性，而封闭了自己的边界，隔绝了与外部的紧密联系，现在进入了大数据时代，就必须要开放自己的学科边界，强化自身与外部环境和与其他学科的联系。资源化是指，心理学探索和研究应该将与自身相关联的方面都转换成为自己可以运用的学术资源、思想资源、理论资源、学科资源。创新化则是指，心理学必须依赖于学科和学术的创新，来保证自己的发展方向。

四　大数据时代心理学研究

大数据条件下科学研究的一些新特征：（1）当数据的规模达到一定阈值之后，数据自会发声，并且涌现出在小数据条件下无从显现的性质；（2）因果关系的偏好，可能是小数据条件下人们认知世界不得不选择的一种简化思维的研究模式，大数据时代，与空间分布和时间延续结合的关联关系，可能比传统的因果关系，更精准地解读世界；（3）对数据问题而言，传统的自然科学与社会科学的划界，可能不再具有实质的意义，只需从复杂的关系或复杂的网络中能够获取数据，技术上的处理不再需要更多关于对象特性的假设前提。

传统的技术条件只能使人们获得小样本、静态的个体或社会关系的数据，不得不简化社会研究对象的特征，人们更多地依赖假设、直觉和经验解释社会问题，其准确性和可信度自然大打折扣。因此，有人认为基于大数据的社会研究，是一种新的研究范式，它代表着全新的研究视野和理论基础，依据截然不同的操作方法，它将重组探索世界的学科分

---

① 黄欣荣. 大数据技术对科学方法论的革命［J］. 江南大学学报（人文社会科学版），2014（2）.28-33.

布,从而成为人类继定性研究、定量研究和计算机仿真研究之后的第四种探索世界的研究范式。

解读社会问题的大数据类型包括:(1)交互数据。基于互联网络的各种社交媒体和基于电子信息的各类交易平台,显然能够产生反映社会个体交往和交易的实时数据。(2)内容数据。大数据时代,不管人们愿意不愿意,个体的信息状态实际上更为透明,为了更为便捷和精准地互动,个体实际上需要在虚拟或真实空间中,有效标识其性格特征、消费偏好、价值取向、文化品位等信息,个体信息未必都会划入隐私范畴,其中一部分信息恰恰是需要彰显的个性。(3)时空数据。时空数据与前述的交互数据和内容数据连用,人们可以挖掘出个体和群体特性极为精致的信息和知识。数据公开、信息透明、相互确认和彼此选择,个体或群体之间就能够衍生出更为有效、丰富的盈利或公益性的交往模式,人类的才智和财富就能够形成更多样化的组合结构和进化路径。(4)分层数据。其实,人类社会的变化及特性,是其个体、群体、社会及其环境等不同系统层面之间复杂互动的涌现性质,理解其性质需要不同层面大数据的支持。这包括个体的微观信息,呈现个体、群体及人类社会的特征及变化方式的信息,来自自然和工程系统及其与社会系统的关联的信息。(5)进化数据。上述各类数据按时间序列聚类、存储和分析,将得到社会进化演变的动态信息,对历史的呈述,将不再是直觉假设或逻辑推理,而是数据呈现的历史进程,这也是呈现历史最为直接的方式。

可以预期,由于处理异构大数据的技术手段的通用性,未来社会科学、自然科学的界限将会淡化,并统一表现为复杂巨系统的认知问题。[1] 这对于本来就处在自然科学、社会科学和人文科学交叉点上的心理学学科来说,更应该接受这样的一种重要和重大的改变。

大数据时代给心理研究所带来的是生成性、未来性、预见性。生成性所强调的是心理学研究必须摆脱依赖、模仿和照搬。这也就是将心理学的研究对象和研究方式都确定为是生成的历程。创造性的生成不仅是

---

[1] 徐磊.大数据基础上的社会认知[J].中国电子科学研究院学报,2013(1).23-26.

研究对象的特性，而且也是研究方式的特性。未来性所强调的是心理学研究不仅要着眼于过去，更要着眼于未来。应该将变化、演变、发展、成长确立为是心理对象和心理科学的本性。预见性则意味着面对着生成和未来的各种不确定性，面对着发展和改变的各种可能性，应该能够增进对确定性的长远的把握。

五 大数据时代心理学应用

大数据时代的思维方式变革，呈现出追求全样本、接纳混乱性、关注相关性等特征。从哲学的层面来分析，全样本所体现的是开放系统的理念，肯定了事物作为系统与其环境之间存在的物质、能量和信息的交流，强调了事物自身演化发展的可能性。混乱性是与大数据相伴生的，接受混乱性是挖掘数据中隐含的潜在价值、对事物的演化发展做出精确预测的基本途径。相关关系是大数据时代统计因果关系的体现，这是由全样本系统、混乱性数据自身的非定域性及其与数据采集、分析过程的不可分离性所决定的，是在技术层面据以预测事物演化发展的前提。大数据时代思维方式变革的哲学意蕴还体现在科学研究范式的转化、人生态度的转变等方面。

首先是小样本与全样本。从科学层面看，小样本和全样本的区别仅仅在于信息科学的发展所提供的样本数据量的变化、样本分析工具的变化。从哲学层面看，小样本和全样本的区别不仅在于样本数据量大小的不同，而且在于研究事物的思维方法的哲学基础不同。小样本遵循的是一种传统、封闭、静态地看待事物的理念。全样本遵循的是现代、开放、动态地看待事物的理念。其次是精确性与混乱性。大数据时代，混乱是数据规模扩大的逻辑前提和必须付出的代价。只有接受不精确性，才能打开一扇从未涉足的世界的窗户。再次是因果关系与相关关系。在大数据时代，知道是什么就够了，没有必要知道为什么。人们开始注重相关关系，而不再像小数据时代那样一定要追寻因果关系。大数据时代的相关关系分析，是克服因果探寻传统思维模式和特定领域里的固有偏见、深刻洞悉数据中潜藏的奥秘以进行科学预测的有效途径。[①]

---

① 宋海龙. 大数据时代思维方式变革的哲学意蕴［J］. 理论导刊, 2014（5）. 88-80.

正如有研究者所指出的，大数据在科学领域的表现就是数据科学的兴起，数据科学将逐渐达到与其他自然科学分庭抗礼的地位。这就是用数据研究科学，实际上也就是科学的研究数据。① 数据既成为可为人所用的社会性资产，也成为科研体系中的数据科学。例如，可以通过大数据，来考察文化和文化环境。② 当然，也有研究者对于作为连接理论与实践的大数据提出了各种质疑。③ 有研究者对分析大数据的平台进行了考察。④

大数据时代给心理应用带来的是掌控性、引领性、智慧性。大数据时代使得心理学的生活和社会应用具有了更为广阔的空间，也带来了各种不同的可能性，那么最为重要的就在于心理学的社会掌控能力的提升。这可以体现为对个体的心理和社会的生活的引领作用。这种引领性就在于心理学在自己的生活和社会应用中，可以把握未来的生活走向，可以引导心理的成长路径。智慧性则在于在多样的数据呈现，在多种的数据迷宫之中，心理学能够提供最佳的和最优的生活方式和学科道路。这也就是说，心理学不仅要提供专业的知识，而且要提供明智的选择。

可以说，大数据时代为心理学的发展和进步带来了新的机遇。当然，心理学在自身的发展选择和过程中，也面临着各种不同的陷阱和诱惑。如何将新时代变成心理学学科自身新发展的促进，也就成为心理学学科和心理学学者的最为重要的任务。很显然，在大数据时代，面对大数据时代的召唤，怎样来定位心理学的发展，怎样来把握心理学的进步，怎样来促进心理学的应用，怎样来引领心理学的未来，是心理学研究和心理学探索所必须面对的巨大挑战。

---

① 赵国栋等. 大数据时代的历史机遇——产业变革与数据科学 [M]. 北京：清华大学出版社，2013. 286.

② Bail, A. C. The cultural environment: measuring culture with big data [J]. *Theory and Society*, 2014 (3-4). 465-482.

③ Fan, W. F. & Huai, J. P. Querying Big Data: Bridging Theory and Practice [J]. *Journal of Computer Science and Technology*, 2014 (5). 848-868.

④ Singh, D. & Reddy, C. K. A survey on platforms for big data analytics [J]. *Journal of Big Data*, 2014 (1). 1-20.

第五节　扎根理论方法论研究

扎根理论是在许多学科的研究中都得到过运用的研究方法论。当然，在心理学的研究中，也曾经有过不同心理学研究分支中的学者，对扎根理论进行过引入、介绍、考察、探讨和采纳。这被看作从经验资料之中去建构理论的一种独特的方法和方法论。当然，扎根理论通常是在社会科学性质的心理学研究中得到运用的，这也常被看成是质化的研究方法。

一　扎根理论方法论滥觞

扎根理论方法论（grounded theory methodology）属于质化研究的范畴，目前在社会科学研究中使用最为广泛，也得到了研究者专门的探讨，并已经有了较为深入的考察。[1] 但是，因为扎根理论的多样化的建构和操作方法的复杂化的存在，扎根理论研究方法论是受到误解最深的研究方法论之一。当然，扎根理论本身也被看成是重要的研究方法论，而得到了研究者细致和深入的探讨。这也就在很大程度上将扎根理论扩展到了许多不同的学科研究之中，并成了一种独特的研究方法论。

在现有的研究方法论文献中，存在着不同的扎根理论研究方法论。格莱瑟（B. G. Glaser）和斯特劳斯（A. Strauss）在他们出版的《发现扎根理论：定性研究的策略》专著中，对扎根理论进行了最早的阐述。全书共分成三个部分。一是通过比较分析生成理论：包括生成理论，理论取样，从实体理论到形式理论，定性分析的不断比较的方法，分类和评估比较研究，阐述和评估比较研究。二是资料的灵活运用：包括定性资料的新来源，定量资料的理论阐释。三是扎根理论的含义：包括扎根理论的可信性，对扎根理论的分析，洞察和理论的发展。[2]

斯特劳斯和科宾（J. Corbin）在《定性研究基础：发展扎根理论的技术和程序》的著作中，共分三个部分系统考察了扎根理论。该著作

---

[1] Charmaz, K. *Grounded theory: A practical guide through qualitative analysis* [M]. London: Sage Publications Ltd., 2006. 4–8.

[2] Glaser, B. G. and Stauss, A. L. *The discovery of grounded theory: Strategies for qualitative research* [M]. New York: Aldine de Gruyter. 1867. 8.

包括了如下的基本内容：一是基本的考虑，包括导言，描述、概念序列、理论化，理论化的定性和定量的相互作用，实践的考虑。二是编码程序，包括对资料的微观考察的分析，基本操作，提出了问题和进行了比较，涉及了分析工具，开放编码，主轴编码，选择编码，加工编码，条件和序列矩阵，理论取样，备忘录和图表。三是获得的结果，包括写作的论文、著作和关于本研究的讨论，评价的标准，学生的问题及回答。[1]

在国内目前关于扎根理论的介绍中，有对国外的学者的系统研究的翻译介绍。[2] 关于扎根理论在不同的学科和不同的研究中的具体运用，也有着相关的探讨。例如，有的研究就涉及了扎根理论在深度访谈中运用。[3] 在国外关于扎根理论的研究中，有研究者则把扎根理论方法论看成是或当成是方法论的解释学。[4]

有研究者对质性研究中传统的扎根理论方法和新兴的势头正劲的解释现象学分析进行比较，尤其是考察了二者在抽样、资料收集和资料分析等方面的差异。扎根理论和解释现象学分析都认为研究应该是一个动态的过程，强调研究者悬搁先定的假设和框架，通过对资料的分析结合对自身的反省，以深入探讨现象的意义。在具体的操作思路方面，扎根理论的抽样是针对同一个社会过程的现象有不同经验的参与者，而解释现象学分析则由于更关注于个体对经验的理解方式，所以抽样主要是经历过同一经验的同质性样本，并且一般来说样本量较小。在资料分析方面，由于扎根理论追求生产适合资料的理论，所以分析是遵守细致的操作程序，并且是限定在资料中的。而解释现象学分析更偏重于灵活性，并没有提出分析的具体操作程序，在分析中也允许研究者在一定范围内偏离初始问题，关注资料分析过程中显现的新奇主题，并认为这些被参

---

[1] Strauss, A. and Corbin, J. *The basics of qualitative research: Techniques and procedures for developing grounded theory* [M]. Newbury Park, CA: Sage. 1998. 12-13.

[2] 卡麦兹（边国英译）. 建构扎根理论——质性研究实践指南 [M]. 重庆：重庆大学出版社，2008.

[3] 孙晓娥. 扎根理论在深度访谈研究中的实例探析 [J]. 西安交通大学学报（社会科学版），2011（6）. 87-82.

[4] Rennie, D. L. Grounded theory methodology as methodological hermeneutics [J]. *Theory and Psychology*, 2000（10）. 481-502.

与者忽略的新奇的主题更可能带给人们熟悉的生活经历以不平常的意义。①

有研究者从认识论的层面比较了实证研究与质性研究的差异，重点介绍了作为质性研究方法的扎根理论的源起、理论基础和研究程序。表明扎根理论为质性研究的理论建构、为填平经验研究与理论研究之间的鸿沟提出了一整套程序与技巧。当然，该研究是着眼于扎根理论的研究方法对于传播研究的方法论和弱势群体研究所具有的有益启示。研究指出了，由于过分强调经验观察与实验，实证研究受限于经验及理论模式，缩小了研究的范围。对方法的执着及对思辨的避讳也同样使得实证研究技术化，趋于烦琐而难有长足进步。

质性研究有以下特性：一是透过被研究者的视角看待社会，只有掌握被研究者个人的解释，才能明了其行事的动机。但是，这并不意味可以否决研究者"二度建构"的可能。二是研究过程的情境描述被纳入研究中，场景描述能够提供深层发现。三是将研究对象放置在其发生的背景和脉络之中，以对事件的始末做通盘的了解。四是质性研究具有弹性，任何先入为主的或不适当的解释架构都应当避免，采用开放或非结构方式。五是质性研究的资料整理主要依赖分析归纳，先使用一个大概的概念架构，而非确切的假设引领研究，然后再依研究的发现而归纳成主题。在理论形成方面，扎根理论提供了分析、描述及分类的方向。

扎根理论就是为了填平理论研究与经验研究之间存在的令研究者非常尴尬的鸿沟。这为弥补质性研究过去只偏重经验的传授与技巧的训练，而提供了一套明确的和系统的策略，以帮助研究者去思考、分析、整理资料，挖掘并建立理论。扎根理论严格遵循归纳与演绎并用的科学原则，同时也运用了推理、比较、假设检验与理论建立。扎根理论是一个一面搜集资料，一面检验假设的连续循环过程，研究过程中蕴含着检验的步骤。扎根理论的主要目的在于在理论研究与经验之间架起一道桥梁，其严格的科学逻辑原则、开放的理论思考、研究多组、多变量复杂关系的视野，以及在实际工作中开展研究过程，都为质性研究的理论建

---

① 潘威. 扎根理论与解释现象学分析的比较研究 [J]. 西华大学学报（哲学社会科学版），2010 (3). 112-116.

构提供了一个发展的空间。①

扎根理论的方法论已经在许多学科的学术成长和理论发展中，得到了越来越广泛的关注和重视。这成为寻求理论突破的一个重要的选择点或突破口。在心理学的研究中，在心理学本土化的追求中，扎根理论也同样被放置在了一个突出和焦点的位置上。那么，对扎根理论研究的方法论考察，就成了重要的课题。

二 扎根理论方法论要素

有研究指出，在现有的研究方法论的文献中，至少存在着三个扎根理论研究方法论的版本：一是格莱瑟和斯特劳斯的原始性版本（original version）的扎根理论；二是斯特劳斯和科宾的程序化版本（proceduralized version）的扎根理论；三是查美斯（K. Charmaz）的建构论版本（constructivist's approach to grounded theory）的扎根理论。对于运用不同版本扎根理论的研究者而言，鉴于在社会科学中，研究范式、学科背景、探索领域、面对问题等方面的差异，学术界在扎根理论的版本选择问题上，还缺乏基本的共识。

按照相关学者的研究，扎根理论研究方法论的要素，涉及了一系列相关的重要方面。这些方面对于理解和把握扎根理论研究的方法论，以及采纳和运用扎根理论研究的方法论，都是非常重要的。这实际上可以体现在许多不同学科的研究中，也包括在心理学的具体研究之中。

一是阅读和使用文献。文献回顾可谓是扎根理论研究方法论较之其他研究方法论最具差异性和争议性的研究步骤。避免一个特定的、研究项目之前的文献回顾，其目的是让扎根理论研究者尽量自由、开放地去发现概念、研究问题并对数据进行分析。这样做也是为了防止已知的文献对后来数据分析和解读所带来的影响或误导。在研究开始就把已知文献放在一边，同时也容许研究者进行理论取样并不断进行其他相关数据比较。

二是对象和自然呈现。通过对不断涌现的数据保持充分的注意力，以便使研究者保持开放的头脑来对待研究对象所涉及的问题，而不是囿

---

① 王锡苓. 质性研究如何建构理论？——扎根理论及其对传播研究的启示 [J]. 兰州大学学报（社会科学版），2004（3）.76-80.

于研究者本身的专业领域，这是扎根理论研究者所要具备的基本条件之一。

三是理论和行为模式。这是对现实存在的，但不容易被注意到的，相关的心理和行为模式进行概念化。扎根理论是提出一个自然呈现的、概念化的和互相结合的、由范畴及其特征所组成的行为模式。形成这样一个围绕着一个中心范畴的扎根理论的目标，既不是描述，也不是验证。其目的就在于形成新的概念和理论，而不仅仅是描述研究发现。原则上讲，扎根理论研究分析的社会世界中所存在的实证问题，是在最抽象的、最概念化的和最具有结合性的层面。

四是分析和社会过程。扎根理论是对抽象问题及其（社会）过程（processes）进行的研究，而并非问卷调查和案例研究等描述性研究那样针对（社会）单元（units）的研究。扎根理论的分析关注重点是社会过程分析（social process analysis），而非大多数社会学研究中的社会结构单元（social structural units），例如个人、团体、组织等。所以，扎根理论研究者所形成的是关于社会过程的范畴，而非社会单元。基本的社会过程（Basic Social Process）可以分为两种：基本的社会心理过程（Basic Social Psychological Process）和基本的社会结构过程（Basic Social Structural Process）。后者有助于在社会结构中存在的基本社会心理过程的运作。

五是数据和基本要素。在扎根理论研究方法论中，所有的一切都是数据。这个要素是极其重要的。在这个研究方法论中，数据包含了一切，可以是现有文献、研究者本身，涉及研究对象的思想观点、历史信息、个人经历。无论使用什么研究方法，研究者本身的主观参与都是一直存在的。

六是广泛和普遍适用。扎根理论可以不受时间、地点和人物等方面的限制。正如上述社会单元和社会过程之间的分析比较中所指出的，扎根理论因其侧重于对社会心理或结构过程的分析，故可以不受时间、地点或人物的限制。扎根理论可以跨场景、跨人物和跨时间加以应用。与其他的研究方法论有所不同的是，扎根理论研究的成果所具有的基本的特点应该是可推广性（generalisability）、可覆盖性（coverage）、可转移性（transferability）和可持久性（durability）。①

有研究对扎根理论在科学研究中的运用进行了分析。研究指出，扎根理论方法对资料的分析过程可以分为三个主要步骤，依次为开放性译码、主轴译码和选择性译码。这三重译码虽然在形式上体现为三个阶段，但实际的分析过程中，研究者可能需要不断地在各种译码之间来回转移和比较以及建立连接。

开放性译码的程序为定义现象（概念化）—挖掘范畴—为范畴命名—发掘范畴的性质和性质的维度。经过以上的第一层译码分析，得出的概念和范畴都逐次暂时替代了大量的一手资料内容，对资料的提炼、缩编和理解也在逐渐深入，继而分析和研究复杂庞大的资料数据的任务转而简化为考察这些概念，尤其是这些范畴间的各种关系和联结。

主轴译码是指通过运用"因果条件—现象—脉络—中介条件—行动/互动策略—结果"这一典范模型，将开放性译码中得出的各项范畴联系在一起的过程。主轴译码并不是要把范畴联系起来构建一个全面的理论架构，而只是要发展"主范畴"和"副范畴"。换言之，主轴译码要做的仍然是发展范畴，只不过比发展其性质和维度更进一步而已。

选择性译码是指选择核心范畴，将其系统地和其他范畴予以联系，验证其间的关系，并把概念化尚未发展完备的范畴补充整齐的过程。该过程的主要任务包括识别出能够统领其他所有范畴的"核心范畴"；用所有资料及由此所开发出来的范畴、关系等，扼要说明全部现象，即开发故事线；继续开发范畴使其具有更细微、更完备的特征。选择性译码中的资料统合与主轴译码差别不大，只不过它所处理的分析层次更为抽象。②

很显然，扎根理论的方法论有其基本的程序和步骤。这在具体的研究之中，都是可以依据的方面和内容。那么，无论是哪一种版本的扎根理论，上述的所提取出来的要素实际上都是可以采取的。这都可以成为心理学研究之中采纳扎根理论方法论的基本的程序和步骤，并通过这样

---

① 费小冬.扎根理论研究方法论：要素、研究程序和评判标准［J］.公共行政评论，2008（3）.21-43.

② 李志刚.扎根理论方法在科学研究中的运用分析［J］.东方论坛，2007（4）.80-84.

的程序和步骤完成相关的研究。

三 扎根理论方法论评判

有研究详尽考察了扎根理论的基本思路和具体方法。该研究认为，"扎根理论"（grounded theory）是一种质化研究（qualitative research）的方式或方法，其主要的宗旨就是从经验资料的基础上去建立理论。研究者在研究开始之前，一般并没有理论假设，而是直接从实际观察入手，从原始资料中归纳出经验概括，然后再上升到理论。这是一种从下往上建立实质理论的方法，即在系统收集资料的基础上去寻找反映社会现象的核心概念，然后通过这些概念之间的联系建构相关的社会理论。扎根理论一定要有经验证据的支持，但扎根理论最主要的特点不在于其经验性，而在于扎根理论是从经验事实中抽象出新的概念和思想。在哲学思想基础上，扎根理论方法基于的是后实证主义的范式，强调对目前已经建构的理论进行证伪。

扎根理论的基本思路主要包括如下几个方面。一是扎根理论特别强调从资料中提升理论，认为只有通过对资料的深入分析，才能逐步形成理论框架。这是一个归纳的过程，从下往上将资料不断地进行浓缩。与一般的宏大理论不同的是，扎根理论不对研究者自己事先设定的假设进行逻辑推演，而是从资料入手进行归纳分析。二是扎根理论特别强调对理论保持敏感性。由于扎根理论的主要宗旨是建构理论，因此扎根理论特别强调研究者对理论的高度关注。不论是在研究设计阶段，还是在收集分析资料的阶段，研究者都应该对自己现有的理论、对前人的理论以及对资料中呈现的理论保持敏感，注意捕捉新的建构理论的线索。三是不断比较的方法。扎根理论的主要分析思路是比较，在资料与资料之间、理论与理论之间不断进行对比，然后根据资料与理论之间的相关关系提取出有关的类属及属性。四是理论抽样的方法。在对资料进行分析时，研究者可以将从资料中初步生成的理论作为下一步资料抽样的标准。这些理论可以指导下一步的资料收集和分析工作，如选择资料、设码、建立编码和归档系统。五是灵活运用文献。使用有关的文献可以开阔视野，为资料分析提供新的概念和理论框架。但与此同时，也要注意不要过多地使用前人的理论。

扎根理论的操作程序一般包括如下的方面。一是从资料中产生概念，对资料进行逐级登录；二是不断地对资料和概念进行比较，系统地询问与概念有关的生成性理论问题；三是发展理论性概念，建立概念和概念之间的联系；四是理论性抽样，系统地对资料进行编码；五是建构理论。力求获得理论概念的密度，理论内部有很多复杂的概念及其意义关系，应该使理论概念坐落在密集的理论性情境之中。力求获得理论概念的变异度。力求获得理论概念的整合性。①

应该说，在社会和行为科学的研究中，关于研究方法也是非常重要的。在运用不同研究方法的研究中，理论也同样是不容忽视的。正如研究者所指出的："在科学中，理论占有极其重要的地位。事实上，经过证实的科学理论就是科学知识的本身。而从比较广阔的观点来看，理论至少具有以下几项重要的功能：一是统合现有的知识，二是解释已有的事项，三是预测未来的事项，四是指导研究的方向。"②

心理学的本土化，本土心理学的研究，需要扎根理论的方法论。③ 可以说，在心理学本土化的历程中，科学的创意、研究的突破、思想的创造、理论的建构，等等，也同样都是至关重要的。这几乎决定了本土心理学的实际的走向和未来的前途。因此，在本土心理学的研究中，扎根理论受到了研究者的极大关注和认真对待。杨中芳就把扎根理论研究法归类在了本土化心理学的研究方法中，指出了扎根理论方法与其他的方法不同，在于扎根理论方法的主要目的是理论的发展建构，而不是验证已发展完成的理论。同时，运用这一策略得到的理论抽象性及普及性都比较低，是属于解释具体内容之说法型的理论。④

显然，心理学本土化的理论研究所希望的是，理论的建构能够直接来自关于本土心理行为的资料，而不是从外来的理论中去借用和引申。当然，扎根理论也会有严重的问题，那就是会在经验资料的基础之上，忽视其他的学术性资源。本土的心理学资源会提供基本的理论框架、基

---

① 陈向明. 扎根理论的思路和方法 [J]. 教育研究与实验, 1999 (4). 58-63.
② 杨国枢等（主编）. 社会及行为科学研究法（上册）[C]. 重庆：重庆大学出版社, 2006. 26.
③ 黄囇莉. 科学渴望创意、创意需要科学：扎根理论在本土心理学中的运用与转化 [A]. 本土心理学研究取径论丛（杨中芳主编）. 台北：远流图书公司, 2008. 233-270.
④ 杨中芳. 本土化心理学的研究方法 [A]. 华人本土心理学（上册），重庆：重庆大学出版社, 2008. 115-116.

本的理论预设、基本的理论前提、基本的理论建构。这是本土心理学的学术性创新或原始性创新的基础。扎根理论希望抛弃原有的学术基础或理论预设，但如果因此而抛弃了自己的学术资源或理论资源，就会得不偿失。这实际上在以往本土心理学的研究中，已经得到了明证。

第十二章 理解心理学应用技术

心理学研究包括了基础部分和应用部分。心理学的应用是通过技术的方式来进行的，涉及心理学应用的技术基础、技术思想和技术手段。对于心理学的应用研究来说，强化心理学的技术考察是非常重要的学术目标。在心理学的方法论的探讨之中，包含了关于心理学应用技术的考察。[①] 这涉及心理学研究有关技术理念的生态学的方法论，[②] 也涉及心理学研究划分的类别与优先的顺序。[③] 心理学的应用研究有特定的理论、方案和领域的问题。[④] 心理学的技术研究有需要关注的核心问题。[⑤] 心理学的技术应用也有独特的途径和方式。[⑥] 例如，心理学研究中的体证和体验的方法。[⑦] 心理学应用的核心部分是技术基础、技术思想和技术手段。心理学应用的技术基础涉及科学与技术之间的关系。科学与技术的目的、对象、语汇和规范都存在着不同。这也体现在心理学学科中的科学与技术之间的不同。心理学应用的技术思想涉及心理学的

---

① 葛鲁嘉. 对心理学方法论的扩展性探索 [J]. 南京师大学报（社会科学版），2005（1）. 84-88.

② 葛鲁嘉. 心理学研究的生态学方法论 [J]. 社会科学研究，2009（2）. 140-144.

③ 葛鲁嘉. 心理学研究划分的类别与优先的顺序 [J]. 吉林师范大学学报（人文社会科学版），2005（5）. 15-18.

④ 葛鲁嘉. 心理学应用的理论、方案和领域研究 [J]. 河南师范大学学报（哲学社会科学版），2004（6）. 168-172.

⑤ 葛鲁嘉. 浅论心理学技术研究的八个核心问题 [J]. 内蒙古师范大学学报（哲学社会科学版），2005（4）. 34-38.

⑥ 葛鲁嘉. 心理学技术应用的途径与方式 [J]. 科学技术与辩证法，2008（5）. 66-70.

⑦ 葛鲁嘉. 体证和体验的方法对心理学研究的价值 [J]. 华南师范大学学报（社会科学版），2006（4）. 116-121.

理论研究、方法研究和技术研究的顺序。心理学研究应有的顺序是技术、理论和方法。这是技术优先的思考。心理学应用的技术手段涉及体证的方法与体验的方法。

第一节　心理学应用的技术基础

科学是科学共同体采取经验理性的方法而获得的有关自然界和社会的规律性和系统化的知识体系。技术也是一种特殊的知识体系，一种由特殊的社会共同体组织进行的特殊的社会活动。技术知识体系包括设计、制造、调整、运作和监控各种人工事物与人工过程的知识、方法与技能。

科学的目的与技术的目的并不相同。科学的目的与价值在于探求真理，揭示自然界或现实世界的事实与规律，求得人类知识的增长。技术的目的与价值则在于通过设计与制造各种技术工具或人工事物，以达到控制自然、改造世界、增长社会财富、提高社会福利、增加人类福祉的目的。

科学的对象与技术的对象并不相同。科学的对象是自然界，是客观的独立于人类之外的自然系统，包括物理的系统、化学的系统、生物的系统和社会的系统。科学就是要研究它们的结构、性能与规律，理解和解释各种自然现象。技术的对象则是人工的自然系统，即被人类加工过的、为人类的目的而制造出来的人工物理系统、人工化学系统、人工生物系统和社会组织系统，等等。

科学的语汇与技术的语汇并不相同。科学与技术在处理问题和回答问题时所使用的语词方面有很大的区别。在科学中只出现事实判断，从来不出现价值判断和规范判断，只出现因果解释、概率解释和规律解释，不出现目的论解释及其相关的功能解释。因而，科学只使用陈述逻辑。技术回答问题就不仅要使用事实判断，而且要进行价值判断和规范判断，不仅要用因果解释、概率解释和规律解释，而且要用目的论解释和相关的功能解释。

有研究指出，技术哲学问题涉及下列六个方面的内容。一是技术的定义和技术的本体论地位，二是技术认识的程序论，三是技术知识结构论，四是常规技术与技术革命，五是技术与文化，六是技术价值论与技术伦理学。[1]

在学术界一直就存在着技术"中性论"与技术"价值论"之争。那么，技术到底是价值中立的，还是负载价值的，这是一直都没有厘清的问题。纵观技术"中性论"者与技术"价值论"者的观点，不难看出，之所以有这样的争论，主要是源于对技术本质的不同理解。换句话说，技术中性论者与技术价值论者眼中的技术可能是根本不同的，两者之间存在着"知识分裂"，而这一点可能正是造成技术中性论者与技术价值论者不能达成观点共识的根本原因。

在技术工具论者看来，技术即工具、手段，技术工具论者并不否认技术的应用和技术的应用后果是有善恶之分的，是存在价值判断的，但技术本身即技术工具、手段却是价值中立的，中立的技术工具只有效率高低之分，这不应该从善恶等价值尺度出发去衡量，而应该把技术本身同技术应用区别开。

技术建构论与技术决定论的技术价值观是价值论。技术价值论主要表现为社会建构论和技术决定论两种观点。从社会建构论者对技术本质的理解出发，自然会得出技术是负载价值的结论。现代技术自主地控制着社会和人，决定着社会发展和人类命运。技术成为一种强大的力量，左右着人类的命运，技术的发展和进步无须依赖人类的力量和社会的因素，技术有着自身的独立的意志与目的，负载独立于人的客观存在的价值。

技术过程论的技术价值观是主张内在价值与外在价值的统一。从过程论的观点来看，显示技术最初表现形态的技术发明不是单纯的手段，而是合目的的手段，手段承载了人的目的，因此也就承载了人的价值。体现在技术手段中的人的价值也是潜在的，是没有成为现实的价值，因此技术发明不仅体现了内在的真价值，同时也体现了潜在的外在的社会价值。从技术发明到生产技术是技术形态又一次转化，从技术发明转化为生产技术的过程，是技术的社会价值实现的过程，即技术原理与技术

---

[1] 张华夏、张志林. 从科学与技术的划界来看技术哲学的研究纲领[J]. 自然辩证法研究，2001（2）. 31-36.

发明中所承载的潜在价值转化为现实的过程。①

很显然，心理学的社会和生活的应用是通过心理学的技术创造、技术发明、技术系统和技术工具等来实现和达成的。因此，心理学要想扩大自身的社会和生活的影响力，就需要确立应用的技术基础和完善具体的应用技术。心理学应用技术的发展就取决于支撑心理学的技术研究、技术发明和技术创造的基础。关于心理学技术基础的探索和奠定，就给了心理学的生活应用的技术发展一个更为广阔的空间。

第二节 心理学应用的技术手段

有研究认为，应该确立现代心理技术学的心理学研究门类。这是应用现代心理学原理及心理测验、测量、统计等技术手段，研究社会生活实际部门中个体和群体心理问题的综合的应用理论学科。就个体来说，这是人员心理素质测评技术。人员心理素质测评是对人的心理属性的量化研究，就是运用心理测量、测验的方法对各类人员进行心理过程与特质的测量和评价。就群体来说，这是社会心理测查技术。社会心理测查是对社会中群体的心理倾向性进行测量与调查。心理倾向主要包括社会需要心理、对人与事的态度、群体人际关系等。就个体和群体的心理失常来说，这是心理咨询与治疗技术。心理咨询通过心理商谈，使咨询对象的认识、情感、态度等有所变化，从而能适应环境保持身心健康。心理治疗则运用心理学理论和技术，矫治心理、行为障碍、精神（心理）疾病。就经济是个体和群体的社会活动中心说，这是经济心理技术。②

有研究阐述了心理技术学的基本构成，认为心理技术学应该是一个完整的系统体系。这个完整的系统体系应该包括如下的三个子系统：实验心理技术系统、心理测量技术系统和心理训练技术系统。实验心理技术系统的实验手段包括了仪器、设备、器械、实验装置和相应工具，现代实验心理学除自身不断创造先进的仪器外，还广泛使用相关学科的先

---

① 张铃、傅畅梅.从技术的本质到技术的价值[J].辽宁大学学报（哲学社会科学版），2005（2）.11-14.

② 杨鑫辉.略论现代心理技术学的体系建构[J].心理科学，1999（5）.455-456.

进仪器进行研究。心理测量技术体系包括智力测量体系、人格测量体系、非智力因素测量体系、能力倾向测量体系和神经心理测量体系，等等。心理指导与训练技术系统又分为三个子系统：心理硬技术体系、心理软技术体系、心理技术经济体系。心理硬技术体系运用现代各种物质性技术手段，构建心理硬技术系统。如物理的、工程、生化、医学、生理、计算机等领域的物质手段综合利用，进行心理学服务体系构建，提高服务的物质化水平。心理软技术体系是将心理科学知识转化为应用心理的技能与技巧，不能是经验的东西，而是要建构成套的完整技术体系。心理技术经济体系是进行心理技术的开发，培育心理技术的市场，增强心理学自身的应用功能，增进心理学自身的发展动力。同时，心理技术市场机制的调节作用，又会促进心理指导和训练的技术水平的提高。[1]

　　实证与体证是相互对应的，实验与体验是相互对应的。这也就是说，现代科学心理学中的实证的方法是与本土传统心理学中的体证的方法相对应的，现代科学心理学中的实验的方法是与本土传统心理学中的体验的方法相对应的。正是在科学心理学诞生之后，实证的方法和实验的方法就成为确立和保证心理学科学性的最为基本的准则。[2] 这也是考察西方心理学的研究进展的重要的方面。[3] 实证和实验方法的运用也成了对文化心理进行研究和考察的核心。这体现在关于文化与自我的研究之中。[4] 体现在文化心理学研究中的质化研究方法的运用中。[5] 也体现在文化心理学研究的核心原则、基本理念和思想预设之中。[6] 那么，除此之外的另类方法或内省方法就被抛弃到了非科学的范围之中。受到

---

[1] 罗杰等. 论建构中国心理技术学体系 [J]. 贵州师范大学学报（自然科学版），2002（1）.110-113.

[2] 郭本禹（主编）. 当代心理学的新进展 [M]. 济南：山东教育出版社，2003.176-177.

[3] 叶浩生（主编）. 西方心理学研究新进展 [M]. 北京：人民教育出版社，2003.18.

[4] Markus, H. R., & Kitayama, S. Culture and the self: Implications for cognition, emotion, and motivation [J]. *Psychological Review*, 1991（2）.224-253.

[5] Ratner, C. *Cultural psychology and qualitative methodology* [M]. New York: Plenum Press. 1997. 8.

[6] Shweder, R. A. *Thinking through cultures: Expeditions in cultural psychology* [M]. Cambridge, MA: Harvard University Press. 1991. 35.

连带的影响，体验和体证的方法也就没有了存在的根基。因此，发展中国本土心理学的十分重要的任务是对心理学研究的方法论进行扩展。

在中国本土的文化传统中，倡导的是天人合一、心道一体的基本理论设定。所谓的天人合一或心道一体，强调的是不要在人之外或心之外去寻求所谓客观的存在。道就在人本身之中，就在人本心之中。那么，人就不是到身外或心外去求取道，而是反身内求。所以说，人就是通过心灵自觉或意识自觉的方式，直接体验到并直接构筑了自身的心理。中国本土文化中的心理学传统所确立的是内省的方式。这种内省方式强调了一些基本的原则或基本的方面。这是理解体证或体验方式的最为重要和无法忽视的内容。这就是内圣与外王，修性与修命，渐修与顿悟，觉知与自觉，生成与构筑。

但是，体验的方法则有所不同。体验是人的心理所具有的一个十分重要的性质。所谓的体验就是人的有意识心理活动把握心理对象的一种活动。这不仅仅是关于对象的认知，关于对象的理解，也包含关于对象的感受，关于对象的意向。体验的历程也是人的心理的自觉活动，人的心理的自觉创造，人的心理的自主生成。人通过心理体验把握心理自身时，可以是一种没有分离感知者与感知对象，没有分离认识者与认识对象的活动。在这样的心理活动中，人是感受者，是体验者。

体证的方法与体验的方法体现出来的是如下几个方面的特性或特征。首先，体验是一体性的。体验就是人的自觉活动或心灵的自觉活动，因此，体验并没有分离研究主体与研究客体，并没有分离研究者与研究对象。体验不同于西方心理学早期研究中所说的内省。内省严格说来，仅仅是对内在心理的觉知活动。这是分离开的心理主体对分离开的心理客体的所谓客观的把握，这不过是把对外部世界的观察活动转换成对心理世界的观察活动。因此，体验实际上就是心理的自觉活动，通过心理体验所把握的就是心理自身的活动。其次，体验是真实性的。实证的科学心理学一直强调研究的客观性，强调把心理学的研究对象当作客观的对象。为了做到这一点，甚至不惜把人的心理物化。这种所谓的客观性常常是以歪曲或扭曲人的心理体现出来。体验实际上强调的不是客观，而是真实。真实性在于反对以客观性来物化人的心理行为。当然，体验应该是客观性与真实性的统一。客观性是对虚构性和虚拟性的排斥，而真实性则是对还原性和物化性的排斥。体验通过超越个体的方式来达到普遍性。再次，体验是生成性的。实证心理学的研究是把人的心理看作既成的存在。心理学的研究就是描述、揭示和解说既成的心理存在。但是，实际上人的心理也是生成的存在，是在创造和创新中变化的存在。那么，体验就不仅是对既成的心理进行的把握，而且也是促进创造性生成的活动过程。正是通过体验，使人能够创生自己的心理生活。最后，体验是整体性的。人的心理是直接以个体化的方式存在着的。个体的心理是相对独立和完整的。但是，在心理学的研究中，这种个体化或个体性就变成了一种基本的原则，即个体主义的原则。这在很长的时段中支配了心理学的研究，包括支配了对人的群体心理和社会心理的研究。实际上，人的心理的存在就内含着整体的存在。这在中国本土的心性心理学看来，道就内含或隐含在个体的心中，这就是心道一体的学说，也就是心性的学说。那么，体验或体证就是体道，就是证道，就是弘道。这是心理生成、心理创造、心理建构的历程。

第三节　心理学应用的技术途径

心理学的技术应用途径是指通过什么方式来引导、影响和改变人的心理行为。这也就是在心理学的应用干预中，涉及消除干预的间隔，消除心理的被动，确立生活的尺度，进行自主的引导，促进体验的生成，发明应用的技术。这都会增进心理学在现实生活中的影响和作用。心理学的应用就是通过心理学的技术和手段，对人的心理行为所进行的实际干预或影响，以改变人的心理行为的现状，提高人的心理生活的质量。[1] 但是，在传统的心理学应用中，常常是把心理学的应用对象看成是被动地由心理科学所任意干预的，看成是由心理科学的技术手段所实际改变的。其实，人的心理的最为重要的性质就是主动性和自主性。或者说，人的心理是可以自我理解的，是可以自我改变的。因此，应用心

---

[1] 葛鲁嘉.心理学应用的理论、方案和领域研究［J］.河南师范大学学报（哲学社会科学版），2004（6）.168-172.

理学可以存在有两种完全不同的应用途径。这两种应用途径有着不同的前提假设,有着不同的实施方式,有着不同的现实结果。但是,如何使传统的心理学应用途径得到扩展,如何使心理学的应用能够更加适合人的本性或人的心理的本性,那就必须去探索心理学实际应用可能的新途径。这也是中国心理学的科学化和本土化的重要的任务。[1] 很显然,心理学的技术应用途径是可以由专家和常人所共同执行的。

一 消除间隔性

心理学应用的一个非常重要的方面是消除间隔性。起源于西方文化的科学心理学或实证心理学,有着一个非常重要的研究预设或理论前提,那就是研究主体与研究客体的割裂或分离。[2] 那么,心理学原有的应用研究也是以干预者与被干预者的分离为前提的,或者说干预者与被干预者是有间隔的。研究者或者应用者是主动的一方,而被研究者或被改变者则是被动的一方。

这种研究主体与研究客体的分离,使研究主体与研究客体之间是有间隔的,是彼此相互隔离的。那么,研究者作为研究主体是价值无涉的,是冷漠无关的,是客观描述的,是外在干预的。所谓科学心理学的研究就是客观的描述,就是客观的解说,就是客观的干预。因此,当心理学的研究对象被确定为是心理现象时,就是建立在把心理学的研究对象与心理学的研究主体彼此分离的基础之上。心理学的研究者是与心理学的研究对象无关的存在,其只能通过感官的客观观察来旁观把握心理现象,来客观描述心理现象。那么,心理学的应用也就不过是研究者通过技术手段的实际干预。

但是,如果把心理学的研究对象从确立为是心理现象转变成确立为是心理生活,那心理学的应用就会有根本性的转变。[3] 心理生活的概念最为重要的是消除了研究者与被研究者、干预者与被干预者之间的分离或间隔。因此,觉知者与被觉知者、观察者与被观察者、干预者与被干

---

[1] 葛鲁嘉. 中国心理学的科学化和本土化——中国心理学发展的跨世纪主题 [J]. 吉林大学社会科学学报, 2002 (2). 5-15.

[2] 葛鲁嘉. 心理文化论要——中西心理学传统跨文化解析 [M]. 大连:辽宁师范大学出版社, 1995. 52.

[3] 葛鲁嘉. 心理生活论纲——关于心理学研究对象的另类考察 [J]. 陕西师范大学学报(哲学社会科学版), 2005 (2). 112-117.

预者，都是一体化的存在，都是实际的生活者，都在现实的生活进程之中。

对于心理生活的体验者来说，重要的是觉知、觉解、觉悟。通过觉知、觉解、觉悟，生活者了解了自己的生活，建构了自己的生活，创造了自己的生活。这是心理学研究和应用中的一个非常重要的变化，那就是从把人的心理的物化转向为把人的心理人化。所以，消除心理学研究和应用中的研究者与被研究者之间的间隔性，是心理学的应用研究和应用实践的最为根本性的改变。

当然，所谓的研究者与被研究者是可以分离开的。但是，原有的或传统的分离是绝对的分离。那么，消除间隔性的努力也并不是否认研究者与研究对象之间的区分，而是试图将原有绝对的分离改变成是相对的分离。所谓相对的分离仅仅在于研究的目的与生活的目的有所不同。

二 消除被动性

心理学应用的一个非常重要的方面是消除被动性。其实，消除了心理学的研究主体与研究客体之间的间隔性，也就没有了对心理学的研究客体作为被动者与研究主体作为主动者的区分。在原有的心理学应用研究、心理学实际应用、心理学应用技术的运用中，研究者都是主动的，而被研究者都是被动的。研究者一方是主动的干预者，而被研究者一方是被动的被干预者。对于研究者来说，可以通过自己的科学研究和科学干预来主动地改变人的心理行为。那么，人的心理行为作为被干预的对象，只能是被动地承受或被动地接受外在的干预。

但是，心理生活的概念所强调的研究者与研究对象的一体化，则消除了所谓的被动性的一方，这实际上也就消除了人的心理行为的被动性。在人的生活中，其心理生活的承受者实际上也就是心理生活的构筑者。人在觉知、觉解、觉悟自己的心理生活时，实际上也就是在主动地构建、构造、构筑自己的心理生活。

所以，对于人的心理生活来说，尽管人也许会失去或者是放弃对自己的心理生活的主动权，但是，这并不等于人的心理生活就是被动的，就是被动的适应，就是被动的接受，就是被动的改变。那么，消除人的心理生活的被动性，不仅对心理学学科的应用研究来说是非常重要的，而且对生活中的每一个体的生活来说也都是非常重要的。

在传统的心理学应用研究中,存在着把人看作被动的,是被动地接受改变的,是应该按照研究者的方式来存在的。这给心理学的应用研究带来了严重的问题,也给心理学的应用研究带来了严重的障碍。人的心理就如同于物理,人的心理的改变就如同于物理的改变。如果消除了人的心理的被动性,那人的心理也是可以自主改变的。人不仅可以构筑自己的生活,而且也实际构筑了自己的心理生活。

三 生活的尺度

心理学应用的一个重要的方面是确立生活的尺度。如果是消除了干预者与被干预者的区分,那么人的生活,也包括人的心理生活,其引领者就是生活的榜样。所谓的榜样就是生活的尺度。榜样可以成为社会现实中每个人模仿、学习和超越的对象。

在西方的科学心理学的研究中,人的存在就是个体的存在,那么心理学的研究也就是以个体为单位的。个体主义的原则在于,每个个体都是等价的,个人的价值是平等的。个人的存在或个人的心理有着各自不同的特点或特性。这在心理学的研究中,就体现为是个体差异的研究。这也是心理学的人格研究的起点,或者说人是有横向尺度的差异。

中国的文化传统中也有自己的心理学传统,尽管在关于中国本土心理学传统的考察和研究中,常常是以西方优势心理学为参照的标准。并且,问题还在于这些散布在中国古代典籍中的零碎的思想,还需要按照西方实证科学的心理学去梳理和解释。从而,这种中国本土的心理学传统就常常只被看作一些中国古代的心理学思想。[1][2] 但是,可以肯定,这也是独特的心理学传统。对这种独特的心理学传统有着不同的学术理解。[3] 中国本土的心理学传统也属于亚洲的心理学,亚洲心理学传统对心理学研究的贡献,也曾经在学术界引起过相应的讨论。[4][5] 显然,在

---

[1] 高觉敷(主编). 中国心理学史 [M]. 北京:人民教育出版社,1985. 1.

[2] 杨鑫辉. 中国心理学思想史 [M]. 南昌:江西教育出版社,1994. 8-10.

[3] 葛鲁嘉. 对中国本土传统心理学的不同学术理解 [J]. 东北师范大学学报(哲学社会科学版). 2005(3). 133-137.

[4] Paranjpe, A. C., Ho, D. Y. F., & Rieber, R. W. *Asian contributions to psychology* [M]. New York:Praeger. 1988. 2.

[5] Varela, F. J., Thompson, E., & Rosch, E. *The embodied mind*:*Cognitive science and human experience* [M]. Cambridge Mass.:The MIT Press. 1991. 21.

中国本土的心理学传统中,人的存在不是等价的存在。中国的文化传统强调的是纵向的价值等级。那么,在价值层级的高低排列中,最低级的就不是人,而是畜生。最高级的则不是普通的人,而是圣人或神人。所以,人是有不同的价值地位的,或者说人是有纵向尺度的差异。①

那么,在人的价值等级的排列中,在价值等级高端的就可以成为或应该成为价值等级低端的榜样。榜样的作用在于处于价值高端的对处于价值低端的有引导、引领、示范、模范的作用。所以,在中国的文化传统中,在中国的社会现实中,树立生活的榜样或树立工作的榜样,就成为基本的社会任务。所谓的先进、模范、优秀、尖子、典型、标杆、样板等,都是基于价值等级高低的基础。

其实,如果是从心理学应用的视角去看,心理学的应用还可以通过确立生活的尺度来进行。生活质量高的,心理生活质量高的,就可以成为引领的力量。对生活质量低的,对心理生活质量低的,就可以有引领的作用。生活质量低的,心理生活质量低的,就应该参照和学习高端的榜样,去努力地提升自己的生活质量或心理生活的质量。这也是建构人的心理生活的过程,通过建构出高质量的心理生活,就可以去提升人的实际的心理生活。人的生活、人的心理生活,就是一个不断登高、不断上升的过程,就是心理境界的提升的过程,就是心灵品质的优化的过程。

四 自主的引导

心理学应用的一个重要的方面是确立自主的引导。其实,人的心理生活的引导者不是外在的,也不应该是外在的。对于每一个生活中的个人来说,从来就没有什么救世主,一切都要靠人自己。这就是自主的引导。当然,这种自主不是为所欲为,不是任意妄为,而是对现实的遵循,是与环境的共生,是与社会的共同成长。

人的心理具有的一个重要的特征就是"觉"的性质。如觉知、觉察、觉悟、觉解等。所谓的觉,就是自主的把握,就是自主的决定,就是自主的活动。"觉"所带来的是人的价值取向和价值定位,"觉"所

---

① 葛鲁嘉.中国本土传统心理学术语的新解释和新用途[J].山东师范大学学报(人文社会科学版),2004(3).3-8.

带来的是人的意义寻求和意义创造,"觉"所带来的是人的生活品质的追求和生活品位的提高,"觉"所带来的是人的生活自主和追求自主。

首先,自主的引导最为重要的是价值的定向。什么是重要的,或者什么是不重要的。什么是有价值的,或者什么是没有价值的。什么是值得去追求的,什么是不值得去追求的。这就是人的心理生活的价值定向的过程。个体一旦确立了自己的价值定向,也就确定了自己的生活的性质和内容。当然,所谓的价值定向也就包括人的心理上的赋值的活动。什么是重要的,什么是不重要的,看重的是什么,不看重的是什么。

其次,自主的引导非常重要的是决策的活动。所谓的决策活动是指活动的目标、活动的程序、活动的步骤、活动的方式、活动的手段、活动的结果等的制订过程。尽管有许多的生活者在自己的生活中是随波逐流的,是听天由命的,是放任自流的,但是,他们依然在不同的程度上,有对自己生活的心理引导。因此,自主的引导有程度上的区别和差异。但是,无论是什么程度上的自主性,都有生活者对生活或对心理生活的创造或建构。

最后,自主的引导同样重要的是行动的执行。自主的引导最终就落实在行动上。人的活动要引起变化的结果。那么,最为重要的变化结果就是环境的改变和心理的改变,当然也可以是两者的共同改变。这就是共生的历程,是共同的演变和共同的发展。

五 体验的生成

人的心理不是已成的存在,而是生成的存在。所谓已成的存在是指,人的心理就如同是自然天成的产物,是现成如此的存在,是客观不变的对象。但是,生成的存在则与之有所不同。所谓生成的存在是指,人的心理不过是后天建构的结果,是朝向未来的存在,是共同合成的结果,是不断变化的过程。

那么,如果从生成的方面来看,人的心理生活就与人的心理现象有着根本的不同。心理生活是人自主建构的,或者说是人自主创造的。所以,心理生活是生成的。心理现象则是被动变化的,是生来如此的,是自然天成的。所以,心理现象是已成的。生成心理生活的根本的方式就是人的心理体悟或者心理体验。心理体悟或心理体验不是现成接受的结果,而是心理创造的建构。

实证与体证是相互对应的，实验与体验是相互对应的。这也就是说，现代科学心理学中的实证的方法是与本土传统心理学中的体证的方法相对应的，现代科学心理学中的实验的方法是与本土传统心理学中的体验的方法相对应的。正是在科学心理学诞生之后，实证的方法和实验的方法就成为确立和保证心理学科学性的最为基本的准则。[1][2][3] 这包括对文化心理的研究和考察。[4][5][6] 那么，除此之外的其他的方法或内省的方法就被抛弃到了非科学的范围之中。受到连带的影响，体验和体证的方法也就没有了存在的根基。因此，发展中国心理学的十分重要的任务是对心理学研究的方法论进行扩展。[7]

六 应用的技术

心理学的应用技术并不是对心理学研究对象的任意的改变和塑造。那么，这就使心理学的应用技术与其他科学分支的改造自然物的应用技术既有着特别相同和相近之处，也有着十分重要的区别和不同。在心理学的历史发展中，出现过不同形态的心理学传统。[8] 不同的心理学传统有着不同的应用技术。其实，心理学的应用技术包括两个基本的大类。

一类可以称为硬技术，是指通过实际的或有形的技术工具和技术手段对人的心理行为的改变。那么，心理学的应用就是技术工具和技术手段的发明和创造。其实，在科学心理学的发展过程中，大量的心理学技术工具的发明，有效地促进了心理学的社会应用。

一类可以称为软技术，是指心理意念、心理观念、心理理念等方式

---

[1] 葛鲁嘉. 大心理学观——心理学发展的新契机与新视野 [J]. 自然辩证法研究，1995（9）.

[2] 郭本禹（主编）. 当代心理学的新进展 [M]. 济南：山东教育出版社，2003. 176-177.

[3] 叶浩生（主编）. 西方心理学研究新进展 [M]. 北京：人民教育出版社，2003. 18.

[4] Markus, H. R., & Kitayama, S. Culture and the self: Implications for cognition, emotion, and motivation [J]. *Psychological Review*, 1991（2）.

[5] Ratner, C. *Cultural psychology and qualitative methodology* [M]. New York: Plenum Press, 1997. 8.

[6] Shweder, R. A. *Thinking through cultures: Expeditions in cultural psychology* [M]. Cambridge, MA: Harvard University Press. 1991. 35.

[7] 葛鲁嘉. 对心理学方法论的扩展性探索 [J]. 南京师大学报（社会科学版），2005（1）. 84-88, 100.

[8] 葛鲁嘉. 心理学的五种历史形态及其考评 [J]. 吉林师范大学学报（人文社会科学版），2004（2）. 20-23.

对内在心理的改变和引导。软技术也可以称为体证与体验的方式和方法。体验是值得心理学研究重视的内容。[①] 体验是人构建自己的心理生活的重要的方式和手段。那么，体验就有着一些重要的特点或特征：一是理论与方法的统一，二是理论与技术的统一，三是方法与技术的统一。

体验是理论与方法的统一。体验是建立在特定理论的基础之上，是由特定的理论提供的关于心理的性质和活动的解说。同时，这种特定的理论又是一种特定的改变或转换心灵活动的方法。那么，理论与方法就是统一的。人在心理中对理论的掌握，实际上就是心理对自身的改变。心理学理论的功能也就在于能够在为心理所掌握之后，实际地改变人的心理活动的内容和方式。

体验是理论与技术的统一。技术活动是发明、创造和使用工具的活动。对于心理学来说，人的心理生活作为观念的活动，理论观念就变成了一种塑造的技术。体验本身就是理论的活动。或者说，体验就是建立在理论的基础之上。所以，这样的理论就不是纯粹的认知的产物，就不是纯粹的认知把握。心理学的理论包含着认知、情感和意向的方面，包含着对心理的形成、改变和发展的影响力。

体验是方法与技术的统一。体验本身是一种验证的活动，是验证的方法。体验带来的是对理论的验证。通过体验，可以验证理论的性质和功能。同时，体验又是一种技术，这种技术是一种软技术。通过特定的体验方式，就可以内在地改变人的心理活动的性质、内容、方式和结果。这就决定了体验实际上也是体证的活动，可以证明理论的性质和功能。体验也是心理活动的基本方式，可以构建、改变和生成人的心理生活。

第四节 心理学应用的技术门类

干预和改变人的心理行为本身就是一个复杂的系统工程，会涉及相

---

① ［苏］瓦西留克（黄明等译）．体验心理学［M］．北京：中国人民大学出版社，1989．18．

关的多样化的技术理念、技术创造、技术革新、技术手段和技术工具。那么，关于心理技术的系统化的研究本身也可以成为一个重要的学科分支。心理学技术学就是应运而生的心理学与技术学相互交叉的学科门类。可以预见，心理技术学的研究可以在极大程度上推进应用心理学在现实生活之中的具体应用，也可以在极大范围内推动应用心理学在心理生活之中的问题解决。

有研究考察了心理技术学的发展与现状。研究指出，"心理技术学"最早是在1803年由德国的心理学家斯特恩（L. W. Stern）所提出的，其英文的名称有两种。一种是 Psychotechnics，一般是译为"心理工艺学"；另一种是 Psychotechnology，常常是译成"心理技术学"。由于两者都是研究心理学方法和成果在解决实际的（工艺、军事、医疗等）问题中的应用，因此心理工艺学也就称为心理技术学了。可以说心理技术学孕育于德国，而出生在美国。从此，心理技术学就开始在世界各国广泛地传播和发展起来了。在心理学史中，其主要是朝着两个应用方向迅速发展的。一是以苏联为代表的工业心理技术学和军事心理技术学，二是以美国为代表的心理治疗技术学。[①]

心理技术学并不是不同的技术思想、技术理念、技术创造、技术发明、技术工具、技术应用等的简单的和松散的集合，而应该是有基本的原则、基本的原理、基本的内容、基本的技术、基本的工具、基本的操作等的系统化的整体和体系化的构成。

有研究是从技术的指向性和技术的功能性两个角度来探讨心理技术及其分类问题。根据心理技术指向的对象的不同，可以把心理技术分为自指性技术和他指性技术。前者是指向行为者本人的心理技术，如记忆术、自我调节术，后者是指向他者的心理技术。前者是自我发现、自我干预和自我调节的技术，后者是运用技术发现他人的心理和行为并进行调节和干预的技术。从发现和解决问题的角度来看，可以把心理技术分为发现心理问题的技术和解决心理问题的技术。发现心理问题的技术是指发现、确认和分析心理问题并设立目标的技术。解决心理问题的技术是指通过一系列的程序和方法改变人的心理和行为达到解决心理问题的

---

① 胡秋良. 心理技术学的发展与现状 [J]. 心理学探新，1992（3）.4-8.

技术。解决心理问题的技术比发现心理问题的技术更加复杂，涉及很多因素，除了心理问题之外，还涉及伦理问题和其他社会问题。解决心理问题的技术不仅要有科学性和有效性，而且还要有合理性和合法性。[1]

有研究将心理学的应用技术进行了系统考察。研究认为，由于心理学的应用是非常广泛的，其技术更是纷繁复杂。大体可以把心理学的应用技术按照其功能划分为三大类。一是心理测评技术。这是指通过一系列的科学方法测试个体的智力水平和个性差异的一种科学方法。美国心理学家卡特最先提出心理测评这个词。法国的心理学家比纳和西蒙编制了第一个儿童智力测验量表，美国斯坦福大学的心理学家推孟教授，提出了心理商数的概念。二是增进健康技术。这主要是指应用于心理保健、心理治疗方面的技术。增进心理健康技术主要应用在医疗保健领域。近些年来在教育、司法、企业等领域也得到了广泛的运用。增进心理健康技术主要有：各种心理咨询与治疗技术、团体辅导技术等。心理咨询与治疗技术包括认知领悟技术、行为训练技术、情绪控制技术、心理分析技术、催眠技术等。三是提高功效技术。这主要是指提高人的学习和工作效率的心理学技术。潜能开发技术、记忆增强技术、动机激发技术、管理技术、商品营销技术、广告策划技术、犯罪改造技术、审讯技术、军事心理技术，等等。[2]

心理学技术学的体系是将心理技术研究的不同的思想、原则、理念、内容等有机地统一和整合到一个思想框架之中，完整地组合和关联到一个系统的学科构造之中。当然，按照什么样的理论框架和知识结构去整合和建构心理技术学，会极大地影响到心理技术学本身的发展和进步。

心理技术学的体系性的建设和建构，可以从总体上、根本上、基础上等去揭示、解释、干预、解决应用心理学的具体生活应用和特定社会应用的根本性的问题。这就可以极大地转变应用心理学的生活和社会应用的分散性、零碎性、临时性、应急性、空洞性等的一系列不足和缺失。当然，应用心理学本身的学术研究和社会应用，都需要对具体应用

---

[1] 张掌然、张媛媛．从心理问题学的角度透视心理技术［J］．武汉大学学报（人文科学版），2008（4）．418-424．

[2] 张福全（主编）．心理学应用技术［M］．合肥：合肥工业大学出版社，2011.8-10．

的技术问题进行系统化的思考和深入化的研究。因此，严格地说来，心理技术学不过是应用心理学的思想体系、知识构架、整体内容、实际应用等之中所应该包含和具有的基本的研究构成。当然，更进一步的系统化的研究和探索还包括心理工具论的内容。这实际上是对应用心理学的心理工具或技术工具的系统化的考察和阐释。

第十三章　心理学的哲学方法论

心理学的研究和发展，都有着自己的特定的哲学基础。不同的哲学传统、哲学流派、哲学探索、哲学思想、哲学理论，都在心理学的探索中留下了自己的印记。正是依据于哲学的前提假设和哲学的理论反思，心理学才有了自己不同的学术基础、学术理念、学术前提。进而，无论是在西方的文化源流之中，还是在中国的文化源流之中，都有产生和发展心理学的哲学思想的基础。特别是在心理学的当代发展和演变的过程中，重要的哲学思想理论都与心理学的学术研究产生过不同的联系。这其中就包括了心理学研究的实证论基础、现象学基础、存在论基础、解释学基础、后现代基础和文化学基础。

第一节　心理学研究的思想性基础

在科学心理学的发展历程中，在西方心理学的历史演变中，心理学的学者、流派、探索，都有自己的思想基础，都有自己的理论预设，都有自己的哲学根基。其实，西方现当代哲学的不同流派、不同分支和不同思想，都曾经以自己的方式或特定的方式影响过心理学的具体的探索和研究。这其中就包括了心理学研究的实证论的哲学基础、现象学的哲学基础，存在论的哲学基础，解释学的哲学基础，以及文化学的哲学基础。当然，中国本土的心理学探索，也有中国传统哲学的基础和支撑。因此，可以说东西方的哲学都曾经以各种方式影响了心理学的探索和研究。

有研究考察了当代哲学语境下的心理学的新发展。当代哲学语境的中心话语是凸现个体的现实性与真实性。与此相应,当代心理学研究也有了新的发展:从"主体心理学"转变为"存在心理学",从"独白的心理学"转变为"对话的心理学",从"本质论的心理学"转变为"建构论的心理学"。心理学研究从抽象研究转变为现实研究;变静止研究为动态研究,变封闭研究为开放研究,变单向度研究为整体研究。只有这样,心理学研究才不会被当代中心话语边缘化,也才能真正树立在社会文化和心理生活中的权威。

从"主体心理学"到"存在心理学"的转变。当代心理学的研究呈现一种回归"存在"的倾向,人们越来越强烈地意识到"主体心理学"的研究困境,对"存在的心理学"的呼声越来越大,心理学试图摆脱"主体理性"的绝对束缚,回归到"存在"的本真状态,使研究更具有真实性和日常性。在主体的心理学中,主体是研究的关键词,主体的地位是至高无上的,理性是主体的同名词,所以,主体心理学进而成为理性的心理学。为了实现理性化或科学化,心理学必然模仿自然科学,建立自然科学的研究模式。首先,主体心理学假设了在人们自身以外,存在着一个客观的、具有一般概括性的心理实体存在。为了研究所谓的心理实体,主体心理学忽视了具体的社会情境,把研究的对象抽象化。其次,主体心理学追求对心理的形式化解释,用对心理行为的研究代替了现实社会中人与人关系的研究,用对理性思想的研究代替了对现实个体与人群的研究,注重心理的结构与形式,忽略了作为心理行为的实际生活内容。最后,主体心理学还过分夸大了作为研究者的主体的地位,研究者与被研究者之间的关系首先表现为"人—物"的关系。心理学必须改变研究模式,从主体心理学转向存在心理学,这种转向体现在:首先,存在心理学要消解主体理性的至尊地位,不再沿用主客二分法,不再把人当作理解人性的工具,而是把人当作目的。其次,存在心理学抛弃了对心理行为作形式化解释的企图,避免用抽象的原则来替代现实的关系。心理学研究不应该只是试图解释或说明,应该是不追求形式化的解释,不寻求对对象进行控制与预测,而是追求现实性。再次,存在心理学还强调研究的整体性。存在心理学主张采用整体性原则,将个体的活动与行为置于社会、历史、文化之中。

从"独白的心理学"到"对话的心理学"的转变。语言或话语有两种不同的形态：独白与对话。两种不同的语言形态蕴含了两种不同的心理学研究模式，即独白的心理学与对话的心理学。长期以来，心理学研究处于独白之中，具体表现为两种独白的话语形态："我"的心理学与"你"的心理学。在研究中，研究者与研究对象是"我"与"你"的关系。科学主义心理学中的"我""你"是分裂的两极，分别处于话语的独白状态，分别处于自言自语的状态。心理学极力模仿自然科学的话语形态，心理学研究也由此分裂为两种存在水平："我"的心理学——专家水平；"你"的心理学——常识水平。"我"的心理学与"你"的心理学应该从独白走向对话。事实上，"我与你"的关系实质是一种对话的交往关系。科学与常识并不是完全割裂的。在认识论上，"我与你"的心理学必须打破笛卡尔的"镜像隐喻"，应当将研究中"人—物"的话语关系模式移换为"人—人"的话语关系模式。强调研究中双方的参与性、互动性以及平等性。在本体论上，"我与你"的心理学将现实生活与心理行为结合了起来，在两者之间去寻求一种平衡与结合。采取对话与交往的方式，在二者之间找到共同的平台。从"我"、"你"的两极到"我与你"的中介，弱化日常生活与心理科学的边界，突出现实性。在方法论上，"我与你"的心理学追求一种"合情合理"的心理学。这是将量化研究与质化研究结合了起来，将个案研究与抽样研究结合了起来，把民众的常识与专家的知识结合了起来，把生活经验线索与理性逻辑线索结合了起来。

从"本质论的心理学"到"建构论的心理学"的转变。在传统的心理学研究中，本质论思想占据了主导地位。具体表现为本质论的文化观和本质论的心理观。本质论的文化观认为，尽管不同的文化在形态上各异，但是具有超越文化形态的普遍性。心理学家的任务就是探寻隐藏在复杂文化形态背后的文化本质以及由此产生的心理行为。本质论的文化观影响了心理观。本质论的心理观奉行自然科学的实体原则，认为在所有的心理行为之后存在着一个"心理"的实体。这个"心理"实体具有普遍的规律性，心理学的研究任务就是把握这种普遍性，以期对人的心理行为做出合理的解释，进而做出预测及控制。建构论的心理观打破了实体原则的局限，从实体性转向现实性，从共时性转向情境性。建构论的心理学观反对自然科学的狭隘理性主义在心理学中的滥用。反对标本式的研究，主张整体性原则。在整体性的原则指导下，反对共时性的话语形态，更多地考虑心理生活的场景性，认为心理生活是一种现实的建构。不同的文化塑造了不同的心理生活，不同的历史形态构建了不同的心理生活，不同的个体也对心理生活做出了不同的阐释。①

从"哲学主义心理学"到"文化主义心理学"的转变。有研究者把文化在心理学研究中的制约作用称为文化主义，是属于心理学研究的重要研究范式。该研究认为，心理学从遥远的古旧学科到如今崭新科学的孕育、发展、流变过程，其中就隐含着心理学的哲学主义、科学主义、人文主义以及文化主义等四种知识形式即"范式"的承续、转变、超越过程。当全球背景下科学心理学的西方文化种族主义和殖民主义日益引起非西方国家关注，并且，本土心理学呈方兴未艾之势时，文化心理学作为新兴的心理学研究潮流，直接促成了心理学研究范式的生成与转换。文化心理学范式在解读文化与人的关系上，从根本上突破了科学心理学观中无文化、反文化以及超越文化的单一研究范式，而把文化视为人类心理的自觉生成和主动生成。该范式认为，文化是人的本质特征，人的存在不仅是一种生物存在，更是一种文化历史存在。文化心理学一向认为实证主义方法论在科学心理学中必须检讨。由于人的心理与文化的相生相伴，文化多元性和差异性决定了人类心理多样性和复杂性。所以，与科学心理学相比，文化心理学更注重以多元化方法达于复杂心理的理解和建构。因此，宽容与开放态度是其方法论的一贯理念。②

有研究指出，无疑，中国心理学也经历了从哲学主义到文化主义时代发展的更迭，尽管这种更迭还带有一种对西方心理学的引进与模仿。提出心理学文化时代命题，既是对心理学内在逻辑线索的深入反思，也是为心理学未来走向的一种学理上分析。对于中国心理学而言，批判地吸纳西方心理学的文化智慧，重新赋予中国文化传统以新的精神与新的生命，本身就是在融会古今中外文化智慧中，生成一种新的、独特性的、彰显中国文化传统精髓的心理学。只有真正形成具有中国文化传统

---

① 周宁. 当代哲学语境下心理学的新发展 [J]. 社会科学, 2007 (12). 101-106.
② 孟维杰. 从哲学到文化：心理学范式评述 [J]. 哲学动态, 2004 (8). 28-33.

精神的心理学传统，才能摆脱西方现代心理学的制约与羁绊，心理学者才能真正获得学术自尊和自信。唯其如此，中国心理学才能立足于自己文化传统，以宽广的研究视野和开放的胸襟，以新的心理学观创造出一个中国的心理学文化时代！[①]

尽管科学心理学的独立和发展把哲学当成了自己的多余的负担，但是哲学却从来都没有在心理学的研究和探索中消失。实证心理学的摆脱哲学的表面态度并没有真正带来心理学对哲学的脱离。哲学的思想预设仍然还是支配着心理学探索和研究的重要的思想原则、理论基础和预设前提。哲学的反思所提供的就是心理学研究的思想性基础，或者说就是心理学研究的合理化前提。

第二节　心理学研究的实证论基础

实证论哲学也可以称为实证主义（positivism）。实证主义具有多种理论形态，在此主要泛指传统自然科学获取客观知识的科学方法论。实证主义的科学方法论，不仅涉及获取经验资料的方法，而且涉及构造科学理论的规则。实证主义坚持的原则在于，任何知识都必须依据于来自观察和实验的经验事实，理论命题只有被经验证实或证伪，才是具有实际意义的。这种实证的原则在科学研究中或心理学研究中的最为典型的体现，就是实验主义和操作主义。实验主义是对实验方法的强调和依赖，实验方法的优点在于保证了感官经验或经验事实的可靠性，不仅能使之得到精确的分解和测定，而且能使之得到必要的重复和反复的验证。操作主义是对理论规则的强调，操作定义的优点在于保证了科学概念的有效性，亦即任何科学概念或理论构造的有效性，都取决于得出该概念或该理论的程序的有效性。

心理学作为自然科学家族中的一员，采纳了实证主义的立场。这表现为科学心理学一度对实验主义和操作主义的投靠和依赖。许多的心理学家都信奉实验方法，并坚信实验方法对理论的优先功效。这有时被称

[①] 孟维杰. 从哲学主义到文化主义：心理学时代发展反思与构想[J]. 河北师范大学学报（教育科学版），2007（2）. 78–84.

为"以方法为中心"。坚持实验主义的心理学研究者，会在实验室中像对待其他自然现象那样来捕捉和切割心理现象。操作主义也曾经在心理学中颇为流行，许多心理学家都希望借此来重新清理和严密定义心理学中的许多概念。实证主义的立场使心理学只能以特定的研究方式来考察人的心理。

从18世纪的后半叶开始，西方的现代实证主义哲学是以一种时代的精神和研究方法论融入了心理学的研究和探索。从而，实证主义哲学就从方法论的层面，强有力地推动了科学心理学的产生和发展，从而成为西方科学心理学中占有主流地位或居于主导地位的哲学方法论。实证主义哲学在许多的方面支配了现代西方心理学的研究。这包括基本的研究理念，核心的研究方法，数理的计算工具，等等。

科学心理学研究中的实证主义方法论有着特定的体现和表达。首先是主客二分的研究范式。所谓主客二分的研究范式，主张以自然科学的研究模式来规范心理学。这种研究范式将心理学的研究对象，即人、人的心理与行为，视作与自然物或自然对象同等的认识客体，心理学的研究主体则只是反映客体的一面镜子。这种主张就体现的是主体与客体的截然分离，无论是实验操作还是理论构建，均应彻底排除研究者的主体性，甚至是研究对象的主观性。物理主义（或自然主义、机械主义）的世界观、方法中心论的科学本质观、自然科学取向、逻辑主义与还原主义的研究原则、客观主义研究范式、因果决定论的心理学解释框架等，都是其最根本的或最本质的特征。其次是经验证实的研究原则。原则指的是人们说话或行事所依据的法则或标准。经验证实是实证主义的核心思想。一个命题在理论上是否有意义，要看它是否能在经验上得到证实。凡是能够在经验中得到证实的，就是有意义的，否则便是无意义的。持实证主义信念的科学心理学家也同样强调任何概念和理论都必须以可观察的事实为基础，能为经验所验证，超出经验范围的任何概念和理论都是非科学的。最后是还原主义的研究路线。研究路线在此处指进行科学研究时所遵从的整体逻辑思路。科学心理学中实证主义方法论的研究路线主要体现为还原主义。这表现在将心理学概念和理论还原为具体的操作过程和可观察的经验。如概念的操作性定义。这也表现为将心理经验的整体还原为部分或者将部分还原为整体。前者如构造主义的元素分析法，后者如格式塔学派的整体分析法。这也表现为将心理过程归结为生理的、物理的和化学的过程，用低级的表现形式来解释高级的表现形式。

实证主义哲学作为科学主义心理学的方法论基础，为心理学的科学化进程做出了一定的贡献。然而，正是由于心理学对实证主义和实证精神的极端追求，引起了许多研究者对科学主义心理学的质疑。科学主义心理学在兴盛了半个多世纪以后，却陷入了空前的危机。科学心理学的实证主义方法论的困境，就在于将适用于自然科学的研究原则移植到了心理学研究中来，而丝毫不考虑其适用性。[①]

当然，实证主义哲学在现代西方心理学发展过程中也有过积极的作用。曾经有许多的研究者对此进行过总结。按照有关文献的基本观点，实证主义哲学的积极意义主要体现在如下的几个方面。第一，相对于早期形而上学的纯粹的哲学思辨而言，实证主义科学观及其科学精神是一种时代的进步。单纯就实证主义追求科学的精神来说，它有力地推动着心理学中实验心理学工作者的艰难探索，并为今后心理学的进一步发展提供了有益的历史经验和教训。第二，实证主义推动了心理学研究的实证或实验方法的完善和发展。在实证方法的完善、推广和运用过程中，实证主义作为一种"强大的思想力量"，曾经起到过十分巨大的作用。第三，实证主义还推动了西方心理学的实证法研究，汲取了大量的来自可观察事实的第一手有益数据和资料，丰富和充实了心理学的知识体系。第四，实证主义在当时科学主义盛行的历史条件下，客观上有利于心理学科学地位的巩固和发展。

不过，实证主义哲学也给现代西方心理学的发展造成过消极的影响。这可以体现在科学观方面、方法论方面、学科性方面，等等。例如，在心理学的科学观方面，学者的研究表明了，实证主义科学观是一种唯科学主义的狭隘的经验主义科学观，是一种"小心理观"。这种小科学观的消极影响是多方面的。（1）导致了心理学发展史上构造主义和行为主义两次重大的心理学危机。（2）把心理学限定在自然科学这

[①] 陈京军、陈功．科学心理学中的实证主义方法论问题［J］．科学技术与辩证法，2007（6）．40-42，54．

一非常狭小的边界里，人为地缩小了心理学的学科范畴。（3）把人文主义心理学划定为非科学的心理学，从而排斥了除实证心理学之外的其他的心理学探索或心理学传统。（4）造成实证心理学更多地着眼于问题的微观细节，缺乏问题的宏观透视，从而导致了实证心理学研究的问题水平的下降。（5）因为实证主义科学观重方法、轻理论，重视实证资料的积累、贬低理论构想的创造，导致其极度膨胀的实证资料和极度虚弱的理论建设之间日益增大的反差。（6）小心理学观体现了自己的反哲学倾向，割断了心理学与哲学之间的天然联系，使心理学缺失了对自己的理论前提的反思和批判。（7）强调了人性观的自然化倾向，对人的社会、文化和历史属性视而不见或有所忽视，导致了心理学与人的现实生活的疏离和隔绝，造成了心理学研究的局限和缺失。（8）小心理学观是唯科学主义的科学观，存在着对实证方法的崇拜，导致了心理学研究中唯实证方法的倾向，忽视了其他研究方法的积极意义。

关于实证主义哲学与现代西方心理学研究的关系，强化相关的研究必须关注如下的重要方面。非常重要的是要严格区分实证主义哲学与实证研究方法。应该深入地开展有关实证主义哲学和实证研究方法的相关专题探讨，将实证主义哲学和实证研究方法的联系与区别、经验与教训、地位与作用、历史渊源与未来趋势等方面的考察和研究，进一步推进下去。当然，与该课题研究相关的一些基本概念及其相互关系还有待进一步明确和界定，以增加研究成果的明晰性。从而，更加便于和强化心理学研究者在实际的研究工作中的互动和交流。当然，也有研究者认为，关于实证主义哲学问题的研究，在心理学史的研究中依然不够。[①]

实证主义哲学成为西方科学心理学探索和追求的一个重要的思想保障。实证主义心理学也就成为西方心理学的主流。实证主义的思想原则、理论预设、研究主张，都贯彻到了心理学研究的方方面面。实证主义哲学、实证主义原则、实证主义方法都成为心理学探索和研究的立足基础。当然，心理学研究的实证论基础也受到过许多质疑和批评，甚至是批判和否定，但是这却并没有弱化科学心理学的实证性的研究推进，

---

① 严由伟. 我国关于实证主义与现代西方心理学研究的综述[J]. 心理科学进展, 2003（4）. 475-478.

也并没有阻挡科学心理学的客观性的知识积累。

第三节　心理学研究的现象学基础

　　现象学哲学是当代西方哲学的重要哲学运动和思想派别。现象学（phenomenology）有着不同的主张，在此主要泛指传统人文科学获取有效知识的哲学方法论。现象学的创立者胡塞尔（E. G. Husserl）反对实证主义把人的世界与物的世界等同起来，认为这使得现代自然科学促进了人对物的追求，却侵害了人的精神生活，使人的生存失去了尊严，失去了意义，精神变得空虚和枯竭了。现象学则能够为人类提供精神生活的源泉。精神是自有自为的，是独立自主的。只有在这种独立性中，精神才能够确切得到真实的、合理的和科学的探讨。现象学哲学重视意识分析，关注生活世界，探索人生意义，考察精神价值。

　　倪梁康在《意识的向度》一书中，对胡塞尔的现象学哲学中早期的心理主义与后期的反心理主义进行了梳理。研究指出，胡塞尔哲学研究的最初意图在于从逻辑学出发为数学奠定坚实基础，这与莱布尼兹和以后的罗素、怀特海等人的想法相一致。但胡塞尔当时受布伦塔诺以及流行的心理学研究的影响而趋向于认为，逻辑学的基础应当建立在心理学之中。胡塞尔这一时期的研究工作隐含着这样一个前提：对逻辑概念、定理、判断、推理等的理解必须依赖于对相应的心理行为的分析；逻辑真理奠基于心理行为之中。胡塞尔是试图通过对数学基本概念的澄清来稳定数学的基础。这种以数学和逻辑学为例，对基本概念进行澄清的做法以后始终在胡塞尔哲学研究中得到运用，成为胡塞尔现象学操作的一个中心方法。但是，胡塞尔在后来的研究中对基本概念的澄清，是在对心理行为的描述心理学分析中进行的，这种做法与当时在逻辑学领域中流行的心理主义相一致，也就是说，胡塞尔这一时期的研究工作隐含着这样一个前提：对逻辑概念、定理、判断、推理等的理解必须依赖于对相应的心理行为的分析；逻辑真理奠基于心理行为之中。

　　但是，胡塞尔后来的主要任务是反驳当时在哲学界占统治地位的心理主义，即认为逻辑概念和逻辑规律是心理的构成物的观点；这实际上是胡塞尔本人原来所持的立场。这些批判指出，心理主义的最后归宿在于相对主义和怀疑主义。这在当时结束了被认为具有绝对科学依据的心理主义的统治，而且在今天，无论人们把逻辑定理看成是分析的还是综合的，这些批判仍然还保持着有效性。可以把超越论还原理解为胡塞尔向超越论的主体性回复的全部方法。必须首先弄清"超越论"这个概念在胡塞尔哲学中的含义。这个概念来源于康德。康德说，把所有这样一些认识称为超越论的，这些认识不是与对象有关，而只是与人们认识对象的方式有关，只有这种认识方式是在先天可能的范围内。这种概念的体系可称为超越论哲学。

胡塞尔超越论哲学与康德超越论哲学的区别所在：人为自然界立法的能力是从何而来的？康德认为这是人类所固有的，实际上这无异于说，人们无从得知；而胡塞尔认为，这是柏拉图意义上的理念作为可能性在人的心理组织的先天结构中的现实化，因此人之所以能为自然界立法的最终原因还应在更深的层次中去寻找。而向这更深层次的突破须通过超越论的还原。因此，康德的"超越论"概念和胡塞尔的"超越论"概念之间有着"主观超越论"和"客观超越论"之别。当然后者的客观不是指向客观主义的回复，而是指向柏拉图意义上的客观的回复。据此，胡塞尔认为，康德只达到本质心理学的高度，他从未真正地理解本质心理学和超越论哲学的区别。康德失足于怀疑主义的主观主义之原因在于，他缺乏现象学和现象学还原的概念，因而不能摆脱心理主义和人本主义。

如果说超越论还原是指通向超越论主体性的途径的话，那么这种途径可以有三条。换言之，在胡塞尔看来，可以通过三条不同的道路达到同一个目的，即超越论的主体性。一是意向心理学的道路。这条道路正是胡塞尔思想发展所走过的道路。意向心理学的道路也可以说是布伦塔诺的道路或英国经验主义的道路。英国经验主义者受笛卡尔的二元论和主观主义的影响，他们不关心物理事实和关于这些事实的科学，而把目光转向心灵之物，企图把握心灵之物的观念联系。这个目的在布伦塔诺那里达到了，他发现了心灵之物的统一本质——意向性，从而为本质心理学的建立奠定了基础。但是，这仍然是自然主义、客观主义的，仍然设定了世界的存在，设定心灵只是世界的一部分实体。任何自然观点的科学都不是独立的，都无法说明自己是如何可能的。因此，胡塞尔认识到，必须把先天心理学与特殊的超越论心理学区分开来，并说明，对于后者，心理学这个历史的词已不再很适用了。这便是胡塞尔提出现象学一词的原因。二是笛卡尔的道路，是以怀疑主义为出发点的。认识论不能把任何东西设定为已确定了的，已有了的，因此，认识论是无基础、无前提的，没有任何依靠，而必须靠自己创造出一种第一性的认识。认识论具有一个阿基米德的点：我思。这个点之所以是明白无疑的，是因为这并没有超出自身去说明什么，而是完全保留在自身的内在中，自己说明自己。三是康德的道路，人们所拥有的认识，至今为止还都是自然的认识，即关于客观真理的认识。这些认识在这个维度和这个层次中是明白无疑的，但不能超越这个层次。而"认识如何可能"的问题则是与主体性有关，恰恰超越了自然认识这个维度。因此，"认识如何可能"的问题必须由另一些认识来回答，这便是哲学的认识，严格地说，这就是超越论哲学的认识。①

现象学把人的自我意识直接呈现出来的现象看作真实的。当然，现象学强调的是通过现象学的还原而达到纯粹的自我意识。现象学为人本立场的心理学或为西方非主流的心理学提供了方法论。这体现在心灵主义的主张以及现象描述的方法上，也体现在整体主义的主张以及整体分析的方法上。心灵主义（mentalism）所探索的是人的直观经验或直接体验的原貌，反对将心灵的活动还原为物理的、生物的、生理的过程。整体主义（holism）所探讨的是整体的人或人的心理的整体性，反对将其分割或分析为一些碎片。整体分析式的研究排斥元素分析式的研究，强调有机的整体和整体的结构。显然，现象学的方法论使心理学是以特定的研究方式来考察人的心理生活。

在关于心理学的思想基础的研究中，特别是关于西方心理学的现象学思想基础的研究中，有许多的研究者提供了相关的研究理解。有的研究者指出，现象学作为西方心理学中的两大方法论之一，对西方心理学的发展产生了不可忽视的影响。在心理学的研究中贯彻现象学的方法论，突出的和独特的方面就在于：重视意识的研究、强调心理

---

① 倪梁康. 意识的向度：以胡塞尔为轴心的现象学问题研究 [M]. 北京：北京大学出版社，2007.4，34-38.

的意向、面向现象本身、关注现象描述,等等。因此,正是现象学哲学的这些特性,为非主流的或人文取向的心理学家以非自然科学的模式塑造心理学,奠定了重要的哲学基础。作为一种方法论,现象学所遵循的以意识经验为研究对象、如实描述、问题中心、整体主义、先质后量、非还原论等原则,开创了西方心理学中人文主义的研究取向。纵观整个西方心理学的发展,现象学对心理学的影响是非常广泛而持久的。现象学不仅推动和促进了西方心理学方法论上的重要变革,为意动心理学、格式塔心理学以及人本主义心理学的发展做出了突出贡献,而且它也正在影响和推动着超个人心理学、认知心理学以及后现代心理学的发展,并将为未来西方心理学的持续发展提供重要的思想资源和方法指导。

现象学的具体特征可以表现在如下的几个基本方面。一是强调自我的先验维度。在对待自我的问题上,现象学的鼻祖胡塞尔强调了自我的先验维度,肯定了多元的自我存在。胡塞尔认为,一个人包含着一系列思想、行为和情感的尖锐对立。因此,自我并不是一个终成品,而是一个不断生成的过程。二是把意识的研究放在首位。胡塞尔将"意识"视为现象学的中心课题和概念,因此他的现象学也被称为"意识现象学"。三是强调意向性。在胡塞尔的现象学中,意向性作为不可或缺的基本概念,标志着所有意识的本己特征。这也就是,所有的意识都是关于某物的意识,并且这种意识可以得到直接的指明和描述。四是强调"面向事物本身"。"面向事物本身"作为本质直觉的方法的基本原则,是指"直接的给予"或"纯粹的现象"。五是强调"现象学的思想态度"(哲学心态)。胡塞尔所说的"现象学的思想态度"是其在先验还原中所遵循的一种哲学态度,是针对"自然的思想态度"(自然心态)提出来的。自然的思想态度即经验性的思想态度,就是指以自然外界为认识起点的认识事物的思想方法。与"自然的思想态度"相对的是一种"现象学的思想态度",即人的认识是以认识主体自身为起点的一种认识活动,从而要求认识主体把以往对待世界的自然态度统统"搁置"起来,对其暂时不作任何陈述和判断,即存而不论。这样就可以使人摆脱关于外部事物和外部世界存在的预先设定。

现象学对西方心理学的影响主要表现在方法论的层面上。可以说,现代西方心理学的现象学方法论，就是现象学这一哲学思潮在心理学领域的一种特殊表现。现象学在西方心理学中的方法论蕴涵主要涉及或体现在以下的几个重要的方面。这曾经在很大程度上影响到了西方心理学非主流的和人文主义的研究取向。

一是以意识经验作为研究对象。与实证主义不同，现象学并未把可以观察的事实作为其研究对象，而是以"现象"作为自己的研究对象。胡塞尔在此所说的"现象"，或者现象学所考察的"现象"，并非指人的感官所把握的作为感官经验的"现象"。此处的"现象"实际上就是指人的意识经验，是人的心灵直接呈现出来的。这重视和强调的是心灵的本质。这种观点在西方心理学中的方法论蕴涵，就是使心理学从简单效仿自然科学方法和远离人性的危机中解脱出来，成为人的科学。二是遵循如实描述的原则。现象学方法的一个非常显著的特点就在于它遵循如实描述的原则，即不以任何假设为前提，通过中止判断（"加括号"的方法）把事物的存在问题悬置起来，存而不论，而对经验进行如实的、不加任何修饰的描述。并在此基础上通过现象还原，发现意识经验的先验结构，从而达到本质直观。正是受到现象学方法的影响，完形主义心理学和人本主义心理学均强调对个体经验进行如实的描述。三是坚持以问题为中心。现象学作为一种主体性哲学，主张把人的主体性问题作为哲学研究的中心，重视意义和价值问题的研究。这一思想被心理学家发展成为问题中心的原则，用以反对实证主义的方法中心论。四是坚持整体性原则。以现象学为哲学背景的心理学家主张对完整的心理和整体的行为进行研究，要求"面向事物本身"。五是坚持先质后量的原则。由于现象学的研究对象是意识经验，其目的在于揭示事物的先验本质，所以在研究中多采用对主观意识经验的整体体验和描述的方法，强调质的分析。六是持有非还原论的主张。受现象学方法论影响的心理学家认为，还原论无助于理解人性，相反还会扼制人性，使心理学陷入危机。因此，他们提倡在心理的水平上研究心理，在行为的层次上研究行为，而不是将人的高级心理活动还原到较低级的层次上。[①]

[①] 石春、贾林祥.论现象学视野下的西方心理学[J].徐州师范大学学报（哲学社会科学版），2006（4）.116-121.

现象学心理学、存在主义心理学和人本主义心理学一起,共同构成了心理学发展中的所谓"第三势力"。现象学心理学沿着三个不同的维度,可以表现为六种理论形态。在研究方式上,表现为思辨的现象学心理学和实验的现象学心理学;在研究取向上,表现为经验的现象学心理学和解释的现象学心理学;在研究领域上,表现为存在论的现象学心理学和超个人的现象学心理学。在这六种理论形态中,经验的现象学心理学最为成熟,影响也最大,在当前的现象学心理学中占据着主流地位。

有研究者探讨了现象学心理学的两种研究取向。研究指出,现象学心理学已形成了两种研究取向:经验的现象学心理学和解释的现象学心理学。经验的研究取向致力于发现现象本质的结构,而解释的研究取向则致力于发掘现象对于研究者而言所蕴含的意义。在现象学心理学中,经验的研究取向处于主流地位,但解释的研究取向也取得了较大的发展。

首先是经验的现象学心理学。具体研究中,经验的现象学心理学大致是按这样的思路进行的:研究者首先从合作者那里得到原始记录,即合作者以文字将经验描述出来,从而得到研究材料;研究者在充分悬置自己的先在观念后,分析研究材料,发现其中的意义单元,将意义单元组合成为经验的结构;最后形成文本,进行交流。一是问题的形成与材料的收集。研究者首先澄清自己所要研究的现象,形成问题。在此基础上,研究给现象赋予名称。这种赋名是通过日常语言进行的,以便同他人交流。研究者通常通过调查或访谈的形式得到原始记录,也有研究者结合使用这两种形式。总之,研究者要尽可能详尽、完整地获得对各种形式的经验的描述,以保持现象的完整性。二是将材料分成意义单元。获得研究材料后,研究者要澄清并悬置自己先在的假设,确保经验的原始性与完整性。接下来,研究者不断地阅读研究材料,直到发现一个个不同的情境(scenes)。这些情境自行出现,并不是研究者按照既定框架规划出来的,也就是说,现象学的研究要求由材料开始,自下而上地进行,而不同于受实证主义影响的科学心理学研究,由既定框架出发,自上而下地进行。三是从情境结构到普遍结构。研究者将合作者的意义单元进行加工,就得到情境结构。这是在特定情境下得出的结构,研究者需要结合其他合作者的材料进行考察,并在不断地对原材料进行反思的基础上，得到普遍结构。在这个过程中，研究者需要将日常语言转换为心理学语言。四是结果的形成与交流。研究者将普遍结构描述出来，并进行交流。研究者首先要同合作者交流，进行反馈，并根据合作者的意见进行适当的修正。最后形成文本，同其他专家进行交流。

其次是解释的现象学心理学。现象学自胡塞尔起，经历了重大的发展。其中的一条路线就是从胡塞尔经海德格尔到伽达默尔，发展出解释学哲学。作为存在着的人，是意义的赋予者，是自我解释的存在。这样，人的根本活动便不再是对象性的认识活动，而是解释性的理解活动。研究便不再是对现象的本质的描述，而是对一切与人有关的现象的理解、解释。文本是解释研究的一个重要的概念，是用来指代解释的研究对象。人类所有的活动及活动的产物，如经验过程、文学作品、艺术品、仪式、制度、神话等都可以看作文本。根据文本的范围，可以区分出两种解释的研究取向的心理学研究。一种是对具体生活文本的分析，包括对经验的及时报告的分析、治疗过程的分析等。这着重研究通过录音得到的原始经验过程的材料。另一种则是对回忆内容以及文学作品等的文本分析，包括对文学作品中的某个主题的分析、历史情境中的某个主题的分析等。解释的心理学研究具有四个特点。首先，研究中要存在着独立的文本，不管其是来自文学作品，还是来自个人经验。其次，文本一旦形成，就会独立于作者，在理解过程中产生新的意义。再次，在对文本的理解中，文本展现的是其内在的有关联的意义，这透射出一个新的世界，而不是无关联的句子的意义。最后，文本是开放的，对文本的理解、与文本的对话是无穷尽的。

经验的和解释的两种现象学心理学研究取向，采取了不同的态度和思路去关注生活世界。一种侧重描述，试图发现经验的本质；另一种试图通过理解，探求研究者在理解文本中产生的新的意义。两种取向是朝向相反的方向进行研究的，即在个别与普遍的维度上，向着相反的方向发展。在现象学心理学的两种不同取向中，经验的研究取向力图发现经验的原本本质，解释的研究取向力图产生更新的意义世界。[①]

经验的现象学心理学兴起于20世纪60年代的美国，是美国本土意义上的现象学心理学。经验的现象学心理学具有如下的重要特征。一是经验的现象学心理学以现象学为哲学基础，在学科观上提倡人文科学观点。它从生活世界出发，在研究对象上持意向性观点，在研究取向上倡导质的研究取向。二是经验的现象学心理学与自然科学的心理学相对，明确提出人文科学的学科观。它认为，自然科学的心理学通过模仿自然科学，继承了二元论和自然主义，忽略了生活世界，将心理现象视作自然物，难以公正地对待心理现象。经验的现象学心理学忠于心理现象的原本性。它从所给予的经验出发，搁置任何的先在假设。进一步，它坚持心理具有意向性本质，始终与对象直接关联。另外，它认为心理与对象的关联是意义的关联，而非自然科学心理学所持的因果关联。经验的现象学心理学的"科学"方面是指它能够获得普遍的知识。三是经验的现象学心理学是以生活世界为出发点。"生活世界"是人们身处其中，并直接给予人们的世界。这是科学研究的源始。经验的现象学心理学所反对的是对生活世界进行任何的抽象和剥离，强调从生活世界所给予的一切出发进行研究。四是经验的现象学心理学在研究对象上持意向性观点。现象学心理学是以现象学哲学的意向性观点为奠基。首先，这意味着心理具有意向性的本质。心理始终是指向于对象的。而对象可以是时空中的存在，也可以是非现实的或观念性的存在。其次，意向性意味着心理与世界的一致性。现象学心理学认为，在心理与对象的关联中，对象是经过了意识的构造而直接显现出来的。意识因此超越自身，与对象直接关联。最后，意向性意味着心理与对象的关联是一种意义关联。在自然科学心理学那里，心理与对象之间存在着因果关联：心理是其他因素作用的结果。但是在经验的现象学心理学这里，心理与对象间存在着意义关联。对象对于心理而言，始终是有意义的。五是现象学心理学在研究取向上倡导质的研究取向。它反对自然科学的心理学过于重视量的研

[①] 郭本禹、崔光辉. 现象学心理学的两种研究取向初探［J］. 南京师大学报（社会科学版），2004（6）.86-80.

究取向。①

解释学理论形态的现象学心理学简称为解释的现象学心理学，是形成于经验的现象学心理学的背景之下。解释的现象学心理学是以解释学作为哲学基础，提倡人文科学观，将生活世界作为出发点，坚持通过对文本的理解，来生成新的意义。它倡导质的研究取向，并发展出可行的研究方法，成为当前现象学心理学的一种风头正劲的理论形态。这深化了现象学心理学与人文科学心理学的联系，推动了现象学心理学向生活世界和生活实践迈进。

解释的现象学心理学发展于美国。20世纪70年代，在美国形成了本土意义上的现象学心理学，即经验的现象学心理学。经验的现象学心理学进行了系统的建设，为解释的现象学心理学的产生创造了条件。解释的现象学心理学正是产生于经验的现象学心理学的背景之下，它与经验的现象学心理学一样，都持有人文科学观，都以生活世界为出发点，都倡导质的研究取向。

但是，解释的现象学心理学也有自己的具体主张。它是以解释学为哲学基础，通过对文本的解读来产生新的意义。这不同于经验的现象学心理学以胡塞尔现象学为哲学基础，通过对现象的描述来获得本质结构。解释的现象学心理学的基本主张体现在如下的方面。一是哲学基础是解释学。解释的现象学心理学是以解释学作为自己的哲学基础。现象学心理学的研究不再像胡塞尔所认为的是通过意识的描述抵达本质，而是通过此在的理解来彰显存在，发现存在的意义。二是科学观是人文科学。解释的现象学心理学与经验的现象学心理学一样的是，都坚持人文科学观。解释的现象学心理学的人文科学观具有实践的取向。研究过程本身就是研究者身体力行的日常生活实践的一部分。在这种意义上，解释的现象学心理学有着较强的行动倾向。三是出发点是生活世界。与经验的现象学心理学一样，解释的现象学心理学也将生活世界作为研究的出发点。解释的现象学心理学从生活世界出发，关注人的经验。但在如何关注人的经验上，解释的现象学心理

---

① 崔光辉、郭本禹．论经验现象学心理学［J］．华东师范大学学报（教育科学版），2008（2）．52-58．

学与经验的现象学心理学却存在着差异。解释的现象学心理学重视语言在经验中的作用，将语言视作理解经验的媒介。它甚至接受了这样的解释学观点，即语言是存在之家。语言是人的存在方式，能够使经验在时间的流逝中得以保持。正是在这种意义上，解释的现象学心理学是通过文本研究人的经验。四是对象论是文本。解释的现象学心理学将文本作为研究对象，通过文本来关注人的经验。文本是书写下来的有关人的存在的记录，它可以指所有的人类活动及其活动产物，其中包括经验过程、文学作品、艺术品、仪式、制度和神话，等等。文本主要分为两类：现实生活文本和回忆与文学文本。五是研究取向是质的取向。解释的现象学心理学在研究取向上坚持质的取向。在质的取向上，解释的现象学心理学是从存在的视角，解释文本的意义。这不同于经验的现象学心理学。经验的现象学心理学是从认识的视角，描述经验的本质，侧重的是现象在特定情境中的意义，而非现象普遍的本质。

解释的现象学心理学有自己的研究方法。解释的现象学心理学是将研究的过程视作解释的循环过程。研究者最初对文本产生初步的整体理解，接下来，在对文本各部分的深入理解中，研究者可能会改变自己的整体理解，进一步产生新的整体理解。研究者在对文本的整体与部分理解间循环往复，这个过程是无限的。当研究者获得整体的、没有矛盾的意义，获得"格式塔"时，就可以结束研究。[1]

现象学对心理学的影响或对西方心理学的影响是十分深远的，这给了西方心理学一条超出了实证主义思想基础的不同的道路。现象学心理学实际上有两种特定的含义，那就是在现象学哲学本身所蕴含着的心理学，以及以现象学为思想基础而发展起来的心理学。从现象学哲学基础上演化出来的心理学探索则包括了存在主义的心理学、解释学的心理学等一系列特定的心理学探索。这是将现象学的思想贯彻在了心理学的具体研究之中，并支撑了一系列心理学的理论建构。

---

[1] 郭本禹、崔光辉. 论解释现象学心理学 [J]. 心理研究，2008（1）. 14-18.

第四节 心理学研究的存在论基础

存在论哲学也称为存在主义。存在主义是西方现代哲学中的重要的思想派别。作为一种哲学流派，存在主义影响了西方心理学中精神分析学和人本主义心理学的发展，蕴涵着诸多的心理学方法论的主张。存在主义不仅把个体的自我看成一个完整的心理实体，也把个体与他人、与社会、与自然的关系联系在一起，构成一种内外一致的人格整体。存在主义把自我视为主客同一的本真存在，重视人的价值和尊严，关心人的潜能与发展，突出了人的特性对心理学方法论构建的重要性。

存在主义与西方心理学的发展具有重要的内在关联。一是存在主义与精神分析的关联。在精神分析的发展历程中，存在主义的精神分析学就是存在主义哲学与精神分析学相结合的产物。这可以简称为存在分析学。在20世纪30年代，欧洲大陆的一批精神分析学家，如瑞士的宾斯万格、鲍斯和奥地利的弗兰克尔等人就发现，当时心理疾病患者的病因不再是维多利亚时代的性压抑问题，而是因战争创伤和经济危机所带来的许多社会问题。人们普遍感到人生的沮丧和生活的渺茫。这些人生目的和生活意义的问题正是存在主义哲学所探讨的问题。这样，他们就很自然地把弗洛伊德的精神分析学与当时流行的存在主义哲学结合起来，站在精神分析学的立场，对海德格尔等人的存在主义哲学进行了精神分析心理学化的改造，将其转变成了经验科学的方法，用以探讨人的心理生活和实施心理治疗。二是存在主义与人本主义心理学的关联。存在主义者并没有结成统一的思想联盟，但在人学的意义上却有着一些共同的思想倾向：（1）都是以个人的非理性存在特别是个人的存在体验作为哲学的研究对象；以"我个人的生存或我个人的存在究竟有何意义"作为自己研究的中心课题，强调人的存在与其他一切存在的区别；（2）都反对科学主义，反对像科学那样去寻求人的"本质"，主张以非理性主义的哲学方法去反思人的存在；（3）都以建立一种"新人道主义"的理论体系、拓展西方非理性主义传统，并弥补马克思主义的"人学空间"为目标。

存在主义的心理学提供的心理学方法论具有如下的蕴涵。一是持有主客同一的研究范式。存在主义的心理学反对把认识和体验的主体与被认识和被体验的客体加以割裂，而主张人们既能把自我看作事物在世界上发生时的一个对象，又能把自我看作通过对这些对象进行解释评价、把对象投射到未来，并转而反作用于对象的主体。二是坚持整体论的研究路线。存在主义的心理学对人的看法是整体论的，其典型的观点是整体观。存在主义的心理学不仅把个体的自我看作一个完整的心理实体，也把个体与他人、个体与社会、个体与自然的关系联系在一起，构成一种内外一致的人格整体。三是持有价值关涉的研究立场。存在主义的心理学重视人的价值和尊严，关心人的潜能和发展。存在主义心理学结合社会生活的实际来研究人类存在的心理学问题，把人生的意义、价值的取向、自由的选择、心理的潜能和社会的责任等，作为自己的研究主题。四是坚持主观性的研究方法。存在主义的心理学反对科学心理学的客观主义的研究范式。五是走向"对话"的心理学。对话是人本主义思想家所重视的一种研究传统，并将其贯彻在了心理学的研究之中。[①]

存在主义哲学的研究和发展就曾经受到过精神分析心理学的重大影响。例如，存在主义就曾经引入了精神分析，这导致的是存在主义观点和方法的精神分析心理学化。萨特是对精神分析进行了存在主义哲学化的改造，而瑞士的存在主义者、精神分析学家宾斯万格和鲍斯则正相反，他们对海德格尔的存在主义哲学进行了精神分析心理学化的改造，将其转变成了经验科学的方法，去探索人的心理生活和实施心理治疗。虽然他们仍然是站在存在主义的立场上，但他们直接受到了弗洛伊德的影响，他们创立的存在分析学说也成为精神分析后期发展的重要分支。

宾斯万格（L. Binswanger）于1881年4月13日出生在瑞士的一个医生世家，1907年在苏黎世大学取得了医学博士学位。他曾经有段时间是在荣格的手下从事研究工作。在20世纪的头十年中，他对弗洛伊德的精神分析十分醉心，并逐渐与弗洛伊德建立了私人友谊。1812年，弗洛伊德还曾经看望过他。后来，宾斯万格接触和研究了海德格尔的哲学，觉得有必要将其转而制定为精神分析的心理学，用以克服弗洛伊德

---

① 雷美位、谢立平. 存在主义的心理学方法论探析［J］. 长沙理工大学学报（社会科学版），2007（2）. 30-32.

学说的缺陷，因为他已深切地感到弗洛伊德的学说正在不断脱离人的经验的现象实在。在20世纪20年代，他系统提出了把存在主义与精神分析相结合的基本思想，可以说，他是存在分析学派的实际奠基人。

鲍斯（M. Boss）于1803年10月4日出生在瑞士。他毕业于苏黎世大学的医学院，后成为该校的心理治疗教授和存在分析学会的会长，还担任过多年的国际临床心理治疗协会的主席。他钻研过弗洛伊德和荣格的学说。尽管他不认为自己是存在分析的创立者，但他承认自己一开始是受益于研读海德格尔的著作和与宾斯万格的私人接触，当然他也成了海德格尔的亲密朋友。

宾斯万格和鲍斯均为存在主义者，他们的思想立足于对存在或本体的探索。而在海德格尔看来，真正的存在是"人的存在"或"此在"（dasein）。宾斯万格和鲍斯自称其学说为"此在分析"（dasein analysis），他们试图分析的是个人的直接体验。宾斯万格认为，个人运用了某种先验的本体结构或世界的谋划，这是在现象的水平上发挥作用，并且决定着个体的实际体验。这些现象的构架赋予"此在"以意义。鲍斯则认为，"此在"不是由先验的结构构造的，反之，正是"此在"把意义透射于现象界。但他们均把"此在"说成是投向未来的，"此在"也有其历史性，"此在"的过去所反映的是先前把"此在"投向未来的这个方向，而不是那个方向的人所承担的义务和做出的行动。

在海德格尔看来，个人的"此在"常常会沉迷于"他人"之中。宾斯万格和鲍斯据此指出，为了避免唯他人是从，人就必须真实地行动，为自己的义务承担责任。忧心于实现在自己生活的前景中出现的可能性，人就必须时而超越常轨而甘冒做出新的承诺的风险。如果做不到，那"此在"就会萎缩。情感则反映的是个人时刻都可以体验到的"此在"的独特的投向。显然，宾斯万格和鲍斯的基本思想是承继于海德格尔，但他们按照弗洛伊德的精神分析的模式，将其再造成了探索个体心理生活和进行心理治疗的经验方法。为此，他们也全面修正了弗洛伊德的学说。

从海德格尔的存在主义思想出发，宾斯万格区分了两种不同的焦虑，即存在的焦虑和神经症的焦虑。存在的焦虑是来自海德格尔所说的个人到这个世界上来的孤独无依、沉入虚无、面对死亡的感受。存在的焦虑可以被体验为烦心和空虚。神经症的焦虑则主要产生于一种萎缩的世界谋划（world-design），一种对世界的简单化的和不现实的构造。这使得个人面对挑战时很易于崩溃。鲍斯区分了两种不同的内疚，即存在的内疚和神经症的内疚。前者是来自个人的基本的负重感，正因为无法在生活中实现每一种选择，确定一种选择，就要放弃许多其他的选择。这种内疚每个人都有，它反映的是对存在的现实估价。良心会产生存在的内疚，但这不是病态的。神经症的内疚则是来自不健康的环境，即受他人制约而产生的失掉应承担的义务。宾斯万格和鲍斯认为，心理治疗是要消除神经症的焦虑和神经症的内疚，而不是要消除存在的焦虑和存在的内疚。

宾斯万格和鲍斯不讲压抑，而是提出"此在"的某个方面可以处于封闭的和不真实的状态。弗洛伊德所说的防御机制大部分被归之于潜在的世界谋划（宾斯万格）或不真实性（鲍斯）。例如，他们把相信命运看作一种真正的防御机制，认为听凭命运支配自己的存在和选择是逃避现实的手段，是对真实的生存的根本否定。他们指出，生活的根本任务就是从他人的制约下获取独立性，或者是至少降低这种依赖的程度。如果"此在"并没有随着成熟而丰富起来，便可称为停滞的"此在"。因而，个体应摆脱"普通人"的不真实生活，去确立自己独一无二的"此在"。

宾斯万格和鲍斯认为，心理上病态的人在于萎缩的"此在"，停滞的"此在"，或自我选择的不自由。这导致他们的一种存在的软弱，然后是彻底的崩溃。神经症患者是造成了他们自己严重萎缩的"此在"的人，他们放弃了自己对他人的自主，最终付出的就是不真实的代价。精神病患者在其妄想和幻觉中，反映的是一种全新形式的在世的存在。患者假定了，独立的势力在嘲笑、威胁，然后实际控制一切。每种经典的症状都不过是这种存在的软弱和萎缩的"此在"的独特形式。宾斯万格和鲍斯认为，心理上健康的人在于自由的选择，因而超越生活的常规去确定可能性，采取一种成熟的看法，是独立负责的。存在分析的治疗便寻求帮助个人达到生活中的这三个主要目标。他们强调未来，因为人必须结束过去，并开始构筑今后更好的生活。宾斯万格和鲍斯采纳了弗洛伊德的大部分精神分析的技术去从事心理治疗。不过，他们按照存在主义的思想对释梦和自由联想做出了完全不同的解释。

由上述可见，正是在弗洛伊德学说的影响之下，宾斯万格和鲍斯把存在主义哲学精神分析心理学化了。当然，他们创立的存在分析已经不是弗洛伊德所定义的精神分析，而是一种存在主义的心理学。但可以说，他们是用存在主义的思想给弗洛伊德的精神分析换了血，或者说，他们是用精神分析装饰了存在主义。因此，他们的学说是存在主义与精神分析的奇特联姻。

周宁在研究中指出，从心理学哲学的角度加以观察，会发现当代心理学正面临一场变革——从主体心理学转向存在心理学。主体心理学建立在近现代西方理性哲学的基础之上，强调主体理性在研究中的至尊地位，最后导致研究中理性与生活的分离、研究者与被研究者的分离、研究内容与研究对象的分离。存在心理学关注个体的生存实践，主张打破研究中的主客分离，消解主体理性的中心地位，将研究者与被研究者有机地统一起来，将研究内容与方法结合起来，使研究更具日常性与现实性。

近现代西方心理学研究总体上是建立在主体基础之上的，近现代西方心理学也可以被称为关于主体的心理学。在研究中，主体理性是判断一切的最终法则，是一切研究的基石。尼采之后，西方哲学开始把眼光从主体理性转移到个体的生存实践上，开始关注"存在"了。西方哲学从近现代到后现代的转变，其核心是对主体理性的反叛，是对存在的追求。心理学的研究受到了来自哲学变革的影响，也开始对建构于主体理性哲学基础之上的科学主义心理学展开了一系列的批判，开始关注作为存在的人而不是作为主体的人的真实状态。这将引起一场变革，这是一种研究转向。

首先，存在心理学要消解主体理性的至尊地位，不再沿用主客二分法，不再把人当成理解人性的工具，而是把人当成目的。在心理学的研究中，主体与客体并不是截然分离的，二者处于一种"对话"的关系，是相互影响的。其次，存在心理学抛弃了对心理行为作形式化解释的企图，避免用抽象的原则来替代现实的关系。在研究个体心理生活的时候，关注个体存在尤为重要。再次，存在心理学还强调研究的整体性。主体心理学是将人类活动孤立地置于某处，用"标本式"的方式加以研究，目的在于从每一个单独的事件中寻找到它们彼此的联系。这样直接导致心理学研究陷入方法与程序的泥潭，也使心理学的学科统一性受到严重的危害。存在心理学主张采用整体性原则，将个体的活动与行为置于社会、历史和文化之中。①

存在主义哲学本身就有着重要的心理学的建树，就给出了自己独特的关于人的心理的解说，就表达了人的心理的存在先于本质的存在，就强调了人的存在或人的心理存在的无中生有的创造性或生成性。从存在主义的哲学到存在主义的心理学，实际上就是一种非常自然的过渡，并直接影响到了心理学的一系列的重要的探索。这不仅包括了关于正常人的心理现实的影响，也包括了关于病态人的心理疾患的矫治。

第五节 心理学研究的解释学基础

解释学也常常被称为释义学。解释学是现代西方哲学中非常重要的思想流派。解释学对西方现代心理学的发展产生过重大的影响。许多心理学研究者从不同的方面，考察过解释学对西方心理学的思想性和理论性的引导作用。有研究者指出，解释学、现象学、实证论一道成为西方心理学方法论的"三大势力"，对西方心理学特别是对精神分析心理学的发展产生了巨大的影响。从解释学的发展来看，其经历了狄尔泰的理解心理学、海德格尔和伽达默尔的本体论解释学思想，以及利科的结构主义解释学和拉康的后现代精神分析学。解释学的方法论对心理学的发展产生了深刻的影响，将人的心理和行为视为解释的文本，支持了人文科学倾向的心理学的发展，促进了精神分析理论与治疗方法的新发展，强调了心理学研究的系统性和动态性。②

有研究者曾经系统考察了解释学与当代认知科学的关系。该研究认为，有三个问题值得探讨。一是人们怎样认识客体？即人们怎样了解和理解世界中的各种客体？通过对这个问题的回答来表明解释学和认知科学实际上并不对立。二是人们怎样认识情境？即针对各种类型的实际任

---

① 周宁. 心理学哲学视野中的主体心理学与存在心理学 [J]. 学习与探索，2003（4）. 18-21.

② 谭文芳. 解释学的心理学方法论蕴涵 [J]. 求索，2005（7）. 116-118.

务或在各种情境中，人们事实上是怎样认知地处理的？通过对这个问题的回答来表明解释学有助于认知科学。三是人们怎样理解他人？通过对这个问题的回答来表明认知科学有助于解释学。该研究得出的结论就在于，最好把科学看成是，运用任何可能的手段来说明有什么。如果有什么包括这样一些东西，即不能还原为计算过程或神经元在无意识水平上的激活，或者不能量化，或者无法不折不扣地客观化。然而，这样一些东西对人类生活却是有意义的，它们必然要落入解释学的领域。那么，讨厌它们、否定它们的实在性，就是真正的不科学了。[1]

本体论解释学的发展为古典精神分析理论提供了新的研究方法，进而促进了现代心理咨询与治疗理论和方法的新发展。在弗洛伊德的精神分析理论中，潜意识是其核心所在。他认为潜意识是意识层面以外的活动，是一种无时间、非理性、非逻辑的心理现象，不能够直接被观察和认识到，而只能通过潜意识的符号才能加以了解。所以，在研究潜意识现象时，除了观察以外，最为重要的就是要理解和分析意识层面的现象与潜意识的心理冲突之间的关系。这样，解释、理解、话语分析、协商对话便成为研究精神现象的手段之一。

利科（P. Ricoeur）是20世纪法国的著名思想家。利科的解释学现象学使解释学的范围从文本扩展到了人的心理与行为，并扩展到了整个历史领域。他认为文本的内在结构之间存在着关联，究其文本的符号并不单指符号的意义，而在其背后有着所指代的意义和内容。有研究者指出，利科试图通过建立文本理论，从分析语言开始，借助现象学方法，经过语义学层次和反思（reflection）层次，最后进入本体论层次，从而使方法论解释学和本体论解释学在本体论层次上统一起来。利科要在语言本身之内寻找理解是存在的方式，通过语义学的迂回之路达到存在问题。他认为，只有通过对"隐喻"（metaphor）和意义进行反思，才能达到理解的存在论根源。利科的这一思想深深影响到了作为欧洲存在心理学主要代表人物之一的拉康（J. Lacan）。拉康用起源于语义学和文化结构的人类文化规则来取代驱力、本能之类的生物学动力因素，从而对

---

[1] 肖恩·加拉格尔（邓友超译）. 解释学与认知科学［J］. 华东师范大学学报（教育科学版），2004（1）.34-42.

精神分析作了存在主义的改造。①

解释学的方法论蕴涵及其对心理学的影响可归纳为如下的几个重要的方面。一是将人的心理和行为视为需要解释的文本。体现在心理学的研究中，就是把人的心理和行为看作需要解释的"文本"，可以通过理解、体验的方式来解释人的意义和价值。二是支持了人文科学倾向的心理学的发展，促进了精神分析理论与治疗方法的新发展。解释学方法论在心理学研究中的引入，对自然科学主义倾向心理学研究取向发起了挑战，强调了人类复杂而多样的心理活动并非用简单的数据就能替代，而应依助于理解、解释、体验等人文科学的研究方法，对人的心理和行为进行"解释性"的说明，极大地支持和推动了人文科学倾向的心理学的发展。三是强调心理学研究的系统性。解释学特别强调整体对于部分的重要性，正由于解释学将人的心理或行为视为一个可以理解的"文本"，所以在探究其意义与内涵的同时，必须要把握文本的整体性与系统性，才能理解其真实的意蕴。四是强调心理学研究的动态性。解释学认为人的存在和理解都会受到历史的制约和影响，强调了个体心理活动的动态性与发展性。②

解释学具有重要的心理学方法论意义。解释学方法论作为西方心理学方法论的"第三势力"，支持了人文科学倾向的心理学的发展，但同时它自身又具有浓厚的主观主义和非理性主义的色彩。纵观西方心理学百年发展史，解释学对现代西方心理学尤其对理解心理学和精神分析学有着巨大的影响，特别是对现代西方心理学具有方法论的指导意义，主要体现在：以"文本"为对象，以理解和解释为方法，重视整体性和历史制约性原则等四个方面。一是以"文本"作为对象。解释学的关注焦点是日常实践活动的语义的或文本的结构。这个结构是一个有意义的关系整体。表现在心理学中，即是把人的心理现象或人的心理行为看作一个有意义的、有内在结构的统一体，是一个"文本"。二是理解和解释的方法。与研究对象相适应，解释学所运用的方法既不是逻辑分析

---

① 丁道群. 解释学与西方心理学的发展 [J]. 湖南师范大学教育科学学报, 2002 (2) . 108-112.

② 谭文芳. 解释学的心理学方法论蕴涵 [J]. 求索, 2005 (7) . 116-118.

的方法，也并非观察或实验的方法。解释学所倚重的是内省、体验、理解和解释。三是关联性或整体性的原则。如把人的心理现象或行为看作一个文本，那么，它必定遵循意义的整体性原则。关联性或整体性强调的是整体对于部分的重要性。四是时态性或历史制约性。人的存在和理解都表现为一种历史。相对于人类复杂的心理和行为来说，纯粹的客观性和价值中立是无法实现的，因为人类的心理生活中包含有幸福、满意、本能或目的等价值指向成分。因此，解释学强调解释的时间性和历史性，强调解释必定受一定的历史文化条件、受解释者的知识经验、受解释者所带有的"成见"、"期望"或"设想"的影响，反而是一种十分合理的见解。

解释学方法论并非十全十美。首先，它在强调理解的历史性时，认为理解者所处的特定的历史环境、历史条件和历史地位必然影响和制约着理解者对"文本"的理解。因此理解者不可能脱离文化历史的影响去做纯客观的研究。突出理解的历史性并没有错，但是过度强调解释中的主观因素，否认有完全符合客观实际的认识或解释则是片面和极端的。其次，解释学方位论带有浓厚的非理性色彩。解释学家认为，生命本身是非理性的。而理解和解释首先是一个创造性的想象过程，是生命整体把握人自己和自己所创造的社会和历史的能力。逻辑推理则不可能建立另一个人的生命整体，也不可能再现任何一种历史的整体。这种非理性的方法论显然与理性的实证主义方法论是对立的，而它的缺陷也正是实证主义的优势，即缺乏普遍性、精确性和再验证性。[①]

有研究者认为，解释学或释义学的心理学是对现代主义与后现代主义的超越。当代西方心理学中存在着现代主义和后现代主义的对立。二者在对科学的地位、心理现象的实在性和知识的建构性等方面的认识上存在着完全对立的观点。释义学的心理学为超越这两种倾向的对立提供了一种可能。在科学观、方法论方面，释义学既不同于传统的科学主义，也不同于后现代主义的社会建构论，而是为心理学指出了一个新的发展方向。

---

① 王国芳. 解释学方法论与现代西方心理学 [J]. 南京师大学报（社会科学版），1999 (4). 80-85.

释义学的心理学既反对现代主义心理学的科学主义倾向，同时也反对社会建构论的相对主义倾向。释义学的心理学试图超越现代主义和后现代主义的对立，把心理学建立在释义学的基础上。释义学原理为重建心理学的科学观奠定了基础。传统的西方心理学一直试图把心理学建立在自然科学的基础上，极力仿效自然科学的科学观和方法论。这种科学主义倾向伴随西方心理学发展的始终。但是释义学早就指出了心理学的研究不同于对物质物理现象的研究。心理学研究的是"人"，不同于自然科学所研究的"物"。人是有目的、有意识的，具有"意向性"能力。释义学观点的启示是，对心理现象的研究必须重视心理现象本身的特点，采纳适当的方法，而不能盲目仿效自然科学的方法和模式。释义学的心理学也不支持后现代主义的社会建构论的观点。从主张心理现象不同于物理现象这一人文主义的观点出发，社会建构论走向了另一个极端，它把心理现象归结为一种社会建构，否认了心理现象的实在性，认为所谓的心理现象只不过是特定历史时期的话语建构物，没有本体论的地位。

在方法论方面，释义学的心理学反对现代主义心理学的方法中心论，但是释义学的心理学也不赞成后现代主义心理学的"怎么都行"的相对主义的主张。释义学的心理学采取了另外一条路线。一方面，它主张现代主义心理学的方法中心论在人文科学的研究中是缺乏依据的，因为任何一种方法都不能保证它的绝对客观性。每一种观察都是一种解释，都是建立在前理解基础上的释义学循环。经验实证方法并没有认识论上的特权。另一方面，释义心理学认为，放弃方法，采取"怎么都行"的态度也是不可取的，必须采纳一定的标准来衡量方法的成败优劣，这个标准就是应用，把用一定方法获得的成果放到实际生活中去，检验其效果，以此评价方法的适当性。[1]

无论是称为解释学的哲学探索，还是称为释义学的思想方法，这实际上都是把研究主体、思想主体、心理主体等的理解和解释放在了重要的或核心的位置上。这不断弱化和清理了客观主义的思想基础，不断强

---

[1] 叶浩生.超越现代主义与后现代主义：走向释义学的心理学[J].河南大学学报（社会科学版），2009（2）.136-141.

化了相对主义的思想原则。突出了人的生活和人的心理的人本属性或主体属性。这提供给心理学研究的是一种扩展，心理学研究并不仅仅是对人的心理行为的证实，进而应该是对人的心理存在的解释。

第六节　心理学研究的后现代基础

有研究对后现代主义与西方哲学的现当代走向进行了考察。研究指出，"后现代主义"原仅指称一种以背离和批判现代和古典设计风格为特征的建筑学倾向，后来被移用于指称文学、艺术、美学、哲学、社会学、政治学甚至自然科学等诸多领域中具有类似倾向的思潮。在欧洲，由于结构主义哲学在某些方面与建筑设计、文艺创作和人类文化的研究有一定联系，而法国哲学家德里达、福柯、巴尔特等所谓后结构主义者又都企图由批判早期结构主义的一些基本观念出发来消解和否定整个传统西方体系哲学（首先是"现代"哲学）的基本观念，因而后结构主义被认为是后现代主义哲学的典型形式。在美国，奎因、罗蒂等从分析哲学中分化出来的所谓新实用主义哲学家则企图通过重新构建实用主义（特别是强调杜威等人的工具主义）来批判和超越近现代西方的哲学传统，他们的哲学也被认为是后现代主义的主要形态。一般说来，当代后现代主义哲学大多是指20世纪60年代以来在西方出现的具有反西方近现代体系哲学倾向的思潮。

当代主要后现代主义哲学家的理论虽各有特色，但存在着重要的共同之处，正是后者把他们作为后现代主义者联系起来。这些共同之处突出地表现在他们几乎都有反对（否定、超越）传统形而上学、体系哲学、心物二元论、基础主义、本质主义、理性主义和道德理想主义、主体主义和人类中心论（人道主义）、一元论和决定论（唯一性和确定性，简单性和绝对性）的理论倾向。

在后现代主义者的诸种否定性理论中，对基础主义的批判具有决定性的意义。基础主义是泛指一切认为人类知识和文化都必有某种可靠的理论基础（或所谓"阿基米德点"）的学说。这种基础由一些不证自明的、具有终极真理意义的观念或概念（罗蒂称为"特许表象"）构成。学术研究的目的就是发现这个基础。从认识和方法论上说基础主义往往表现为将现象与实在（本质）、外在与内在分裂和对立起来的本质主义。后现代主义哲学家的否定性理论与反基础主义和反本质主义有着内在联系，甚至可以说是其表现形式或必然后果。对近代哲学中主体性理论和人类中心论的批判是他们对传统哲学批判的重要方面之一。他们大都认为，以作为主体的人取代神的地位、以主体性取代神性是"现代"哲学最重要的特征。然而，不管这种特征曾起过多么重大的作用，要超越"现代"则必须超越主体性。德里达、福柯等人都致力于对主体的消解。德里达之否定主体在语言中的直接在场作用和福柯之提出"人之死"概念就是否定主体性的集中表现。后现代主义哲学家大都还以非理性主义反对理性主义（包括以诗性哲学取代理性哲学）、以非确定性（相对主义、无中心论、无整体性）否定确定性和整体性、以多元论和非决定论反对一元论和决定论。这些也都无不出于对基础和本质的否定。①

该研究还指出，后现代主义是对现代西方哲学的超越。可以说，不能认为在批判近代哲学上，后现代主义哲学家只是简单重复此前的现代西方哲学家。二者之间在某些方面仍有重要区别。后现代主义哲学家不仅批判西方近代哲学家，也批判现代哲学。后一种批判体现了他们对西方现代哲学一定程度上的超越。下面列出五个较为重要的方面。第一，后现代主义者大都指责现代西方哲学家对传统形而上学的批判不彻底，在批判基础主义时往往又陷入另一种形式的基础主义，而他们力图克服这种不彻底性。第二，后现代主义者对某些现代西方哲学家即已表现出的反主体性和人类中心论（人道主义、人本主义）倾向作了进一步发挥。第三，后现代主义者不仅要求超越近代哲学的理性主义，而且要求超越现代哲学的实体性的非理性主义。第四，在方法论问题上后现代主义者以语言游戏说和解构法发展了现代西方哲学家的主观主义和相对主义倾向。第五，后现代主义者把对传统和现代西方哲学的超越发展成了对哲学本身的超越，消解了哲学的本来意义，也就是使哲学变成某种非哲学的东西。②

---

① 刘放桐. 后现代主义与西方哲学的现当代走向（上）[J]. 国外社会科学，1996（3）. 3-6.

② 刘放桐. 后现代主义与西方哲学的现当代走向（下）[J]. 国外社会科学，1996（4）. 7-12.

有研究对西方心理学中的现代主义和后现代主义进行了考察。研究指出了，心理学中的后现代主义取向包含着许多不同的理论体系，如社会建构主义心理学、话语心理学、多元文化论、释义心理学、叙事心理学、解构主义心理学和后现代女权心理学，等等，其中，社会建构主义心理学处在中心地位。后现代主义是以批判为先导，对现代主义心理学的理论基础进行无情的"解构"。后现代主义是对现代主义的反动。西方心理学中的后现代主义取向站在现代主义心理学的对立面上，对心理学中的现代主义取向的种种特征进行了批判。一是反实在论。实在论论证了不同对象和属性的客观存在。心理学的实在论相信心灵及其属性的实在性质。后现代主义取向认为心灵、意识无法脱离语言而独立存在。实际上，认知、情绪、人格等心理特性都是人们在社会生活中建构出来的，并没有一个精神上对等的实体与之相对应。二是反主客两元论。现代主义心理学是建立在主观—客观、物质—精神两分法的基础之上的。依照经验论的观点，在主体的经验之外存在着一个客观世界，主体的知识是对客观世界的反映，所谓的真理就是对客观世界真实的反映。后现代主义取向认为，主客两元世界的划分是现代主义的一个"宏大叙事"，并没有相应的证据予以支持。后现代主义取向试图超越内源论和外源论隐含的主客两元论局限，把知识、心理的形成看成是社会互动的结果。这种观点不再纠缠于支配人类思想和行为的规律，而是转向研究用以建构知识和心理的话语实践。三是反科学至上论。现代主义取向相信科学的价值，认为科学方法是达到真理的唯一方法。心理学中的后现代主义取向认为，由于客观世界和人们内在的精神世界都是社会建构的结果，不存在真假之分。心理学中的不同理论体系只是建构心理世界的不同方式，可以进行分析和比较，但是却不能依照其经验的效度进行验证和评价。

后现代主义促进了心理学实践的四个转变。一是语言的意义和作用的转变。后现代主义取向认为，语言不是表达思维，而是规定思维，因为人们并非被动地反映世界，而是从现有文化的语言中汲取概念和范畴去作用于世界，语言为人们提供了一个认识世界的框架或思想范畴。所以语言是建构性的，而不是反映性的。二是从个体中心向关系模型的转变。后现代主义取向把注意的中心从个体转向社会，从个人理性转向文化关系和社会互动。三是从客观世界向社会建构世界的转变。对于后现代主义来说，世界并非一个实体，而是语言的社会建构。四是从经验实证向话语分析的转变。在后现代主义景观中，进入人们视野的并非独立的实体，而是公共关系的社会建构，是话语的产物，不存在真与假、错与对，有的只是一些可供解读的文本。①

有研究考察了后现代主义与后现代心理学。研究指出，后现代思潮是对现代西方文化精神和价值取向的一次重要的变革，是对现代居于主流地位的科学认识观的怀疑，是对长期主导自然科学和社会科学的实证主义思想和原则的一种背叛。后现代主义思潮并不是一种有着统一宗旨的哲学或文化流派，其主要表现为对一切崇尚为中心、秩序、总体性的理性体系的背叛，对不确定性、异质文化的尊重与追求。后现代主义对现代主义的批判，也并不是全部否认理性、科学，而是为了破除人们对这些东西的绝对信任和盲目崇拜。后现代主义理论思潮的大体轮廓是：否定和怀疑的理论本性，非中心化的解构策略，多元化的思维风格，富有建设性的创造精神，寄予关爱的全球视野。

心理学以实证主义为逻辑起点而开始其科学化、现代化之历程，实证主义已成为心理学现代性的同义语。长期以来，现代主义的理性科学观点支配和垄断了整个心理学界。在心理学的学科共同研究纲领中，"自然主义"与"科学主义"的实证心理学，已成为"现代心理学"中不可动摇的基本核心地带。后现代心理学认为，心理学的知识、概念和理论完全是社会文化建构的产物。心理学的一切知识和真理均不是必然的、普遍的，而是特定的和情境性的；知识不能，也不需要被认为是"真理"，一切所谓的真理都是"发明"的，而不是"发现"的；知识永远都只是某种角度的知识，知识的情境性要远远甚于普遍性；科学知识的研究方法是多元的，而不是唯一的；知识发展的根本目标不是效率，而是保证人类的公平和正义；知识的社会应该是民主的、参与的和分享的，而不是权力的、垄断的和支配性的；知识的传授应该是情境的、价值的，而不是程序的和方法的。西方心理学的后现代建构必须立

---

① 叶浩生．西方心理学中的现代主义、后现代主义及其超越 [J]．心理学报，2004 (2)．212-218．

足于"理论与方法的多元化"的基础上。①

后现代的思想基础或后现代的哲学基础就在于批判和取消了本质主义、理性主义、逻辑主义、基础主义的思想前提或理论预设,就在于主张和强调了怀疑主义、相对主义、多元主义、建构主义的思想基础和理论前提。这对于心理学的探索和研究来说,就推翻和否定了曾经成为信条的科学主义的追求和实证主义的传统。后现代主义的心理学开始去力求超越实证主义的心理学,开始去重新确立自己的多元主义的思想基础,开始去实现相对主义的学说建构。

第七节 心理学研究的建构论基础

社会建构论已成为当代社会科学以及当代心理学研究中,一种具有很大影响的,但也极具争议的思潮的统称。建构主义实际上是后现代主义社会理论、知识社会学和哲学思潮汇流的结果。建构主义思想存在于多个学科领域。在心理学中,建构主义被发展成为明确的理论导向。把理论视为一种社会建构,而不是对经验事实的概括和抽象,这就为心理学理论的未来发展开辟了新的视角。当代心理学研究中的社会建构论思潮的主张,就在于反基础主义、反本质主义、反个体主义、反科学主义。反基础主义认为,心理学的概念并没有一个客观存在的"精神实在"作为基础。反本质主义认为,人并不存在一个固定不变的本质,所谓人的本质是社会建构出来的。反个体主义认为,个体并不是孤立的,而是社会建构的。反科学主义认为,从主流心理学面临的批评和促进心理学家对学科自身的反思方面来说,西方心理学的后现代取向有其合理的一面。

一 社会建构论的思想

社会建构论不仅与心理学的学科和发展有着密切的关联,而且与其他社会科学也有着密切的关联。有研究者就考察了社会学中的社会建构论。这对于了解心理学中的社会建构论显然有着重要的借鉴和启示。该

---

① 仇毓文. 后现代主义与后现代心理学 [J]. 青海师范大学学报(哲学社会科学版), 2005 (1).133-135.

研究指出了，社会建构论已成为当代社会科学中一种具有很大影响，但也极具争议的思潮的统称。这包含有分属不同学科、源于不同流派、具有表面的亲和性，但在内部又有重大差异的各种社会研究。从表现形式上至少有科学知识社会学、常人方法学、科学的修辞研究、符号人类学、女性主义理论和后结构主义文学理论等形式。从性质上看，社会建构论与其说是一种知识的基本教义理论，毋宁说是科学领域中的一种反原教旨主义的对话。社会建构论的主要追求基于以下的观点：社会生活对一切认识具有本体论在先性和认识论母本性；一切知识立场有其内在固有的价值性和意识形态性；不同学科信念之间所形成的权力和特权分布是知识传播不可或缺的环境。[1]

有研究比较了进化论与建构论两种视界。研究指出，进化物和建构物之间的区别有多重表现，如前者是自然的"杰作"，后者是人工的制品；前者是生命体，后者通常是非生命体。进化物的接续方式是遗传，建构物的接续方式是学习或文化性的传授；新的进化物（物种）的形成是一个十分漫长的过程，而新的建构物从发明到建造都是一个相对短暂的过程，等等。进一步看，两者之间的主要差别在于目的性与非目的性、人工性与非人工性，抑或说是自然性与非自然性、生命性与非生命性、遗传性与非遗传性的差别。

是否合（人的）目的或按（人的）目的产生出来，从而是否通过人的设计而成，这是建构物与进化物之间的非常重要的区别。进化是一个客观的过程，尤其在人还未染指的时候就是一个纯粹的自然客观过程，完全排除了人为性，包括设计性、有意性和目的性等，所强调的是过程的自然性。社会建构则是一个包含主观性的社会实践过程，是"构造""制造""营造""建造"，是施加了人工作用的，是由人赋形乃至变质的，体现的是一种非自然的人工性。

进化的机制是自然选择，建构的机制是社会对话；当然也有（达尔文意义上的）进化式的社会建构，那就是偶然的发明，然后为社会所选择，建构物在最一般的产生方式上，不能用进化的机制来阐释。由于机制不同，进化和社会建构的动力也不相同。建构的动力是人对更高

---

[1] 苏国勋. 社会学与社会建构论 [J]. 国外社会科学, 2002 (1). 4-13.

需求和完美性的追求。

　　建构物聚集越来越多的技术、审美、实用性和道德善，越来越符合人的复杂的目的和要求，而且人的建构能力越来越强，故形成了建构物的"低级"与"高级"之分，具有了"进步"或"发展"的属性。而进化中由于唯一的判别标准就是是否适应环境，因此在物种之间只有严格的"演化"关系，而并无"高级""低级"之分或"进步""发展"之说。这也使得两个世界中的"新"与"旧"之间的关系有所不同，如建构物以淘汰为主，通常是新者淘汰旧者，其中贯串的是先进取代落后的过程。进化物则以并存为主，进化物在进化的过程中，功能既有增加也有减少，无论功能多的还是少的，只要是适应环境的，就是能生存的。

　　进化论和社会建构论曾一度成为不同的认识论和方法论模型，用来不仅观察它们原来的所指，而且泛化或典型化为某种"范式"，形成了所谓"从进化的视角看"和"从建构的视角看"的不同视野，甚至形成哲学上的客观论与主观论的对峙。如在看待科学是一种进化现象还是一种社会建构现象时，波普尔和库恩之间的争论就形成了这样的对峙。波普尔将科学看作一个达尔文进化论的过程，所以他被称为"进化论认识论者"。库恩认为科学是主观的，是一种社会建构。理论的选择是基于文化的价值观，包括性别、种族和宗教等，在一定意义上一切皆由社会因素造就。

　　进化论和建构论作为互有区别的思维方式的代表，前者来自自然科学，后者来自人文或社会科学。从进化是"发现"、揭示"是什么"这一点上，可见其具有科学的性质，属于事实的领域；从建构是"发明"和"制作"、展示"应该是什么"这一点上，可见其具有技术、工程的性质，属于价值领域，故两者之间具有事实与价值、自然与社会、生态系统与文化系统乃至科学认识与工程技术实践的关系。①

　　有研究探讨了社会建构论的思想演变及其本质。研究指出，发端于哲学中的建构主义具有以下几点特征。首先，对理性的推崇是建构主义的基本取向，但在理性及其限度问题上不同学者存在不同认识。其次，

---

① 肖峰.进化与社会建构：两种视界的比较[J].哲学研究，2006 (5).100-106.

建构主义肯定和强调了认识在思维中的建构性，这是具有积极意义的。最后，建构主义从萌芽时便出现了两类认识对象：自然世界和人造世界，以及两类建构施动者：个体和群体。

二　社会建构论的影响

伴随 18 世纪末的学科分化，建构主义思想被渗透到多个学科领域。在心理学（社会心理学、认知心理学、临床心理学和发展心理学）、历史学、教育学、修辞和文学研究、人类学、社会学、文化研究等领域都出现了不同形式的建构主义。在心理学中，建构主义被发展成为明确的理论导向，此后逐渐融入教育学中。瑞士心理学家和哲学家皮亚杰被认为最先提出了建构主义一词。皮亚杰认为，尽管认识的建构性已不是一个新的发现，但大多数认识论学者对建构问题的看法仍然不是先验论的就是经验论的，因此需要一种发生学的探讨。此外，美国心理学家凯利的个人建构理论、古德曼的制造世界理论、冯·格拉塞斯菲尔德领导的激进建构主义学派等，都是比较典型的建构主义。上述这些建构主义基本上是以个体为施动者，因此可称为个体建构主义。同时，在 20 世纪早期也出现了值得关注的将社会过程引入认知心理学的研究，如苏联心理学家维果斯基的语言习得理论，但更多地聚焦于社会或社会群体的建构主义工作主要集中在社会学和文化研究领域，这一理论进路通常被称为社会建构主义。如同在心理学领域一样，建构主义思想向社会学的延伸在不同的研究取向中体现出来，在知识社会学、科学社会学、符号互动论、现象学社会学和常人方法学中都表现出了明显的建构主义倾向。[1]

有研究对当代西方建构主义研究进行了述评。研究指出，建构主义的研究目前日趋庞杂。建构主义研究来源于众多的思想和多样的方法的影响。那么，就研究的兴起而言，建构主义实际上是后现代主义的社会理论、知识社会学和哲学思潮汇流的结果。建构主义的研究方法是多样化的。尽管建构主义的思想是建立在一个总的观点之上，那就是知识是社会建构的结果，或者生活是人的活动建构生成的，但是，建构主义的

---

[1] 邢怀滨、陈凡. 社会建构论的思想演变及其本质意含 [J]. 科学技术与辩证法，2002（5）.70-73.

方法却是经验的。这样，建构主义研究方法便呈现出多样化的特点。

建构主义的研究就其建构对象而言也呈现出某种复杂性。从这种复杂性中仍可窥见出建构主义存在着强与弱的分野。弱建构主义强调的是知识产生的社会背景或社会原因，主要着重于宏观社会学的把握，但却并不否认其客观性或逻辑性的原因。强建构主义是在微观层次上对科学知识所做的经验研究，认为科学知识或技术人工制品能够显示出其建构完全是社会性的。①

有研究是从哲学的学科出发，认为社会建构主义属于科学哲学的最新研究走向。该研究指出，就目前看，科学技术哲学的研究框架可以有如下的几种：一是从逻辑经验主义到建构经验主义，二是从历史主义到科学知识社会学的"强纲领"，三是从人本主义到社会批判主义。但是，这三种思潮都趋向于社会建构主义。②

该研究还将社会建构看成是科学知识观。研究指出，社会建构主义提供了一种理解科学知识与其科学活动的新模式。从基本范畴看，建构主义强调的"自我—他者—物"的合理重建有可能整合主客二分（符合论）与主体间性原则（共识论）之间的对峙；从知识谱系看，建构主义强调的"个人知识"与"公共知识"的解释循环有可能超越"主观知识"与"客观知识"的对立；从学术策略看，建构主义强调的"包容他者"或"正题—反题—合题"的发现模式，有可能消解自我中心主义和"对称原则"的两难。

在20世纪七八十年代，科学哲学出现了"后现代转向"，在这种转向中，人们对科学知识的理解发生了巨大的甚至可以说是根本的转变。科学知识不再是具有可检验性的命题系统，而是"作为文化和实践"，科学已经成为"行动中的科学"，而且"知识和权力"已经浑然一体。那么，与现代主义和相对主义的后现代主义相比，社会建构主义对科学的理解更值得关注。

社会建构主义科学观主要是用角色建构网络理论来克服"自然"与"社会"的两极化；从基本范畴看，这种科学观用"自我—他者—

---

① 李三虎. 当代西方建构主义研究述评 [J]. 国外社会科学, 1997 (5). 11-16.
② 安维复. 科学哲学的最新走向——社会建构主义 [J]. 上海大学学报（社会科学版），2002 (6). 44-50.

事物"的合理重建来整合主客二分（或符合论）与主体间性（或共识论）之间的对峙；从知识谱系看，这种科学观用"个人知识"与"公共知识"的解释循环来超越"主观知识"与"客观知识"的对立；从学术策略看，这种科学观用"包容他者"或"正题—反题—合题"的发现模式来消解自我中心主义和"对称原则"的两难。①

如果把社会建构论放置在心理学的研究领域中考察，有研究者认为，后现代社会建构论对心理学研究目标提出了疑问。现代心理学的研究目标概括为描述事实、揭示规律、预测趋势和控制行为四个层面，此四级目标可视为心理学对外的学科承诺。以后现代社会建构论的视域审视，心理学能否兑现这些承诺是值得质疑的。首先，心理学所谓的"描述事实"其实质乃是对心理学家所经验的事实的描述，而不是对心理和行为作为"客观存在的事实"的描述。其次，揭示心理规律不仅存在技术困难，所谓"心理规律"也只是现代文化场域内的一种"约定"，而非"客观规律"。再次，由于人作为心理学的研究对象具有作为自然科学研究对象的物所没有的意识能动性，利用心理规律预测心理事件的发生遭遇特殊困难。最后，谋求对人的行为的控制，不仅背离了心理学造福人类的初衷，而且有违自由平等的现代社会价值观。

科学研究的最终目的应该是人类的幸福与人性的解放。为此，自然科学必须首先消解人与自然的对立，在研究过程中贯彻生态化的原则。而在社会科学中这一点更加重要。将"描述事实、揭示规律、预测趋势、控制行为"作为心理学研究的目的，是将心理学的研究对象"人"完全等同于自然科学的研究对象"物"，忽视了心理学具有自然与社会科学双重性质且更偏向于社会科学而导致的结果。有鉴于心理学研究对象及学科性质的特殊性，心理学的学科目标不应该是对人的控制，而应该是人类的幸福，即通过对不同处境中的人的心理的深度解释，促进各类人群及不同关系中的个体之间的相互理解，提升人的幸福感，促进社会的和谐发展。②

---

① 安维复. 科学知识观的社会建构 [J]. 华东师范大学学报（哲学社会科学版），2010 (4).16-20.

② 杨莉萍. 后现代社会建构论对心理学研究目标的质疑 [J]. 南京师大学报（社会科学版），2008 (6).107-111.

该研究还认为，后现代社会建构论是对主客思维的超越。主客思维是现代文化的重要特征。后现代社会建构论实现了对主客思维的彻底解构。社会建构论对主客思维的超越表现为以社会建构认识论取代主客符合论，以建构本体取代物质或精神本体，以"关系的人"取代"本质的人"。社会建构论对主客思维的超越预示了现代文化的终结。

社会建构论的批判指向主客思维所包含的每一层假设：第一，主观世界和客观世界不可分离；第二，主观准确反映客观的可能性；第三，主观认识如何向外传达；第四，语词与世界的对应关系。

一是社会建构认识论取代了主客符合论。社会建构论的第一个核心命题是："意义是社会的建构"。社会建构论认为，就与客观事实相对立、具有符合关系而言，"意识""心理""语词""主观"是等价的，都具有"表征"的性质，因而统称为"意义"。在社会建构论中没有主客体，因为主体也罢、客体也罢，都不能单方面地决定意义，意义是互主体之间的约定或建构。二是建构本体取代了物质或精神本体。社会建构论的第二个核心命题是："现实是社会的建构"。社会建构论所指的"现实"是"为我们而存在的现实"。现实不是客观自在，也不是精神的创造，而是社会的建构。"物质本体""精神本体"由此让位于"建构本体"。三是"关系的人"取代了"本质的人"。社会建构论的第三个核心命题是："人是关系的存在"。主客思维中的人是"本质的人"，其中，人与外在世界被看成两个各自独立的实体，彼此之间是主客关系，是反映与被反映、征服与被征服、决定和被决定的关系。社会建构论认为，人不是站在世界之外的"旁观者"，而是融于世界万物之中的有"灵明"的聚焦点，世界因为有了人的"灵明"照亮，才成为有意义的世界。

社会建构论对主客思维的解构与超越，将人从与他人和世界的对立中超度出来，实现了对人、对人与世界关系的重构。[1] 应该说，社会建构论为心理学的研究和探索提供了一系列新的研究的预设和理论的前提，也就是把共生性的创造和改变，构成性的衍生和发展，看成是心理

---

[1] 杨莉萍. 后现代社会建构论对主客思维的超越[J]. 自然辩证法研究，2004（1）. 27-30.

学的研究对象，也就是人的心理生活，所具有的基本的性质。同时，也就把共生性的思路和探索，构成性的考察和研究，看成是心理学的研究方式，也就是心理学的理论建构、方法确立和技术发明，所拥有的基本的性质。

三 社会建构论心理学

有研究考察了社会建构论视野中的心理科学。研究指出，社会建构论认为心理现象是社会建构的产物，没有本体论的基础。社会建构论主张知识是建构的，是处于特定文化历史中的人们互动和对话的结果。社会建构论关注了文化的作用，对于消除心理学中的个体主义倾向有积极的意义。从认识论上讲，社会建构论主张从对文化的意义和更为实用的角度认识理论观点的作用，对于建设一个应用倾向的心理学也具有积极的影响，但是社会建构论的相对主义和怀疑论的观点也受到严厉的批评。[1]

有研究探讨了社会建构论心理学形成的理论张力。研究指出，当前在西方兴盛的社会建构论为心理学的理论发展带来了二重性矛盾思想资源：一方面，倡导反本质主义、反基础主义、反宏大叙事的语言实在论观点，自然会走向颠覆传统的理论性研究的道路；另一方面，社会建构论强调一切科学、理论、规律并非一种自然性的实在，而是语言、文化、社会的建构产物。社会建构论在客观上诱发了对理论研究价值的重新定位与积极界定，为心理学理论研究从观察实验、实践的附属地位和被动状态中解放出来，突破实证研究的教条带来了新的思想张力。应该看到，蓬勃发展中的社会建构论心理学也面临着许多突出问题。

在心理学领域，社会建构论的最为主要的特征就是反本质主义、反基础主义、反方法中心主义和反个体主义。社会建构论者据此建立起了"社会认识论"这种新的"元认识论"理解方式，以便消除传统的"外源性知识—内源性知识"相分裂的主客体分离隔阂。这很显然就改变了原有的心理学关于人的心理存在，关于人与环境关系等的理解和认识。

---

[1] 叶浩生. 社会建构论视野中的心理科学 [J]. 华东师范大学学报（教育科学版），2007（1）. 62-67.

伴随着"后实证主义"这一新的元理论基础的确立，社会建构论对于理论知识产出的基本界定，日益凸显出了许多积极的学术价值。首先，社会建构论在一定程度上促进了心理学的理论研究。目前，西方心理学理论在社会建构论的影响之下，已经出现了三个新的重要转变：一是从本质论到建构论的转变，二是从方法中心向问题中心的转变，三是从价值无涉发展为价值关涉的转变。其次，社会建构论极大丰富了认识反映论。反映论与建构论形成了现代认识论中的两个不同层次。再次，社会建构论的兴盛也为辩证心理学研究带来了新的发展张力。

当然，蓬勃发展中的社会建构论心理学也面临着许多突出问题，集中表现为对科学贡献的有限性、本体论上的虚弱性和认识论上的相对性。[①] 这显然是社会建构论心理学由于哲学思想基础上的局限所导致的结果。

应该说，在后现代的背景之下，建构论成为否定本质主义和预设主义的一个重要的理论选择。那么，在关于人对生活的理解，在关于人对心理的理解中，社会建构论则成了一个非常重要的基础。心理学研究的建构论基础，对于理解心理学的研究对象，对于理解心理学的研究方式，都是一种重要的转向。很显然，追求关于人类心理本质的认识也就成为虚妄的科学追求，追求关于心理科学真理的认识也就成为无理的科学目标。

有研究指出，社会建构论是西方心理学中的后现代取向的主要代表。一是反基础主义。认为心理学的概念并没有一个客观存在的"精神实在"作为基础。二是反本质主义。认为人并不存在一个固定不变的本质，所谓人的本质是社会建构出来的。三是反个体主义。四是反科学主义。从主流心理学面临的批评和促进心理学家对学科自身的反思方面来说，西方心理学的后现代取向有其合理的一面。但是其反实在论倾向和相对主义的科学观却是值得商榷的。[②]

社会建构论心理学把心理学的研究和探索推至一个特定的平台上。

---

① 霍涌泉．社会建构论心理学的理论张力［J］．陕西师范大学学报（哲学社会科学版），2009（6）．62-68．
② 叶浩生．社会建构论与西方心理学的后现代取向［J］．华东师范大学学报（教育科学版），2004（1）．43-48．

从而，心理学的研究就不再是把揭示心理现象的本质和规律放在核心的地位，而是把人的心理生活与环境的共生性的创建放在了核心的地位。从而，社会建构论心理学就将人的心理与人的环境看成了一个双向的建构过程。

四 社会建构论方法论

有研究探讨了社会建构论及其具有的心理学方法论蕴含，指出了依据于社会建构论的观点，实在是社会建构的产物。实在的知识并非"发现"，而是一种"发明"，是根植于一定社会和历史中的人们互动和协商的结果。这种观点认为，心理现象不是一种"精神实在"，而是一种话语建构，服务于一定的社会目的。这一观点颠覆了传统心理学的本体论基础，对心理学的认识论和方法论产生了深远的影响。

传统的心理学是把知识归结为一种个体占有物的个体主义倾向和把知识的起源归结为外部世界的反映论观点，使得心理科学呈现出下列特点：第一，追求自然科学的客观性、精确性，强调方法的严格性；第二，从个体内部寻找行为的原因，试图超越历史和文化的制约性；第三，为了获得客观的结论，研究者力求摆脱价值偏见和意识形态的影响，努力做到客观公正、价值中立；第四，也是最重要的，镜像（mirror metaphor）隐喻成为心理科学的根本隐喻（root metaphor），心理学家虔诚地认为心理的内容来自外在世界，心理学的真正知识是对精神实在的精确表征或反映。

社会建构论则有如下的基本主张。首先，实在是社会的建构。如果说实在是社会建构的结果，其深层的含义就是说，如果人们没有建构它，它就根本不存在，或者至少说，它就不是现在这个样子。此外，建构的过程是通过语言来完成的。那么，由于语言符号的社会文化属性，随着社会和文化历史的不同，就出现了不同的实在。其次，知识是社会的建构。社会建构论认为，知识不是一种"发现"，而是思想家的"发明"，是人们在社会交往中协商和互动的结果。最后，心理是社会的建构。传统心理学把认知、记忆、思维、人格、动机、情绪等心理现象视为人体内部的一种精神实在，这些精神实在如同物质实在那样，简简单单地就在那里（out there），等待着人们去认识和发现。社会建构论是站在反基础主义和反本质主义的立场上，认为并不存在一个独立于话语的"精神实在"。从心理是社会的建构这一观点出发，社会建构论认为，心理现象并非一种内部实在，而是一种话语形式。作为一种话语形式，心理现象不存在于人的内部，而是存在于人与人之间，存在于社会互动的人际交往过程中。

社会建构论的方法论对于心理学研究的意义和价值在于如下几方面。第一，社会建构论把人格、情绪、记忆和思维等心理现象定位于人际互动的社会交往过程，从社会起源的角度分析心理现象，这对于克服心理学方法论上的个体主义倾向具有积极的意义。第二，把心灵置于社会实践活动中，从关系的角度看待心理现象，对于促进心理学的文化转向具有重要的意义。第三，社会建构论有关心理是一种文化建构的论点有助于心理学家重新认识心理与文化的关系，并进而影响到心理学的科学观和方法论。①

很显然，社会建构论的心理学方法论的价值，体现在了创造性、生成性和情境性等方面。这无疑可以转换心理学研究的方法论的视域，也无疑会导致心理学研究的变革。社会建构论的心理学方法论的价值，也体现在了社会性、互动性和共生性的方面。

五 社会建构论再评价

有研究探讨了社会建构论与心理学理论的未来发展。在该研究者看来，知识具有建构的特性，心理学的概念和理论，定律和结论都具有协商和建构的性质。把理论视为一种社会建构，而不是对经验事实的概括和抽象，这就为心理学理论的未来发展开辟了新的视角。第一，理论不是一种对事实的描述，也不仅仅是在事实收集之后对事实之间关系的解释。理论是一种建构，不是如绘制地图一样的描述。建构意味着对事实、素材和数据的积极筛选，意味着创新和创造，在这一过程中，某些成分被保留了下来，某些成分被剔除了出去。从更深层次的意义上讲，是理论陈述"建构"了现实。第二，理论既然是一种社会建构，那么也意味着不同的社会或同一社会不同的历史时期，所提出的理论是不一样的。传统上，受逻辑实证主义理论观的影响，心理学家追求理论的超

---

① 叶浩生. 社会建构论及其心理学的方法论蕴含[J]. 社会科学, 2008 (12). 111-117, 185.

文化、普适性特征。根据这样一种观点，理论应根植于系统的经验观察，独立于文化和历史的观念。但是，理论既然是一种社会建构，文化历史因素必然在理论的建构中扮演积极的角色。第三，作为一种社会建构，理论带有明显的文化历史特征，那么价值观念和意识形态必然影响理论的建构。既然理论是建构的，是特定话语群体的人们互动和协商的结果，由此建构出来的理论又服务于该话语群体的利益，那么这种理论必然或多或少，或明或暗地负载着该群体的价值偏爱和意识观念。第四，理论作为一种社会建构不仅具有反思和批判的功能，理论作为心理学家的话语，同语言一样具有行动的特征。理论具有力量，且可以产生结果，促进心理学实践的变革。未来的心理学理论将关注理论的行动特征。从社会建构论的视角来看，理论作为一种话语具有可操作的特性。换言之，理论是可以产生结果的，并不仅仅是一种描述和概括。未来的心理学理论要与社会实践融合在一起，在社会实践中建构理论，在理论的导引下产生行动，充分地发挥理论的行动特征，从而促使心理学的健康发展。[①]

有研究从社会建构论心理学中，萃取了四个核心概念，各代表一个思想层面，以此搭建出社会建构论心理学思想体系的架构。

一是批判。心理不是对客观现实的反映。社会建构论心理学隶属后现代的研究范式，其基本的特征是对现代心理学所蕴含的现代思维方式的批判，以此构成社会建构论心理学的思想基础。这包括对主客二元思维的批判，对反映论的认识论的批判，对现代个体主义的批判，对现代本质主义的批判。

二是建构。心理是社会的建构。与"建构"相对应的范畴是"反映"，体现着"建构论"与"反映论"之间的对立。社会建构论先以其"批判"否定了"心理是对现实的反映"，接下来的问题必然是"心理是什么？"社会建构论呈现的核心命题是"心理是社会的建构"。

三是话语。这是社会借以实现建构的重要媒介。心理是多种因素长期共同建构的结果，其中最重要的建构力量来自话语。社会建构论视话

[①] 叶浩生.社会建构论与心理学理论的未来发展[J].心理学报，2009（6）.557-564.

语为由一系列日常惯习、常识和生活方式构成的一个结构体,其中隐藏着大量的隐喻和叙事。话语严重制约着人们对自己和世界的定义。因此,社会建构论希望通过话语研究,对心理的建构过程和机制做出进一步的解释。社会建构论心理学思想的产生始于当代哲学与社会理论中的语言转向。新的语言观则认为,语言为个体提供了一个划分经验的范畴和意义系统,并因此生成和建构了个体经验。

四是互动。社会互动应取代个体内在心理结构和心理过程成为心理学研究的重心。社会建构论心理学研究由"话语"进一步延伸,进入"互动"领域。心理学的研究对象、研究重心必须由个体内部的心理结构和心理过程向个体外部人与人之间的关系和社会互动过程转移。"互动"体现了后现代社会建构论关系主义对人的认识。它不仅是将"客体"还原为"另一主体",同时强调"互为主体"彼此作用的交互性和对等性,使得现代心理学中要么受客体制约,要么主宰客体的心理"主体",能够将自己与客体或对象作为一个利益共同体考虑,并在与后者的对话中不断地重构自我、重构对象。[1]

有研究探讨了话语社会建构论的演进,考察了话语与心灵的社会建构。研究认为,通过对社会建构论的某些代表观点在社会科学中的发生及其在心理学中的发展进行梳理,可以探讨语言(或话语)与心灵实在间的内在逻辑是如何建构起来的;亦可以此来认识为什么社会建构论者在不同程度上都认为话语应该成为心理学研究的合法主题。每一个体都有一个心灵实在。以此方式所见的心灵或人格与传统观点间的区别在于:心灵或人格被认为具有动态性,从本质上说深深植根于历史、政治、文化、社会以及人际的语境之中。心灵是不可以孤立地加以界定的。[2]

其实,社会建构论给了心理学的理论探索的最为重要的启示,就在于试图消除心理学研究中的基础主义和本质主义的理论预设。这就给了心理学研究一个更加开放的理论空间。从心理学的研究对象的性质和特

---

[1] 杨莉萍. 析社会建构论心理学思想的四个层面[J]. 心理科学进展, 2004 (6). 851-858.

[2] 邵迎生. 话语与心灵的社会建构——对当下话语社会建构论演进的初步考量[J]. 南京大学学报(哲学·人文科学·社会科学), 2006 (4). 136-143.

征的方面，从心理学的研究方式的定位和运用的方面，社会建构论都给出了生成性的思考。生成性与心理行为的创造性质，与心理科学的创造要求，都是紧密关联在一起的。

第八节 心理学研究的文化学基础

心理学的哲学基础，除了上述的西方文化传统中的哲学思想派别，中国本土文化传统中也有自己的独特文化哲学基础。这可以成为中国本土心理学发展和创新的重要文化资源、思想资源、哲学基础、理论基础。在中国的传统文化中，有百家的思想，但是占有主流和主导地位的则是儒、道、释三家。儒、道、释的心性学说，就是中国本土心理学研究的文化哲学的资源和基础。

一 儒道释学派

儒家、道家和佛家各有其不同的思想源流。但是，这些学派同作为中国文化的重要组成部分，也有其共同的探讨主题。这些学派均把心灵、社会和宇宙当成为一个整体来加以说明和阐释，这些学派也常常吸收和借鉴别家的思想观点，进而更体现出了不同学派的许多共同之处。儒家、道家和佛家都努力寻求理解普遍的统一性。中国古代思想家通常认为道就体现着这样的统一性。义理之道是儒家学说的根本和核心。自然之道是道家学说的根本和核心。菩提之道是佛家学说的根本和核心。

儒家、道家和佛家均不是把一以贯之的道看作人之外或心之外的对象化存在，而把一以贯之的道看作与人或与心相贯通的人本化存在。蒙培元先生提到，中国哲学的儒、道、佛三家都把心灵问题作为最重要的哲学问题来对待，并且建立了各自的心灵哲学。三家均认为，天道与心灵是贯通的。天道内在于人而存在，内在于心而存在。心灵对天道的把握，就不是通过外求的对象性认识，而是通过内求的存在性认识。那么，中国哲学关注的就是心灵的自我超越，是以心灵的自觉来提高精神境界，体认自身更高的存在，和实现人的存在的意义和价值。[1]

儒家学派的主流所讲的心，同时是心、性、理、道。人的本心即是

---

[1] 蒙培元. 儒、佛、道的境界说及其异同 [J]. 世界宗教研究, 1996 (2). 17-20.

性，所谓心性合一；而性则出于天，所谓天命之谓性。那么，心、性、天就是通而为一的。正如蔡仁厚先生所说，"这样的心，不但是一个普遍的心（人皆有之），是自身含具道德理则的心（仁义内在），而且亦是超越的实体性的心（心与性天通而为一）"①。尽管人心与本性，与天道是相通的，但这却是潜在的，它求则得之，舍则失之，人必须通过自己的内心修养来觉解和实现它。所以儒家强调"下学上达"。亦即孟子所说："尽其心者，知其性也。知其性，则知天矣。"②儒家内圣成德的功夫就在于"存心养性""养其大体""先立其大"等，由此而达到"天人同德"或"天人合一"，所谓"唯天下至诚，为能尽其性，能尽其性，则能尽人之性。能尽人之性，则能尽物之性。能尽物之性，则可赞天地之化育。可以赞天下之化育，则可以与天地参矣"③。

　　道家学派也主张道内在于心而存在，也就是与道合一的道德心。道德心来源于宇宙生生之道，它具有超越意。道德心的活动表现为神明心，它具有创生意。道德心是潜在的，而神明心则可以将其实现出来。道家的成圣之路，也是要达于天人合一的境界。与道合一，实际上是心灵不断的内在觉解，这是老子所说的"涤除玄览"的功夫，也是庄子谈到的"弃知"或"坐忘"，进而便能做到"致虚极，守静笃"，或"照之于天"。只要实现了道德心，或体认于道，就可以进入无为而无不为的境界。这也是心灵的自我超越，是精神境界的提升。

　　佛家学派则讲宇宙之心，这是宇宙同根、万物一体的形上学本体，这也称为"本心"或"佛性"。禅宗主张众生皆有佛性，佛性就在每个人的心中，或者说每个人的心中本来就有佛性。佛家也讲"作用之心"，作用之心是本性之心的作用，它是现实的或经验的，可以实现本体之心。佛家注重禅定修正的功夫，通过作用之心的活动，来觉悟内心的佛性，从生死轮回中解脱出来，这种解脱也叫"涅槃"，即与佛性或宇宙之心相合一。佛家中有渐修成佛或顿悟成佛的修正上的分别。渐修成佛强调逐渐的禅定修行，积累的境界提升。顿悟成佛则强调自然的不修之修，一跃的大彻大悟。当然，也有强调渐顿并举的，渐修是养心，

---

① 蔡仁厚. 儒家心性之学论要 [M]. 台北：文津出版社，1880.2.
② 孟子·尽心上 [Z].
③ 中庸·第二十二章 [Z].

顿悟是见佛。

儒家、道家和佛家均认为，人可以通过内心修养来提升自己的精神境界，可以通过超越自我来实现"大我"或"真我"，可以通过明心见性来体认普遍的统一性，可以通过意义觉解来获取人生的真意和完美。人的存在是作为不同的个人或个体，很容易陷入一己的偏见，一己的私情，一己的利欲，这无疑会阻碍其觉悟和实现内心潜在的道。尽管每个人都有可能与道相合一，但并不是每个人都会实现这种潜在性。因此，存在着人的精神境界的高下之分，达到最高境界的人是理想的人或拥有理想化的人格，儒家将其称为圣人，道家将其称为真人，佛家将其称为佛祖。每一家都强调由自我超越而实现的人格的超升。只有超越了一己之我，一个人才能成为圣人，成为真人，成为佛祖，从而把握宇宙的真实和融于永恒的道体。

有中国哲学史的研究者指出，中国传统的价值理念，特别是儒、释、道三教中的生活智慧，会提供许多重要的心理学的资源。这涉及人的生活追求、生活理念、生活态度、生活进程。因此，中国本土的价值取向、价值系统、价值观念，中国本土的生活智慧、思想智慧、行动智慧等就显示出了巨大的引领性的作用。

儒家的仁心慈爱的理念，是中国传统儒学的思想核心和基本主张。这就表达为儒家的"仁"，所谓"仁者爱人"。孔子的仁学是华夏文化的中心，是最为重要的价值，最为核心的理念。以"仁"为中心，仁义礼智信是中国人的基本价值系统。乐天知命，正是具有终极承担的人的一种豪情与放达。

道家的澄心凝思的玄观，是中国传统道学的思想核心和基本主张。这就表达为老子"涤除玄览"的空灵智慧，意在启发人们去超越现实，去透悟无穷，去达到"虚、无、静、寂"的境界，凝敛内在生命的深度，除祛私欲逐物之累。老子倡导的"无为""无欲""无私""无争"，可救治生命本能的盲目冲动，目的在于平衡由于人的自然本性和外物追逐引起的精神散乱。庄子则是一任自然，遂性率真；与风情俗世、社会热潮、政权架构、达官显贵保持距离；独善其身，白首松云，超然物外，恬淡怡乐。

佛家的菩提智慧的主张，是中国传统佛学的思想核心和基本主张。

这就表达为人生的解脱，是用否定、遮拨的方法，破除人们对宇宙人生一切表层世界或似是而非的知识系统的执着，获得某种精神的解脱和自由。禅宗的返本归极、明心见性、自识本心、见性成佛等都是要帮助自己或他人寻找心灵的家园，启发人内在的自觉，培养一种伟大的人格。

佛家的成菩萨成佛陀，与儒家的成圣人成贤人，道家的成至人成真人，都是一种人格意境的追求。三教其实是相通的。作为一个真正的人，总需要有深度的开悟，超越一切，包括生死的束缚，得到自在的体验。这样的人才有大智大勇承担一切的挑战与痛苦，化烦恼为菩提，既而安身立命。①

儒道佛的思想应该成为中国本土心理学的思想基础和传统资源，或者是更进一步，儒道佛的心理学传统应该成为引发中国本土心理学的理论突破和理论创新的重要源头和关键环节。当然，这就需要能够去定位中国本土的心理学传统，去挖掘中国本土的心理学资源，去引领中国本土的心理学创新。其实，儒家心性心理学、道家心性心理学和佛家心性心理学就是属于本土文化的核心资源，也是属于心性心理学、新心性心理学的创新根基。

二 心性的学说

中国文化中的非常独特和非常重要的理论贡献就是心性的学说。中国的文化具有的是崇尚"道"的传统。但是，道的存在与人的存在，道的存在与心的存在，并不都是外在的或远人的。道就是人心中的存在，心与道是一体的。道就是人性的根本，就是人心的本性。这就是心性说，就是心性论。可以说，只有了解心性学说，才能了解中国文化。

当然，在中国的文化传统中，有着不同的思想流派，有着不同的思想家。不同的思想派别和不同的思想家，开创和确立了不同的心性学说。这些不同的心性学说，发展出了不同的对人的心灵或对人的心理的解说。首先是儒家的心性说。儒家学说是由中国思想家孔子和孟子所创立的。在中国传统文化的儒、道、释三家中，儒家学说的重心在于社会，或者说在于个体与社会的关系。儒家强调的是仁道。当然，仁道不

---

① 郭齐勇. 儒释道三教中的心理学原理 [J]. 湖北大学学报（哲学社会科学版），2008(3). 3-5.

是外在于人的存在，而就存在于个体的内心。那么，个体的心灵活动就应该是扩展的活动，去体认内心的仁道。只有觉悟到了仁道，并且按仁道行事，那就可以成为圣人。这就是所谓内圣外王的历程。其次是道家的心性说。道家的学说是由老子和庄子创立的。在中国传统文化的儒、道、释三家中，道家学说的重心在于自然，或者说在于个体与自然的关系。道家强调的是天道。当然，天道也不是外在于人的存在，而就潜在于个体的内心。那么，个体也可以通过扩展自己的心灵，而体认天道的存在，并循天道而达于自然而然的境界。再次是佛家的心性说。佛家的学说是由释迦牟尼创立的，是从印度传入中国的。在中国传统文化的儒、道、释三家中，佛家学说的重心在于人心，或者说在于个体与心灵的关系。佛家强调的是心道。当然，心道相对于个体而言是潜在的，是人的本心。那么，个体可以通过扩展自己的心灵而与本心相体认。

在中国的文化传统中，哲学就是无所不包的学问。正如有学者所指出的，从某种意义上来说，中国的哲学就是一种心灵哲学，就是回到心灵的自身，解决心灵自身的问题。中国的哲学传统赋予了心灵特殊的地位和作用，认为心灵是无所不包的和无所不在的绝对主体。① 其实，中国本土文化中的心性说，就是关于人的心灵的重要学说。

儒家的心性论是儒学的核心内容，强调的是仁道就是人的本性，就是人的本心。通常认为，儒学就是心性之学。② 有的研究者就认为，心性论是儒学的整个系统的理论基石和根本立足点。所以，儒学本身也就可以称为心性之学。③ 儒家的心性论强调人的道德心和仁义心是人的本心。对本心的体认和践行，就是对道德或仁义的体认和践行。那么，人追求的就是尽心、知性、知天。也就是孟子所说的"尽其心者，知其性也。知其性，则知天矣"④。也就是孔子所说的下学上达。儒家所说的性是一个形成的过程，即"成之者性"，所以孔孟论"性"是从生成

---

① 蒙培元. 心灵的开放与开放的心灵 [J]. 哲学研究, 1995 (10). 57-63.
② 杨维中. 论先秦儒学的心性思想的历史形成及其主题 [J]. 人文杂志, 2001 (5). 60-64.
③ 李景林. 教养的本原——哲学突破期的儒家心性论 [M]. 沈阳：辽宁人民出版社, 1998. 2-3.
④ 孟子·尽心上 [Z].

和"成性"的过程上着眼的。① 这就给出了体认仁道和践行仁道的心理和行为的一体化的历程。

　　道家的心性论也是道家的核心内容，是把道看作人的本性，人的道心，也就是人的本心。这强调的是人的自然本性。这一自然本性也就是人的"真性"，也就是人的自然本心，人的潜在本心。道家的心性论把"无为"作为根本的方式。无为就是道的根本存在方式，也是人的心灵的根本活动方式。"无为"强调的是道的虚无状态，强调的是"致虚守静"的精神境界。"无为"从否定的方面意味着无知、无欲、无情、无乐。"无为"从肯定的方面则意味着致虚、守静、澄心、凝神。道家也强调"逍遥"的心性自由境界。② 老子强调的是人的心性的本然和自然，庄子强调的是人的心性的本真和自由。③

　　佛教的心性论也是佛家的核心内容，强调佛性就在人的心中，是人的本性或本心。中国的禅宗是佛教的非常重要的派别。禅宗的参禅过程就是对自心的佛性的觉悟的过程。强调的是自心的体悟、自心的觉悟的过程。禅宗也区分了人的真心和人的妄心，区分了人的净心和染心。真心和净心会使人透视到人生或生活的真相。妄心和染心则会使人迷失了真心和污染了净心。④ 禅宗的理论和方法可以有两个基本的命题。一是明心见性，二是见性成佛。禅宗的修行强调的是无念、无相、无住。"无念为宗，无相为体，无住为本。"⑤

　　中国本土心理学的发展和演变就应该是立足本土的资源，就应该是提取本土的资源，就应该是运用本土的资源。在本土文化的基础之上，在本土文化的传统之中，在中国文化的背景之下，在中国文化的资源之内，来建构特定的心理学，来创造本土的心理学。这也是近些年来许多学者努力的方向。在中国本土文化的基础之上来建构中国本土的心理学，这也是当前中国心理学研究者追求的目标。回到中国本土文化之

---

① 李景林. 教养的本原——哲学突破期的儒家心性论 [M]. 沈阳：辽宁人民出版社，1888.8.
② 郑开. 道家心性论研究 [J]. 哲学研究，2003（8）. 80-86.
③ 罗安宪. 中国心性论第三种形态：道家心性论 [J]. 人文杂志，2006（1）. 56-60.
④ 方立天. 心性论——禅宗的理论要旨 [J]. 中国文化研究，1995（4）. 13-17, 4.
⑤ 汤一介. 禅宗的觉与迷 [J]. 中国文化研究，1997（3）. 5-7.

中，挖掘中国本土文化中的心理学资源，这已经成为许多中国心理学研究者的自觉的行动。当然，不同的研究者的焦点也就不同，关注的内容也就不同，思考的方向也就不同。但是，心性说或心性论却是中国本土心理学传统中的根本的或核心的部分。

三 本土的资源

在不同的文化背景中，就是关于"心"或"心理"概念的理解和界定，也会存在着、拥有着和体现着不同。因此，不同的文化历史、文化传统、文化背景就构成了不同的心理学的资源。有学者的研究就指出，在中国的文化传统和文化背景中，"心"或"心理"等词语在汉语中有相当长的历史，对这些词语的理解反映了中国人关于"心理"的认识和理解。中文中的"心"往往并不是指一种身体器官，而是指人的思想、意念、情感、性情等，故"心理学"这三个汉字有极大的包容性。任何一个学科都摆脱不了社会文化的作用，中国心理学也肯定会受到意识形态、科学主义和大众常识等方面的影响。近年来，中国的学者对心理学自身的问题进行了反思。从某种意义上说，中国人对"心理"和"心理学"的理解或许有助于心理学的整合，并与其他国家的心理学一道发展出真正的人类心理学。[1] 其实，在中国本土的文化传统、文化历史和文化资源之中，也存在有自己独特的心理学传统。这也是独立进行的和自成系统的心理学探索。例如，在中国的心理学传统中，也有着特定的和大量的心理学术语。当然，最为重要的是提供对本土的心理学概念的考察和分析，并能够从中找到核心的内涵和价值。[2]

有研究考察了中国文化与心理学。在该研究看来，"东西方心理学"作为心理学的一个术语，其基本的内涵，就是要把东方的哲学与心理学思想传统，其中包括了中国文化中的儒学、道家、禅宗，以及印度佛教和印度哲学、伊斯兰的宗教与哲学思想、日本的神道和禅宗，等等，与西方的心理学理论和实践结合起来。由于"东西方心理学"这一概念，主要是由西方的心理学家或研究者们所提出来的，所以，该概

---

[1] 钟年. 中文语境下的"心理"和"心理学"[J]. 心理学报，2008（6）. 748-756.
[2] 葛鲁嘉. 中国本土传统心理学术语的新解释和新用途[J]. 山东师范大学学报（人文社会科学版），2004（3）. 3-8.

念所强调的是对东方思想传统的学习与理解。[1]

中国本土的学者也探讨了《易经》与中国文化心理学。研究者认为，中国文化中包含着丰富的心理学思想和独特的心理学体系，那么这种中国文化的心理学意义，也自然会透过《易经》来传达其内涵。在"《易经》与中国文化心理学"一文中，研究者以《易经》作为基础，分"易经中的心字"，"易传中的心意"和"易象中的心理"等几个方面，阐述了《易经》中所包含的"中国文化心理学"。同时，研究者也比较与分析了《易经》对西方心理学思想所产生的影响，尤其是《易经》与分析心理学所建立的关系。例如，汉字"心"的心理学意义可以是在心身、心理和心灵三种不同的层次上，表述不同的心理学的意义，但以"心"为整体，却又包容着一种整体性的心理学思想体系。在汉字或汉语中，思维、情感和意志，都是以心为主体，同时也都包含着"心"的整合性意义。这也正如"思"字的象征，既包容了心与脑，也包容了意识和潜意识。[2]

应该说，中国文化中的、中国哲学中的、中国传统中的心理学探索是非常值得进行挖掘和提取的。当然，这不仅仅是文化、哲学和传统中的心理学思想和心理学遗产，而且也是非常特定的和极具价值的心理学形态和心理学资源。问题的关键在于能够找寻到中国本土心理学的核心理论。这就是心性学说，这就是心性心理学。在此基础之上的发展就是中国心理学的当代创新性发展。

有的研究就曾经试图把中国的新儒学理解为是中国的人文主义心理学。但是，这种研究仍然没有很好地说明西方的人本主义心理学与中国的人本主义心理学的联系和区别。尽管可以在不同文化中寻求到关于人文主义的共有的含义，但是在不同的文化传统和文化创造之中，即便都成为人文主义，也会有各种不同的含义、偏重和强调。

在该研究看来，与西方心理学以科学主义为主体的"由下至上"的研究思路不同，中国传统心理学探究所走的是"由上至下"的研究路线，即从心理及精神层面最高端入手，强调心理的道德与理性层面，

---

[1] 高岚、申荷永. 中国文化与心理学［J］. 学术研究，2008（8）. 36-41.
[2] 申荷永、高岚.《易经》与中国文化心理学［J］. 心理学报，2000（3）. 348-352.

故其实质是人文主义的。现代新儒学作为人文主义心理学研究典范，具有心理学研究"另一种声音"的独特价值与意义。现代新儒学研究背景及思路的展开，呈现出以传统心理学思想为深厚根基的中国近代心理学的独特个性与自信。这是现代新儒学对中国心理学的最大贡献。中国心理学发展由于其特殊的历史条件，在进入近代时期开始明显地区分为两条路线：一条是直接从西方引进的科学主义心理学，如果说这一路线是外来的结果，那么另一条则是自生的人文主义心理学。近代时期不仅是中国科学心理学的确立与形成的时期，更是中国人文主义心理学在与外来文化的对撞、并融之中，对自身特质的首次自觉、反省与确证，而现代新儒学无疑是担当这一重任的主角。西方心理学中的科学主义和人文主义主要是源自心理学学科的双重属性，且人文主义更多是科学主义的附属与补充。中国近代心理学的科学主义和人文主义，从根本上来看，则是由本土文化繁衍的人文主义对西方文化外来的科学主义的抗衡。相比较于西方人文主义的阶段性与工具性，本土的人文主义具有更多的主动性与自觉性。作为中国思想文化组成之一的中国心理学，将以其独步的样式影响并带动西方心理学，共同实现人性的真实回归也并非奢望。而这也是现代新儒学之于中国心理学的最大贡献所在。[1]

当然，这样的理解是存在着非常严重的问题。在西方的文化传统之中，科学与人文是分离的，科学主义与人本主义是对立的，科学主义的心理学与人本主义的心理学是对抗的。但是，在中国的文化传统中，原本就没有这样的分离、分裂和分立。科学主义和人文主义的分离、分裂和分立是西方文化传统的特产。中国的本土文化是以道的存在作为根本，道是不可分割的，是浑然一体的，是主客同源的。儒学的心理学价值也不在于仅仅是新儒学。无论是儒学也好，新儒学也好，其最大的心理学贡献就应该是儒学的心性学说。在儒学的心性学说中所蕴含的就是儒学的心性心理学。从中国本土的心性心理学，或者说从中国儒家的心性心理学传统，可以提取、发展和创新的是心道一体或心性统一的心理

---

[1] 彭彦琴. 另一种声音：现代新儒学与中国人文主义心理学[J]. 心理学报，2007(4).754-760.

学。所以，没有必要按照西方文化传统的方式来分割中国本土的心性心理学，也没有可能按照西方文化资源的转用来开发和创造中国本土的新心理学。中国本土文化中的心理学资源就应该按照心性心理学的源流来理解和把握。

第十四章　心理学的科学方法论

心理学的学科和心理学的研究一直就在紧紧追随自然科学、实证科学、精密科学的研究和探索。那么，伴随着科学本身的进步和发展中，一些重要的科学方法论也逐渐渗透到了心理学的研究之中。这也曾经在不同的程度上，促进了心理学研究的进步。这些科学方法论带给心理学的是研究方法的多元化、研究手段的多样化、研究工具的多面化。这包括了横向科学的方法论、边缘科学的方法论、综合科学的方法论。

第一节　横向科学的方法论

在心理学的研究中，有的分支或取向侧重的是与自然科学分支的关联，有的分支或取向侧重的是与社会科学分支的关联，而有的分支或取向则侧重的是与人文科学分支的关联。所以，现代心理学有自然科学的传统，也有社会科学的传统，也有人文科学的传统。心理学与一系列重要的自然学科、社会科学和人文科学形成了特定的联系和关系。此外，心理学与其他学科的合作也体现在与横断科学的密切联系中。在现代科学的发展进程中，所谓的横断科学是在概括和综合多门学科的基础上形成的一类学科，是从众多学科的研究对象中抽出某一特定的共同方面作为研究的内容，其研究横贯多个甚至一切领域，对具体学科往往能起到方法论的作用。信息论、控制论和系统论就是传统的横断科学。耗散论、协同论和突变论则是新兴的横断科学。相变论、混沌论与超循环论则是所谓更新的横断科学。无论是旧三论、新三论还是新新三论，都与心理学的研究有着密切的联系。心理学与之形成的是合作的关系。

信息论的研究涉及信息的接收、编码、变换、存储和传送。受信息论的启发，一些心理学家也把人看成是接收、加工和传送信息的装置。信息加工的认知心理学是以信息加工作为理论框架，把人的认知看作信息加工的系统。所以，认知心理学也被称为信息加工心理学。正是运用信息加工的观点，认知心理学试图揭示人的内在心理机制，将其看成是信息的获取、储存、复制、改变、提取、运用和传递等的加工过程。认知心理学的研究涉及人的感知、注意、记忆、心象、思维、语言等。人的认知作为信息加工的系统，能够通过认知来表征现实世界或外部对象，能够通过认知的操作和计算来变换其所表征的现实世界或外部对象。心灵作为信息加工系统依赖于神经基础，但却不必归结于神经系统。因此，同样的信息加工过程可以在物理系统或生物系统等完全不同的基础上实现出来。脑科学的研究、认知神经科学的研究都为心理学研究的深入提供了必要的前提和基础。

控制论涉及调节、操纵、管理、指挥、监督等方面。控制论研究一切控制系统（包括生命系统、社会系统）的信息传输和信息处理的特点和规律，研究用不同的控制方式达到不同的控制目的。心理控制论是运用控制论的原理和方法研究人的心理的科学，是心理学与控制论相互渗透而形成的学科。这是20世纪70年代以来形成的学科。心理控制论认为，人总是居于一定的系统之中，成为一定系统中的子系统，并与其他子系统构成一定的控制关系。心理控制论包括如下基本研究内容：同系统相适应的人的心理状态（认同性、积极性、相容性、适应性），系统中人的心理控制（指令控制、诱导控制、监督控制、自我控制等）。心理控制论的诞生，为传统的心理学研究提供了新的途径和方法，而且在人的各种活动领域中都有重要的实际意义。

系统论的研究表明，系统是由若干要素以一定结构形式联结构成的具有某种功能的有机整体，包括了要素、结构、功能。整体性、关联性、时序性、等级结构性、动态平衡性是系统共同的基本特征，其核心思想是整体观念，系统不是各个部分的机械组合或简单相加，系统的整体功能是各要素在孤立状态下没有的新质（整体大于部分之和）。研究系统的目的在于调整系统结构，协调各要素关系，使系统更加优化。从系统理论来看，人处于物理系统、生物系统、社会系统的交叉点上。物理系统是人的自然属性的基础；生物系统是人的生物属性的基础；社会系统是人的社会属性的基础。人的心理是一个多层次、多水平、多维度的复杂系统。

耗散论的观点认为，一个处于非平衡态的开放系统，通过不断地从外界环境中获取物质和能量而带进"负熵流"，可以从原来无序状态转变为有序状态，使系统形成具有某种功能的新的层次结构，这种非平衡态下的有序结构就是耗散结构。一个开放型的耗散结构系统（如人体系统等）从外界环境吸收物质和能量而带进"负熵流"的功能特性称为系统的耗散性。耗散结构论是关于系统自组织的理论，自组织就是进化。耗散结构论认为生物体是非平衡有序的结构系统，系统的形成和延续只能是在系统不断与环境进行物质、能量、信息交换的条件下进行。非平衡有序结构的特点是，一方面是有序，另一方面是耗散，系统是在物质和能量的不断耗散中形成和维持。人的心理也是一个自组织的有序系统，心理发展和心理活动要通过不断地同外界环境进行物质、能量和信息的交换来实现。目前，耗散结构论也影响到了现代心理学。费斯廷格的认知不协调理论，斯腾伯格的智力三元理论等，基本精神都与耗散结构论相一致。

协同论是应用广泛的现代系统理论，它在自然科学与社会科学之间架起了一座桥梁。协同论认为，一个系统从无序向有序转化，不在于是否处于平衡状态，也不在于偏离平衡有多远，而在于开放系统内各子系统之间的非线性相干作用。这种相干作用将引起物质、能量等资源在各部分的重新搭配，即产生涨落现象，从而改变系统的内部结构及各要素间的相互依存关系。一个由大量子系统组成的复杂系统，在一定的条件下，其子系统之间通过非线性相干作用就能产生协同现象和相干效应。该系统在宏观上就可以形成具有一定功能的自组织结构，出现新的时空有序状态。协同论是关于系统内部复杂自组织行为的理论。协同论的原理符合人的心理系统的特性。心理系统虽然受环境影响，与环境相互作用，但决定心理系统发展和变化的还是其自身的变量。

突变论涉及不连续的现象。突变论研究的过程本身是连续的，但连续的原因造成了不连续的结果，这种现象称为突变。突变论力图揭示造成这种不连续性的一般机制。突变的本质是系统从一种稳定状态经过失稳向另一种稳定状态的跃迁，是自然界和生物界进化的内在动力之一。自然界中有许多与不连续性有关的现象。这种不连续性既可以体现在时间上，如细胞分裂；也可以体现在空间上，如物体的边界或两种生物组织之间的界面。这种不连续性使人们在用连续性的数学方法处理问题时，面临着巨大数量的状态变量的难题，而突变理论却可解决这一难题。当处理复杂系统时，只要观察到某些突变特征，就可选择合适的状态变量和控制变量并用突变模型来拟合观察结果。突变论既可运用于自然科学，也可运用于心理科学。例如，在研究攻击行为、决策心理、语言识别、心理顿悟方面，突变理论都显现出了自己的优势。

当代的科学发展，又有相变论、混沌论与超循环论等所谓新新三论的出现。新的研究进展带来了新的学科的探索，也带来了对心理学研究的新的启示。心理学可以从中获得新的思想、新的方法和新的技术。相变论主要研究平衡结构的形成与演化，混沌论主要研究确定性系统的内在随机性，超循环论主要研究在生命系统演化行为基础上的自组织理论。新新三论对心理学研究具有的价值和意义，或者说心理学与新新三论可以形成的关系，还值得进一步地考察和探讨。

第二节　边缘科学的方法论

有研究对边缘学科进行了考察。研究指出，交叉科学的出现是现代科学整体化、综合化的必然结果。作为交叉科学一个重要门类的边缘学科，是交叉科学中历史最长、数量最大的学科体系。边缘学科是两个或两个以上的学科相互交叉、渗透，而在学科间的边缘地带形成的学科。科学分化为边缘学科的产生和发展奠定了坚实的科学基础。

20 世纪中期以来，在边缘学科大量出现的同时，又诞生了综合学科、横断学科、软科学学科和比较学科等一批新兴学科，从而形成了交叉科学群，它们的出现丰富和发展了现代科学体系，引起现代科学总体构成的重新调整和组合。从科学发展的趋势看，交叉科学的发展将最终导致不同于传统科学分类的新科学体系的产生。

从历史的回顾中可以看出，最初的科学交叉就是以边缘学科的形成为标志的。边缘学科是当代交叉科学的先驱和主要组成部分。时至今日，边缘学科已经取得了长足的发展。组成学科成分变化多样，边缘学科结构日趋复杂。第一，其组分学科的数目已由最初的两门学科增加到三门甚至四门学科。第二，由自然科学和社会科学内部的交叉发展为两者间的交叉。第三，其组成学科的级别由同级交叉发展为混级交叉。第四，其交叉程度由全部为传统的单一学科发展为既有单一学科又有交叉学科的深度交叉。

边缘学科作为一种科学认识活动，在其发展过程中形成了鲜明的特征。其一，边缘学科是传统学科分化的产物。边缘学科的存在是以传统学科分化为基础的，没有科学高度分化所导致的大量分支学科的出现，边缘学科便失去了自己赖以产生的条件和土壤。任何一门边缘学科，无论它的形式和特质发生了多大的变化，都可以从传统学科中找到它的生长点和母体学科。在这一点上，它与交叉学科群中的其他学科不同。交叉学科是学科间相互交叉渗透而产生的学科的集合，按不同的交叉形式可分为边缘学科、横断学科、综合学科等。其二，边缘学科是科学分化与科学综合的统一体。科学分化与科学综合是科学发展中密切相关的两种基本趋势。分化以综合为基础。只有把科学实践中获得的知识加以综合，形成一定的科学领域，进一步的科学分化才成为可能，综合以分化为条件。只有在科学分化比较充分的前提下，才有可能进行新的综合。其三，边缘学科对科学发展具有深化和开拓作用。考察科学分化的具体过程，可以发现，它在科学发展的两条线索上发挥着关键作用。首先，边缘学科能够不断深化传统学科的研究领域。其次，边缘学科不断开拓科学研究的新领域。其四，边缘学科反映了科学发展的新水平。边缘学科是伴随着传统学科沿纵向和横向发展延伸而产生的，因而在一定程度上显示了各个研究领域的最新水平。

探讨自然科学、社会科学和交叉科学等三大科学门类内部及其相互之间产生的边缘学科分类问题，可以按学科体系分类和按边缘学科的形成方式分类两方面。在讨论按学科体系进行分类时，我们将每个门类内部各学科间形成的边缘学科称为近缘边缘学科，而将横跨各科学门类之间的边缘学科称为远缘边缘学科。在近缘边缘学科中分为自然科学内部、社会科学内部和交叉科学内部三个方面。在远缘边缘学科中分为自然科学与社会科学之间、自然科学与交叉科学之间、社会科学与交叉科学之间三个方面。

按边缘学科形成方式分类，可得到以下几种类型。一是方法借用型。将 A 学科的研究方法应用到 B 学科的研究中去，由此形成边缘学科。二是技术转移型。将 A 学科的新技术应用到 B 学科的研究中而产生的边缘学科。三是理论融合型。将 A 学科的理论渗透到 B 学科的理论体系中去而形成的边缘学科。从它的理论体系看既不同于 A 学科，也不是原来的 B 学科，它已经成为 A，B 两学科相互交融的有机整体。四是中心聚集型。以某一、两门学科为中心主干（基底学科），以其他若干学科为辅助部分（植入学科），多学科相互交叉而形成的边缘学科。由于它建立于传统学科的基础之上，显然与综合学科不同。例如消费者心理学是以普通心理学为中心主干，以市场学、社会学、经济学、文化人类学等学科交叉渗透而形成的。再如环境心理学是心理学、环境科学与社会学、生态学、人类学、建筑学等学科相互渗透而产生的一门多学科性边缘学科。[1]

很显然，边缘学科的研究给了心理学的探索一个更为广阔的空间。边缘学科所吸纳的多学科的资源，成为心理学研究的非常重要的学术来源。可以说，心理学中的大量的分支学科都属于边缘学科的范围。

第三节　交叉科学的方法论

当代的科学发展，包括当代心理科学的演变，既高度分化，又高度交叉。学科的分化和整合导致了大量的交叉学科的出现。那么，交叉学科是在交叉科学和科学交叉的基础之上产生的。[2] 有研究对交叉科学和科学交叉进行了探讨。研究指出，对于交叉学科的理解存在着较大的分歧。根据意义的相近特征，可以将其归纳为三种不同的类型。

其一，认为新学科、新兴学科、边缘学科、横向学科、横断学科就是"交叉学科"或包含于其中。共有三种不同的表述。第一，具有明显的交叉性和边缘性，是在某些传统学科的交叉点和边缘部分重合的基

---

[1] 徐家宁. 浅论边缘学科 [J]. 天津师大学报（社会科学版），1988（1）. 80-84.
[2] 葛鲁嘉. 类同形态的心理学——不同科学门类中的心理学探索 [M]. 上海：上海教育出版社，2016. 10-12.

础上产生、发展起来的，或称为交叉学科或称为边缘学科。第二，就新学科而言，已形成分支学科、交叉学科、边缘学科、综合学科、横断学科、新层学科和比较学科等类型。第三，由于科学发展出现了明显的饱和现象，人类强大的科学能力又不能弃置不用，于是就产生了一系列交叉学科（边缘学科、综合学科、横断学科）。

其二，认为"交叉学科"是一种学科群，有三种不同的表达。第一，交叉学科是覆盖众多学科的新兴学科群，包括边缘学科、横断学科、综合学科、软学科、比较学科和超学科共六种类型，是所有有交叉特点的学科的总称。第二，所谓交叉学科，是指由不同学科、领域或部门之间相互作用，彼此融合形成的一类学科。第三，交叉学科本质上说来，乃是在社会科学和自然科学之间宽阔的交叉地带出现的包括边缘学科、横断学科、综合学科的新生学科群落。

其三，认为交叉学科是一种跨学科性的协作攻关和跨学科研究性的科学实践活动，有四种不同的表述。第一，凡是突破一个专门学科的原有界限，研究内容或研究方法涉及两门或两门学科以上的这种研究领域都可归到交叉科学名下。第二，交叉学科是对学科交叉规律、方法、趋势的总体研究。第三，交叉学科不仅是一个理论的概念，也是或首先是一种实践活动，是不断修正学科概念、原理、界限和界面的组织活动。第四，交叉学科是指具有不同学科背景的专家所从事的联合的、协调的、始终一致的研究。

现代科学发展的特征可以概括为：大量分化、高度综合、纵横交叉、相互渗透。从微观方面看，科学的分类越来越细化；从宏观方面看，科学的综合越来越强；从纵向角度看，各门学科的延伸越来越长，都在追溯自己的始祖，创立自己的历史学。预测自己的前景，开拓本学科的未来；从横向角度看，各门学科之间的相互结合越来越紧密，互相融合的范围不断拓宽，形成了三股强大的交叉潮流。一是自然科学内部的相互交叉潮流，二是社会科学内部的相互交叉潮流，三是自然科学与社会科学之间相互交叉的潮流。与此相伴随的是形成了大量的各种类型的交叉学科、交叉综合技术和交叉研究方法。

从"交叉"活动的方式、结果和过程来看，发生在学科之间，或者学科之内，只涉及学科这一对象群的"交叉"活动，可称为学科交叉。交叉学科则是对通过各种交叉途径而形成的学科的指称。交叉学科只是一种指称，不是学科，涉及四个对象群，即学科、技术、方法、问题。科学交叉是一种跨涉科学—技术—生产三个部门，并引导其协同发展的科学研究活动。科学交叉属于历史的范畴。科学交叉的广义化发展，既表明了科学的纵向分化与综合的对立统一，也体现了科学的横向分化与横向综合的对立统一，两者纵横交错，成立体网状结构。因此，科学交叉是一种大交叉，包括内交叉、际交叉和外交叉。[1]

有研究对跨学科研究进行了探讨。研究指出，在20世纪中叶以后，跨学科研究已成为一门专门的学科，叫跨学科学。跨学科学倡导各学科间通力合作，为进一步提高科学体系的系统综合程度而积极进行理论探索和学科建设。跨学科学包括基础研究和应用研究，这在两个方面很活跃：一是跨学科科研，二是跨学科教育。基础研究含跨学科原理、跨学科分类和跨学科研究方法，其中跨学科研究方法尤其值得重视，具有方法论意义。跨学科研究方法揭示不同学科间的相关性、相似性和统一性，拓展学科之间渗透、融汇的具体途径，促进各学科研究方法的沟通、借鉴和社会科学研究方法与自然科学研究方法的联姻，从科学方法论上指导跨学科研究工作的开展。跨学科研究的进一步开展，对科学整体化趋势的发展起着重要作用，将不断拓展甚至开发新的研究领域，引导、促进新兴学科特别是新兴交叉学科的孕育发展。[2]

有研究考察了心理和行为研究中的学科交叉。研究指出，现代心理学尤其关注心理行为及其神经机制的研究。心理学家也越来越多地运用计算机模拟技术、脑功能成像技术、遗传学和生物化学技术来研究心理行为。因为运用其他学科的技术和工具可以为解决本学科的问题提供很大的帮助。自20世纪50年代以来，心理学研究经历了两次大的变革：一次是认知科学革命，是指将信息加工的概念引入心理学研究的主流中；另一次是认知神经科学革命，是指从20世纪80年代中期到现在，心理学研究把心理活动的神经基础作为自己的目标。可以看出，这

---

[1] 杨永福等．"交叉科学"与"科学交叉"特征探析［J］．科学学研究，1997（4）．5-10．

[2] 张明根．交叉学科、跨学科研究及其启示［J］．国际关系学院学报，1994（1）．24-32．

两次变革都是学科交叉带来的结果。[1]

心理学的研究已经被引入了多学科交叉和跨界的领域之中，因此心理学就必须要开放自己的学科边界，并汇聚不同学科的关于人的心理行为的相关的研究内容、研究思路、研究方式、研究手段、研究工具。可以说，心理学本身就是交叉科学，并通过不同学科的分化和交叉，而更为广泛和深入地探索和解说人的心理行为。这种学科交叉的心理学探索不仅是极大地扩展了心理学的研究视野，而且是极大地深化了心理学的科学解释。多学科的互动交叉，使得心理学能够更好地借鉴、整合和吸纳多样化的心理学资源。

第四节 综合科学的方法论

综合学科是指研究自然现象、社会现象、人文现象、心理现象等多个领域的一门学科。综合科学极大地涵盖了教育、工程、法律、商业、化学、生命科学、数学与统计、物理与天文、计算机科学、地球与环境科学、医学与公共卫生、聚合物与材料科学等不同的领域。

近代科学发展特别是科学上的重大发现和国计民生中的重大社会问题的解决，常常涉及不同学科的相互交叉和相互渗透。学科交叉逐渐形成一批交叉学科、综合学科，如化学与物理学的交叉形成了物理化学和化学物理学，化学与生物学的交叉形成了生物化学和化学生物学，物理学与生物学交叉形成了生物物理学等。这些交叉学科的不断发展大大地推动了科学进步，因此学科交叉研究（interdisciplinary research）体现了科学向综合性发展的趋势。科学上的新理论、新发明的产生，新的工程技术的出现，经常是在学科的边缘或交叉点上，重视交叉学科将使科学本身向着更深层次和更高水平发展，这是符合自然界存在的客观规律的。由于现有的学科是人为划分的，而科学问题是客观存在的，根据人们的认识水平，过去只有天文学、地理（地质）、生物、数学、物理、化学六个一级学科；而经过 20 世纪科学的发展和交叉研究，又逐渐形成了新的交叉学科，如生命科学、材料科学、环境科学等综合学科。

---

[1] 曹河圻. 心理和行为研究中的学科交叉 [J]. 心理发展与教育, 2003 (4). 92-95.

有研究认为，在认知科学框架下，心理学与逻辑学可以交叉融合与发展。研究所表达的是，从脑和神经系统产生心智（mind）的过程叫认知（cognition）。认知科学（cognitive science）就是研究心智和认知原理的科学。认知科学由哲学、心理学、语言学、人类学、计算机科学和神经科学六大学科支撑，是迄今最大的学科交叉群体，在某种意义上，可以说是数千年来人类知识的重新整合。认知科学的诞生为众多学科的交叉融合提供了一个可能的框架，也预示着一个新的科学综合时代的到来。

可以从认识形式看心理学与逻辑学的关系。人类的认识从低级到高级的形式依次是：感觉、知觉、表象；概念、判断、推理。那么，前三种被称为感性认识形式，是心理学研究的对象；后三种被称为理性认识形式，是逻辑学研究的对象。所有这些形式都是哲学认识论研究的对象，分别被统称为认识的初级阶段和高级阶段。因此，心理学和逻辑学不仅在学理上密切相关，在科学发展史上它们也都曾经孕育和生长于哲学的母体之中。首先是心理学、逻辑学、哲学和认知科学的关系。心理学研究认识的低级形式，包括感觉、知觉和表象。逻辑学研究认识的高级形式，包括概念、判断和推理。其次是精神与身体的关系、意识与无意识的关系。从脑与神经系统产生心智的过程叫认知。认知科学是研究认知规律的科学。作为认知科学分支学科之一的心智哲学，其最为经典、深刻和持久的问题是精神与身体的关系问题。在认知科学的框架下，心身重新被统一起来，人的精神活动和身体活动（主要是脑的活动）重新被统一起来，甚至精神活动中的意识行为和无意识行为也重新被统一起来。认知科学诞生以后，由于研究领域的交叉，发生了众多学科的交叉和融合。例如，哲学发生了认知转向，即哲学与认知科学的交叉融合，其结果是心智哲学的诞生。心理学与逻辑学也重新融合起来，其结果是心理逻辑学和逻辑心理学的诞生。

认知科学诞生以后，心理学与哲学、心理学与逻辑学、心理学与其他相关科学才算找到了统一的基础和根据。一是哲学、心理学、语言学、人类学、计算机科学和神经科学在认知科学框架下的统一。首先，这六大学科与认知科学交叉，生长出心智哲学、认知心理学、认知语言学（语言与认知）、认知人类学（文化、进化与认知）、人工智能和认知神经科学六大分支学科；其次，这六大学科之间互相交叉，又生长出控制论、神经语言学、神经心理学、认知过程仿真、计算语言学、心理语言学、心理学哲学、语言哲学、人类学语言学、认知人类学、脑进化等众多的交叉学科。二是逻辑学在认知科学的框架下形成的新研究领域和学科群。这就是认知逻辑。认知逻辑包括哲学逻辑、心理逻辑、语言逻辑、文化与进化的逻辑、人工智能的逻辑和神经网络逻辑。这些学科，有的已经存在，如哲学逻辑、语言逻辑、人工智能的逻辑，其历史可以追溯到 20 世纪 50 年代，与认知科学的萌芽同步；有的正在发展，如心理逻辑、神经网络逻辑，其发端于 20 世纪 70 年代中期，与认知科学的建立同步；有的虽然尚未开展，但预计将来可以得到发展，如文化与进化的逻辑；等等。

  认知科学的建立，开启了一个学科大交叉、大融合的时代，可以称这个时代为"综合的时代"，以区别于 20 世纪的"分析的时代"。认知逻辑的建立，则开启了当代逻辑学发展的新时代，逻辑学告别 20 世纪上半叶局限于数学基础研究和数学推理的狭隘路子，走上了作为多学科共同工具的广阔的发展道路。

  在认知科学发展的背景下，心理学与逻辑学的交叉融合已经不可避免地发生了。这种统一和交融的形式有两种，即逻辑心理学和心理逻辑学。逻辑心理学以逻辑要素为自变量，心理要素为因变量。或者说，逻辑心理学是把逻辑思维映射到人的心理活动当中去。因此，逻辑心理学把人的心理活动看作某种形式的逻辑推理的反映，认为人的心理行为受逻辑思维或逻辑推理的影响。心理逻辑学（以下简称心理逻辑）以心理要素为自变量，逻辑要素为因变量。换句话说，心理逻辑把人的心理活动看作一种逻辑思维，或者是把人的心理活动映射到逻辑推理当中去。因此，它认为逻辑思维或逻辑推理受心理因素的影响。

  对于哲学、科学和技术的探索来说，20 世纪是分析的时代，那时人们更加重视的是对各个不同的领域进行分门别类的研究。21 世纪是综合的时代，人们更加重视将交叉学科的研究和知识进行系统的整合。

认知科学的诞生，为进行跨学科和交叉领域的综合研究提供了可能。[①]

认知科学是综合学科，脑科学也是综合学科。无论是认知科学，还是脑科学，都汇聚了大量不同学科的探索、研究、分支和课题，都综合了大量不同学科的知识、理论、方法和技术。这种大规模的综合性学科尽管已经远远超出了心理学的范围，但是心理学却常常就是其中的核心性的学科。能够提供给综合学科核心性的内容，是心理学进步的最为重要的方面。

第五节　超级科学的方法论

有关类同形态的心理学探索，还探讨了心理学从单一科学转向超级科学的演变和发展中的趋势。[②] 研究表明近年来，随着知识经济的来临，人类知识的生产方式正在发生革命性的变化。以大学和学科为基础的知识生产模式正在逐步地让位于超学科的研究模式。所谓的超学科是不同学科的学者和利益相关者一起工作去解决生活世界问题的一种尝试，是跨学科研究和多学科研究的一个新的发展方向。

20世纪上半叶，科学有加速分化的趋势，专门学科和专题研究领域越来越多，科学各学科变得越来越支离破碎。专业化逐步成为阻碍现代文明继续向前发展的一大障碍。基于这样的认识，有学者提出要进行"跨学科"和"交叉学科"的研究。但是，这些跨学科或交叉学科研究对整个研究模式或大学体制影响不大，当时自然科学和社会科学占主导地位的范式是系统分析和数学建模。正是在这一背景下，20世纪70年代，有研究者用系统论来研究组织，进行知识重组使之成为分层目标导向的系统，这个协调框架的理论基础就是一般系统论和组织理论。系统可以分为四个层次：目的层次（意义、价值），规范层次（社会系统的设计），实用层次（物理技术、自然生态、社会生态）和经验层次（物理无生命世界、物理有生命世界、人类心理世界）。正是在此基础之

[①] 蔡曙山. 认知科学框架下心理学、逻辑学的交叉融合与发展[J]. 中国社会科学，2009（2）．25-38．

[②] 葛鲁嘉. 类同形态的心理学——不同科学门类中的心理学探索[M]. 上海：上海教育出版社，2016.217-218.

上，研究者提出了"超学科"（transdisciplinarity）的概念。这实际上所倡导的就是超级科学的方法论。

有研究则是用"后常规科学"（post-normal science）的概念，来表述超级科学的研究活动。所谓的"后常规科学"，就是对管理的高度不确定性进行分析的结果，也是对科学研究政策所隐含的决策利害关系进行分析的结果。有研究提出了"第二种知识生产模式"的概念。在认识论上，与传统跨学科和交叉学科的研究实践和方法相比，或者说与"第一种知识生产模式"相比，"第二种知识生产模式"则是发明性的、暂时性的、折中性的和情境性的。新的知识生产模式是以解决现实问题和社会问题为导向的，往往会受到实际运用、社会政策、市场因素等的影响。传统知识的生产是在专业学科的学术背景之下进行的，而新兴知识的生产则是在现实应用的背景之下进行的。科学发展的外在导向对科学进步来说，已经变得越来越重要。

超学科的概念则是在单学科、多学科和跨学科的概念基础之上发展起来的。单学科的研究是最常见的科学研究形式，其仅限于在单一学科、单一领域或研究分支里进行研究。在单学科的研究中，研究者一般有共同的研究主题、学术语言、研究范式和研究方法论。多学科的研究则扩大了研究的范围，涉及不同学科学者之间的合作。但是，这种合作还是比较初步的，仅仅是限于研究结果的汇总，概念、理论、方法和学科之间的融合程度或整合程度都不高。跨学科的研究则是一种更高水平的学科合作，整合了多个学科的数据、技术、工具、观点、概念和理论。所提出的解决问题的方案，也超出了单一学科的范围和领域。超学科是在跨学科研究的基础上，出现的一种新的研究形式。超学科的目的就在于通过整合学科和非学科的观点，来获得对整体现实世界的认识。超学科将不同的知识整合成了一个比较全面的知识形式，这种知识形式的特征是较强的公共观点的导向和较强的解决问题的能力。"超学科"主要有四个研究重点：第一个重点是放在生活世界的问题上，第二个重点是学科范式的整合和超越，第三个重点是涉及参与性研究，第四个重点是寻求学科外的知识统一。超学科研究涉及的是三类知识："系统知识"、"目标知识"和"转化知识"。"系统知识"是指关于当前状态的知识，涉及提出问题的经验过程，并对问题的未来发展产生影响。"目标知识"是指关于目标状态的知识,涉及对期望目标产生影响的价值和规范。"转化知识"则是指关于如何从当前状态过渡到目标状态的知识,涉及现有问题状况是否和如何能够现实地加以转变和改进。

一个成功的超学科研究需要特定的研究步骤和条件。首先,必须有指导整个研究过程的系统步骤。其次,为了确保超学科研究步骤的有效性,行动者互动的社会场所要满足一定的条件。再次,超学科研究者要有特殊的技能和品质。最后,当超学科研究被现有研究结构所接受时,机构的组织环境必须有利于进行超学科研究。从根本上说,超学科不是一般意义上的方法,而是一种方法论或世界观。超学科具有五个方面的本质特征:(1)超学科处理生活世界的复杂性和异质性,挑战科学知识的支离破碎,具有杂交性、非线性和反思性。(2)超学科强调不确定性和应用语境,重视语境限定的知识沟通,而这个应用语境正是通过不同利益相关者的不断沟通来建构的。(3)超学科强调相互沟通的行动,要求科学知识与社会实践在各个研究阶段进行密切和持续的合作,在不同行动者及其观点的沟通中形成所要研究的问题。(4)超学科也是行动导向的研究。这不仅要整合不同的学科,而且要整合理论的发展和专业的实践。这不仅是要产出解释社会问题的知识,而且是要产出解决社会问题的知识。(5)超学科要有新的组织构架来保障,超学科知识生产的管理模式应该是松散的结构网、扁平的科层制、开放的指挥链。①

大学科的研究构想与框架所需要的是,研究者或研究团队,必须具有更为宽广和更加开阔的研究视野和研究思路,必须具有更为系统和更加完整的研究保障和研究支撑,必须具有更为紧密和更加和谐的团队合作和团队协同。超级学科已经在当代社会成为重要的趋势。这不仅在于其着眼的是更为宏大的研究目标,而且在于其集合的是更为庞大的学科集群,进而在于其生成的是更为可观的研究成果。

---

① 蒋逸民. 作为一种新的研究形式的超学科研究[J]. 浙江社会科学, 2009(1).8-16.

第十五章　心理学的生态方法论

生态学的出现不仅仅是一个新的学科的诞生，而且是一种新的思考方式的形成。生态学与心理学的结合形成了一个新生的学科，也构成了新的研究方法论。这就是生态心理学学科和心理生态学方法论。生态的核心含义是指共生。生态的视角是指从共生的方面来考察、认识和理解环境、生物、社会、生活、人类、心理、行为等。在中国的文化传统中，一个非常重要的原则性主张就是天人合一。这是原初的生态学方法论，是强调人与天的合一，我与物的同一，心与道的统一。这应该成为中国本土心理学研究的重要的方法论原则。很显然，生态学的学科可以带来的是生态学的方法，生态学的方法进而则可以整合为和提升为生态学的方法论。

第一节　生态学和心理学的交叉

生态学的出现是对生态问题的科学考察和研究。生态的核心含义是指共生。共生不仅是指共同生存或共同依赖的生存，而且是指共同发展或共同促进的发展。其实，生态学的含义不仅仅是指生物学意义上的，而且包含着文化学、社会学和心理学的意义。当然，生态学的含义在一开始的时候，更多的是在生物学意义上的理解。只是随着生态学的进步和发展，其意义才开始扩展到其他的学科领域，才开始进入人类生活的各个方面。其实，正因为有了生态的含义，才使得科学的研究和思考有了更为宽广的域界。

人的生存和人的心理所具有的含义是多样性的，不应该也不可能被限定在某一个特定的方面。那么，多样化地理解人的生存和心理的含义，或者说统合性地理解人的生存和心理的含义，就是非常必要的。人的生存和成长并不仅仅就是物理意义的、生物意义的和社会意义的，在很大程度上还是心理意义的。任何一个人都同时既拥有个体的生命，也拥有种族的生命。这就是性命和使命的含义。生命的最直接的含义是个人或个体的生存，这是人的最现实的形态。当然，在西方和中国的文化中，对个体存在的指称是不同的。西方文化中的个体是按照心来划分的。中国文化中的个体则是按照身来划分的。个体的生命是有限的，是短暂的，但个体的生命却可以与种族的延续关联在一起。这就使个体的生命成为无限的和永恒的。其实，种族的延续是由个体汇聚而成的，而个体的发展不过是种族历史的重演。关于发展可以有多种多样的理解。其实，无论是变化、变迁、演变、流变、生长、成长等，都与发展有着某种关联。当然，发展的含义可以被理解为是扩展、升级、多样化、复杂化。

生态学的出现不仅仅是一个新兴学科的诞生，而且是一种思考方式的形成。[①] 这种新的思考方式突破了传统分离的、孤立的、隔绝的思考，建立了当代系统的、联结的、共生的思考。这种思考方式不仅带来了对世界和事物的理解上的变化，也带来了研究者的视野和思路的扩展，还带来了对待世界和改变生活的方式和行动的变化。这是导致生态和谐和繁荣的非常重要的思想前提或理论前提。

生态学诞生之后，就与心理学有了非常重要的结合。这形成了全新的学科领域，提供了特殊的研究定向。这就是作为学科的生态心理学和作为方法论的心理生态学。这是十分重要的学科，是有着发展前景的学科，是应该得到贯彻的方法论，是改变人类生活的方法论。无论是生态心理学，还是心理生态学，都是人类为了解决心理与环境关系的问题，都是人类为了解决环境的健康发展与人类的心理成长的问题。目前，环境心理学和心理环境学都正在以非常快的速度发展和壮大。作为新近兴起和迅速发展的学科门类，作为具有重要生活意义和学术价值的科学研

---

① 薛为昶. 超越与建构：生态理念及其方法论意义 [J]. 东南大学学报（哲学社会科学版），2003（4）. 36-41.

究，生态心理学是考察生态背景下人的心理行为，研究环境问题、环境危机、环境保护等背后的心理根源，探索生态环境对人的心理问题的解决、对人的心理疾病的治疗的价值。[1][2] 因此，生态心理学是从生态学出发的研究，去考察生态环境和生态危机中人的心理行为问题。心理生态学则是从心理学出发的研究，去考察心理生活过程中的生态环境的问题。这是把人的心理生活看作包容性的和完整性的生态系统。

当生态学的研究迅速地成为研究界的显学，生态学就不仅是一个学科的出现，而且是一种研究方法论的形成。这种方法论不仅可以带来理解世界的特定思考方式上的变革，而且可以带来特定学科的基本研究视野上的扩展。有的研究者就认为，生态心理学本身目前还没有一个统一的研究范式。那么，把生态心理学看作一种取向，要比将其看作一个学科更为合适，更能反映生态心理学本身的现状。[3]

生态心理学一方面试图去寻找导致生态危机的人类心理行为的根源，另一方面则试图去寻求导致人类心理危机的生态学的根源。这其实表明，正是因为人类毫无节制和最大限度地满足自己的需求，而消耗和破坏了自然的和生态的链条。正是因为人类人为地割断了自己与自然的有机联系，而导致了自身的生理和心理的失衡和疾病。所以，自然的和生活的生态系统的平衡，决定了人的生活的实际质量，也决定了人的心理生活的实际质量。对生态系统的破坏不仅导致了人的生活环境的恶化，而且也导致了人的心理生活的损害。

在西方科学心理学诞生之后，完形主义心理学和机能主义心理学是导致和促进了生态心理学产生和发展的重要心理学派别。[4] 这两个心理学派别所强调的整体不可分割和心理对环境的适应，就是后来生态心理学的整体主义和共生主义的基本主张和观点。但是，生态心理学的研究也反对完形心理学把人的心理看作自足的系统，也反对机能心理学把环境看作自足的存在。生态心理学强调环境与心理是交互依存的。在认知

---

[1] 肖志翔. 生态心理学思想反思 [J]. 太原理工大学学报（社会科学版），2004（1）. 66-68.
[2] 易芳. 生态心理学之界说 [J]. 心理学探新，2005（2）. 12-16.
[3] 易芳，郭本禹. 心理学研究的生态学取向 [J]. 江西社会科学，2003（11）. 46-48.
[4] 易芳. 生态心理学之背景探讨 [J]. 内蒙古师范大学学报（教育科学版），2004（12）. 24-28.

科学和认知心理学的演变和发展的过程中,也有研究者主张采纳生态学的研究方法论,反对把人的认知活动从人的生活活动中分离出来,放到实验室中进行孤立的研究。这就是认知研究中强调的生态效度。这重视的是对人的生活认知的考察。①

心理学研究中的生态学方法论反对传统心理学的二元论的思想前提或哲学设定,反对把心理与环境、把个体与社会看作分离和分裂的存在,反对把生理与心理、把认知与意向看作分离和分裂的存在。心理学研究中的生态学方法论强调贯彻整体主义和共生主义的观点和主张。近些年来,越来越多的心理学家通过多元和互动的观点来分析人的心理,来分析人的心理与环境的关系。② 生态学所理解的生态系统,是把系统中的存在看作相互依赖、相互制约、相互促进、共同生存、共同成长、共同繁荣的。但是,如果人为地割断人类与自然的联系,就会导致人的生活的失调和人的心理的疾病。"生态心理学将深层生态学与心理学和治疗学相结合,一方面探寻人们的环境意识和环境行为背后的心理根源,为解决生态危机开辟新的途径;另一方面研究自然对人类的心理价值,在保护生态的更深层次上重新定义精神健康和心智健全的概念。"③ 按照生态心理学的理解,人类与自然有着天然的连接。这体现在人类心理方面,就是所谓的生态潜意识。这是人的天性或本性。然而,这种生态潜意识在后天很容易受到压抑、抑制和扭曲。目前,人类正面临着严重的环境危机,也正面临着严重的精神危机。生态心理学是要解除对人的生态潜意识的压抑,使人在意识层面上与自然达成和谐。生态心理学也是要促进人的生态自我的建立,这会使人合理地面对环境,合理地满足需求。在良好的生态环境中,可以使人增进心理健康、消除心理压力、治愈心理疾病、促进心理成长、形成健康人格。显然,生态心理学为理解人类与环境的关系提供了新的视野和方法。

---

① Neisser, U. The future of cognitive science: an ecological analysis [A]. In D. M. Johnson & C. Emeling (Eds.). *The future of the cognitive revolution*. New York: Oxford University Press, 1997. 245-260.

② 傅荣、翟宏. 行为、心理、精神生态学发展研究 [J]. 北京师范大学学报(人文社会科学版), 2000 (5). 108-114.

③ 刘婷、陈红兵. 生态心理学研究述评 [J]. 东北大学学报(社会科学版), 2002 (2). 83-85.

第二节 生态学的视角及其方法

生态学的视角是指从生态共生的方面来考察、认识和理解环境、生物、社会、人类、生活、心理、行为等。这否定的是割裂的、片面的、分离的和孤立的认识和理解，强调的是联系的、系统的、动态的、发展的认识和理解。生态学的方法论就是指以生态的或共生的观点、手段和技术，来考察、探讨、干预生活世界、生活过程和生活内容。也就是说，生态学的方法论对于人和人的生活来说，既可以是考察的方式和方法，也可以是解说的方式和方法，还可以是干预的方式和方法。

生态学给出了特定的看待世界、看待事物、看待社会、看待人生的视角、视野、视域或视界。人的认识或人的认知常常是开始于朦胧的、模糊的、笼统的了解。但是，随着人的成长，随着人的认知的发展，人又去分析、分解、分离不同的事物。这使人会形成一种特定的认知习惯，那就是对事物进行分门别类地定位，把事物按照其构成的单元来理解。生态的视角则恰好相反，是试图把事物理解成是相互关联的整体，是彼此互惠的整体，是共同促进的整体。这样，分离的部分、分解的存在、分开的理解就要让位于整体的互动、互动的整合、整合的理解。

其实，生态学的方法论所提供的是整体观、系统观、综合观、层次观、进化观、同生观、共生观、互惠观、普惠观等一些重要的思路。这可以改变原有心理学研究中盛行的思想方法和研究方式。整体观是通过整体来理解部分，或者是把部分放到整体中加以理解。系统观是把系统的整体特性放在优先的位置上。综合观是相对于分析观而言的，是把构成的或组成的部分统合或统筹地加以理解。层次观是把构成的部分看作或分解成不同水平的、不同层次的、不同阶梯的存在。进化观是从发展的方面、接续发展的方面、上升发展的方面、复杂化发展的方面、多样化发展的方面等，去理解事物的进程、进展、优化和优胜。同生观是把生命或生物的生长和发展看作相互支撑的、互为条件的、互为因果的、互为前提的。共生观是把发展看作彼此促进的、协同发展的、共同生长的。互惠观是把自身的发展看作对其他发展的促进，同时又反过来推动自身的发展和进步。普惠观则是把个体成员的成长和发展看作整体成长和发展的不可或缺的条件，一个整体中的个体的变化和发展都是具有整体效应的。生态学的方法论可以带来心理学研究中理解对象或心理的重大改变，可以带来心理学研究中理解心理与环境关系的重大改变，可以带来心理学研究中理解心理学研究方式的重大改变。

生态学是作为一门学科出现的，但与此同时也是作为一种方法论出现的。生态学作为一门学科是考察和研究生态现象的。生态学作为一种方法论则是看待世界、理解对象、提出问题、提供思考、给出结果、提供方案的特定方式和方法。生态学方法论实际上是指以共生的主张、观点、方式、方法、手段和技术，来考察、探讨、影响和干预人的生活世界、生活过程和生活内容。也就是说，生态学方法论既可以是解说的方式和方法，也可以是考察的方式和方法，还可以是干预的方式和方法。在生态学的研究中，也有学科自身所运用的具体方法。生态学的方法可以包括野外观察和实验观察两大类。但是，这里所涉及的生态学方法论，重心并不在于生态学的研究所使用的方法是什么，关键在于生态学的研究为心理学的研究所提供的方法论的重要的改变。这种生态学带来的方法论的改变包括哲学思想方法的改变，包括一般科学方法的改变，也包括具体研究方法的改变。

生态学方法论就是一种生态学的整体观、发展观、科学观、历史观、心理观。这对于心理学的学科、心理学的发展、心理学的研究来说，都是非常重要的改变。这是眼界视野的开阔，进入思路的扩展，研究方式的变革，探索途径的转向，考察重心的挪移，也是关注内容的丰富。生态学方法论使心理学家有可能在相互关联的、相互制约的、相互促进的、相互构成的方式下，去理解人的心理行为，去理解人的心理行为与环境的关系，去理解心理学学科与其他学科之间的关系，去理解心理学的研究所应包含的内容，去理解心理学研究者所能看到的生活。这也是生态学方法论的根本含义。科学心理学的研究一直在寻求自己的研究内容的定位，一直试图从纷繁复杂的人的生活中去分离出自己的研究对象。这常常是带来分离和分割的考察和理解，而不是关联和互惠的考察和理解。但是，生态学的方法论则可以提供那种关联性和互惠性的考察视野和理解方式。

第三节　生态学的含义及其原则

生态主义的研究取向包含了生态学的方法论、生态学的方法学、生态学的认识论、生态学的思想原则、生态学的考察视角、生态学的理论预设，等等，所构成的是生态主义的基本理论框架。这不仅是从生态学中被提升了出来，而且被贯彻到了思想、科学、探索和研究的各个层面。那么，在心理学的研究之中，就不仅是心理学与生态学之间简单地结合，而是将生态学的方法论框架贯彻到心理学的具体研究之中。所直接带来的就是心理学研究的视野的扩展，也是心理学研究的思路的拓展，更是心理学研究的思想的多元。

在中国的文化传统中，一个非常重要的原则性主张就是天人合一。中国的文化传统并没有区分和割裂主体与客体或主观与客观。中国的文化传统强调的是道，道是浑然不分的，是自然一体的，是生灭不息的。道不远人。按照中国思想家的理解，道并不是在人心之外，而是在人心之内。心道一体，就是心性论的思想。人对道的把握，并不是到人心之外去寻找。所谓的道，就是人的本心。但是，人在现实生活中，常会蒙蔽、迷失、放弃自己的本心。例如，人会受到自己的欲望驱使，受到自己的贪念引导，受到外界的刺激干扰，受到外界的多种诱惑。因此，人就会随波逐流、得过且过、见利忘义、泯灭良心。这就会偏离了正道，误入了歧途。

人的生活或人的心理生活，实际上都是寻找和追求意义的生活。对意义的理解、把握和创造就是人的心理生活。人的心理生活是建立在人的意识觉知的基础之上的，是形成和发展于生存的体验和生活的创造，是对生活意义的体验和对生活意义的创造。有意义的生活就是有道理的生活，那么有意义的心理生活就是有道理的心理生活。所以，人的心理生活都应该是寻求道理、合乎道理、具有道理的生活。生活的道理就在于适应和创造。人可以在心理上接受自己的生活赋予自己的意义，并按照这样的意义来理解和接受自己的生活。这就是个体对生活的适应。人还可以在心理上改变自己的生活所具有的意义，并创造新的意义来赋予和充盈自己的生活。这就是个体对生活的创造。

对于人的心理生活来说，非常重要的是适应。适应就是人改变自己或改变自己的心理行为，来应合环境的条件和达到环境的要求。没有适应，就没有人的正常生活。在人的现实生活中，有着许多的对环境的适应问题。许多不适应环境的就会被环境所淘汰。对于人类个体来说，从一降生就开始了对外界、对环境、对社会、对他人的适应过程。个体必须适应自己所处的生活世界，他才能够生存和发展。对于人的心理生活来说，更为重要的是创造。创造是人改变自己的生活环境、现实境遇、心理行为，创造是人建构自己的生活环境、心理生活、人生命运、未来发展。

人的心理生活并不是单一个体的封闭生活，而是群体性或社会性的生活。在群体性或社会性的生活中，重要的不仅是空间上的接近，而在于对生活意义的共同的理解和沟通。对于人的生活来说，非常重要的是理解。人要通过理解而达到和解，通过和解而达到和谐。人与物的分隔，或者是物与我的分隔，是在人具有了意识、具有了主体意识、具有了自我意识之后才开始有的。当人能够把自己的存在、身体、心理与外界、他物、他人区分开之后，就是所谓主体意识、独立意识、自我意识的产生。这表明了个人或个体的成长、成熟、自立、自主，这也就意味着个体可以把自己与外界、他人等区分和分离开。但是，这种区分和分离也带来了分割和分裂，也就是主与客的分裂、心与物的分裂、"我"与他的分裂。分裂带来的是，在主体之外的存在，在人心之外的存在，在个体之外的存在，就是外在影响人的存在，就是与人心对立的存在，就是异于个体的存在。所以，对人来说，要么就是人受物的压迫，要么就是物受人的支配。要么就是物影响了人，要么就是人利用了物。对于心理学的研究来说，要么是环境决定论的观点，环境塑造了人的心理和行为；要么则是心理决定论的观点，心理改变了环境的性质和条件。这所导致的就是人与物的对立、主体与客体的对立、自我与他人的对立、主我与客我的对立。那么，任何的分裂和对立，都意味着一种被占有和占有、被征服和征服、被消灭和消灭。这是一种原始的关系、原始的关联、原始的关切、原始的关涉、原始的关注。这是一种你死我活的关系、你消我长的关联、你失我取的关涉、你无我有的关注。

但是，在中国的文化传统中，重要的、重大的、重视的，是人与天的合一、我与物的同一、心与道的统一。人在自己的心理成长过程中，经历了逐渐与外界、环境、社会、他人分离的过程。这是人的成长历程和成熟过程。但在这个过程中，人也很容易把自己分离开的对象看作自己的对立面，是自己要征服、要占有、要利用的对象。那么，人也就孤立了、隔绝了、膨胀了、放纵了自己。实际上，在人的成长过程中，最为重要的就是消除我与物的分裂，促进物与我的融通。这就是中国的文化传统的核心内涵，强调的是统一的、和谐的、容纳的文化。在这样的文化背景或文化环境之中，重要的就不是征服和占有、索取和利用，而是和谐和统一、融会和融通、容忍和容纳。

第四节　心理学的追求及其目标

心理学的探索关联到研究对象的复杂的存在，也关联到研究方式的多元的探索。进而，还需要将研究对象和研究方式系统整合在完整的框架之中。这就促成了当代心理学发展的生态化思潮的出现。这体现的是心理学演进的新思潮，并且促成了心理学探索的新变革。当代心理学的生态化思潮体现的是心理学研究的重要转向，构成的是心理学研究的重要原则，提供的是心理学探索的基本框架，关联的是心理学探索的基本方式，涉及的是心理学对象的发展理念。

天人合一、心道一体是指在根源上和发展中人与天、心与性是一体的。当然，这里的天不是指自然意义上的天，不是指宗教意义上的天，而是指生活意义上的道理。天道是指自然演化、生物进化、人类实践过程中的道理。这里的人不是指自然意义上的人，也不是指生物意义上的人，而是指创造意义上的人。天人合一的含义就是指人的心理行为与人的生活环境的共生关系。如果单纯说环境创造了人是不完整的。环境决定论把人看作被动地受到环境的影响、制约和塑造。那么，人就会成为环境的奴隶和附属，就会成为环境任意宰割和挤压踩蹦的对象。同样，如果单纯说人创造了环境，也是不完整的。主体决定论把人看作无所不能的主宰者，人可以任意妄为和无所不为。那么，人就成了不受约束的主人，破坏的源头，自然的敌人，自毁前程的存在。人与环境是共生的关系，是共同成长的历程。人通过创造了环境而创造了自己。或者说，环境通过改变了人而改变了自身。人与环境是要么共荣、要么共损的关系，是共同成长或者共同衰退的历程。

天人合一的基本体现就是心道的一体。道是容含的总体，但道又不在人心之外，而在人心之内。所以，人心可以包容天地、包容世界、包容他人。这是人在自己的内心中体道的过程，也是人在自己的践行中证道的过程。但是，人在生活中却常常会失去自己的本心，被利欲所蒙蔽。从而，人就会背道而驰、倒行逆施、见利忘义、为富不仁。那么，怎么才能复归本心、明心见性、仁爱天下，这就是体道的追求、证道的工夫、践道的过程、布道的行为。当然，心道一体可以有许多不同的理解和特定的含义。

首先，心道一体的重要含义在于，道并不是在人心之外，道并不是外在的对人心的奴役，也不是人迫不得已接受的外在限制，也不是人无可奈何接受的外在存在，也不是人力所不及的天生存在。其实，道就是心，心就是道。道是人心的根本、根基和根源。人只要觉悟到内心道的存在，只要遵循着内心道的引导，人就会随心所欲、创造世界、无中生有、促进新生。其次，心道一体的重要含义在于，心与道是共生的，是共同创生的。心迷失了道就会迷失了自己生长的根基，道离开了心就会失去了自己演出的舞台。正因为人心中有道，才会有所谓的心正、心善、心诚、心真。道为正，道为善，道为诚，道为真。人心可以去包容天下，正是因为人心中有道。所以，对人而言，心正而正天下，心善而善天下，心诚而诚天下，心真而真天下。最后，心道一体的重要含义在于，道创生了万物，创造了世界，而心也同样是创生了生活，创造了人生。道是万物衍生的根本，心则是人生演化的根本。人通过自己的心来体认道的存在，来创造自己的生活，来建构社会的生活。人可以通过心理文化、心理生活、心理环境、心理资源、心理成长，来建构自己的生活和心理的根基和平台，来生成自己的生活和心理的意义和价值。这是人体认道的根本方面。

"新心性心理学"就是以探讨和揭示心理文化、心理生活、心理环境、心理资源和心理成长为目标，以开创和建立中国自己的心理学学派、理论、方法和技术为己任，以推动和促进中国心理学的创新、创造、发展和繁荣为宗旨。① 因此，新心性心理学把生态学方法论纳入了自己的研究视野和研究范围。并且，新心性心理学把心理生态学作为自己的理论、方法和技术的核心内容和核心原则。

第五节　心理学的研究及其框架

心理学的探索可以采纳生态主义的研究取向，该取向包含了生态学的方法论、生态学的方法学、生态学的认识论、生态学的思想原则、生态学的考察视角、生态学的理论预设，等等，所构成的是生态主义的基本理论框架。这一框架不仅是从生态学中被提升了出来，而且被贯彻到了思想、科学、探索和研究的各个层面。那么，在心理学的研究之中，就不仅是心理学与生态学之间简单地结合，而且是将生态学的方法论框架贯彻到心理学的具体研究之中。所直接带来的就是心理学研究的视野的扩展，也是心理学研究的思路的拓展，更是心理学研究的思想的多元。心理学的生态主义研究取向就是将生态的理论预设、生态的基本原则、生态的核心观点变成了心理学研究的框架和重要的依据。

生态学是作为一门学科出现的，但与此同时，生态学也是作为一种方法论出现的。生态学作为一门学科，是考察和研究生态现象的。生态学作为一种方法论，则成为科学研究活动中的一种看待世界、理解对象、提出问题、提供思考、给出结果等的特定的方式和方法。生态学的方法论是指研究者以共生的主张、观点、方法、手段和技术，来考察、探讨、影响和干预人的生活世界、生活过程和生活内容。也就是说，生态的方法既可以是考察的方式和方法，也可以是解说的方式和方法，还可以是干预的方式和方法。

当然，在生态学的研究中，也有学科自身所运用的方法。生态学的方法可以包括野外观察和实验观察两大类。但是，在这里所说的生态的方法，重心并不在于生态学的研究所使用的方法是什么，关键在于生态学的研究为心理学的研究所提供的方法论的重要的改变。这种生态学带

---

① 葛鲁嘉. 新心性心理学宣言——中国本土心理学原创性理论建构 [M]. 北京：人民出版社，2008.

来的方法论的改变包括哲学思想方法的改变，包括一般科学方法的改变，也包括具体研究方法的改变。

生态学的方法论是一种生态学的整体观、发展观、科学观、历史观、心理观。这对于心理学的学科、发展、研究来说，都是非常重要的改变。这是眼界视野的开阔，进入思路的扩展，研究方式的变革，探索途径的转向，考察重心的挪移，也是关注内容的丰富。

生态学的方法论使心理学家有可能在相互关联、相互制约、相互促进、相互构成的方式下，去理解人的心理行为与环境的关系，去理解心理学学科与其他学科之间的关系，去理解心理学的研究所应包含的内容。这也是生态学方法的根本的含义。科学心理学的研究一直在寻求自己的研究内容的定位，一直试图从纷繁复杂的人的生活中去分离出自己的研究对象。这常常带来分离和分割的考察和理解，而不是关联和互惠的考察和理解。但是，生态学的方法论则可以提供关联性和互惠性的考察视野和理解方式。

第十六章　心理学方法论的未来

关于人类心灵的探索有不同的哲学分支，这构成了探索心灵的不同思想理论的体系，也成为心理学方法论的重要思想理论来源。在心理学研究中，文化与心理的关系、文化与心理学的关系，都是非常重要的关系和方面。这两种关系相互贯通，但又有所区别。文化与心理学的关系是涉及心理学的发展和未来的十分重要的关系。在探讨文化与心理的关系时，有研究者指出了文化与心理的关系是相互作用的关系。也就是说，心理过程影响社会文化的形成与发展，社会文化又给心理过程打上文化的"烙印"，使其折射出所在文化的色彩。因此，它们之间是一种动态交互作用的关系。心理学研究者已经开始重视文化的存在和文化的问题，并开始重视关于文化心理和文化心理学的研究。心理学研究的方法论会伴随着时代的发展、学术的进步、研究的更新，而不断地变革和改变。因此，对于心理学方法论的未来而言，就需要创新发展、紧跟时代。

第一节　人类心灵探索哲学分支

哲学是探索人类心灵、心理、心智的最为重要和核心的学科分支。哲学心理学的思辨是哲学家或思想家对人类心灵的性质与活动的解说和阐释，是他们建立起来的有关人类心灵的性质与活动的明确的思想体系。心理学哲学是在哲学心理学之后诞生的，或者说是在实证的科学心理学形成之后而出现的。心理学哲学已经不再是哲学家关于人类心理的直接的解说或解释，而是哲学家对心理学研究中的关于心理学研究对象和心理学研究方式的理论预设的哲学反思。在认知科学的框架下，心理学与逻辑学交叉融合，产生了逻辑心理学和心理逻辑等新兴学科。心灵哲学有时被称为心智哲学。认知哲学是从属于认知科学学科群的。人工智能哲学仍然以自己的方式，涉及了人工智能研究中的重大思想前提的问题，重大理论预设的问题。这些思想前提或理论预设影响到了人工智能的研究走向、学术影响和现实价值。

哲学是探索人类心灵、心理、心智的最为重要和核心的学科分支。在哲学探索长期的历史演变和进程中，已经积累了大量相关方面的研究成果。梳理探索人类心灵、心理、心智的哲学分支学科，对于理解哲学探索的价值是至关重要的。其实，在相关领域的研究中，对于人类心灵或心智的探索也还有不同的研究取向、研究分支。除了哲学心理学或哲学形态的心理学，还有心灵哲学或心智哲学，心理学哲学。无论是心灵哲学，还是心理学哲学，都是特定的研究的分支学科，都具有特定的含义或特定的指称。那么，哲学形态的心理学就与心灵哲学，就与心理学哲学，存在着特定的关系。

一　哲学心理学的思辨

哲学心理学并不是心理学的一个分支学科，而是心理学一种特定的形态。从哲学心理学到哲学形态的心理学，这是一种跃升。哲学形态的心理学有更大和更广的容纳。哲学形态的心理学从产生来看，有着十分久远的历史。也就是说，哲学形态的心理学是伴随着哲学思考的出现而形成的。通常认为，自从实证的科学心理学诞生之后，哲学心理学就被淘汰和替代了。哲学心理学已经成为历史的遗迹和学术的垃圾。但是，这种理解是过分简单化和极端化了。问题就在于，哲学心理学并没有在人类的思想界消失，也没有在科学的研究中灭亡。无论在哲学的探索之中，还是在心理学的研究之中，哲学形态的心理学都在不断变换着自己的形态。但是，重要的是要能够合理地定位哲学形态的心理学。

哲学形态的心理学是心理学的早期的形态。所谓"早期的"并不是指只在早期存在，现在已经消亡了，而是指延续的时段、存在的形态。哲学形态的心理学是伴随着人类思想家关于世界的思考而开始的。人要想了解和认识世界，就要解决人关于世界的认识问题，即人类的认识怎样才能把握自己所面对的世界。

因此，这就是最早的关于人的心理的哲学探索，也就是哲学心理学的产生。哲学心理学就是哲学家关于人类心理行为的思辨解说。在哲学家的视野中，关于心灵的探索是非常重要的内容。无论是在人类文明的早期，还是在文化发展的当代，解说和阐释心灵都是哲学家的重要的任务。

哲学家的心灵探索具有非常重要的学术价值和理论意义。尽管哲学家的研究立场、理论预设、思想基础、学术主张等，存在着重大的差异和区别，但这并不影响哲学家的心灵探索所具有的思想价值和学术价值。哲学家的心灵探索对于心理学研究者来说，并不是无足轻重的。哲学家的心灵探索不仅对于人类理解自身的心理行为具有思想引导的意义，而且对于各个不同学科的学者研究人类的心理行为也具有理论预设的价值。

当然了，哲学关于人类心灵的探索可以体现在不同的学术分支之中，每一种研究分支都有自己独特的关注和探索的内容。这形成了不同的研究侧重和研究关联。但是，汇聚起来却构成了理解心灵的多样化的知识和思想。

从哲学中分离出来成为独立的科学门类之前，心理学就包含在哲学之中，是哲学研究的组成部分。在这个阶段中的心理学探索也被称为哲学心理学的探索。在不同的文化传统中，存在着不同的哲学心理学的探索。例如，可以区分为西方文化传统中的哲学心理学和中国文化传统中的哲学心理学。这是哲学心理学的两种文化样式。[①]

西方文化传统中的哲学心理学是建立在主客二分的基础之上，或者说是建立在研究者与研究对象相分离的基础之上。西方的哲学心理学是把人的心灵、精神、心理或行为作为哲学思辨的对象，并构造出概念化和体系化的理论说明。这样的哲学心理学理论仅仅是有关人类心灵的一种直观推论或思辨猜测。所以，西方哲学心理学的理论就存在着两个致命的缺陷。第一，哲学心理学家缺乏验证的手段，而无法证实自己阐释人类心灵的理论揭示的就是对象本身的特性和规律。第二，哲学心理学家缺乏干预的手段，而无法使自己阐释人类心灵的理论控制和改变对象

[①] 葛鲁嘉. 心理文化论要——中西心理学传统跨文化解析 [M]. 大连：辽宁师范大学出版社, 1885.46.

本身的属性和活动。后来的西方科学心理学的建立，就在于突破了哲学心理学的这两个缺陷。科学心理学一方面采用了实证的方法来验证理论的假设，另一方面采用了技术的手段来干预心理的活动。

中国文化传统中的哲学心理学则是建立在主体与客体的一体化的基础之上，或者说是建立在研究者与研究对象的一体化的基础之上。中国的哲学心理学强调的是心灵的自觉或自我的超越。这是一种反身内求的学问，是通过人的内心修养，提升人的精神境界，去体认内心潜在的天道，从而达于天人合一。显然，中国古代哲人对人的心灵的阐释就不仅是思想观念的理论体系，同时也是精神生活的践行方式。中国的哲学心理学从根本上来说就不存在西方的哲学心理学的那两个缺陷。第一，中国的哲学心理学提出的思想理论本身就是心灵的自觉活动过程的结果，那么形成一种思想理论的过程，实际上也就是体悟印证这种思想理论的过程。第二，中国的哲学心理学提供的思想理论本身就是心灵自我超越的精神发展道路，任何个人对它的掌握实际上都是在践行着一种心理生活的方式。可以说，西方科学心理学的诞生不可能终结中国的哲学心理学。它依然有其生命力。在18世纪的中后期，心理学脱离了哲学的母体，成为独立的学科。显然，此后心理学便不再从属于哲学，而与哲学之间有了清晰的边界。这使心理学与哲学的关系发生了根本的变化。科学心理学借用了最早从哲学中分离出来的自然科学的研究方式，并力图把心理学建设成一门经验科学和使之完全立足于经验事实。一方面，心理学研究运用了实证的方法，以证实关于人的心理行为的理论说明。另一方面，心理学研究运用了技术的手段，以干预或影响人的心理行为。因此，科学心理学家开始排斥哲学心理学，认为哲学心理学的探索毫无价值，仅仅是哲学家在安乐椅中关于心灵的玄想，是没有任何意义的思想垃圾。

二 心理学哲学的反思

哲学心理学是心理学的早期的形态，是哲学家关于人类心灵的思辨猜测或哲学推论。哲学家的心灵探索也构成了关于人的心灵性质、构成、活动、演变等的解说。但是，在实证的科学心理学诞生之后，哲学心理学就被抛弃了。被当成了安乐椅中的玄想，是无法证实的关于心理的解说。

心理学哲学则与哲学心理学不同。心理学哲学是在哲学心理学之后诞生的，或者说是在实证的科学心理学形成之后而出现的。心理学哲学不再是哲学家关于人类心理的直接的解说或解释，而是哲学家对心理学研究中的关于心理学研究对象和心理学研究方式的理论预设的哲学反思。

因此，从哲学心理学的思辨到心理学哲学的反思，这是一种重要的学术原则的转换、学术思想的转变、学术思路的转折。那么，在早期是哲学心理学的思辨，在后期则是心理学哲学的反思。哲学的探索因此而发生了重大的变革。

心理学与哲学的关系并不是固定不变的，而是随着时代的发展在不断地演变。大致上可以分成两个发展阶段来看心理学与哲学的关系，区分这两个阶段的标志就是心理学作为独立的科学门类的诞生。在前后两个不同的阶段，心理学与哲学的关系发生了重大的改变。

实际上，心理学从哲学中独立出来成为经验科学中的成员之后，并没有就此摆脱了对哲学的依赖，而仅是改变了对哲学的依赖方式。心理学的研究不可能是空中的楼阁，它必然要有自己的理论基础。对心理学研究的理论前提或理论预设的反思就是心理学哲学的探索。心理学哲学不再去直接探索人的心理行为，而是去直接探索心理科学的立足基础。这种探索的目的就在于使心理学的研究能够从盲目性走向自觉性。心理学哲学的探索一是反思心理学家关于心理学研究对象的预先的理论设定，二是反思心理学家关于心理学研究方式的预先的理论设定。

三　心理逻辑学的融汇

早在20世纪的50年代初，皮亚杰就提出了"心理逻辑学"。皮亚杰的心理逻辑有广义和狭义之分。广义的心理逻辑，包括与感知运算阶段相对应的动作逻辑，与前运算阶段相对应的直觉逻辑，与具体运算阶段相对应的类逻辑、关系逻辑，与形式运算阶段相对应的命题逻辑。以不同类型的逻辑语言来描摹不同发展水平上的认知结构，反映出皮亚杰的泛逻辑思想。狭义的心理逻辑只研究运算逻辑，即具体运算阶段的类逻辑、关系逻辑以及形式运算阶段的命题逻辑。尤以命题逻辑为其研究的重点，所以人们有时也称心理逻辑为形式运算逻辑。皮亚杰创立的心理逻辑学除了运用逻辑语言对主体的整个认知结构的发生过程作了一般性的描述以外，最主要的或者说探讨得较为深入细致的，是对命题运算的组合性系统以及同一、反演、互反、对射四元转换群功能的描述和阐释。

皮亚杰所创立的心理逻辑学，在学界曾经存有争议。如有的心理学家认为，皮亚杰的工作是以思维的逻辑学研究来代替思维的心理学研究的"明显例子"，有的逻辑学家则否认皮亚杰的心理逻辑是科学的逻辑学研究。[①]

有研究考察了认知科学框架下心理学、逻辑学的交叉融合与发展。研究指出，20世纪70年代中期，认知科学的建立和发展，为心理学和逻辑学的交叉融合提供了科学依据和学科框架。在认知科学的框架下，心理学与逻辑学交叉融合，产生了逻辑心理学和心理逻辑等新兴学科。逻辑推理受心理因素的影响，是由人参与的、涉身的经验科学。认知逻辑是逻辑学与认知科学交叉发展的新领域，其中心理逻辑、文化与进化的逻辑、神经系统的逻辑尤其值得关注。

对认知科学有"广义"和"狭义"两种理解。狭义的理解是把认知科学当作心智的计算理论。广义的理解是在上述研究领域的基础上，增加一些相关学科。认知科学是将那些从不同观点研究认知的追求综合起来而创立的新学科。认知科学的关键问题是研究对认知的理解，不论其是真实的还是抽象的，是关于人的还是关于机器的。认知科学（cognitive science）就是研究心智和认知原理的科学。认知科学由哲学、心理学、语言学、人类学、计算机科学和神经科学六大学科支撑，是迄今最大的学科交叉群体，在某种意义上，可以说是数千年来人类知识的重新整合。

认知科学诞生以后，由于研究领域的交叉，发生了众多学科的交叉和融合。心理学与逻辑学也重新融合起来，其结果是心理逻辑学和逻辑心理学的诞生。心智哲学不仅关注和研究与心智和语言相关的认知现象（被称为高阶认知），也关注和研究与身体和无意识相关的认知现象（被称为低阶认知）。这样，在心智哲学中，逻辑学和心理学不仅可能而且已经重新融合起来了。

---

① 杜雄柏. 皮亚杰"心理逻辑学"述评［J］. 湘潭大学学报（社会科学版），1990（2）. 57-60, 128.

现代逻辑与认知科学交叉所得到的新的研究领域和学科群体就是"认知逻辑"。认知逻辑包括哲学逻辑、心理逻辑、语言逻辑、文化与进化的逻辑、人工智能的逻辑和神经网络逻辑。心理学与逻辑学的交叉和融合产生了逻辑心理学和心理逻辑这样一些重要的新兴领域,其发展与认知科学同步。可能的交叉融合形式有两种即逻辑心理学和心理逻辑学。

逻辑心理学以逻辑要素为自变量,心理要素为因变量。或者说,逻辑心理学把逻辑思维映射到人的心理活动当中去。因此,逻辑心理学把人的心理活动看作某种形式的逻辑推理的反映,认为人的心理行为受逻辑思维或逻辑推理的影响。逻辑心理学具有以下的特征:其一,逻辑心理学是心理学,是逻辑因素的心理函数;其二,逻辑心理学是以逻辑要素为自变量,心理要素为因变量;其三,逻辑心理学认为,人的心理行为受其逻辑思维或逻辑推理的影响。

心理逻辑学就是逻辑学,可以简称为心理逻辑。所谓心理逻辑以心理要素为自变量,逻辑要素为因变量。换句话说,心理逻辑把人的心理活动看作一种逻辑思维,或者把人的心理活动映射到逻辑推理当中去。因此,认为逻辑思维或逻辑推理受心理因素的影响。心理逻辑有以下特征:其一,心理逻辑以心理要素为自变量,以逻辑要素为因变量;其二,心理逻辑是逻辑学。心理逻辑是心理因素的逻辑函数;其三,逻辑思维或逻辑推理受心理因素的影响。[1]

有研究者考察了认知科学背景下逻辑学与心理学的融合发展。研究指出,18世纪末弗雷格创立的现代逻辑主张排除逻辑学中的一切心理因素,这一观点使得逻辑学与心理学渐行渐远。直到1875年认知科学产生之后,逻辑学和心理学才实现了真正意义上的融合发展,产生了心理逻辑(学)这一新的学科。众多逻辑学家和心理学家进行了大量心理逻辑实验来证明这一观点:人们在进行逻辑推理时要受到心理因素的影响。从心理逻辑的经典实验中,可以得出这样的结论:人类的推理过程并不是严格按照演绎逻辑的规则进行的,还要受到心理因素的影响,

---

[1] 蔡曙山. 认知科学框架下心理学、逻辑学的交叉融合与发展[J]. 中国社会科学, 2009(2). 25-38.

心理和逻辑是密切相关的。

认知科学产生之前的逻辑学关注的是如何在逻辑学科体系之下，针对不同类型的语词建立严密的逻辑系统，关于系统是否能够完全反映现实思维则不在研究范围之内；认知科学产生之后，思维或认知成为研究的重心，由此产生的心理逻辑将目光投向人类的实际思维过程，心理因素成为研究的焦点之一。①

应该说，心理逻辑学是以逻辑学的方式探索了人的心理的相关的内容。这是将人的认知活动、人的推理活动、人的情感活动和人的意向活动，等等，纳入了逻辑学的考察的范围和研究的内容。

四　心灵哲学的新探索

心灵的哲学有时被称为心灵哲学，有时被称为心智哲学。当然，无论是称之为心灵哲学，还是称之为心智哲学，其含义都是相同的。只不过，心灵哲学更具有历史的气息，心智哲学则更具有现代的气息。心灵哲学根源于传统哲学的有关心灵的思辨和推断，心智哲学则是根源于现代认知科学的有关心智的探索和阐释。

高新民在关于心灵哲学的研究中，提供了关于心灵哲学的基本研究构想。在他看来，心灵哲学可由两大研究领域有机构成。一是以心灵之"体"为对象的心灵哲学，这主要是从"体"的方面研究心理语言的本质特征、所指的对象及范围、表现形式及其特殊本质，各种心理现象的共同本质、不同于物理现象的独特特征，心与身的关系等。这一领域是关心心灵的科学精神的体现。二是以心灵之"用"为研究对象的心灵哲学。这主要是从"用"的方面研究人类心灵在其生存中的无穷妙用，从幸福观、苦乐观、价值观、解脱论等角度研究人的心态与人的生存状态的关系，心理结构、感受结构对生活质量高低、幸福与否、苦与乐、价值判断与体验、解脱与自由的程度的作用等。这一研究是心灵研究中的人文精神的张扬。

研究心灵之"体"的心灵哲学实际上是由许多不同的研究领域所构成的。在这些研究领域之中，心灵哲学的研究提供了大量的研究成

---

① 张玲. 心理逻辑经典实验的认知思考——认知科学背景下逻辑学与心理学的融合发展[J]. 自然辩证法研究，2011（11）. 24-28.

果，并且研究还正在以非常迅猛的速度增加和扩展着。

第一是语义学问题与心理语言的本质。这是心灵哲学的逻辑起点。之所以如此，主要是由描述、指称心理现象的语言即心理语言的本质特点所决定的。心灵哲学的逻辑起点就应该是对心理语词的语言分析。探讨心理语词的语义学问题，即心理语词的意义与所指问题。这包括心理语词是怎样起源的？心理语词与物理语词有何区别与联系？通常关于心理现象的常识术语在什么地方获得自己的意义？用于自己和其他有意识的造物的那些心理语词的恰当的语词定义是什么，指称的是什么？

第二是心理现象的分类和表现的问题。这也就是心理语词所指称的具体心理现象的表现形式、基本分类和特殊本质的问题。这主要包括了如下的一些问题。这包括心理语词所描述的心理现象有哪些？可以将其概括为哪些种表现形式？如何对心理现象进行分类？传统的知、情、意的三分法是不是合理的？如果按照三分法，相信、期望、后悔等应该包括在哪一类？心理表现形式的本质与关系是什么？心理现象的基质或主体是什么，是人类、机器、身体、大脑、心灵、精神吗？

第三是本体论问题或心身关系的问题。心身问题也就是被称为心理的东西，其所说的心灵，或所界定的精神等的本质是什么？各种心理语词的所指中有没有共同的本质，如果有，这种共同的本质与物理的本质有何关系，心理现象与物理现象是什么关系，心理的功能与身体的机能是什么关系？究竟是物质决定精神，还是身体决定心理？反过来，是精神决定物质，还是心理决定身体？心物或心身是一元的，还是二元的？等等。

第四是认识论问题或他心和我心问题。显然，存在有两个特别令人困惑的问题。一个就是"他心知"的问题。如果人们相信在我心以外还有他心，那么如何予以证明？换言之，人们能否认识自心以外的他人的心灵及心理活动、过程、事件和状态？如果能认识，是怎样认识的？认识的基础、根据、过程是什么？一个就是"我心知"的问题。这也就是内省与自我意识的问题，即有意识的存在是怎样得到关于自己的思想、情感、信念等的直接知识的？这种知识如何可能，有什么价值？内省能不能作为认识自己心理的方式和途径？如果能，内省本身是如何可能的？怎样回答"意识流"之类的责难？如果内省不可能，人又是怎样得到关于自我的意识的？

第五是心理现象独特性质与特征问题。这包括了如下的主要问题：心理现象有没有不同于物理现象的独有的特征？如果有，心理现象有哪些独有的特征？现在一般认为，心理现象有四个基本的特征，分别是意识性、意向性、感受性和随附性。围绕着这些特征，正进行着激烈的争论，因而这是一个最为活跃、最富成果的研究领域。意识性就关系到意识与心理的关系。例如，意识并不等同于心理，心理还包含了潜意识。意向性就是心理状态指向一定对象的特征。这既是把心理现象与非心理现象区别开来的标志，也成了语言哲学与心灵哲学的交汇点。感受性是主体在经历某种心理过程如看、听等时所体验到的主观经验的质的特征或现象学特征。随附性是指心理现象由物理现象所决定、所依存的伴随或附带发生的特征。

除了上述重要领域之外，心灵哲学还有许多横断性的和相对独立性的问题。这主要可以包括如下的一些问题。第一是命题态度和意识内容问题。心理不仅作为一种机能、运动、属性、过程和状态而存在，而且还会表现为内容，即具有语义性。因为一定的心理状态也就是一种特定态度，如相信、知道，而态度总有其内容，后面可以跟随着命题，如"相信天要下雨"。这也就是命题态度。第二是思维语言或心灵语言问题。这是在心灵哲学和认知科学中谈论得非常多的概念，所表示的是一种假设的、不同于自然语言的、类似于计算机所用的形式化语言的东西，这是大脑唯一能够直接把握、理解、加工和操作的东西。许多研究者推断心灵、思维一定拥有自己独特的不同于自然语言的语言。如果是这样，那么这种特定语言的形式、结构、本质是什么？遵循什么样的规则？这种语言的语法、语义向度与自然语言有什么联系？这是怎样起源的，是天赋的还是习得的？

以心灵之"用"为研究对象的心灵哲学，就是对人的生存的内在心理方面的哲学心理学研究。换言之，就是从哲学心理学的角度对作为生存之内在构成的心理现象的结构、作用及其机制的研究，就是探讨在任何既定的外在条件下，怎样通过心理调节达到改善生存状况、提高生活质量的目的。这一研究的资料来源除了现当代西方的心灵哲学和有关的科学成果之外，主要是传统的东方生存智慧和心灵哲学。在这一领域所应该做的工作主要包括了如下的方面：一是现代人类生存状况考察；二是存在的心灵哲学分析；三是心灵状态对存在状态、生活质量的作用研究；四是心态结构及其生存价值研究，这也就是对各种与生存感受有关的心理现象及其体验进行全面的现象学考察，像描述性心理学所倡导的那样对人的各种心理过程、状态、作身临其境的描述；五是心态优劣及其生成研究，心态优劣是生存质量高低的重要条件和标志；六是奠定于心灵哲学基础上的幸福观、价值观、境界论和理想人格论之重构；七是人性、人的本质与人的最终解放研究。[①]

很显然，哲学心理学是更为传统的研究领域，这个研究领域在当代的心灵哲学的研究中已经得到了极大的扩展。因此，哲学心理学与心灵哲学就成为相互缠绕的研究关系。这共同形成了一个日益广阔的探索领域和研究范围。当然，表面上看起来，心灵哲学似乎正在取代哲学心理学的研究。但是，实际上哲学心理学正在扩展成为哲学形态的心理学，而哲学形态的心理学完全可以包容心灵哲学的探索。

五　认知哲学的新思路

认知科学是当代发展最为迅猛的大学科群。关于人的认知的研究和探索汇聚了自然科学、社会科学和人文科学的一系列学科分支。在认知科学中含纳了心理学、语言学、神经科学、计算机科学、人类学和哲学的研究。尽管哲学的研究常常受到具体实证科学研究者的质疑，但是，哲学的探索也属于认知科学中的重要组成部分，认知科学本身经历了研究纲领或研究取向的重大的转折。从基本的研究范式上，可以说认知科学经历了认知主义、联结主义和共生主义的演进过程。

有早期研究是从人工智能与人类智能的关系上，涉及了关于人工智能的哲学探讨。这应该说是一个非常初级的和非常简单的层面。研究指出，人工智能就是以控制论、心理学、仿生学、语言学、计算机技术等学科为基础发展起来的新兴学科。人工智能的目标是研究并模拟人的智能，进一步扩展人类的智能。人工智能就是用人工制造的机器——智能机模拟人脑的思维，也就是把人的推理、学习等功能赋予机器。智能模

[①] 高新民．广义心灵哲学论纲［J］．华中师范大学学报（人文社会科学版），2000（4）．5-12．

拟机虽然是非常复杂，包括了很多的部分，但其主要的部分是计算机。所以，也可以把智能模拟机叫作智能计算机。应该说，人工智能与人的智能是有不同的，本质区别就在于以下几方面。第一，人工智能虽然在功能上与人的思维是等效的，但是人工智能包括不了思维的本质。人脑和电脑是两种不同的运动过程。人脑是复杂的生理—心理过程，电脑则是机械—物理过程。第二，人的思维具有社会性和主观能动性，而智能机不具备这些属性。思维是社会实践的产物，只有在社会中实践着的人才能有思维。智能机再复杂也不是实践活动的主体。人工智能与人类智能相比较，人工智能在局部上可以超过人的智能，而在整体上则不及人的智能。机器的"智慧"不过是人的智慧的"物化"，从总体上讲这并不能超出人类智慧的界限。同时人工智能同人的智能相比，也有着一定的局限性。人工智能只能模拟人的某些自然属性，人的社会属性是不能模拟的。对人工智能系统的研究应该采取"人机结合"的方针。人机智能系统是人脑与电脑构成的统一体，是人与计算机各自完成自己最擅长的任务、优势互补的统一体。人机智能系统就是使智能计算机与人之间形成一种合作关系，系统的智能是人机合作的产物。①

有研究考察的是人工智能的界限，也就是人工智能能实现的和不能实现的。研究指出，在严格意义上，机器智能只能部分放大而不能取代人的思维。人类思维有多种形式：逻辑思维、直觉思维、形象思维、辩证思维，在人脑中结成网络并不断发展。人工智能仅能放大人的悟性活动中的演绎方法，这是有极限的，不可能取得真正的主体性，更不能超越人的理性思维和价值主体性界限。

人工智能研究的目的，就是把人智赋予机器，这就是机器智能。机器智能与机器思维是两个概念。从过程上来看，机器智能一开始是分离的，而机器思维进程是非分离的。思维能把系统（包括人—机系统）的行为高度地限定在任务目标中，并能从环境中提取线索，以便指示过程沿着目标前进，将知识转化为方法，去处理、控制、变革变化着的对象，并从中诊断自己的错误予以修正，肯定和分析自己的成绩，以便提

---

① 张云台．人工智能及其前景的哲学思考［J］．科学技术与辩证法，1995（6）．15-18．

高自己今后的能动性。这是人类的实践推理即思维的智慧，是机器智能无可企及的。从结构上来看，机器结构的分离性与人脑结构的分离性具有的不同之处在于，机器智能不在于离散处理信息的方式，而在于机器只"理解"信息的形式，而人类能理解信息的内容。

研究认为，在严格的意义上，机器智能只能部分放大而不能取代人的思维。所谓"严格意义"，是指人类理性的本质特征是辩证思维。辩证思维是与逻辑思维相对应的一种思维方式。对概念本性的辩证思维是人类理性的本质内容，使人类从偶然中发现了必然，从形式中理解了内容，从现象中抽象出本质，从而得以认识客观世界的规律性。在这个意义上说，辩证思维是人工智能不可逾越的鸿沟。

计算机不能模拟人的"价值观"。广义价值论者将价值主体扩展到生物界，也适用于电智能机。但是，广义价值论并不能说明人工智能将拥有价值观，这种扩展而来的主体只是存在的主体，广义价值论将其直接提升为价值主体，而不是像传统价值论那样经过认识主体这一中介。广义价值论并不能说明人工智能将拥有价值观，由于没有意识、没有自由意志，这个目的，这个"善"就不是主观性的，因而仍然只是一种系统变换的终态。广义价值论并不能说明人工智能将拥有价值观，还在于道德与价值论域只能是有伦理意识的人这一唯一的主体，将其扩展到人工智能论域是毫无意义的。①

有研究考察了科学哲学的探索对人工智能的所带来的影响。研究指出，在近半个世纪人工智能的发展过程中，对其产生了广泛而深刻影响的哲学分支主要有三个，那就是认识论、逻辑学和科学哲学。科学哲学对人工智能的作用在于，传统人工智能以符号处理为核心，故与强调对科学知识作合理重建的逻辑经验主义具有较强的相关性，这样由逻辑经验主义者所提出和发展的确证概念和归纳逻辑等便早早成了传统人工智能的组成部分。20世纪70年代后期掀起了知识工程的热潮，结果波普尔的证伪主义和拉卡托斯的科学研究纲领成了一些人工智能工作者设计专家系统的方法论原则。20世纪80年代以后随着分布式人工智能的出

---

① 李亚宁. 关于人工智能极限研究的哲学问题［J］. 四川大学学报（哲学社会科学版），1999（6）.13-18.

现，科学共同体的思想又开始融入人工智能研究的主流。由于科学活动是人类智能的集中体现，而其产品则是人类智慧的结晶，故当人工智能研究者试图通过建构智能系统以达到对人类智能的模拟和理解时，便自然要关注人所从事的科学研究过程和科学知识的结构、功能，可见人工智能与科学哲学之间天然地存在着关联。

当人工智能的研究者去建构人类的智能系统，需要相应的知识时，便自然会倾向于从科学哲学这样已经相对成熟的学科中寻求有用的概念、理论和方法。这样，科学哲学就能对人工智能的发展产生实实在在的影响。另外，作为一门学科，人工智能形成和发展的规律及方法论上的特质本身就可成为科学哲学的研究对象。由于建构人工的智能系统本身是一个探索性和实践性都很强的研究过程，因此在这个过程中必然会形成新的概念、理论和方法。所有这些反过来又可为科学哲学工作者所利用和借鉴，并给科学哲学研究带来新的机遇。就科学哲学工作者而言，对人工智能这样尚未成熟而又日趋兴旺的学科作理性思考和分析应该特别具有吸引力，并有可能开辟出科学哲学研究的新方向，而这将进一步加强科学哲学与人工智能的关联，从而在科学哲学与人工智能之间形成相互作用、相互促进的局面。作为哲学的一个分支，科学哲学能够发挥其特有的批判功能，从而为人工智能的研究和发展提供方法论上的指导。对于人工智能来说，科学哲学的另一个作用，就是及时地从实践活动和研究成果中揭示其方法论意义，剖析由于智能产品的问世而会产生的社会影响和对人类进化历程所可能引起的改变。

不仅科学哲学对人工智能的发展能起到积极的推动作用，反过来，人工智能也可以为科学哲学的繁荣和发展做出贡献，而且这种贡献随着人工智能的日趋成熟和兴旺将不断增大。由于人工智能是一门经验性和技术性都很强的学科，因而借助科学哲学或其他途径所具体实现的智能产品，转而又可以成为检验科学哲学中已有模型和理论有效性的手段，甚至有条件充当鉴别不同学派对立观点之优劣的试验床。人工智能中所形成和发展起来的新概念、新理论和新方法可为科学哲学工作者所利用或借鉴，从而能够开创科学哲学研究的新局面。随着人工智能的发展，智能自主体在认识和改造世界方面的能力将会进一步提高。这样一来，不仅需要对人在科学研究中所扮演的角色重新加以审视和定位，而且必将改变科学哲学的研究对象之侧重点、范围和研究方法，从而为科学哲学的繁荣起到很好的催化作用。①

有研究是从人工智能去理解科学技术哲学关于科学发展和科学进程的理解。研究指出，人工智能的研究在什么层面或侧面，体现了科学哲学研究中的实证主义、证伪主义、历史主义、多元主义关于科学技术发展的思想、解说和阐释。

首先是从人工智能看作为方法论的证实与证伪主义。就人工智能的整体发展来看，单纯的逻辑经验主义和波普尔的证伪主义思想，都只能在某些方面切近真实的科学历程，而在另外的方面又有着明显的偏离甚至扭曲。这种过于严格的证实要求和过于武断的批判理性，对尚在发展阶段的新兴科学而言是十分不利的，因此，作为方法论来说，就对人工智能这类新兴学科的发展有着很大的局限性。

其次是从人工智能看科学哲学中的历史主义思想。人工智能中确实形成了库恩意义上的范式，确实发生了革命并且有着新的范式产生，产生了理论的革命性突变和飞跃。然而，新兴学科中的这些新范式却并没有如库恩所指出的那样，是一种格式塔的转换，从而完全取代旧的范式，而是以多个范式并存的形式，从不同的侧面和在不同的时空阶段，发展和推进着科学的历程。

最后是从人工智能看科学哲学中的多元主义思想。实际上，人工智能中联结主义、行为主义、进化主义对一直占主导地位的传统逻辑主义的挑战，以及人工智能科学家在一定时期置反常于不顾，而坚持一种理论以推动人工智能发展的历史已经表明，作为普遍性标准的一元主义方法论，都有其一定的适用范围和内在的历史局限性。科学中事实与理论不一致，绝不是抛弃理论的理由，而是发展更多理论的源泉。科学理论确实是一个开放的系统。要在科学中剥夺反对的权利，就一定会损害科学的发展，反之，被设想为一种批判性事业的科学将会从这些活动中受益匪浅。这样，新兴科学在任何时候都表现出理论的"坚韧性"，并在不断地"增生"，理论在任何时候都是多元的且只有理论多元论才符合

---

① 郦全民．科学哲学与人工智能［J］．自然辩证法通讯，2001（2）．17-22．

科学发展的实际情况。[①]

有研究考察了人工智能中知识获取面临的哲学困境及其未来走向。研究指出，所谓知识获取就是把问题求解的专门知识，如事实、经验、规则等，从专家头脑或其他知识源，如书本、文献中提取出来，然后将其转换成计算机系统内部表示的过程。知识获取的任务是：获取领域专家或书本上的知识，在对其理解、选择、分析、抽取、汇集、分类和组织的基础上，转换成某种形式的系统内部表示；对已有的知识进行求精；检测并消除已有知识的矛盾性和冗余性，保持知识的一致性和完整约束性；通过某种推理或学习机制产生新的知识，扩充知识库。

知识获取面临着哲学的困境。在人工智能的发展过程中，曾经盛行的认识论是符号主义、联结主义和行为主义。符号主义又称逻辑主义和物理符号系统假设，这种假设本质上认为知识是由客体的符号和这些符号之间的关系组成的，智能是这些符号及其符号之间关系的适当操作。在符号主义指导下的专家系统在发展过程中，会遇到三大难题。首先，在研制专家系统时，知识工程师要从领域专家那里获取知识，这是一个非常复杂的从个人到个人的交互过程，没有统一的办法。其次，知识工程师在整理、表达从领域专家处获得的知识时，用产生式规则表达局限性太大，知识表达又成为一大难题。最后，人类专家的知识是以拥有大量的常识为基础的，常识的运用成为第三大难题。联结主义是一种基于神经网络及网络间的连接机制与学习算法的智能模拟方法。这一方法从神经心理学和认知科学的研究成果出发，把人的智能归结为人脑的高层网络活动的结果，强调智能活动是由大量简单的单元通过复杂的相互联结后并行运动的结果。联结主义者工作的目标从用符号模拟大脑，转变成用大规模并行计算建构大脑。即使经历了从符号主义到联结主义范式的转变，模拟人类高级智能的目标依然遥远。其中的一个重要的原因是，大脑结构是经历了长期生命进化与环境的交互作用形成的，试图通过机器程序建立一个与大脑功能类似的人工网络，实在是过于困难。造成困难的另一个重要原因是，联结主义仍然难以摆脱常识知识问题。行

[①] 盛晓明、项后军．从人工智能看科学哲学的创新［J］．自然辩证法研究，2002（2）．8-11，41．

为主义是一种基于"感知—行动"的行为智能模拟方法。这一方法认为智能取决于感知和行为,取决于对外界复杂环境的适应,而不是表示和推理;不同的行为表现出不同的功能和不同的控制结构,期望认知主体在感知刺激后,通过自适应、自学习、自组织方式产生适当的行为响应。

知识获取会面临着一系列的挑战。一是生态学的挑战。生态学的研究范式来自一些人工智能专家、认知科学家、心理学家与人类学家的共同信念,这些信念在许多方面与符号加工范式、联结主义范式相对立,认为认知过程不是发生在每个人头脑或智能机内部的信息加工过程,否定在人为环境中研究认知现象的价值,认为认知并不会发生在所处的文化背景之外,即所有的认知活动都是由文化背景塑造的。二是社会学的挑战。知识获取倾向于忽视认知或知识的社会方面。认知科学专家都极力地避免考虑某些本不可以忽视的因素,如环境背景、经验情感、文化历史等因素对人的行为和思维的影响。三是现象学的挑战。时下的知识获取没有适当考虑人类思维或认知中意识经验的作用。现象学分析的基本问题是避免把注意力集中于物理事件本身,而是更多地注意这些事件是怎样被知觉到和经验到的。四是解释学的挑战。知识获取专家大都忽视了对人类认知现象进行叙述性和解释性说明,缺乏解释学的维度。哲学领域日益关注"社会认识论",批评西蒙等人的认知个体主义,主张在认识论中加入一个"社会"的维度。[①]

国外有研究汇集了人工智能思想界的著名学者的代表性研究。这都是在人工智能的半个世纪的发展历程中,所陆续发表的影响了人工智能研究的重要的论文。这些论文中的思想涉及有关人工智能的非常重要的方面,都是非常有建设性和开拓性的研究,表达出了人工智能研究与哲学探索之间非常密切的关系。这也表明了,人工智能的研究具有迥然相异的哲学方法论,或者说,在科学的家族之中,没有哪一个学科能比人工智能与哲学的关系更为密切。正如在该书的导言中所说的,人工智能哲学与心灵哲学、语言哲学、认识论等紧密相连,同时又是认知科学哲

---

① 高华、余嘉元. 人工智能中知识获取面临的哲学困境及其未来走向[J]. 哲学动态,2006(4). 45–50.

学，特别是计算心理哲学的核心。该文集中的研究论及了从人工智能的发展历史，简述了人工智能所遇到的困难和当今的困惑，论述了经典人工智能哲学的基本概念、主要问题和相关结论，阐述了经验知识的重要性及其在智能模拟中的作用。在该著作中尤其独特的是，研究还涉及了人工智能研究中的对立的思想和观点。特别是涉及了有关人类心灵与计算心灵之间的类比和模拟、联系和差异、表征和计算、大脑和心灵、符号和联结、心理和物理等一系列重大的问题。[①]

人工智能的研究已经成为一个汇集了众多学科的大科学研究。尽管在人工智能的具体研究中，有许多属于科学阵营的科学家对哲学的参与有着各自不同的排斥态度，但是人工智能哲学仍然以自己的方式，涉及了人工智能研究中重大思想前提的问题，重大理论预设的问题。这些思想前提或理论预设影响到了人工智能的研究走向、学术影响和现实价值。显然，人工智能的发展非常需要思想的突破和支撑。

在人工智能的研究中，哲学的探索实际上起着非常重要的作用。无论是心灵哲学、语言哲学、符号哲学、思维哲学、逻辑哲学、宗教哲学、文化哲学，等等，都在人工智能的研究中扮演着重要的角色。

第二节　多元文化论心理学潮流

心理学中的多元文化论认为，心理学就其本质来讲是西方主流文化的产物，因此，应该摆脱心理学对西方主流文化的单一依赖性，就必须将心理学的探索和研究、理论和实践建立在多元文化论的基础上，从而建立一种多元文化的心理学。西方心理学中的多元文化论思潮被称为继行为主义、精神分析和人本主义心理学之后心理学中的第四力量，或心理学的第四个解释维度。[②] 很显然，多元文化论思潮，心理学研究中的多元文化论，都属于心理学演变和发展中的最为重要的变革。

在心理学的研究中，有所谓的普适主义，也可称之为通用主义。这是主张心理学的研究应该去寻求单一的研究原则和研究标准，追求普遍

[①] 博登（刘西瑞等译）. 人工智能哲学 [M]. 上海：上海译文出版社，2001. 1—30.

[②] Pedersen, P. (Ed). *Multiculturalism as a fourth force* [M]. New York：Routledge，1999.

适用的方法和技术，强调对心理行为的唯一描述和解说。成为心理学研究的支配性的与核心性的通则。那么，从反对心理学的普适主义出发，多元文化论的持有者和传播者也对西方心理学中的"民族中心主义的一元文化论"（ethnocentric monoculturalism）提出了强烈的批评。认为该理论显然是从自己的民族或种族的文化背景出发，以自身的标准衡量和判断来自其他文化条件下的人，这种"文化霸权主义"必然会扼杀本应丰富多彩的世界心理学。研究也实际指出，多元文化论的以文化为中心的观点，促进了心理学家对行为与产生这种行为的文化环境之间的关系的认识，促使心理学家重视行为同本土文化关系的研究，强调心理学研究要紧密联系本土文化的实际，考虑本土文化的特殊需要，研究本土特殊文化条件下的人的心理特征等。[①] 这就有助于心理学同社会文化之间建立紧密联系，对于心理学在世界范围内的发展是有着积极意义的。

有的研究认为，无论是单一的西方文化或单一的东方文化，都无法独立地解决目前心理学所面临的问题，这就必须在全球化与本土化互动之间重新建构一种多元文化的现代心理学观。一是西方科学心理学已经面临重重危机，从其文化自身内部无法根本地加以解决，一些西方心理学家也已明显地意识到这一问题，开始关注文化的影响。二是心理学本土化运动的兴起既是对西方科学心理学的反叛，但更是一种启示和补充。三是全球化时代的到来使不同文化之间的交流成为可能，为建构多元文化的现代心理学观提供了历史的契机。但与此同时也出现了一些新的问题，这些问题要是用单一文化已经很难加以解释。例如，有关移民的文化适应问题。因此，就非常迫切地需要一种多元文化的心理学观。四是后现代思潮和多元文化论的影响。后现代心理学秉承后现代的思想精神和理论精髓，试图"解构"现代科学心理学的"中心化"地位和"合法性"身份。倡导从文化、历史、社会和环境等诸方面考察人的心理和行为，提倡研究视角的多样化和研究方法的多元化，反对把西方白人的主流文化看成是唯一合理和正确的，强调所有的文化群体和各种类

---

① 叶浩生. 关于西方心理学中的多元文化论思潮 [J]. 心理科学，2001（6）. 680-682.

型的文化价值观的平等性。这些观点为建构一种多元文化的心理学观提供了理论上的支持。①

在有的研究看来，多元文化论与本土心理学是完全可以在人类心理学的理论前景中相遇的。他们在研究中指出，本土心理学与多元文化论在人类心理学理论前景上的相遇，至少包含三种历史的和逻辑的根源。第一，多元文化论与本土心理学都是心理学文化转向的组成部分；第二，本土心理学尚缺乏坚实的理论基础，多元文化论则缺乏现实的知识支撑；第三，文化的特殊性与文化的多样性之间的内在逻辑关联，将多元文化论与本土心理学变成了一个问题。它们不得不面对根本上相同的问题。这一问题表达为互相牵制的两个方面。在一个方面，心理学必须同时考虑多元化、多样化的文化现实，因而不能陷入任何形式的文化中心主义。在另一方面，心理学必须面对和表达文化的特殊性，即必须能够居于特定文化的主位立场。这两个方面的辩证统一，逻辑地要求某种"去文化"的多元文化论立场。对于本土心理学来说，这种立场意味着元理论的文化基础；对于多元文化论来说，这种立场则是知识学的具体途径。正是在这个意义上，所谓的"去文化"的多元文化论，可能意味着心理学中某种研究范式或知识类型的转移。②

其实，在心理学的研究中，多元文化主义心理学的出现和滥觞，给了心理学的发展和演变一个重要的转机和提示。心理学的发展也就不再具有唯一标准和唯一尺度，也就不再具有唯一根源和唯一基础。多元文化纳入心理学的研究视野，多元文化成为心理学的研究基础，多元文化汇入心理学的研究内容，这都在各个层面上改变了心理学的研究进程。这凸显了文化的存在、价值、功能，以及文化的作用。

心理学的发展和心理学的研究都与文化有着十分密切的关系。所谓心理学与文化的关系是指心理学在自身的研究、发展和演变的过程中，与文化的背景、历史、根基、条件、现实等所产生的关联。心理学与文化的关系有着特定的内涵。心理学与文化的关系也经历了历史的演变，

---

① 陈英敏、邹丕振. 在全球化与本土化之间：建构一种多元文化的现代心理学观 [J]. 山东师范大学学报（人文社会科学版），2005（3）. 132-135.

② 宋晓东、叶浩生. 本土心理学与多元文化论——在人类心理学理论前景中的相遇 [J]. 徐州师范大学学报（哲学社会科学版），2008（1）. 112-116.

经历了文化的剥离、转向、回归、定位。心理学与文化的关系性质涉及文化心理学、跨文化心理学、本土心理学、后现代心理学。心理学与文化的关系界定涉及心理学的单一文化背景和心理学的多元文化发展。心理学与文化的关系意义涉及心理学的新视野、新领域、新理论、新方法、新技术、新发展。

有研究把跨文化心理学、文化心理学和本土心理学看作涉及心理学与文化关系的三种不同的心理学研究，是有关文化与心理学关系的三种主要的研究模式。跨文化心理学的研究对象是不同文化群体的心理行为比较，文化心理学研究文化对人的心理行为的影响，本土心理学研究本土背景中与文化相关的和从文化派生出来的心理行为。它们从不同的角度阐明了文化与心理学的关系。

心理学早期是排斥文化的存在来保证自己对所有文化的普遍适用性，而心理学目前则是包容文化的存在来保证自己对所有文化的普遍适用性。这是一个历史性的变化。心理学在自己的发展和演变的历程中，需要不断地去转换自己的研究的取向、中心和重心。当然，有的研究认为心理学文化转向有方法论的意义。有的研究认为心理学文化转向还存在着方法论困境。有的研究认为心理学发展的新思维应是从文化转向到跨文化对话。

心理学的发展曾经建立在单一文化的背景或基础之上。多元文化论认为，传统的西方心理学是建立在一元文化的基础上，只能适合西方白人主流文化。因此，多元文化论主张文化的多元性，强调把心理行为的研究同多元文化的现实结合起来。多元文化论者反对心理学研究中的"普遍主义"的立场或"普世主义"的主张。心理学中的多元文化论运动强调文化的多样性，认为传统的西方心理学仅仅是建立在白人主流文化的基础之上，是立足于西方文化资源的心理学探索。多元文化论的主张，文化的多元化是心理行为的多元化，也是心理学研究的多元化。这也就导致了认为在一种文化下的心理学研究的结果，不能够被无条件地和无选择地应用到另一种文化之中去，心理学的研究应该同多元文化的现实结合起来。心理学的多元文化论运动是继行为主义、精神分析和人本主义心理学之后，心理学中的"第四力量"。这一运动目前还面临着许多的问题。

第三节　文化心理学新研究范式

按照美国的科学哲学家库恩的解释，所谓"范式"就是对人们的科学认识活动起指导和支配作用的理论框架和模式。科学范式或研究范式的基本要素包括一定时代科学家的共同信念、共同传统以及它所规定的基本理论、基本方法和解决问题的基本范例，还包括科学实验遵循的基本操作规范和在时代影响下所形成的科学心理特征。库恩强调的科学范式与科学理论结构中的基本理论是相对应的。正是科学的基本理论为既定的科学理论的确立和发展提供了相应的理论模型、模式和规范。库恩将科学发展的过程分为两个阶段：一个是常规发展阶段，另一个是非常规（危机与革命）发展阶段。在科学的常规发展阶段中，科学的发展严格地受控于已有的科学规范（基本理论框架、核心操作方法、习惯性范例规则）的支配，科学工作的任务只是努力去阐明和发展现有的科学范式。在科学的非常规发展阶段，科学工作的任务发生了根本性的变化，科学工作不是立足于阐明和发展现有的科学规范，而是立足于对现有科学规范进行质疑、改造或批判，并尝试建立一种新的科学规范来限定、代替现有科学规范。科学常规发展阶段代表的是科学发展的量的积累的渐变过程，而突破既定科学范式界限，通过范式更替或限定旧有范式适应范围的科学非常规发展阶段则代表的是科学发展的质的进化的突变过程。科学通过非常规发展的阶段实现着自身进步的革命。科学革命通常会在两种意义上展示其变革的结果：一种是新的科学范式在整体上取代旧的科学范式，这是一种范式更替型的革命；另一种是新的科学范式限定了旧的科学范式所适应的范围，这是一种领域分割式的革命。为了强调范式变革的创新性和革命性意义，库恩提出了不同范式之间具有"不可通约性"的理论。

与科学发展的两个阶段相对应，存在着两种不同性质的科学研究活动过程：一种是常规性的科学研究过程，另一种是非常规性的科学研究过程。与两类不同研究性质的科学研究活动方式相对应，在科学家那里存在着两种不同的研究态度。一种是在常规性研究中所具有的保守性的研究态度，另一种是在非常规性研究中所体现出的创新性研究态度。在常规性研究活动中科学家们对待既有科学范式的态度更多具有的是不容怀疑的保守性态度。他们工作的目标不是为了创建新理论，而是为了阐释、完善、推广和应用旧理论。在非常规性研究活动中科学家们总是用一种理性怀疑和科学批判的态度对待科学。他们的工作态度更多具有"离经叛道"创新性指向。理论创新就是在不断扬弃原有的思想、学说和理论的基础上，通过创造性的思维活动，不断地破坏旧有的理论范式，创造新的理论范式，提出新思想、新学说和新理论的过程。理论创新是理论突破和理论发展的关键环节，是理论进步的内在驱动力。理论创新是对常规、戒律和俗套及其形成的传统的冲击和挑战，表现为对传统、权威的破坏和断裂。理论创新具有深刻性的特点，不是克隆和简单复制，而是一种开拓性和创造性的活动，表现出用超常、超域和超前的新理论去取代落后、过时和淘汰的旧理论，使新的理论具有时代性、超前性和前瞻性。

有研究认为，对心理学而言，库恩的范式论蕴含着丰富的方法论思想：在心理学研究对象上，范式论对科学主义的分析与批判和对科学中人性的张扬，有助于科学心理学重新回到人这一主题；在心理学研究方法上，范式论对自然科学的解释学特征的阐释，使人文心理学的解释学方法纳入科学心理学成为可能；在心理学理论建设上，范式论批判了科学的"积累观"，这就使理论心理学可能走向复兴。

有研究主张，范式论对心理学具有双重意义，其中蕴含着深刻的矛盾。就积极方面而言，范式论有利于消解心理学不同范式之间的对立，促进不同范式之间的相互理解与融合。启发人们对传统心理学的理性主义人性观进行批判性反思。彰显了理论研究对心理学的重要性。就消极方面而言，如果不能全面把握范式论对心理学的方法论蕴涵，盲目地将库恩的科学发展模式引进心理学，意味着对心理学中的实证主义倾向的认同。此外，范式论所倡导的相对主义价值观有可能加剧心理学的分裂与破碎。

有研究指出，库恩的范式论在心理学界引起"革命论"与"渐进论"的争论，促进了对心理学的科学性的反思。库恩的范式论本质上是科学观和方法论，是对科学主义的反叛。库恩对文化、社会心理及价值等因素的关注，有利于消解心理学中科学主义与人文主义的对立，促进心理学的统一与整合；范式论强调理论在科学研究中的作用，为理论心理学的复兴提供了哲学依据；库恩对科学主义的"价值中立说"进行了批判，提出了相对真理观和多元价值论，这又为心理学重视文化因素提供了方法论基础。

库恩的范式论从科学哲学的内部动摇了科学心理学的哲学根基——实证主义，消解了心理学中科学主义与人文主义的对立，为心理学的统一与整合提供了可能性。一是库恩的范式论是对实证主义的科学观与方法论的反叛，动摇了科学主义的哲学根基——实证主义。库恩的范式论否证了经验实证原则，提出了经验事实具有主观特性的观点，理论已经不再是经过实证研究后的产品，而是一种"先在的"观念、信念的格式塔。库恩注重人的社会、文化历史属性，强调科学研究中人的因素与社会心理的作用，为科学哲学注入了人文性的和非理性的因素，使科学哲学从科学主义发展成历史主义，这从科学哲学内部摧毁了科学主义心理学的根基——实证主义，使心理学中重视人文倾向的研究成为可能。二是库恩的自然科学的解释学倾向消解了科学主义与人文主义的对立。科学主义与人文主义的长期对峙构成了西方心理学发展的主线。他强调科学与其他文化的联系、科学的时代性与历史性，及科学活动中人文的价值取向及其作用。科学哲学这种人文转向，为心理学摆脱科学主义的束缚，将人文心理学的解释学方法纳入科学心理学范畴有着积极的意义。也正是在这个意义上，库恩的范式论有助于消解心理学中科学主义与人文主义的对立。三是库恩的范式论促进了科学主义与人文主义的整合，有利于心理学的统一与融合。库恩的范式论大大动摇了科学主义的阵营，使科学哲学转向对人文精神的关注。未来的心理学应该既是科学的，又是人文的；心理学应该是科学主义研究取向与人文主义研究取向的统合、客观实验范式与主观经验范式的统合；心理学必将结束分裂与危机，走向统一与融合。

文化心理学在自身的发展和演变的过程之中，也经历了重要的思想框架、理论纲领和研究原则的变革和更替。这导致的是文化心理学的重要的研究转向和探索跃进。首先，文化心理学的最为重要的范式转换就在于从对民族心理的探索到对文化心理的探索，从对文化产品的研究到对文化人格的研究，从对文化心理静态的考察到对文化行为动态的考察，从对文化心理的单一学科的解说到对文化人格的多元文化的把握。其次，文化心理学的最为明确的范式转换就在于从关于文化心理的依赖于文化哲学的思辨的探索，到依赖于实证科学的实证的研究的重要的转换。最后，文化心理学的最为核心的范式转换就在于从具体研究方法入手的推进，到从思想理论建构为重的突破的关键的转换。文化心理学本身的壮大不仅在于实证研究资料的积累，而且也在于理论研究框架的建构。

第四节　后人类主义心理学课题

心理学的演变面临着从人类主义的时代到后人类主义的时代转换。这是从自然人类到机器人类的变迁，从自然智能到人工智能的变迁，从自然反映到生活创造的变迁。从人类到后人类包含了研究立场的三个方面的重要的递进。首先是从人类主义到后人类主义的递进，其次是从科学实在论到社会建构论的递进，最后是从镜像反映论到共同生成论的递进。后人类主义是一个新的时代的来临，所带来的是一系列的重要变革。其中包括从自然进化到技术创造，从科学技术到人类文化，从科学理论到科学实践。后人类主义持有一些基本的原则，这体现为思想的原则，理论的原则，研究的原则，创造的原则，生活的原则。后人类主义给心理学的研究、演变和发展所带来的也同样是十分巨大的和不容忽视的影响。这包括从物质主义到心理主义，从自然心理到人工心理，从直接反映到现实生成。后人类主义时代的心理学的新突破在于，一是从环境决定到关系决定，二是从心身关系到人机关系，三是从反映主义到共生主义。

一　后人类时代来临

伴随着当代科技的迅猛发展，人类中心的理念已经开始被破除。人类与机器、生物人与机器人、人类智能与人工智能、孤立的存在与整合的存在，等等，已经出现了前所未有的整合、融合、契合。这实际上意味着一个新的时代的到来，也就是后人类主义时代的来临。

有研究追踪了后人类的发展轨迹。研究指出，人们已经生活在了后人类未来的风口浪尖之上。当代社会具有的鲜明标志就是不断增长的不确定性，这既涉及技术革新的最终结局，也涉及理解不确定的数字化未来的方式。[1]

这一新的时代，给当代科学的发展，给心理学的发展，都带来了巨大的冲击和彻底的改观。那么。这也就成为心理学研究中的一个不可回避的和十分重大的研究课题。对于引导心理学的发展具有不可估量的价值和意义。这包含了从自然人类到机器人类、从自然智能到人工智能、从自然反映到生活创造等的重要的转换。

首先是从自然人类到机器人类的转换。有研究界定了，所谓的后人类主义，是一种以神经科学、人工智能、纳米技术、太空技术和因特网等高科技为手段，对人类进行物质构成改造、功能提升，使自然的进化让位于以遗传科学为基础的人工进化，达到"提高智能，增强能力、优化动机结构、减少疾病与老化的影响"，甚至达到延年益寿、长生久视之目的的理论思潮。简单地说，后人类主义就是为了利用现代高科技手段制造出能够在体能、智能、寿命等方面超越人类极限的"后人类"，如电子人、机器人与生化人。与自然人类相比，后人类有三个主要特征。一是人工制造性，它不是通过自然遗传的生物人，而是建立在高科技基础上、按照人为的目标设计出来的存在物。二是打破了人与机器的界限，是介于人与机器之间的一种超人，如电子人、机器人与生化人。三是在功能上超越了现代人类，突破作为生物的人类在体力、智力以及生命力等方面的极限，这可以说是后人类主义思潮的最重要特征。[2] 有研究指出，后人类主义是这样的一个历史时刻，那就是标志着人类主义与反人类主义之间的对立的终结。当代的后人类思想有三个主要的主张。第一种是来自道德哲学，并发展出了一种后人类的应对形式；第二种是来自科学和技术的研究，实施的是后人类的分析形式；第三种是来自反人本主义的主观性哲学的传统，提出了批判的后人本主义。[3]

其次是从自然智能到人工智能的转换。有研究探讨了后人类主义的

---

[1] Kroker, A. *Exits to the Posthuman Future* [M]. Cambridge: Polity Press, 2014. 2.
[2] 刘魁. 超人、原罪与后人类主义的理论困境 [J]. 南京林业大学学报（人文社会科学版），2008（2）. 38-44.
[3] Braidotti, R. *The Posthuman* [M]. Cambridge: Polity Press, 2013. 38.

"后"所具有的两个不同的含义。那么,所谓的"后"有后殖民的"后",也有后人类的"后"。两者都意味着一种变迁,前面的被后面的所超越。因此,这表明后殖民主义是指殖民主义之后,后人类主义是指接续了人类主义。但是,从殖民主义到后殖民主义,两者是可以共存的关系。从人类主义到后人类主义,则是接续的或更替的关系。后人类是从泛人类的一种逃离。①

最后是从自然反映到生活创造的转换。有研究探讨了后人类主义与实验室研究。研究指出,实验室研究"双向性地重构"了自然秩序和社会秩序,即世界以我们建构它的方式重构着我们。在这种重构中,科学不仅受到了社会的介入,而且科学也介入了社会。科学、技术或社会之间就组成一个无缝之网,这是"大科学"阶段中科学技术国家化的主要特征,拉图尔用一个术语"技科学"(technoscience)来称谓它。这一术语就意味着,科学实践哲学不能把科学限制在纯粹理性的范围之内,它要求认识主体要对自身的界限、预设、权力和影响进行反思。人们的认识活动作为生活世界的一部分,不仅参与了自然的构成,而且参与了社会的重构。这就决定了科学在认识论、本体论与伦理结合的可能性。作为实践的科学,它在概念、方法和认识上总是与特定的权力相互交织在一起的。因此,科学,作为干预的认识活动,在当下全球化背景中,要对与认识相联系的参与者负责,要对生活世界负责,对世界的存在负责。②

后人类主义时代的心理学演进会面临着一系列重要的新课题。这些课题的探讨能够带来关于推进心理学发展的不同的理解,不同的设定,不同的方向,不同的使命,以及不同的结果。心理学应该怎样去适应后人类主义的时代,应该怎么在方法论上进行必要的调整和变革,从而加速推进自身的进步,就成为在后人类主义时代立足的最为核心的、关键的和根本的任务。

---

① Banerji, D. & Paranjape, M. R. *Critical Posthumanism and Planetary Futures* [M]. India: Springer, 2016. 131-133.
② 蔡仲. 后人类主义与实验室研究 [J]. 苏州大学学报(哲学社会科学版), 2015(1). 16-21.

二 从人类到后人类

从人类到后人类包含了研究立场和基本原则的三个方面的重要的转换。这三个方面的转换带来的是根本性的、核心性的、不可逆的时代、社会、理念、原则、行动等重大的转变。

首先是从人类主义到后人类主义的转换。人类主义也可以称之为人类中心主义，这是在近现代占有主导地位的发展理念。这实际上也是人的主体性的确立，乃至于导致的是人的主题性的膨胀。后人类主义则是后现代发展所逐渐确立起来的重大的变革。

有研究表明，"后人类"就是指20世纪60年代，一些发达国家进入以信息社会为特征的后现代之后，利用现代科学技术，结合最新理念和审美意识对人类个体进行部分地人工设计、人工改造、人工美化、技术模拟以及技术建构，从而形成的一些新社团、新群体。这些人再也不是纯粹的自然人或生物人，而是经过技术加工或电子化、信息化作用形成的一种"人工人"。

当代高科技正日益将肉体和物体、人体和机器、人脑和电脑、生命和技术、生物和文化相互融合，构成新的人体，使人们普遍成为自然和科技的共同产品；这种"技术人"再也不是原先那种纯粹的自然肉体，而是对自然和机器的双重否定和超越。

后人类进化除了遵循一般的自然规律、生物规律和社会规律之外，还同时伴随着一种加速推动人类发展的技术过程。这种技术上介入的人类进化通常由三种不同的方式组成：一是借助基因工程或无性繁殖（如克隆技术）；二是通过技术种植或人工种植；三是利用虚拟技术制造虚拟主体、改造现实主体，将虚拟世界和现实世界、虚拟人和现实人合二为一。[1]

人类主义的科学论的出发点是自然与社会的截然二分，方法论上走向了两种极端的不对称性，由此导致反映意义上的表象主义。这种表象主义的科学观不仅使我们始终处在"我们是否真实地反映了我们的世界"的"方法论恐惧"中，而且还使我们漠视科学的时间性与历史性。"本体论对称性原则"打破了自然与社会的截然二分，在方法论上实现

---

[1] 张之沧．"后人类"进化[J]．江海学刊，2004（6）．5-10．

了彻底的对称性,因为它的基本的方法论要求就是在科学实践的本体论舞台上,"追踪"人类力量与非人类力量是如何对称性地建构出科学事实的,由此走向了实践意义上的生成论。为此,我们不仅消除了"方法论恐惧",而且还展现出科学的时间性与历史性:事实之所以成为"科学"的,是因为它是在物质力量与人类力量之间的辩证共舞过程中生成的,在不可逆的时间中真实地涌现出来的。这种生成同时也是开放式的稳定,是后续实践活动中的一次次去稳化,以及相应的一次次再稳定化重建的基础,因此构成了科学演化的历史图景。[①]

其次是从科学实在论到社会建构论的转换。科学实在论强调的是科学与实在的关联,科学与真理的关联,强调的是客观的实在,是客观的反映,是真理的认识。科学是对真理不断和逐渐接近的过程。社会建构论则强调的是主客观的交互建构的过程,是人的社会活动的建构的结果。

社会建构论和社会建构论心理学的核心是将生成性提升到了重要的和决定的位置。建构论实际上是对本质论的否定。这在心理学的研究中,就不再是对心理本质的揭示与阐释,而是对心理的社会性的建构与生成。这也给心理学的研究带来了研究基础、研究方法、研究框架等方面的重大改变。

社会建构论心理学中萃取了四个核心概念,各代表一个思想层面,以此结构出社会建构论心理学思想体系的概观。(1)批判:心理不是对客观现实的"反映";(2)建构:心理是社会的建构;(3)话语:是社会借以实现建构的重要媒介;(4)互动:社会互动应取代个体内在心理结构和心理过程成为心理学研究的重心。

最后是从镜像反映论到共同生成论的转换。镜像反映论是将科学认识看成是对客观对象或客观事物的原样的和准确的描摹。共同生成论则认为科学真理是生成性的,这也就是主体与客体、主观与客观,通过活动而共同生成的过程。

后人类并不意味着人们不再是人类,而是变成了非人类。甚或是人

[①] 邢冬梅、毛波杰.科学论:从人类主义到后人类主义[J].苏州大学学报(哲学社会科学版),2015(1).8-15.

们注定要抛弃自己的身体或肉身。进而，后人类主义是超越了人类主义的某些人类学的局限，而对人类进行的修正，也是对人们最为重视的二元思维的质疑和突破，例如主观和客观，公开和私下，积极和消极，人类和机器。后人类主义试图跳出这种二元性，从而努力找到将社会的和技术一体化的方式。后人类主义试图重新让人们关联到自己还不习惯的非人的世界。正是由于人类自己和周围环境之间的不断变化的和不够稳定的边界，后人类主义者所强调的是"成为人"而不是"某种人"。因而，后人类主义也就具有多重的兴致和重心。[1] 生成论或共生主义重视的是建构性的，创造性的，演变性的，历史性的，过程性的。

三　后人类研究转换

后人类主义是一个新的时代的来临，所带来的是一系列的重要转换和变革。在新的时代中，科学、技术、理论、方法、技术、工具等都会随之发生重要的转换和变革，包括从自然进化到技术创造，从科学技术到人类文化，从科学理论到科学实践。

首先是从自然进化到技术创造。自然的演变和进化是一个没有人工干预的天然的过程或进程，而技术的创造则是人类通过技术工具、技术手段、技术程序而后天创造和生成的。这就成为后人类主义时代的重要的特征。

有研究指出，后人类主义被界定为了人类与技术的共生。许多人见识了生物与机器的交界是一种积极的发展，但是也有许多人担忧这所带来的潜在的负面结果。一个负面的结果就是对人性的不可逆的损害，以及对人性的灾难性后果，特别是通过损害性的技术。在"赛博宣言"中，有研究者指出了在机器人与有机体之间的三个关键的突破。一是不会强化人类与动物之间的分离，包括运用工具，社会行为，使用语言，进行推理。二是动物和人类有机体与机器之间的区分会得到弱化，因为自然的和人工的之间的差别会很模糊。三是物理的和非物理的之间的界限也是非常不明确的。[2]

---

[1] Adams, C. & Thompson, T. L. *Researching a Posthuman World—Interviews with Digital Objects* [M]. London: Palgrave Macmillan, 2016. 4-5.

[2] Haney, W. S. *Cyberculture, Cyborgs and Science Fiction—Consciousness and the Posthuman* [M]. New York: Rodopi, 2005. 2-3.

有研究探讨了关于物种灭绝的设定，也就是关于没有了有机体的想象。所谓的灭绝具有三个含义：一是气候变化所导致的灭绝，二是人类被其他的物种所灭绝，三是人类自身的能力进行的自我灭绝。①

有三个不同的场景，意味着三种不同的可能性，而且可以延续到下一代或下两代人。一是使用新的药物。作为神经药物学研究进展的结果，心理学家发现，人的人格要比之前认为的更为易于改变。二是干细胞研究的进展使得科学家实际上能够再生出任意的身体组织。从而将人的寿命推进到一百岁以上。三是生育辅助技术对婴儿的优化。人类的、植物的和动物的基因可以进行互换，从而达到延寿或抗病的结果。②

其次是从科学技术到人类文化。后人类主义的兴起带来的也是人类文化的巨大变革和进步。有科学发展，特别是自然科学的巨大进步，科学技术已经从各个层面影响到了人类社会和人类生活。后人类主义则更是进一步深入到了人类文化的核心层面和演进历程。

后人类主义就是在后人类时代出现的话语集合体，是对19世纪以来的人文主义及其影响的批判，涉足其中的有哲学家、科学家、批评家、行动主义者。作为对人文主义遗产的回应，后人类主义打破、敲裂任性固执的"人"，使其去中心化，质疑人的主体统一性和认识论上的骄傲自满。在各种版本的后人类主义中，争论的焦点不再是"人"在物种、性属、阶级、种族等方面的差异，而是人是一系列过程和表演，是去中心的能动体，处于环境之中。③

最后是从科学理论到科学实践。人类主义试图通过科学理论的理性把握和理性控制来达成现实的影响，而后人类主义则将重心转移到了人类活动或科学实践上，也就是将现实的变革和生活的实现放在了首位。

后人类的时代开始于人们已经不再认为区分人类与自然是必要的和可能的。在21世纪的开端，人类主义已经开始让位和转向于后人类主义，也就是从确定性的和可预见的普遍性转向了不确定性和不可预见的

---

① Colebrook, C. *Death of the Posthuman—Essays on Extinction*1 [M]. Ann Arbor: Open Humanities Press, 2014.8.

② Fukuyama, F. *Our Posthuman Future—Consequences of the Biotechnology Revolution* [M]. New York: Farrar, Straus and Giroux, 2002.8-8.

③ 杨一铎. 后人类主义：人文主义的消解和技术主义建构 [J]. 社会科学家, 2012 (11). 38-41.

普遍性。从而，人们也就可以开始有能力去安排和控制终极有限的宇宙。偶然性、模糊性和相对性就成为共同构成宇宙过程的对立面。这是有关操作自然事件的解说无法去除和忽略的。①

很显然，后人类主义时代是一个带来全面变革的新的历史时期。科学的新发展，心理学的新进步，人类生活的创新创造，社会发展的演变突破，都会随之而呈现出来完全不同的改变。心理学的发展则是与时代的进步紧密关联的。因此，心理学的后人类主义的研究也就成为心理学的新视域。

四　后人类主义原则

后人类主义持有一些基本的原则，这体现为思想的原则，理论的原则，研究的原则，创造的原则，生活的原则。这些原则实际支配着特定学科的发展和进步，也实际决定着现实生活的扩展和丰富，更实际影响着心理科学的演变和改进。基本原则的改变是根源性的，是核心性的。

首先是从主客二分到主客一体。在西方的文化传统之中，科学的探索、学术的研究，一直就依据主客分离的原则。后人类主义则吸纳了东方文化特别是中国文化的主客一体的基本原则。有研究考察和倡导了起中介作用的后人本主义。研究认为，对方法论的和根本性的后人本主义的仔细考察表明，尽管这将非人本主义的选择提供给了自由的后人本主义，但是这些取向却未能捕捉到新出现的生物技术含义的最为重要的方面，如主观性、自然性和人类性等理念。伴随着这种考察，一个新的观点，亦即中介的后人本主义得到了发展。这是奠基于非人本主义的基础，这一基础是由根本性的和方法论的后人本主义所建立的。其目的就在于克服原有的局限。②

其次是从自然进化到科学进化。自然进化、生物进化、社会进化，一直就是支配着人类思想、人类科学、人类生活的重要的思想理论。但是，科学的进步所导致的科学进化、技术进化、工具进化则将人类的创造和人类的干预放置在了核心的地位之上。后人类主义是一种对人类中

---

① Pepperell, R. *The Posthuman Condition-Consciousness Beyond the Brain* [M]. Bristol: Intellect Book, 2003. 167.

② Sharon, T. *Human Nature in an Age of Biotechnology-The Case for Mediated Posthumanism* [M]. Nerthlands: Springer, 2014. 10.

心论的排斥，所强调的就是科学实践中人类力量和物质力量的共同作用。后人类主义是相对于人类中心主义和技术决定论而言的，这不同于否认人类作用的反人类主义。新实验室理论力图通过描述科学实践来解释科学，反驳科学中心论，这种分析为元科学研究的进一步发展提供了一个开放的框架，为实验室理论逐步成熟奠定了理论基础。后人类主义实验室研究充满了理性思考和辩证法思想，一方面它致力于解构实验室要素，说明科学的社会建构性，另一方面它又力图恢复科学稳定性；一方面它强调自然因素，另一方面它又强调社会因素。科学的发展要求从新的角度认识科学，把科学看作实践过程来分析，正确地把握科学实践还需要进一步的研究。从实验室理论发展历程来看，缺乏理论综合性的实验室研究，或是缺乏经验研究的实验室研究都是不全面的。因此，经验研究和理论研究的结合是实验室研究的进一步发展方向。[①] 科学进化是一种加速的发展，是一种全方位的进步。这已经大大超越了自然的缓慢和试错是进化。科学的进化是对各种发展条件的创造，是将各种发展优势的集合，是就各种发展目标的设定。

最后是从文化时空到技术时空。文化的环境就内含着文化的时空。这实际上是一种复杂化的和稳定性的人类创造的过程。但是，技术的时空则是控制性的创造的环境。这实际上是一种工具决定的和技术支配的人工的过程。有研究者区分了三种不同含义的后人类。

一是作为隐喻的"后人类"。本质上，"后人类"不只是一个实体概念，更是一种隐喻（metaphor），是我们可赖以生存的隐喻，我们以"后人类"这一隐喻来感知和思维、认识和想象、体验和生活。首先，作为隐喻的"后人类"会影响我们的感知与思维方式。"后人类"在思维的内容上映射的是一系列联结，是人与非人、心智与肉身等之间的模糊地带，由此便会改变我们所看到的事物。其次，作为隐喻的"后人类"还会影响我们的体验与生活方式，因为"后人类"这一神话通过叙事产生了一个比喻的空间，在这个意义上，"后人类"的隐喻也就创建了一个体现"具身主体性"的概念空间。某种程度上可以说这样的

[①] 金俊岐、宋秋红. 后人类主义视野中的实验室研究 [J]. 科学技术与辩证法，2006（5）. 42-44，67.

概念空间创建了我们赖以生存的文化空间。在其中，人们将不再理所当然地认为自己凌驾于一切之上（包括新技术、自然物等），因为二者是共存的，而且人是被形塑的。

二是作为思想的"后人类"。没有纯粹的自然世界，也就没有纯粹的社会世界。于是，"后人类"开始作为一种思想四处渗透，深刻地影响着世界的存在以及我们的生存方式。在这个意义上，"后人类"已从"电子人"化身为"后人类主义"（posthumanism）。作为一种思想的"后人类"（或者直接称为"后人类主义"）是人类考虑到它在自然中的位置后可以采取的合理与必要的观点，它与这样的哲学相吻合：肯定事物之间的普遍联系并且肯定自然界所有事物的存在对整体而言都有价值。

三是作为时代的"后人类"。"后人类"是时代的产物，它所表征的是一个新时代。与现代社会相比，"后人类社会"也被赋予了人类永恒追求的价值和意义：自主的、开放的和永恒的发展。"自主"主要是表现为个人的自主。"开放"指的是社会的开放和思想的开放。"永恒"主要是指可持续的发展，包括人类自身、人类的文化和生存环境的可持续发展。[1]

后人类主义的原则是在后人类主义的时代所确立起来的，并支配着人类的现实生活、科学研究、社会发展、理论进步、学术活动等重要方面。把握和理解这些基本的原则就能够顺应时代的潮流。心理学的发展也必然要理解和把握后人类主义的原则，与其相应的就是后人类的心理学。

五 后人类与心理学

无论是在后人类主义的时代，还是依据后人类主义的原则，心理学的发展也同样要紧随时代的演变和扣紧时代的脉搏。后人类主义给心理学的研究、演变和发展所带来的也同样是十分巨大的和不容忽视的影响。

首先是从物质主义到心理主义。人类主义时代重视的是实体，是客

---

[1] 左璜、苏宝华."后人类"视阈下的网络化学习［J］.现代远程教育研究，2017（2）.18-27.

体，是物体，后人类主义时代则转而重视的是心灵，是精神，是心理。物质主义是一种特定的理论原则，心理主义也同样是一种特定的理论原则。有研究者界定了什么是后人类。后人类主张的特征在于如下的假定。一是后人类的观点主张信息的模式优于物质的实例，从而生物基质的具身性被看成是历史的偶然而不是生命的必然。二是后人类的主张认为，意识实际上仅仅是一种镜像的反映。三是后人类的立场在于身体是我们所有人都运用的原初的设定，因此以其他的实体来延伸和取代身体是在我们出生之前就已开始的一个持续的过程。四是最为重要的，后人类的主张是对人的具体化，使其能够与智能机器无缝对接。①

其次是从自然心理到人工心理。人类主义时代所重视的是自然的心理，是心理的自然呈现，是心理是自然规律。后人类主义时代则重视的是人工的心理，是人工的智能，是人造的行为。这就带来了自然心理与人工心理的分离，也就带来了自然心理与人工心理的对立。如果借用"后人类"中一个流行且形象的观点，即把所有在科技上进行过改良的人吸收到一个包含所有人的"蜂房心灵"中，个人能够像"天使"一样与其他人进行心灵感应，形成一个集体的大脑。而后者，则是借助时下风靡的可穿戴设备、信息过滤系统、虚拟现实视觉化软件等辅助性工具，以及智慧药物、神经学界面和仿生学意义上的大脑植入，最终导向一种人类心理和思想过程的加速发展。当人们立于"后人类"已然成为现实的时代和情境，反身叩问人类自身存在的意义，并在此基础上保有对人文主义诸种观念的反思批判及清理，重启人文主义传统和精神的遗产继承，才有可能建立一种全新的连接和认同，构造一种别样的人与人、自然以及其他种群的关系，创建一种另类的、更为合理的、涵括了生产、生活和分配的诸种理想方式。而恰在此处，"后人类"将不复是以深重危机与万般灾难所标识的某种"反人类"的结果，而意味着能够焕发一种全新的超越性力量，最终去想象、激活、赢得属于人类自己的未来。②

---

① Hayles, N. K. *How We Became Posthuman-Virtual Bodies in Cybernetics, Literature, and Informatics* [M]. Chicago: The University of Chicago Press, 1999. 2-3.
② 李宝玉. 反思与承继：后人类时代重启人文主义传统 [J]. 学术论坛, 2018（2）. 21-25.

最后是从直接反映到现实生成。人类主义重视的是对环境、客体、对象的直接描摹或呈现，而后人类主义强调的则是依活动、依生活、依实践的共生创造或建构。这也就将生成性或共生性提升到了决定性和支配性的位置上。有研究探讨了克隆、赝品和后人类，涉及了复制的文化。研究指出，克隆技术对有关人的边界的文化想象和重新思考产生了独特的影响。伴随着技术的迅猛发展，关于人的确切性质和基本边界正在受到质疑。目前，涉及克隆的争论几乎就集中在了生物技术的维度和伦理含义的方面。心理克隆则深深影响到了人们看的方式。这所塑造的是人们的视域，所生成的是共有的视域。①

这也就给心理学的学术研究和现实应用带来了根本性的变革。实际上就从原有的心理学的探索是针对已成的心理存在，转换到了现有的心理学的研究则是针对生成的心理创造。没有什么一成不变的心理行为的存在，有的是创造性生成的心理生活演变。

六 心理学的新突破

后人类主义的时代发展给心理学本身和心理学研究带来了巨大的冲击。这导致了心理学在一系列重大的和重要的核心理念和思想原则上的改变和突破。当然，许多的冲击性的效应还有待于进一步的观察和考察。那么，后人类主义时代的心理学的新突破可以体现在如下的三个基本的方面。

首先是从环境决定到关系决定。在人类主义的时代，人类心理的活动都是受制于环境的存在和影响的。因此，环境决定论曾经在相当长的时间中，支配或主导着心理学的研究。但是，在后人类主义的时代，环境的单面决定已经退潮了，重要的方面已经转换到了人类与环境的关系，心理与环境的关系。这也就是关系决定的思想，关系决定的原则。在心理学的研究中，如何理解环境的含义，如何确定环境的作用，研究者存在着十分重要的差别。心理学发展史上有环境决定论的观点。这种观点认为环境对于人的心理行为来说是主导的、支配的、不可抗拒的、决定性质的。这种观点认为只有承认了环境的地位，只有理解了环境的

---

① Essed, P. & Schwab, G. Clones, *Fakes and Posthuman-Culture of Replication* [M]. New York: Rodopi, 2012. 8-10.

作用，才可以理解心理的性质、特征、发展、变化。也就是说，有什么样的环境条件，就会有什么样的心理行为。尽管在心理学的研究中，心理学家非常重视环境的影响，非常重视环境的因素，但是对环境的理解却大多是把环境看作外在的影响和外在的干预。这种对环境的理解支配了心理学的研究，并决定了对人的心理行为的理解和研究。但是，把环境看作仅仅是外在的干预，显然无法完整地理解环境的内涵和作用，或者说只能是片面地理解环境的内涵和作用。

其次是从心身关系到人机关系。在人类主义的时代，心理学的研究所重视的是心身的关系，是心理与身体之间的联动。但是，在后人类主义的时代，心理学的研究面对的则是人机之间的关系。这也就是人类与非人类之间的关系。所谓的非人类（inhuman），意味着对后人类（posthuman）的背离。抛离了"后"，以及不可避免地重新抓取人类的遗存，"后"就意味着超越。非人类则将人们定向于所有非人的方面，也不仅仅就是在人类之后。这也将推动人们去进行超越人类的度量，从短暂的和部分的，到深度的和全面的。[1]

最后是从反映主义到共生主义。在人类主义的时代，心理学重视的是反映主义，强调人类的心理是对现实的反映。心理学的研究和知识也是对心理现实的如实的反映。在后人类主义的时代，心理学则将自己的中心转移到了共生主义。共生主义不仅是理解心理学的研究对象的基本思想原则，并且是现实生活创造的基本理论原则，进而是心理学研究的方法论的基本原则。共生主义的研究原则是把原本一个整体的存在，但被人为分割成不同的部分，又重新组合或整合为一个整体。认知科学的发展，在认知主义取向和联结主义取向之外，又提出了一个新的取向，即共生主义取向。这一取向强调，认知不是预先给定的心灵对预先给定的世界的表征，而是在世界中的人所从事的各种活动史的基础上，世界与心灵彼此之间的共同生成。共生主义的原则给出了关于心理行为和关于心理科学的整合的理解。因此，对于心理学的发展来说至关重要的就是理解和把握共生主义的含义，贯彻和实施共生主义的原则，确立和扩

---

[1] Weinstein, J. and Colebrook, C. (Eds.) *Posthumous Life-Theorizing beyond the Posthuman* [M]. New York: Columbia University Press, 2017. 5.

展共生主义的影响。

第五节　心理学研究的原始创新

涉及心理学研究的原始性创新，则需要了解原始性创新的含义。心理学的创新包括了理论的创新、方法的创新和技术的创新。中国本土的心理学发展尤其需要创新，中国心理学的发展走了很长一段时间引进、翻译、介绍、模仿、追随等的道路，导致了中国本土心理学的创新力和创造力的弱化。心理学的原始性创新可以体现在理论的创新、方法的创新、技术的创新。

一　原始性创新的含义

关于研究创新和原始创新的探索，已经成为科学进步、学术发展、研究推进和技术突破的重要的关注热点。其实，可以通过不同的方面或侧面来考察和研究创造性。有研究从科学史和心理学两个方面考察了创造性，这实际上也就是从组织和文化两个不同的方面进行的探查。研究强调了不同的科学创造者和创造性工作的研究者都必须具有持久力，他们必然是以不同的知识体系，不同的思维风格，以及不同的历史时期，来进行竞争性的研究。[1] 有对创新结构进行的考察。[2] 还有对技术进步与关键创新的探索。[3] 有研究对相关的原始性创新的研究文献进行了综述。研究指出，国外对于原始创新内涵方面的研究表明，原始创新是由系统内部驱动要素所决定的，其自身具有较强的难于预测性和较高的动态性等特点。从一般的意义上来讲，可以将原始创新看成是一种"问题的解决方案"。第一，对于偏重于应用的领域来讲，这种"问题的解决方案"更多地表现为通过新技术获得新工艺和新产品。第二，对于偏重于基础研究的领域来讲，原始创新是通过"问题的解决方案"的引入，构建一种全新的运行规则，进而产生对传统科学实践的挑战，形

---

[1] Gluber, H. E. and B? deker, K. （Eds.） *Creativity, psychology and the history of science* [M]. Dordrecht: Springer, 2005. 27.

[2] Arthur, W. B. The structure of invention [J]. *Research Policy*, 2007 (2). 274-287.

[3] Sood, A. and Tellis, G. J. Technological evolution and radical innovation [J]. *Journal of marketing*, 2005 (3). 152-172.

成新常规科学。

从国外已有文献来看，原始创新的相关研究主要集中在原始创新的内涵、原始创新能力等方面，整体研究成果数量不多，且多集中在经济发达的国家。从国内角度，关于原始创新的研究成果相对比较丰富，对原始创新的内涵、原始创新能力、原始创新模式等进行研究。其中，对于原始创新能力的研究比较深入，主要从创新能力评价、创新能力不足的原因和相应的对策进行研究。[1]

有研究对原始性创新研究进行了综述。研究指出，原始性创新已经成为科技竞争的制高点。要突破科技发展的瓶颈，获得全面超越的机会，就应从科技发展战略上重视原始性创新，实现科技发展从跟踪模仿为主向自主创新为主转变，从而提高我国核心竞争力。该研究从原始性创新的机制研究、评估体系研究、激励措施研究等三个方面综合论述当前原始创新的研究成果。

一是机制研究。对原始性创新的形成过程及其演化机制进行研究，可由此发掘出重要的影响因素，因而显得尤为重要。与一般创新机制相比，原始性创新过程中存在两个主要的显著特征，即创新源广泛，创新过程漫长且需要持续的激励。创新理论产生的方式可分为逻辑推论型和高度概括型两大类。前者是根据少量试验结果或仅凭原有理论做出的合乎逻辑的推论；后者是根据大量的试验结果做出的概括性总结，这些结果可能来自在一般人看来是互不相干的领域。逻辑推论型又可分为两类：一是根据少量试验结果做出的合乎逻辑的推论，二是仅凭原有理论做出的合乎逻辑的推论。原始性创新成果的获得是一个积累——突破的过程。这个过程往往是相对漫长的。科学创新始于问题，孕于积累。科学积累又是一个广泛的概念，带来成功创新成果的科学积累，往往需要整个社会的积累、科学传统的积累、学术思想的积累、个人经历的积累、研究者知识遗传的积累，等等。

二是评估体系研究。到目前为止对原始性创新的界定仍没有明确，许多学者的概念都是定性的，而不是定量的。在学术界较为普遍的是对原始性创新的特征的讨论。典型的观点认为，"原始性创新"主要是强

---

[1] 苏屹、李柏洲. 原始创新研究文献综述[J]. 科学管理研究，2012(2). 5-8.

调研究活动，特别是研究成果的"原创性"和对科学进步的重要性。这具有如下特征：首先是一种不连续事件和小概率事件。其次是在基本观念、研究思路、研究方法和研究方向上有根本的转变，其结果是或者实现"范式"的变革，导致科学革命，或者开辟新的研究方向和研究领域，创建新的学科。再次是往往在一段时间内导致与之相关的创新簇群或知识生产的"连锁反应"。最后是其效果通常不是短时段内能够准确估量的。这些特征可以用以描述原始性创新，但却难以完全用于评估体系的建立，尤其难于量化测评。

三是激励措施研究。第一是重视创新人才。优秀人才是科学创新之根本，创新人才对形成原始性创新成果极为重要。原始性创新的研究者应该具备这样的素质：必须对科学和真理有执着的追求，必须突破理论禁区和人类习惯领域的束缚，求真务实，锲而不舍地探索和实践。第二是形成原始性创新文化氛围。良好适宜的文化氛围对原始性创新具有巨大促进作用。由于原始性创新成果往往与已有成果不那么相近，因此原始性创新更需要容错的、大胆思维的文化氛围。第三是完善绩效评估体系。第四是增强专利和知识产权意识。第五是推进研究的开放与交流。[①]

有研究认为，原创性是心理学研究的理性诉求。研究指出，心理学研究的原创性问题主要是指，当前国内的心理学研究在研究问题、方法论、理论指导等方面对西方心理学的强烈依附。如此一来，国内的心理学研究就注定是一种验证性、跟踪型的研究，其研究结论充其量也只是对西方心理学理论或思想的修补或润饰而已，其内在的话语权力的感召力和震撼力与西方心理学相比，自是不可同日而语。

一是研究问题缺乏原创性。前沿问题才是具有原创性的问题。综观当前已有的心理学研究文献，对于心理学研究中研究问题的原创性，心理学界似乎并没有过多地考虑。二是研究方法缺乏原创性。国内当前心理学的研究方法仍旧固守以自然科学为取向的实证主义方法论，即强调对象的可观察性、笃信客观普适性真理，坚持以方法为中心，尊奉价值

---

① 陈劲、谢靓红．原始性创新研究综述［J］．科学学与科学技术管理，2004（2）．23-26.

中立的立场等。三是理论指导缺乏一元化。当前，我国的心理学研究缺乏一种哲学上的多元文化的思考，表现在进行心理学理论建构时，许多研究者大多自觉或不自觉地凭借实证主义哲学指导自己的心理学理论的建构。①

有研究思考了我国心理学研究的原创性问题。研究指出，心理学研究的原创性是衡量心理学发展的重要指标。从某种意义上说，追求原创性不仅是时代发展对心理学研究的根本要求，同时也是心理学未来发展的重要走向。原创首先是一种创新，具有创新的特征，但不是所有的创新都可以称为原创，只有那些"原始性创新"——前所未有的新思想或新发现才能称得上是"原创性"。

在研究思想、内容、手段和方法的"模仿"和"迁移"的过程中，中国心理学的研究渐渐失去了自己的学科根基，原创意识、原创能力及原创性科研成果日渐匮乏，具体表现在以下的几个方面。第一是对西方主流心理学的过分追随。第二是本土化心理学研究的"非系统性"。心理学的本土化研究起步较晚，而且没有形成稳定的概念、理论和方法体系。第三是心理学研究原创性的机制不够健全。我国心理学原创性不足也表现在体制、机制与创新目标不相适应上。第四是心理学研究的学科积累不深厚。学科积累是学科原创的重要前提，没有深厚的学科积累，提升心理学研究的原创性是难以想象的。②

在中国本土文化和现实生活之中的心理学研究和发展，原始性创新成为最为核心和关键的方面。这也成为中国心理学的发展摆脱引进、翻译、介绍、照搬和模仿的唯一路径。创新原本就不易，原始性创新更是难能可贵的追求。中国心理学的原始性创新是中国本土心理学走出一条符合中国国情和闯入学界主流的最基本的要求。

心理科学的诞生和发展实际上都是立足于原始性创新才达成的。无论是不同国度的心理学的发展，还是不同分支的心理学的扩张，也都是取决于心理学学科的原始性创新的程度和结果。心理学的落后就需要对

---

① 欧阳常青. 原创性：心理学研究的理性诉求 [J]. 心理学探新, 2005 (4). 3-6, 16.

② 杨伊生. 对我国心理学研究原创性的思考 [J]. 内蒙古师范大学学报（哲学社会科学版）, 2006 (2). 51-55.

发达心理学研究的追赶，但是这常常带来的是大批量的引进和大规模的模仿。因而，带来的是心理学原始性创新的极度的弱化，复制和改进成了常态。

中国本土心理学的原始性创新已经是迫在眉睫的任务。这就需要从学科的根基上、文化的资源上、学科的互动上、思想的框架上、理论的基础上、方法的运用上、技术的构造上去确立和推动心理学的原始性创新。从心理学的方法论入手，就可以在上述的所有的方面带来和促进这种原始性的创新。并且，心理学的理论、方法和技术的创新也就可以共同推动学科研究的进步。

二 心理学理论的创新

有研究对中国理论心理学的原创性进行了反思。研究指出，我国理论心理学研究的原创性水平不足，这严重阻碍了中国心理学的发展。要提高中国理论心理学的原创性水平，理论研究必须回归到人本身；研究者要有坚定的理论信念；要提倡批判思维，鼓励建构思维；理论与实证不能走入相互怨恨的歧途；要鼓励多途径理论创新；研究者要相互合作、共同攻关。

心理学的根本问题是研究人的心理与行为的问题，因此无论是理论创新还是实证研究，都要紧紧围绕着人本身进行。但是，理论研究的异化常常在于离开了人本身的心理与行为而被各种已有的研究资料所遮蔽、所淹没。理论创新最需要的是坚定的理论信念。坚定的理论信念是创造一个理论、一个学派不可缺少的。纵观心理学研究的历史，当然也包括心理学理论和理论心理学研究的历史，凡是自成一派或一家之言的理论大家，一个基本的素质就是他们选择到了自己的价值信仰，并且一以贯之守护自己的价值信仰，他们绝不会跟风向、赶时髦，原因就是他们坚信自己的价值信仰。心理学不能走入理论与实证相互怨恨的歧途。心理学的理论发展不应走上怨恨式发展道路的歧途。理论研究不仅要提倡批判思维，尤其要鼓励建构思维。在我国的理论心理学界，在提倡批判思维的同时，尤其要鼓励和提倡建构思维，需要根据中国人的实际提出新概念、建立新体系，这是目前最需要、最迫切的，也是目前中国理论心理学研究最缺乏的，务必引起重视。理论心理学需要理论心理学家相互合作、共同攻关。鼓励多途径理论创新。理论的形成是可以多途径的：可以从分析已有的理论入手，创造出属于自己的新理论，这是一种从理论到理论的创造；也可以从实验或实证开始创造出自己的理论；还可以从观察形而下的现实开始逐步提炼成形而上的理论。①

无论是西方心理学的研究，还是中国心理学的探讨，理论创新都是其发展和进步的最为基本的方面。心理学的理论创新决定了心理学研究的理论预设，也建构了心理学研究的理论框架，也形成了心理学研究的对象解说，也延续了心理学研究的理论传统。在实证科学的视野之中，对实证方法的强调，并不就等于把理论建构看成是安乐椅中的思辨和冥想，也并不等于说理论建构是最为随意和最为容易的胡思乱想。

心理学理论的创新实际上是最为艰难的探索和最为重要的环节。这不仅需要非常深厚的理论修养，而且需要非常敏锐的理论眼光，进而是需要非常丰富的理论资源，非常宽广的学科视野，特别是需要非常协同的学科合作。心理学的理论框架的构成性和更替性，心理学的理论思路的扩展性和开阔性，心理学的理论解说的建设性和更迭性，心理学的理论概念的明确性和精确性，心理学的理论发展的更替性和延续性，这都是在心理学的理论创新中得到实现的。

心理学理论的创新是心理学的学科的繁荣的最为重要的支撑。当然了，心理学理论创新也是最为不易的，这不仅取决于其中所需要的大量的相关性资源，而且还取决于心理学研究方法的跟进，以及心理学技术工具的发明。在心理学的理论建构的过程之中，心理学方法的创新和心理学技术的创新，也是心理学的理论的繁荣的最为重要的支撑。这实际上就是一个过程的不同侧面。

三　心理学方法的创新

有研究对方法创新进行了考察。研究指出，方法创新是以人的活动方式与程序为对象的创新，其本身扩大了人生存与活动的世界。方法创新是原有方法从普遍到特殊、从继承到扬弃、从模仿到创造的转化，是对正确的、先进的、高效的、简洁的方法的选择。方法创新的手段主要有方法的发明、移植、借鉴与组合。方法创新源于实践创新的要求，依

---

① 燕良轼、曾练平. 中国理论心理学的原创性反思[J]. 心理科学，2011（5）. 1216-1221.

靠对固有方法的突破，是方法博弈的产物。

人在与世界交往的活动中形成了一个复杂多样的方法空间。方法是人进行创新活动的手段，方法本身又成为创新的对象。"工欲善其事，必先利其器。"方法创新是创新的重要内容与形式，是创新发展水平的一个重要尺度。方法是主体把握客体的手段、方式与途径的总和，是主客体相关联、相结合、相统一的中介与条件。方法是由目的、主体能力、客体形式、工具等因素共同组成的结构，这种结构决定了人的活动方式，即方法样式。

创新有多种表现形式，方法创新是一种特殊的创新形态。方法创新就属于以人的活动方式、程序为对象的创新，它直接创造出的是新的方法，它所导致的活动结果的改变、活动对象的增值是派生的。很多的对象化创新都离不开方法的创新，是方法的创新推动了对象的创新，因为方法创新选择了新的活动方式，开辟了新的活动途径，也就自然进入了新的活动区间，产生了新的活动结果。

方法创新不像物化创新那样具有直观的和凝固的形态，而是一种操作性的、过程性的形态，因此界定方法创新要在动态中把握，从方法使用与运行的过程中区别出发生的变化；在结构中把握，从方法要素的改变看引起的整个方法模式的转型；在样式中把握，从方法类型的整体转变判断方法的根本变革；在输出端把握，从方法的效果变化由果溯因分析方法的创新。

方法创新首先表现为方法的内容本身的创新，也就是方法的核心要素与运行机制的创新。方法创新是活动程序的创新，方法就是由一定的程序构成的，方法创新则改变了原有的程序，确立了新的程序。方法创新是活动工具的创新，工具是方法的核心要素，工具的性质决定了方法的性质，方法创新必然要表现为工具创新。方法创新是活动规则的创新，方法可以由各种各样的规则所表述，这些规则限定了人的活动方向与方式，方法创新则是修改或废除了原有的规则，而代之以新的规则。

方法创新是以方法为对象的创新，根据对象的自身特性，可以采取多种手段对方法做出创造或改造。一是方法发明。这是方法创新的基本途径，属于开发式的创新。方法是人工的产物，需要发明出来。二是方法移植。不同领域的各种方法的集合构成了一个方法群,方法具有开放性,不同的方法可以相互吸收、借鉴以致移植,在方法群中表现出相互渗透、相互包含的趋势。三是方法借鉴。面对科学的分界不断打破,学科不断重新组合,交叉学科、横断学科不断出现,方法的建构也要跨越学科的鸿沟,以实践本身为基础,以解决问题为目的,运用多学科的成果,依靠方法的系统融合来把握对象。四是方法组合。对各种方法进行新的组合也是一种创新方式,它对现有的不同方法进行交叉、融合,组成新的方法。①

心理学探索和研究实际上就是通过研究方式和研究方法来实现的。因此,对原有的研究方式和研究方法进行变革和加以扩展,就能够大大改变、促进和推动心理学研究的进程和进步。心理学方法的更新和创新本身就是植根于心理学方法论的变革和转换,在心理学方法论上越是有所突破,就越是会促进心理学研究方法的改进和精致,越是会推动心理学本身的进步和成熟。

在心理学的研究中,在心理学研究的方法中,在心理学的科学创造中,描述的方法、证明的方法、探索的方法、合理的方法、有效的方法、契合的方法,都需要在心理学的方法创新中得到落实。心理学的方法的创新往往会带来心理学研究的重大的改观或重要的进步。这在心理学的发展历程中已经得到了证实。

四 心理学技术的创新

有研究对有关技术创新内涵的研究进行了述评。研究指出,技术创新是指技术的新构想经过研究开发或技术组合,到获得实际应用,并产生经济、社会效益的商业化全过程的活动。第一,技术创新是一个技术经济概念,是一种以技术为手段、实现经济效益为目的的活动。第二,技术创新是一个过程,始自科技新发现,经过技术经济构思、研发、中试、试生产、正式生产、产品销售以及售后服务,最终实现其商业利益。第三,技术创新的多要素组合特征决定了它是一个跨越多组织的活动过程。在现代技术经济条件下,技术创新已经突破了原有的组织方式和活动范围,从单一组织的内部走向社会。这种多组织与网络化的新特

---

① 颜晓峰.论方法创新[J].科学技术与辩证法,2002(1).25-28.

征，使技术创新更体现为一种"跨组织"的社会过程。第四，技术创新的核心是科技与经济的结合，其最终结果不仅仅是获得研究与开发成果，而是研发成果的商品化。技术创新的实质是为企业生产经营系统引入新的要素组合，以获得更多利润。第五，技术创新不仅是一种技术经济现象，而且是一种制度现象。任何技术创新都是在特定的制度环境中进行的活动，技术创新的成败是包括制度因素在内的多重因素综合作用的结果，在很大程度上依赖于一定的制度安排。[①]

有研究区分了经验技术与科学技术。研究指出，技术有两个来源：经验和科学。可以把来自经验的技术称为"经验技术"，把来自科学的技术称为"科学技术"。前者是一种知其然的技术，是一种以感性认识为基础的技术，后者是一种知其所以然的技术，是一种以理性知识为基础的技术。在古代社会，由于人类的自然知识相当贫乏，科学还远未诞生，因而人类的几乎一切实践活动只能凭经验行事，在这种情况下理所当然地就出现了以经验为基础的技术——经验技术。自然科学诞生后，技术又有了另一个来源——科学。科学与经验的最大区别是，科学的本质在于，是对自然现象产生原因的一种猜测或解释，而以这种猜测或解释为前提推导出的公式、定律等可以得到人类经验的证实。

由于经验技术和科学技术是在不同的基础上创造出来的，因而在两者之间呈现出许多不同的特点。一是经验技术是模仿技术，科学技术是创造技术。二是经验技术是渐进技术，科学技术是突变技术。经验是人们在长期观察自然现象和与客观世界相互作用的过程中所获得的，因而必然要受到客观世界发展水平的制约。由于人类的实践范围是在逐渐扩大、逐渐深入的，不会在较短的时间内出现显著的飞跃，因而人类的经验通常是逐渐积累的。这就决定了以经验为基础的技术在整个古代社会也只能以渐进的形式向前发展，不可能在较短的时间内出现飞跃。以科学为基础的技术完全有可能随着科学假说（或理论）的诞生而作跳跃式的发展。三是经验技术是后生技术，科学技术是前生技术。经验技术以经验为基础，没有经验就没有技术。科学技术之所以被称为前生技

[①] 杜伟. 关于技术创新内涵的研究述评 [J]. 西南民族大学学报（人文社科版），2004（2）. 257-258.

术，是因为它是以科学的"预见"为基础发明的技术。四是经验技术是单生技术，科学技术是多生技术。经验技术是一种经验只能产生一种技术。一种技术的产生与其他技术的产生基本没有什么联系。科学技术由于以科学假说（理论）为基础，因此一种科学假说（理论）可以为多种"应用"开辟道路，即促使与此相关的多种技术的诞生，从而产生一个技术群。五是经验技术是技能技术，科学技术是知识技术。这是对于技术的使用和改进而言的。[①]

有研究指出了，德国心理学家斯腾（L. W. Stern）于1803年最早提出了心理技术学（psycho-technology）的名称。侨居美国的德国心理学家闵斯特伯格（H. Munsterberg）则在1813—1814年间出版了《心理学与工作效率》和《心理技术学原理》两本专著，可视为西方心理技术学的开端。心理技术学在美国的兴起，与机能主义学派出现的影响是分不开的。

涉及心理学技术的创新，有研究对中国现代心理技术学的重建和发展进行了回顾和展望。该研究认为，必须在中国重建心理技术学，其必要性主要表现在下述的四个方面。一是从科学理论看，每门科学都有技术科学层次。发展心理技术学及其应用，也将是心理学的一个重点。二是从心理学的理论与应用的关系看，必须发展心理技术学。理论都是以应用为基础，理论是由应用发展而来的。三是从社会生活需要看，要求提供心理技术的帮助与服务。人们不满足于解释和说明心理现象，更在于掌握一些心理技术来解决生活、工作中的实际问题。四是从经典心理技术学的局限性看，需要重建与发展。现代心理技术学应为包括已有各种心理技术的综合学科。

就个体来说，有人员心理素质测评技术，并包括人力资源开发与管理技术。就群体来说，有社会心理测查技术，包括群体心理、社会心理倾向性和民意调查技术。就个体与群体心理是否正常来说，有心理健康、心理咨询与心理治疗技术。就经济是个体和群体的社会活动中心来说，有经济心理技术，包括金融、保险、广告、营销与企业形象策划等

[①] 钱兆华. 经验技术和科学技术及其特点[J]. 科学·经济·社会，2001（2）. 42-46.

技术。此外，从人的社会活动来说，还可以有军事心理技术、司法心理技术、工程心理技术、运动心理技术、艺术心理技术等等。它们构成一个整体而与心理学各种具体应用问题发生联系。心理技术学的相关学科主要有工业心理学、工程心理学、医学心理学、心理卫生学、社会心理学、管理心理学、经济心理学等。[①]

可以说，心理学的技术创新是心理学的现实应用的保证。无论是心理学的技术思想，心理学的技术构思，心理学的技术工具，还是心理学的技术发明，都需要通过心理学的技术创新来实现。把心理学的技术层面提取出来，能够在创新的思路中得到改换，这会给心理学的现实应用带来根本性的变革。

心理学的应用价值，心理学的现实影响，心理学的生活意义，都需要通过心理学的丰富和多样的技术手段来实现和来保证。从心理学的基础研究到心理学的现实应用，就是通过心理学的技术创新和技术发明来贯通和完成的。因此，要想大力促进心理学的生活应用和现实影响，就要全力推进心理学的应用技术的发明和创造。那么，心理学技术的理念、工具、应用、手段、程序等就需要在更高程度上得到创新推动。

五 心理学的创新本性

心理学的发展，中国本土心理学的发展，就需要进行学术创新，需要通过创新去推动自己的理论、方法和技术的进步。心理学学科本身就应该内在地具有创新的本性。这也就是把创新贯穿在心理资源的开发、心理文化的开拓、心理生活的创造、心理环境的建构、心理成长的引导、心理科学的发展等方面。

有研究就知识创新与心理学的发展进行了探讨。研究指出，在知识经济时代，创新能力决定国家的前途命运，建设国家创新体系是提高国家创新能力的重要举措。知识创新是国家创新体系的一个重要组成部分，是提高我国整体创新能力的关键所在。心理学是一门横跨自然科学和社会科学的交叉科学，其成果在人类生活的许多方面有重要影响。根据当前国家需求和心理学的发展前沿，在知识创新活动中，应当将心理

---

① 杨鑫辉. 中国现代心理技术学的回顾与展望 [J]. 宁波大学学报（教育科学版），2007（2）.5-8.

健康与创新能力、认知与复杂信息环境、社会经济与心理行为作为重要研究方向。①

有研究是从中国心理学文化根基论析及当代命运的角度，探讨了心理学的理论创新。研究指出，对中国心理学文化根基重新评析和释义是心理学理论重建的重要学术资源和创新资源，也是现代心理学建设与发展不可或缺的启示和借鉴之源。从 20 世纪科学心理学与中国心理学传统的关联与互动中，或许能找到心理学文化理论创新的精神与资源。②

有研究还从心理学研究对象扩展性探索考察了心理学的理论创新。研究指出，心理学理论创新离不开心理学研究对象扩展性探索，即心理学研究对象边界与范畴的延伸。从科学意义上，心理学研究对象是可证实的心理现象，它是以本体论为前提预设，以可证实性研究方式，以实验方法为技术支持，体现的是研究者价值无涉的研究立场。心理学研究对象扩展性探索新视野在于心理学研究对象还具有主观性、价值性以及常识性水平，体现的是研究者价值涉入的研究立场。从价值无涉到价值涉入转向不仅是心理学研究领域和研究视域的扩张，而且也是思维方式的根本性转换，引领和推动心理学理论创新。③

有研究还从心理学方法论扩展性探索的角度，考察了心理学的理论创新。该研究明确指出，心理学理论创新离不开心理学方法论创新。那么，要实现心理学理论的创新，就必须要突破传统心理学的方法论局限，实现心理学方法论边界与范畴的扩展。心理学方法论的扩展性探索意味着心理学观由科学主义实证观向多元文化心理观转向、研究对象边界和内涵拓伸、研究方式多元化、研究主体生存方式转换等，继而推动和引领心理学理论不断演变与传承。④

很显然，心理学方法论的探索和完善，最为重要的方面就是要能够促进心理学研究的创新。这包括了心理学的理论、方法和技术的多

---

① 杨玉芳. 知识创新与心理学的发展 [J]. 心理与行为研究，2003（1）. 2-4.
② 孟维杰. 心理学理论创新——中国心理学文化根基论析及当代命运 [J]. 河北师范大学学报（哲学社会科学版），2011（5）. 23-27.
③ 孟维杰. 心理学理论创新——心理学研究对象扩展性探索 [J]. 心理学探新，2011（1）. 3-8.
④ 孟维杰. 心理学理论创新——心理学方法论扩展性探索 [J]. 社会科学战线，2010（11）. 232-235.

方面的变革和突破。这也就是心理学的方法论研究的最为根本的方面。如果能够通过心理学方法论的探索、变革、充实和完善，带动心理学研究的突破、创新、发展和深化，那才是心理学方法论的最为重要的价值。

心理学方法论的突破和创新是最为根本性的，心理学的原始性的创新和创造实际上就是来自对心理学的方法论的变革和重构。方法论的颠覆才有可能带来心理学本身的巨大的和重要的革命。心理学强化方法论的探索和研究的成为学科自觉变革的枢纽。如果从这样的角度来看，这反而却是中国本土心理学的相对的薄弱部位和缺失的环节。

心理行为的创造和创新将导致心理学的研究必须能够紧跟和追踪人的心理行为的变化和演进。同样，心理科学的创造和创新则导致心理行为的把握和变革。进而，心理学方法论的突破和革命会引发心理科学的跃进和完善。因此，心理行为、心理科学、理论框架、理论构造、研究方式、研究方法、技术发明、技术工具，实际上就是一体化的和共生性的存在和演化。

因此，创新应该成为心理学的基本的追求。心理学的研究者应该把创新变成自己的自觉的意识和自觉的行动。心理学在自己的初期的发展中，只是在追求研究的规范性。但是，心理学在自己后期的发展中，则应该去追求研究的创新性。心理学的创新本性应该在如下的方面得到体现，包括心理学去创造和建构人的全新的心理生活，包括心理学去创造和建构自己的理论思想、研究方法和技术工具，也包括能够在人的心理生活与心理学的研究之间去创造更好的联通和结合。

心理学只有在自己的创新性的学科建设和突破性的学科发展之中，才会真正地成为独立的学科，才会真正地成为有科学担当的学科，才会真正地成为具有带头意义的学科，才会真正地成为具有生活引导的学科。因此，只有全力去促进中国心理学的原始性的创新，包括思想、理论、方法、技术、工具等方面的原始性创新，中国本土心理学才会确立自己的学术地位，才会扩大自己的学术影响，才会建构自己的学术体系。

参考文献

一　中文文献

［美］埃文斯（苏彦捷译）．心理学研究要义［M］．重庆：重庆大学出版社，2010．

安维复．科学哲学的最新走向——社会建构主义［J］．上海大学学报（社会科学版），2002（6）．

安维复．科学知识观的社会建构［J］．华东师范大学学报（哲学社会科学版），2010（4）．

［美］巴斯（熊哲宏等译）．进化心理学——心理的新科学［M］．上海：华东师范大学出版社，2007．

［英］博登（刘西瑞等译）．人工智能哲学［M］．上海：上海译文出版社，2001．

蔡仁厚．儒家心性之学论要［M］．台北：文津出版社，1990．

蔡曙山．认知科学框架下心理学、逻辑学的交叉融合与发展［J］．中国社会科学，2009（2）．

蔡仲．后人类主义与实验室研究［J］．苏州大学学报（哲学社会科学版），2015（1）．

曹河圻．心理和行为研究中的学科交叉［J］．心理发展与教育，2003（4）．

陈兵．佛教心理学［M］．广州：南方日报出版社，2007．

陈波．社会科学方法论［M］．北京：中国人民大学出版社，1999．

陈波．科学理论与社会科学理论建构方法比较研究［J］．求索，1991（5）．

陈宏．科学心理学研究方法论的比较与整合［J］．东北师大学报（哲学社会科学版），2002（6）．

陈红、陈瑞．日常经验法：一种人格心理学研究方法［J］．西南师范大学学报（人文社会科学版），2006（2）．

陈健．科学划界的多元标准［J］．自然辩证法通讯，1996（3）．

陈金美．论整体主义［J］．湖南师范大学社会科学学报，2001（4）．

陈劲、谢靓红．原始性创新研究综述［J］．科学学与科学技术管理，2004（2）．

陈京军、陈功．科学心理学中的实证主义方法论问题［J］．科学技术与辩证法，2007（6）．

陈立．平话心理科学向何处去［J］．心理科学，1997（5）．

陈其荣、曹志平．科学基础方法论——自然科学与人文、社会科学方法论比较研究［M］．上海：复旦大学出版社，2004．

陈庆坤（主编）．中国哲学史通［M］．长春：吉林大学出版社，1995．

陈向明．社会科学中的定性研究方法［J］．中国社会科学，1996（6）．

陈向明．质的研究中的"局内人"与"局外人"［J］．社会学研究，1997（6）．

陈向明．扎根理论的思路和方法［J］．教育研究与实验，1999（4）．

陈向明．质的研究方法与社会科学研究［M］．北京：教育科学出版社，2000．

陈英敏、邹丕振．在全球化与本土化之间：建构一种多元文化的现代心理学观［J］．山东师范大学学报（人文社会科学版），2005（3）．

陈元晖．心理学的方法学［J］．心理学报，1960（2）．

陈巍、郭本禹．心理学的时代精神：在学科交叉中开辟进路［J］．贵州师范大学学报（社会科学版），2014（5）．

程刚．论心理学中思辨研究的必要性［J］．沈阳师范大学学报（社会科学版），2004（4）．

程利国．论现代心理学研究的方法论原则［J］．福建师范大学学报（哲学社会科学版），1999（2）．

程利国. 皮亚杰心理学思想方法论研究——关于实践唯物主义心理学的活动理论 [M]. 福州：福建教育出版社，1999.

仇毓文. 后现代主义与后现代心理学 [J]. 青海师范大学学报（哲学社会科学版），2005（1）.

崔光辉、郭本禹. 论经验现象学心理学 [J]. 华东师范大学学报（教育科学版），2008（2）.

崔丽霞、郑日昌. 20年来我国心理学研究方法的回顾与反思 [J]. 心理学报，2001（6）.

单志艳、孟庆茂. 心理学中定量研究的几个问题 [J]. 心理科学，2002（4）.

［美］邓津、林肯（主编）（风笑天等译）. 定性研究：方法论基础 [M]. 重庆：重庆大学出版社，2007.

［美］邓津、林肯（主编）（风笑天等译）. 定性研究：策略与艺术 [M]. 重庆：重庆大学出版社，2007.

［美］邓津、林肯（主编）（风笑天等译）. 定性研究：经验资料收集与分析的方法 [M]. 重庆：重庆大学出版社，2007.

［美］邓津、林肯（主编）（风笑天等译）. 定性研究：解释、评估与描述的艺术及定性研究的未来 [M]. 重庆：重庆大学出版社，2007.

邓铸（编著）. 应用实验心理学 [M]. 上海：上海教育出版社，2006.

丁道群. 论心理学的科学观及其方法论意义 [J]. 求索，1996（6）.

丁道群. 库恩范式论的心理学方法论蕴涵 [J]. 自然辩证法研究，2001（8）.

丁道群. 解释学与西方心理学的发展 [J]. 湖南师范大学教育科学学报，2002（2）.

丁峻、崔宁. 人类心理的分子世界观 [J]. 西北师大学报（社会科学版），2003（4）.

董奇. 心理与教育研究方法 [M]. 北京：北京师范大学出版社，2004.

窦东徽等. 社会生态心理学：探究个体与环境关系的新取向 [J]. 北京师范大学学报（社会科学版），2014（5）.

杜维运. 史学方法论 [M]. 北京：北京大学出版社，2006.

杜伟．关于技术创新内涵的研究述评［J］西南民族大学学报（人文社科版），2004（2）．

杜雄柏．皮亚杰"心理逻辑学"述评［J］．湘潭大学学报（社会科学版），1990（2）．

段培君．方法论个体主义与分析传统［J］．自然辩证法通讯，2002（6）．

方立天．心性论——禅宗的理论要旨［J］．中国文化研究，1995（4）．

方立天．禅、禅定、禅悟［J］．中国文化研究，1999（3）．

费小冬．扎根理论研究方法论：要素、研究程序和评判标准［J］．公共行政评论，2008（3）．

冯建军．西方心理学研究中现象学方法论述评［J］．南京师大学报（社会科学版），1998（3）．

［美］弗兰克（朱晓权译）．无意义生活之痛苦：当今心理疗法［M］．北京：三联书店,1991．

傅荣、翟宏．行为、心理、精神生态学发展研究［J］．北京师范大学学报（人文社会科学版），2000（5）．

高觉敷（主编）．西方心理学史论［M］．合肥：安徽教育出版社，1995．

高觉敷（主编）．中国心理学史［M］．北京：人民教育出版社,2009．

高华、余嘉元．人工智能中知识获取面临的哲学困境及其未来走向［J］．哲学动态，2006（4）．

高岚、申荷永．中国文化与心理学［J］．学术研究，2008（8）．

高新民．广义心灵哲学论纲［J］．华中师范大学学报（人文社会科学版），2000（4）．

［美］格雷维特尔等（邓铸等译）．行为科学研究方法［M］．西安：陕西师范大学出版社，2005．

葛鲁嘉．中西心理学的文化蕴含［J］．长白论丛，1994（2）．

葛鲁嘉．心理文化论要——中西心理学传统跨文化解析［M］．大连：辽宁师范大学出版社，1995．

葛鲁嘉．大心理学观——心理学发展的新契机与新视野［J］．自然辩证法研究, 1995（9）.

葛鲁嘉. 认知心理学研究范式的演变［J］. 国外社会科学, 1995（10）.

葛鲁嘉、周宁. 从文化与人格到文化与自我——心理人类学研究重心的转移［J］. 求是学刊, 1996（1）.

葛鲁嘉. 中国本土传统心理学的内省方式及其现代启示［J］. 吉林大学社会科学学报, 1997（6）.

葛鲁嘉、陈若莉. 当代心理学发展的文化学转向［J］. 吉林大学社会科学学报, 1999（5）.

葛鲁嘉、陈若莉. 论心理学哲学的探索——心理科学走向成熟的标志［J］. 自然辩证法研究, 1999（8）.

葛鲁嘉. 中国心理学的科学化和本土化——中国心理学发展的跨世纪主题［J］. 吉林大学社会科学学报. 2002（2）.

葛鲁嘉. 心理学的五种历史形态及其考评［J］. 吉林师范大学学报, 2004（2）.

葛鲁嘉. 中国本土传统心理学术语的新解释和新用途［J］. 山东师范大学学报（人文社会科学版）, 2004（3）.

葛鲁嘉. 心理学应用的理论、方案和领域研究［J］. 河南师范大学学报（哲学社会科学版）, 2004（6）.

葛鲁嘉. 对心理学方法论的扩展性探索［J］. 南京师大学报（社会科学版）, 2005（1）.

葛鲁嘉. 心理生活论纲——关于心理学研究对象的另类考察［J］. 陕西师范大学学报（哲学社会科学版）, 2005（2）.

葛鲁嘉. 对中国本土传统心理学的不同学术理解［J］. 东北师范大学学报（哲学社会科学版）. 2005（3）.

葛鲁嘉. 浅论心理学技术研究的八个核心问题［J］. 内蒙古师范大学学报（哲学社会科学版）, 2005（4）.

葛鲁嘉. 心理学研究划分的类别与优先的顺序［J］. 吉林师范大学学报（人文社会科学版）, 2005（5）.

葛鲁嘉. 新心性心理学的理论建构——中国本土心理学理论创新的一种新世纪的选择［J］. 吉林大学社会科学学报, 2005（5）.

葛鲁嘉．西方实证心理学与中国心性心理学概念范畴的比较研究［J］．社会科学战线，2005（6）．

葛鲁嘉．体证和体验的方法对心理学研究的价值［J］．华南师范大学学报（社会科学版），2006（4）．

葛鲁嘉．心理学研究中定性研究与定量研究的定位问题［J］．西北师大学报（社会科学版），2007（6）．

葛鲁嘉．心理学视野中人的心理生活的建构与拓展［J］．社会科学战线，2008（1）．

葛鲁嘉．心理学技术应用的途径与方式［J］．科学技术与辩证法，2008（5）．

葛鲁嘉．新心性心理学宣言——中国本土心理学原创性理论建构［M］．北京：人民出版社，2008．

葛鲁嘉．心理学研究的生态学方法论［J］．社会科学研究，2009（2）．

葛鲁嘉．心理生活论纲——心理生活质量的新心性心理学探索［M］．北京：经济科学出版社，2013．

葛鲁嘉．类同形态的心理学——不同科学门类中的心理学探索［M］．上海：上海教育出版社，2016．

葛鲁嘉．心理学新思潮——心理学探索的思想背景和理论趋势［M］．杭州：浙江教育出版社，2018．

葛鲁嘉．新理论心理学——心理学研究的思想理论框架［M］．杭州：浙江教育出版社，2018．

谷传华、訾非、黄飞．人格研究方法（上下册）［M］．上海：上海教育出版社，2021．

郭爱妹、叶浩生．西方父权制文化与女性主义心理学［J］．妇女研究论丛，2001（6）．

郭爱妹、叶浩生．试论西方女性主义心理学的方法论蕴涵［J］．自然辩证法通讯，2002（5）．

郭爱妹．从批判到重构：女性主义心理学的历史发展［J］．心理学探新，2003（1）．

郭爱妹、叶浩生．当代西方女性主义心理学研究［J］．南通师范学院学报（哲学社会科学版），2003（1）.

郭爱妹. 女性主义心理学［M］. 上海：上海教育出版社，2006.

郭爱妹. "他者"的话语与价值——女性主义心理学的探索［J］. 徐州师范大学学报（哲学社会科学版），2009（1）.

郭本禹. 库恩的范式革命与心理学革命［J］. 心理科学，1996（6）.

郭本禹（主编）. 当代心理学的新进展［M］. 济南：山东教育出版社，2003.

郭本禹、崔光辉. 现象学心理学的两种研究取向初探［J］. 南京师大学报（社会科学版），2004（6）.

郭本禹、崔光辉. 论解释现象学心理学［J］. 心理研究，2008（1）.

郭齐勇. 儒释道三教中的心理学原理［J］. 湖北大学学报（哲学社会科学版），2008（3）.

郭斯萍. 从方法决定论到对象决定论——试论 21 世纪心理学的发展方向［A］. 心理学探新论丛，南京：南京师范大学出版社，2000.

郭永玉、陶宏斌. 现代西方心理学的实证主义与现象学方法论之比较［J］. 华中师范大学学报（人文社会科学版），1999（6）.

郭永玉. 超个人心理学观评析［J］. 南京师大学报（社会科学版），2003（4）.

［美］哈里斯（张海洋等译）. 文化唯物主义［M］. 北京：华夏出版社，1989.

［美］哈奇（朱光明等译）. 如何做质的研究［M］. 北京：中国轻工业出版社，2007.

韩忠太. 论心理人类学研究中的主位方式与客位方式［J］. 云南社会科学，2006（3）.

郝琦、乐国安. "非科学的心理学"对社会心理学方法论的启示［J］. 自然辩证法通讯，1999（6）.

何非、何克清. 大数据及其科学问题与方法的探讨［J］. 武汉大学学报（理学版），2014（1）.

何静. 具身认知的两种进路［J］. 自然辩证法通讯，2007（3）.

胡秋良. 心理技术学的发展与现状［J］. 心理学探新，1992（3）.

胡万年. 从个体主义到文化主义——心理学研究范式的转向与整合

［J］．心理学探新，2006（2）．

黄囇莉．科学渴望创意、创意需要科学：扎根理论在本土心理学中的运用与转化［A］．本土心理学研究取径论丛（杨中芳主编）．台北：远流图书公司，2008．

黄希庭．试论心理学研究的方法论原则［J］．西南大学学报（社会科学版），1987（1）．

黄希庭、张志杰（主编）．心理学研究方法［M］．北京：高等教育出版社，2010．

黄欣荣．复杂性科学的方法论研究［M］．重庆：重庆大学出版社，2006．

黄欣荣．大数据技术对科学方法论的革命［J］．江南大学学报（人文社会科学版），2014（2）．

黄欣荣．大数据时代的思维变革［J］．重庆理工大学学报（社会科学版），2014（5）．

黄正华．论个别性与主观性——人文科学方法论刍议［J］．华南理工大学学报（社会科学版），2005（5）．

黄正华．人文社会科学方法论［M］．北京：社会科学文献出版社，2016．

霍涌泉．心理学文化转向中的方法论难题及整合策略［J］．心理学探新，2004（1）．

霍涌泉、李林．当前心理学文化转向研究中的方法论困境［J］．四川师范大学学报（社会科学版），2005（2）．

霍涌泉、刘华．心理学理论研究的范式转换及其意义［J］．陕西师范大学学报（哲学社会科学版），2007（4）．

霍涌泉．社会建构论心理学的理论张力［J］．陕西师范大学学报（哲学社会科学版），2009（6）．

霍涌泉、魏萍．西方理论心理学的演进及方法论意义［J］．陕西师范大学学报（哲学社会科学版），2010（3）．

纪海英．文化与心理学的相互作用关系探析［J］．南京师大学报（社会科学版），2007（4）．

季子林、陈士骏、王树恩．自然科学方法论概论［M］．呼和浩特：内蒙古人民出版社，1983.

贾林祥（编著）．心理学基本理论研究［M］．南京：南京大学出版社，2018．

蒋逸民．作为一种新的研究形式的超学科研究［J］．浙江社会科学，2009（1）．

蒋逸民（编著）．社会科学方法论［M］．重庆：重庆大学出版社，2011．

金俊岐、宋秋红．后人类主义视野中的实验室研究［J］．科学技术与辩证法，2006（5）．

卡麦兹（边国英译）．建构扎根理论——质性研究实践指南［M］．重庆：重庆大学出版社，2008．

况志华．人性观对心理学理论与研究的影响［J］．心理学动态，1997（3）．

赖凯声、马华维、乐国安．网络大数据分析技术的心理学方法论思考［J］．西南大学学报（社会科学版），2017（3）．

雷美位、谢立平．存在主义的心理学方法论探析［J］．长沙理工大学学报（社会科学版），2007（2）．

李宝玉．反思与承继：后人类时代重启人文主义传统［J］．学术论坛，2018（2）．

李炳全、叶浩生．文化心理学的基本内涵辨析［J］．心理科学，2004（1）．

李炳全．论文化心理学在心理学方法论上的突破［J］．自然辩证法通讯，2005（4）．

李炳全．从"局外人"到"局中人"：心理学研究理念的演变［J］．南京师大学报（社会科学版），2009（4）．

李炳全．论理论心理学的方法［J］．江苏师范大学学报（哲学社会科学版），2013（6）．

李春泰．文化方法论导论［M］．武昌：武汉出版社，1996．

李汉松．心理学史方法论——西方心理学发展阶段论［M］．济南：山东教育出版社，2011．

李恒威、肖家燕．认知的具身观［J］．自然辩证法通讯，2006（1）．

李景林．教养的本原——哲学突破期的儒家心性论［M］．沈阳：辽宁人民出版社，1998．

李静．田野实验法——民族心理学研究方法探析［J］．民族教育研究，2018（3）．

李静．当代民族心理学的研究范式［J］．西南民族大学学报（人文社会科学版），2018（11）．

李其维．“认知革命”与"第二代认知科学"刍议［J］．心理学报，2008（12）．

李三虎．当代西方建构主义研究述评［J］．国外社会科学，1997（5）．

李文静、郑全全．日常经验研究：一种独具特色的研究方法［J］．心理科学进展，2008（1）．

李醒民．论科学理论的要素和结构［J］．中国政法大学学报，2007（1）．

李晓凤等（编著）．质性研究方法［M］．武汉：武汉大学出版社，2006．

李晓文、王晓丽．文化发展心理学方法论探讨［J］．华东师范大学学报（教育科学版），2006（4）．

李亚宁．关于人工智能极限研究的哲学问题［J］．四川大学学报（哲学社会科学版），1999（6）．

李志刚．扎根理论方法在科学研究中的运用分析［J］．东方论坛，2007（4）．

［美］里奇拉克（许泽民等译）．发现自由意志与个人责任［M］．贵阳：贵州人民出版社，1994．

［美］利迪、奥姆罗德（吴瑞林、史晓晨译）．实证研究：规划与设计［M］．北京：机械工业出版社，2015．

郦全民．科学哲学与人工智能［J］．自然辩证法通讯，2001（2）．

梁爱林．术语学研究中关于概念的定义问题［J］．术语标准化与信息技术，2005（2）．

梁金泉．马斯洛人本主义心理学方法论［J］．福建师范大学学报（哲学社会科学版），1991（4）．

林定夷．逻辑实证主义关于科学与非科学的划界理论［J］．华南理工大学学报（社会科学版），2007（4）．

林方．心灵的困惑与自救——心理学的价值理论［M］．沈阳：辽宁人民出版社，1989．

林聚任（主编）．社会科学研究方法［M］．济南：山东人民出版社，2004．

林振武．中国传统科学方法论探究［M］．北京：科学出版社，2008．

凌建勋、凌文辁、方俐洛．深入理解质性研究［J］．社会科学研究，2003（1）．

刘春燕、李明德．现代心理学的方法论特点及其思考［J］．华中理工大学学报（社会科学版），2000（1）．

刘放桐．后现代主义与西方哲学的现当代走向（上）［J］．国外社会科学，1996（3）．

刘放桐．后现代主义与西方哲学的现当代走向（下）［J］．国外社会科学，1996（4）．

刘华．人性：构建心理学统一范式的逻辑起点［J］．南京师大学报（社会科学版），2001（5）．

刘魁．超人、原罪与后人类主义的理论困境［J］．南京林业大学学报（人文社会科学版），2008（2）．

刘胜骥．科学方法论——方法之建立［M］．武汉：武汉大学出版社，2014．

刘婷、陈红兵．生态心理学研究述评［J］．东北大学学报（社会科学版），2002（2）．

刘翔平．论心理学的方法论问题［J］．心理发展与教育，1990（3）．

刘翔平．论西方心理学的两大方法论［J］．心理学报，1991（3）．

刘学兰．论马斯洛的问题中心原则［J］．心理学探新，1992（4）．

龙立荣、李晔．论心理学中思辨研究与实证研究的关系［J］．华中师范大学学报（人文社会科学版），2000（5）．

吕建功．心理学研究的语境论方法论探析［J］．教育研究，2019（12）．

吕乃基等．科学方法论视野下的技术哲学［M］．北京：中共社会科学出版社，2004.

吕晓峰、孟维杰. 国内心理学文化思维问题反思［J］. 心理科学，2008（4）.

罗安宪. 中国心性论第三种形态：道家心性论［J］. 人文杂志，2006（1）.

罗大华. 犯罪心理学方法论（上）［J］. 政法论坛：中国政法大学学报，1992（1）.

罗大华. 犯罪心理学方法论（下）［J］. 政法论坛：中国政法大学学报，1992（2）.

罗杰、陈庆良、卿素兰. 论建构中国心理技术学体系［J］. 贵州师范大学学报（自然科学版），2002（1）.

麻彦坤. 当代心理学文化转向的方法论意义［J］. 心理学探新，2004（2）.

麻彦坤. 维果茨基对心理学的方法论贡献及其现实意义［J］. 山西师大学报（社会科学版），2006（4）.

马偌为. 西方心理学史研究方法论浅议［J］. 上海师范大学学报（哲学社会科学版），1989（4）.

马谋超、汪培庄. 心理学的方法学探讨——心理的模糊性及模糊统计实验评注［J］. 心理学报，1985（2）.

马鹏翔. "生态自我"与庄子的物我观［J］. 哈尔滨工业大学学报（社会科学版），2013（1）.

［美］马斯洛（许金声等译）. 科学中的问题中心与方法中心［A］. 动机与人格. 北京：华夏出版社，1987.

［美］马斯洛（林方译）. 人性能达的境界［M］. 昆明：云南人民出版社，1987.

马小茹. "共生理念"的提出及其概念界定［J］. 经济研究导刊，2011（4）.

［美］麦克伯尼（王伟平译）. 像心理学家一样思考——心理学中的批判性思维［M］. 北京：人民邮电出版社，2010.

［美］麦奎根（李朝阳译）. 文化研究方法论［M］. 北京：北京大学出版社，2011.

蒙培元．中国哲学主体思维［M］．北京：人民出版社，1993．

蒙培元．中国的心灵哲学与超越问题［J］．学术论丛，1994（1）．

蒙培元．心灵的开放与开放的心灵［J］．哲学研究，1995（10）．

蒙培元．儒、佛、道的境界说及其异同［J］．世界宗教研究，1996（2）．

孟娟、彭运石．人本心理学方法论的形成与发展［J］．河南科技大学学报（社会科学版），2008（6）．

孟维杰．从哲学到文化：心理学范式评述［J］．哲学动态，2004（8）．

孟维杰、葛鲁嘉．从工具到价值：心理学研究方法重新考评［J］．赣南师范学院学报，2005（4）．

孟维杰．从哲学主义到文化主义：心理学时代发展反思与构想［J］．河北师范大学学报（教育科学版），2007（2）．

孟维杰．当代心理学文化转向方法论问题［J］．心理科学，2008（2）．

孟维杰．当代心理学文化兴起方法论困境与路向［J］．心理学探新，2008（2）．

孟维杰．心理学理论创新——心理学方法论扩展性探索［J］．社会科学战线，2010（11）．

孟维杰．心理学理论创新——心理学研究对象扩展性探索［J］．心理学探新，2011（1）．

孟维杰．心理学理论创新——中国心理学文化根基论析及当代命运［J］．河北师范大学学报（哲学社会科学版），2011（5）．

苗伟．文化时间与文化空间：文化环境的本体论维度［J］．思想战线，2010（1）．

［美］莫阿卡宁（江亦丽等译）．荣格心理学与西藏佛教［M］．北京：商务印书馆，1994．

莫雷等．心理学研究方法的系统分析与体系重构［J］．心理科学，2006（5）．

莫雷等．心理学实用研究方法［M］．广州：广东高等教育出版社，2007．

莫雷、温忠麟、陈彩琦．心理学研究方法［M］．广州：广东高等教育出版社，2007．

倪梁康．意识的向度：以胡塞尔为轴心的现象学问题研究［M］．北京：北京大学出版社，2007．

欧阳常青．原创性：心理学研究的理性诉求［J］．心理学探新，2005（4）．

欧阳康．哲学研究方法论［M］．武汉：武汉大学出版社，1998．

欧阳文珍．心理学研究中的小样本方法［M］．太原：山西人民出版社，2001．

潘天群．行动科学方法论导论［M］．北京：中央编译出版社，1999．

潘威．扎根理论与解释现象学分析的比较研究［J］．西华大学学报（哲学社会科学版），2010（3）．

潘泽泉．当代社会学理论的社会空间转向［J］．江苏社会科学，2009（1）．

庞文、尹海洁．证伪主义的理论实质及其再认识［J］．自然辩证法研究，2008（9）．

彭凯平、喻丰、柏阳．实验伦理学：研究、贡献与挑战［J］．中国社会科学，2011（6）．

彭彦琴．论当代心理学的方法论变革——背景、动因与走向［J］．教育研究与实验，2006（6）．

彭彦琴．另一种声音：现代新儒学与中国人文主义心理学［J］．心理学报，2007（4）．

彭彦琴、胡红云．现象学心理学与佛教心理学——研究对象与研究方法之比较［J］．南京师大学报（社会科学版），2010（4）．

彭彦琴、胡红云．佛教禅定：心理学方法论研究的一种新视角［J］．心理学探新，2011（4）．

彭运石．人的消解与重构——西方心理学方法论研究［M］．长沙：湖南教育出版社，2008．

彭运石、王珊珊．环境心理学方法论研究［J］．心理学探新，2008（3）．

钱兆华．经验技术和科学技术及其特点［J］．科学·经济·社会，

2001（2）.

秦金亮. 心理学研究方法的新趋向——质化研究方法述评［J］. 山西师大学报（社会科学版），2000（3）.

秦金亮. 论西方心理学量化研究的方法学困境［J］. 自然辩证法研究，2001（3）.

秦金亮. 论质化研究的人文精神［J］. 自然辩证法研究，2002（7）.

秦金亮. 心理学研究方法的新进展——质的研究方法［A］. 郭本禹（主编）. 当代心理学的新进展. 济南：山东教育出版社，2003.

秦金亮、郭秀艳. 论心理学两种研究范式的整合趋向［J］. 心理科学，2003（1）.

秦金亮、李忠康. 论质化研究兴起的社会科学背景［J］. 山西师大学报（社会科学版），2003（3）.

秦金亮. 质化研究心理学［M］. 上海：上海教育出版社，2010.

秦彧. 试论后现代女性主义心理学［J］. 中华女子学院学报，2006（1）.

秦彧. 论后现代心理学在心理学方法论上的突破［J］. 学术交流，2006（8）.

任爱玲、庞晓玲（编著）. 自然科学方法论［M］. 太原：山西科学技术出版社，2004.

任俊. 波普尔证伪主义的心理学意义［J］. 自然辩证法研究，2004（5）.

邵迎生. 话语心理学的发生及基本视域［J］. 南京大学学报（哲学·人文科学·社会科学版），2000（5）.

邵迎生. 话语与心灵的社会建构——对当下话语社会建构论演进的初步考量［J］. 南京大学学报（哲学·人文科学·社会科学），2006（4）.

［英］舍恩伯格等（盛杨燕、周涛译）. 大数据时代：生活、工作与思维的大变革［M］. 杭州：浙江人民出版社，2013.

申荷永. 勒温心理学的方法论［J］. 心理科学，1990（2）.

申荷永、高岚. 《易经》与中国文化心理学［J］. 心理学报，2000（3）.

沈浩、黄晓兰．大数据助力社会科学研究：挑战与创新［J］．现代传播，2013（8）．

沈继荣、郭爱妹．试析女性主义心理学的方法论［J］．南京师大学报（社会科学版），2010（1）．

盛晓明、项后军．从人工智能看科学哲学的创新［J］．自然辩证法研究，2002（2）．

施铁如．心理学研究中的思辨方法［J］．华南师范大学学报（社会科学版），2001（1）．

施铁如．后现代思潮与叙事心理学［J］．南京师大学报（社会科学版），2003（2）．

石春、贾林祥．论现象学视野下的西方心理学［J］．徐州师范大学学报（哲学社会科学版），2006（4）．

史文芬．心灵的还原［J］．福建论坛（人文社会科学版），2006（3）．

舒华、周仁来等．心理学实验方法：科学心理学发展的根本［J］．中国科学院院刊，2012（增刊）．

［美］松本、范德（姜兆萍、胡军生译）．跨文化心理学研究方法［M］．北京：人民出版社，2020．

宋海龙．大数据时代思维方式变革的哲学意蕴［J］．理论导刊，2014（5）．

宋晓东、叶浩生．本土心理学与多元文化论——在人类心理学理论前景中的相遇［J］．徐州师范大学学报（哲学社会科学版），2008（1）．

［美］斯莱特（郑雅芳译）．20世纪最伟大的心理学实验［M］．北京：中国人民大学出版社，2007．

苏国勋．社会学与社会建构论［J］．国外社会科学，2002（1）．

苏屹、李柏洲．原始创新研究文献综述［J］．科学管理研究，2012（2）．

孙飞宇．方法论与生活世界［M］．北京：生活·读书·新知三联书店，2018．

孙革．还原论思维方式的终结［J］．哈尔滨师范大学自然科学学报，

1995（1）.

孙世雄. 科学方法论的理论和历史［M］. 北京：科学出版社，1989.

孙晓娥. 扎根理论在深度访谈研究中的实例探析［J］. 西安交通大学学报（社会科学版），2011（6）.

孙中欣、张莉莉（主编）. 女性主义研究方法［M］. 上海：复旦大学出版社，2007.

谭文芳. 解释学的心理学方法论蕴涵［J］. 求索，2005（7）.

汤一介. 禅宗的觉与迷［J］. 中国文化研究，1997（3）.

唐孝威、陈硕. 心智的定量研究［M］. 杭州：浙江大学出版社，2008.

陶宏斌. 现代西方心理学哲学方法论之困境初探［J］. 教育研究与实验，1995（3）.

陶宏斌、郭永玉. 实证主义方法论与现代西方心理学［J］. 心理学报，1997（3）.

陶宏斌、郭永玉. 现象学方法论与现代西方心理学［J］. 华东师范大学学报（教育科学版），1997（4）.

田浩. 文化心理学的方法论困境与出路［J］. 心理学探新，2005（4）.

田浩. 中国文化心理学的方法论启示［J］. 心理学探新，2008（2）.

田平. 物理主义框架中的心和"心的理论"——当代心灵哲学本体和理论层次研究述评［J］. 厦门大学学报（哲学社会科学版），2003（6）.

童辉杰. 广义的诠释论与统一的心理学［J］. 南京师大学报（社会科学版），2000（4）.

［苏］瓦西留克（黄明等译）. 体验心理学［M］. 北京：中国人民大学出版社，1989.

万明钢. 论跨文化心理学研究的方法论问题［J］. 心理学探新，1990（2）.

万明钢、杨宝琰. 宗教心理学研究方法的分歧与整合［J］. 民族教育研究，2008（2）.

王波. 马克思主义哲学与批判心理学前沿进展［M］. 南京大学学报（哲学·人文科学·社会科学），2014（3）.

王国芳. 解释学方法论与现代西方心理学 [J]. 南京师大学报（社会科学版），1999（4）.

王怀超、青连斌（主编）. 社会科学研究方法论 [M]. 北京：中共中央党校出版社，2018.

王晖（主编）. 科学研究方法论 [M]. 上海：上海财经大学出版社，2018.

王极盛. 试论我国心理学的方法论 [J]. 心理科学，1984（2）.

王京生、王争艳、陈会昌. 对定性研究的重新评价 [J]. 教育理论与实践，2000（2）.

王凌. 国外时间生物学进展 [J]. 生物医学工程学杂志，2005（1）.

王宁. 个体主义与整体主义对立的新思考——社会研究方法论的基本问题之一 [J]. 中山大学学报（社会科学版），2002（2）.

王沛、孙连荣. 论心理学研究中统计方法的使用与解释原则 [J]. 西北师大学报（社会科学版），2004（2）.

王仕民. 心理治疗方法论 [M]. 广州：中山大学出版社，2005.

王天思. 哲学认识中的思辨和分析 [J]. 南昌大学学报（人社版），2000（4）.

王维先等. 科学思维方法论 [M]. 济南：山东人民出版社，2000.

王锡苓. 质性研究如何建构理论？——扎根理论及其对传播研究的启示 [J]. 兰州大学学报（社会科学版），2004（3）.

王晓田. 有关行为研究方法学的六点思考 [J]. 心理学报，2010（1）.

王小燕. 科学思维与科学方法论 [M]. 广州：华南理工大学出版社，2015.

王新才、丁家友. 大数据知识图谱：概念、特征、应用与影响 [J]. 情报科学，2013（9）.

王正荣等. 时间生物学研究进展 [J]. 航天医学与医学工程，2006（4）.

王志良. 人工心理 [M]. 北京：机械工业出版社，2006.

王志良. 机器智能：人工心理 [M]. 北京：机械工业出版社，2017.

［美］威尔逊（石大中等译）. 科学研究方法论 [M]. 上海：上海科

学技术文献出版社，1988.

［德］韦伯（韩水法等译）.社会科学方法论［M］.北京：中央编译出版社，1998.

韦诚.方法论系统引论［M］.合肥：安徽大学出版社，1999.

沃野.关于社会科学定量、定性研究的三个相关问题［J］.学术研究2005（4）.

吴重庆（主编）.自然科学与技术研究方法［M］.北京：北京交通大学出版社，2012.

吴飞驰.关于共生理念的思考［J］.哲学动态，2000（6）.

吴国璋.西方社会学对社会时间的研究［J］.学术界，1996（2）.

吴建平.生态自我——人与环境的心理学探索［M］.北京：中央编译出版社，2011.

吴建平、侯振虎（主编）.环境与生态心理学［M］.合肥：安徽人民出版社，2011.

吴建平."生态自我"理论探析［J］.新疆师范大学学报（哲学社会科学版），2013（3）.

吴宗敏.大数据的受、想、形、识［J］.科学，2014（1）.

席升阳.科学研究方法论［M］.北京：人民出版社，2018.

夏代云、何泌章.浅议方法论个体主义与方法论整体主义之争——以沃特金斯与布洛德贝克为例［J］.自然辩证法研究，2008（7）.

向敏、王忠军.论心理学量化研究与质化研究的对立与整合［J］.福建医科大学学报（社会科学版），2006（2）.

［美］肖恩·加拉格尔（邓友超译）.解释学与认知科学［J］.华东师范大学学报（教育科学版），2004（1）.

肖峰.进化与社会建构：两种视界的比较［J］.哲学研究，2006（5）.

［美］肖内西等（张明等译）.心理学研究方法［M］.北京：人民邮电出版社，2010.

肖志翔.生态心理学思想反思［J］.太原理工大学学报（社会科学版），2004（1）.

辛自强.知识建构研究：从主义到实证［M］.北京：教育科学出版

社，2006．

辛自强．心理学研究方法［M］．北京：北京师范大学出版社，2012．

辛自强．改变现实的心理学：必要的方法论变革［J］．心理技术与应用，2017（4）．

辛自强．心理学研究方法新进展［M］．北京：北京师范大学出版社，2018．

《心理科学》编辑部．心理科学研究50题［J］．心理科学，2014（5）．

邢冬梅、毛波杰．科学论：从人类主义到后人类主义［J］．苏州大学学报（哲学社会科学版），2015（1）．

邢怀滨、陈凡．社会建构论的思想演变及其本质意含［J］．科学技术与辩证法，2002（5）．

邢润川、孔宪毅．自然科学方法论与自然科学史方法论比较［J］．科学技术哲学研究，2005（3）．

熊韦锐、于璐、葛鲁嘉．心理学中的人性论问题［J］．心理科学，2010（5）．

熊哲宏．论皮亚杰作为心理学方法论的"心理学解释"［J］．华中师范大学学报（人文社会科学版），1996（3）．

徐家宁．浅论边缘学科［J］．天津师大学报，1988（1）．

徐磊．大数据基础上的社会认知［J］．中国电子科学研究院学报，2013（1）．

许艳丽、李燕．女性主义心理学：从批判到主张［J］．中华女子学院学报，2005（2）．

薛灿灿、叶浩生．话语分析与心理学研究的对话探析［J］．心理学探新，2011（4）．

薛为昶．超越与建构：生态理念及其方法论意义［J］．东南大学学报（哲学社会科学版），2003（4）．

严国红、高新民．还原论概念的多维诠释［J］．广西社会科学，2007（8）．

严由伟．我国关于实证主义与现代西方心理学研究的综述［J］．心理科学进展，2003（4）．

颜晓峰. 论方法创新 [J]. 科学技术与辩证法, 2002 (1).

燕国材. 理论心理学 [M]. 广州: 暨南大学出版社, 2007.

燕国材. 我国古代人性论的心理学诠释 [J]. 上海师范大学学报（哲学社会科学版）, 2008 (1).

燕国材. 心理学方法论的十大关系 [J]. 上海师范大学学报（哲学社会科学版）, 2013 (1).

燕良轼、曾练平. 中国理论心理学的原创性反思 [J]. 心理科学, 2011 (5).

杨国荣. 心性之学与意义世界 [J]. 河北学刊, 2008 (1).

杨国枢、文崇一（主编）. 社会及行为科学研究的中国化 [C]. 台北: 中央研究院民族学研究所, 1982.

杨国枢. 我们为什么要建立中国人的本土心理学 [J]. 本土心理学研究, 1993 (1).

杨国枢（主编）. 本土心理学方法论 [C]. 台北: 桂冠图书公司, 1997.

杨国枢等（主编）. 社会及行为科学研究法（上册）[C]. 重庆: 重庆大学出版社, 2006.

杨国枢等（主编）. 社会及行为科学研究法（下册）[C]. 重庆: 重庆大学出版社, 2006.

杨莉萍. 范式论对于心理学研究的双重意义 [J]. 南京师大学报（社会科学版）, 2001 (3).

杨莉萍、叶浩生. 范式论与心理学中两种文化的对立 [J]. 心理科学, 2002 (1).

杨莉萍. 从跨文化心理学到文化建构主义心理学——心理学中文化意识的衍变 [J]. 心理科学进展, 2003 (2).

杨莉萍. 当代西方社会心理学的危机与文化转向 [A]. 叶浩生（主编）. 西方心理学研究新进展. 北京: 人民教育出版社, 2003.

杨莉萍. 后现代社会建构论对主客思维的超越 [J]. 自然辩证法研究, 2004 (1).

杨莉萍. 析社会建构论心理学思想的四个层面 [J]. 心理科学进展, 2004 (6).

杨莉萍．论当代心理学的方法论变革——背景、动因与走向［J］．教育研究与实验，2006（6）．

杨丽萍．心理学中话语分析的立场与方法［J］．心理科学进展，2007（3）．

杨莉萍．后现代社会建构论对心理学研究目标的质疑［J］．南京师大学报（社会科学版），2008（6）．

杨维中．论先秦儒学的心性思想的历史形成及其主题［J］．人文杂志，2001（5）．

杨文登、叶浩生．论心理学中的还原论［J］．心理学探新，2008（2）．

杨文登、丁道群．"说明"或是"理解"——试论心理学中两种方法论路线之争［J］．宁波大学学报（教育科学版），2008（3）．

杨文登、叶浩生．心理学中的生物决定论探析［J］．自然辩证法通讯，2009（1）．

杨鑫辉．中国心理学思想史［M］．南昌：江西教育出版社，1994．

杨鑫辉．略论现代心理技术学的体系建构［J］．心理科学，1999（5）．

杨鑫辉（主编）．心理学通史（第一卷）［M］．济南：山东教育出版社，2000．

杨鑫辉（主编）．中国心理学史论［M］．合肥：安徽教育出版社，2002．

杨鑫辉．中国现代心理技术学的回顾与展望［J］．宁波大学学报（教育科学版），2007（2）．

杨耀坤．论思辨［J］．湖北师范学院学报，1987（1）．

杨一铎．后人类主义：人文主义的消解和技术主义建构［J］．社会科学家，2012（11）．

杨伊生．对我国心理学研究原创性的思考［J］．内蒙古师范大学学报（哲学社会科学版），2006（2）．

杨永福等．"交叉科学"与"科学交叉"特征探析［J］．科学学研究，1997（4）．

杨玉芳．知识创新与心理学的发展［J］．心理与行为研究，2003

（1）．

杨玉芳、孙键敏．心理学的学科体系和方法论及其发展趋势［J］．中国科学院院刊，2011（6）．

杨中芳．如何研究中国人：心理学本土化论文集［C］．台北：桂冠图书公司，1997．

杨中芳．本土化心理学的研究方法［A］．华人本土心理学（上册），重庆：重庆大学出版社，2008．

姚卫群．宗教体验及其作用［J］．长春工业大学学报（社会科学版），2004（2）．

叶浩生．女权心理学及其对西方主流心理学的挑战［J］．南京师大学报（社会科学版），2000（6）．

叶浩生、郭爱妹．西方女权心理学评介［J］．心理学动态，2001（3）．

叶浩生．关于西方心理学中的多元文化论思潮［J］．心理科学，2001（6）．

叶浩生（主编）．西方心理学研究新进展［M］．北京：人民教育出版社，2003．

叶浩生．社会建构论与西方心理学的后现代取向［J］．华东师范大学学报（教育科学版），2004（1）．

叶浩生．西方心理学中的现代主义、后现代主义及其超越［J］．心理学报，2004（2）．

叶浩生．有关西方心理学中生物学化思潮的质疑与思考［J］．心理科学，2006（3）．

叶浩生．库恩范式论在心理学中的反响与应用［J］．自然辩证法研究，2006（8）．

叶浩生．社会建构论视野中的心理科学［J］．华东师范大学学报（教育科学版），2007（1）．

叶浩生．释义学与心理学的方法论变革［J］．社会科学，2007（3）．

叶浩生．科学心理学、常识心理学与质化研究［J］．南京师大学报（社会科学版），2008（4）．

叶浩生、王继瑛．质化研究：心理学研究方法的范式革命［J］．心理科学，2008（4）.

叶浩生.社会建构论及其心理学的方法论蕴含［J］.社会科学，2008（12）.

叶浩生.超越现代主义与后现代主义：走向释义学的心理学［J］.河南大学学报（社会科学版），2009（2）.

叶浩生.社会建构论与心理学理论的未来发展［J］.心理学报，2009（6）.

叶浩生.具身认知：认知心理学的新取向［J］.心理科学进展，2010（5）.

易芳、郭本禹.心理学研究的生态学取向［J］.江西社会科学，2003（11）.

易芳.生态心理学之背景探讨［J］.内蒙古师范大学学报（教育科学版），2004（12）.

易芳.生态心理学之界说［J］.心理学探新，2005（2）.

喻丰、彭凯平、郑先隽.大数据背景下的心理学：中国心理学的学科体系重构及特征［J］.科学通报，2015（5-6）.

岳天明.浅谈民族学中的主位研究和客位研究［J］.中央民族大学学报（哲学社会科学版），2005（2）.

曾点.从"科学研究纲领"到"科学研究传统"——劳丹的非本质主义哲学观［J］.自然辩证法研究，2017（3）.

曾祥炎.现代心理实验技术的发展与应用［J］.心理技术与应用，2013（1）.

翟学伟.中国社会心理学方法论初探［J］.南京大学学报（哲学·人文科学·社会科学），2005（5）.

张爱卿.试论实证论在心理学发展中的基石作用［J］.南京师大学报（社会科学版），1994（1）.

张大松（主编）.科学思维的艺术：科学思维方法论导论［M］.北京：科学出版社，2008.

张福全（主编）.心理学应用技术［M］.合肥：合肥工业大学出版社，2011.

张红川、王耘.论定量与定性研究的结合问题及其对我国心理学研究的启示［J］．北京师范大学学报（人文社科版），2001（4）．

张厚粲、余嘉元．中国的心理测量发展史［J］．心理科学，2012（3）．

张华夏、张志林．从科学与技术的划界来看技术哲学的研究纲领［J］．自然辩证法研究，2001（2）．

张铃、傅畅梅．从技术的本质到技术的价值［J］．辽宁大学学报（哲学社会科学版），2005（2）．

张玲．心理逻辑经典实验的认知思考——认知科学背景下逻辑学与心理学的融合发展［J］．自然辩证法研究，2011（11）．

张保宁．文学研究方法论读本［M］．西安：陕西师范大学出版社，2017．

张梦中等．定性研究方法总论［J］．中国行政管理，2001（11）．

张明根．交叉学科、跨学科研究及其启示［J］．国际关系学院学报，1994（1）．

张一中．心理学研究的方法论比较［J］．南京师大学报（社会科学版），1996（4）．

张一中．心理学的研究方法与应用［M］．上海：复旦大学出版社，1998．

张文军（编著）．生态学研究方法［M］．广州：中山大学出版社，2007．

张文喜．超越个体主义与整体主义的对立［J］．安徽师大学报（哲学社会科学版），1998（1）．

张永缜．共生：一个作为事实和价值相统一的哲学理念［J］．西安交通大学学报（社会科学版），2009（4）．

张永缜．共生理念的哲学维度考察［J］．辽宁师范大学学报（社会科学版），2009（5）．

张云台．人工智能及其前景的哲学思考［J］．科学技术与辩证法，1995（6）．

张再林、张云龙．试论中国古代"体知"的三个维度［J］．自然辩证法研究，2008（9）．

张掌然、张媛媛．从心理问题学的角度透视心理技术［J］．武汉大学学报（人文科学版），2008（4）.

张之沧．"后人类"进化［J］．江海学刊，2004（6）．

赵璧如（主编）．现代心理学发展中的几个基本理论问题（译文集一）［C］．北京：中国社会科学出版社，1982.

赵璧如（主编）．现代心理学的方法论和历史发展中的一些问题（译文集二）［C］．北京：中国社会科学出版社，1983.

赵国栋等．大数据时代的历史机遇——产业变革与数据科学［M］．北京：清华大学出版社，2013.

赵伶俐．量化世界观与方法论——《大数据时代》点赞与批判［J］．理论与改革，2014（6）．

赵敏俐．文学研究方法论讲义［M］．北京：学苑出版社，2011.

赵杨柯、钱秀莹．自我中心视角转换——基于自身的心理空间转换［J］．心理科学进展，2010（12）．

赵志裕、康萤仪（刘爽译）．文化社会心理学［M］．北京：中国人民大学出版社，2011.

赵志裕．跨文化心理测量：文化变量的多样性与互动关系［J］．中国社会心理学评论，2016（2）．

赵宗金．从"灵魂"到"心理"——心理学方法论与心理学研究对象的关系［J］．晋阳学刊，2007（3）．

赵仲牧．时间观念的解析及中西方传统时间观的比较［J］．思想战线，2002（5）．

郑开．道家心性论研究［J］．哲学研究，2003（8）．

郑全全、赵立、谢天．社会心理学研究方法［M］．北京：北京师范大学出版社，2010.

郑日昌、蔡永红、周益群．心理测量学［M］．北京：人民教育出版社，1998.

钟年．中文语境下的"心理"和"心理学"［J］．心理学报，2008（6）．

周宁．心理学哲学视野中的主体心理学与存在心理学［J］．学习与探索，2003（4）．

周宁、葛鲁嘉．常识话语形态的心理学［J］．辽宁师范大学学报（社会科学版），2004（1）．

周宁．"我与你"的心理学——心理学的三种话语形态［J］．南京师大学报（社会科学版），2004（4）．

周宁．当代哲学语境下心理学的新发展［J］．社会科学，2007（12）．

周明洁、张建新．心理学研究方法中"质"与"量"的整合［J］．心理科学进展，2008（1）．

周晓虹．论文化人类学对社会心理学的历史贡献［J］．社会学研究，1987（5）．

周晓虹．现代社会心理学的危机——实证主义、实验主义和个体主义批判［J］．社会学研究，1993（3）．

邹广文、赵浩．个人主义与西方文化传统［J］．求是学刊，1999（2）．

邹顺宏．物理主义：从方法到理论［J］．自然辩证法研究，2007（12）．

朱宝荣．现代心理学方法论研究［M］．上海：华东师范大学出版社，1999.

朱红文．人文精神与人文科学——人文科学方法论导论［M］．北京：中共中央党校出版社，1994.

朱红文．人文科学方法论论纲［J］．南京社会科学，1995（2）．

朱红文．社会科学方法［M］．北京：科学出版社，2002.

朱红文．社会科学方法论研究的意义和视角［J］．求索，2003（5）．

朱红文．人文科学方法论［M］．南昌：江西教育出版社，2005.

朱智贤．心理学的方法论问题［J］．心理发展与教育，1990（3）．

左璜、苏宝华．"后人类"视阈下的网络化学习［J］．现代远程教育研究，2017（2）．

二　英文文献

Adams, C. & Thompson, T. L. *Researching a Posthuman World-Interviews with Digital Objects*［M］. London：Palgrave Macmillan，2016.

Arthur, W. B. The structure of invention［J］. *Research Policy*，2007（2）．

Bachmann, T. *Microgenetic approach to the conscious mind*［M］. Amsterdam：John Benjamins Publishing，2000.

Bail, A. C. The cultural environment: measuring culture with big data [J]. *Theory and Society*, 2014 (3-4).

Balnaves, M. & Caputi, P. *Introduction to quantitative research methods – An investigative approach* [M]. London: Sage Publications, 2001.

Banerji, D. & Paranjape, M. R. *Critical Posthumanism and Planetary Futures* [M]. India: Springer, 2016.

Banister, P. and et al. *Qualitative methods in psychology: A research guide* [M]. Buckingham, UK: Open University Press, 2011.

Bechtel, W. & Abrahamsen, A. *Connectionism and the mind* [M]. Cambridge, MA.: Basil Blackwell, 1991.

Bell, A. *Debates in psychology* [M]. London: Routledge, 2002.

Bem, S. and Looren de Jone, H. *Theoretical issues in psychology: A introduction* [M]. London: Sage Publications, 2013.

Bernard, H. R. *Research methods in anthropology – Qualitative and quantitative approaches* [M]. New York: Altamira Press, 2006.

Braidotti, R. *The Posthuman* [M]. Cambridge: Polity Press, 2013.

Braun, H. I., Jackson, D. N. & Wiley, D. E. (Eds.) *The role of constructs in psychological and educational measurement* [M]. New Jersey: Lawrence Erlbaum Associates, 2002.

Bretherton, D. & Law, S. F. (Eds.) *Methodologies in peace psychology – Peace research by peaceful means* [M]. New York: Springer, 2015.

Brough, P. (Ed.) *Advanced Research Methods for Applied Psychology – Design, Analysis and Reporting* [M]. New York: Routledge, 2018.

Bryant, F. B. and et al. (Eds.) *Methodological issues in applied social psychology* [M]. New York: Springer, 1992.

Buskist, W. F. & Davis, S. F. (Eds.) *21st century psychology – A reference handbook* [M]. London: SAGE Publications, 2008.

Cabell, K. R. & Valsiner, J. V. (Eds.) *The catalyzing mind – Beyond models of causality* [M]. New York: Springer, 2014.

Camic, P. M., Rhodes, J. E. & Yardley, L. (Eds.) *Qualitative research in psychology – Expanding perspectives in methodology and design* [M].

Washington, DC: American Psychological Association, 2003.

Charmaz, K. *Grounded theory: A practical guide through qualitative analysis* [M]. London: Sage Publications Ltd., 2006.

Cole, M. *Cultural psychology* [M]. Cambridge Mass.: Harvard University Press. 1998.

Colebrook, C. *Death of the Posthuman-Essays on Extinction*1 [M]. Ann Arbor: Open Humanities Press, 2014.

Creswell, J. W. *Research design-Qualitative, quantitative, and mixed methods approaches* [M]. London: Sage Publications, 2014.

Cummins, R. *The nature of psychological explanation* [M]. Cambridge, Mass.: The MIT Press. 1983.

Dunbar, G. *Evaluating research methods in psychology-A case study approach* [M]. Oxford: BPS Blackwell, 2005.

Dunn, D. S. *Research methods for social psychology* [M]. Hoboken, NJ: John Wiley & Sons, 2013.

Eid, M. & Diener, E. (Eds.) *Handbook of multimethod measurement in psychology* [M]. Washington, DC: American Psychological Association, 2006.

Essed, P. & Schwab, G. *clones, fakes and posthuman-Culture of replication* [M]. New York: Rodopi, 2012.

Fan, W. F. & Huai, J. P. Querying big data: Bridging theory and practice [J]. *Journal of Computer Science and Technology*, 2014 (5).

Fischer, C. T. *Qualitative research methods for psychologists - Introduction through empirical studies* [M]. Boston: Academic Press, 2006.

Fisher, A. *Radical ecopsychology-Psychology in the service of life* [M]. New York: SUNY Press, 2013.

Fodor, J. A. & Pylyshyn, Z. W. Connectionism and cognitive architecture: A critical analysis [J]. *Cognition*, 1988 (3).

Fukuyama, F. *Our Posthuman Future-Consequences of the Biotechnology Revolution* [M]. New York: Farrar, Straus and Giroux, 2002.

Furr, R. M. *Scale construction and psychometrics for social and personality psychology* [M]. London: Sage Publications, 2011.

Gaj, N. *Unity and fragmentation in psychology-The philosophical and methodological roots of the discipline* [M]. London: Routledge, 2016.

Gifford, R. (Ed.) *Research methods for environmental psychology* [M]. Oxford: John Wiley & Sons, 2016.

Glaser, B. G. and Stauss, A. L. *The discovery of grounded theory: Strategies for qualitative research* [M]. New York: Aldine de Gruyter. 1967.

Glassman, W. E. & Hadad, M. *Appraoches to psychology* [M]. London: The McGraw-Hill Companies, 2008.

Gluber, H. E. and B? deker, K. (Eds.) *Creativity, psychology and the history of science* [M]. Dordrecht: Springer, 2005.

Goodwin, C. J. *Research in psychology: methods and design* [M]. Hoboken NJ: John Wiley & Sons, 2010.

Gregory, R. J. *Psychological testing - History, principles, and applications* [M]. Boston: Pearson, 2015.

Groh, A. *Research methods in indigenous contexts* [M]. Springer, 2018.

Groth-Marnat, G. *Handbook of psychological assessment* [M]. New Jersey: John Wiley and Sons, 2003.

Hackett, P. M. W. *Quantitative methods in consumer psychology-Contemporary and data-driven appraoches* [M]. New York: Routledge, 2011.

Haig, B. D. *Investigating the psychological world-Scientific method in the behavioral sciences* [M]. Cambridge MA: The MIT Press, 2014.

Haney, W. S. *Cyberculture, Cyborgs and Science Fiction-Consciousness and the Posthuman* [M]. New York: Rodopi, 2005.

Hanna, R. and Maiese, M. *Embodied mind in action* [M]. New York: Oxford University Press, 2008.

Haaris, M. *Exploring developmental psychology - Understanding theory and methods* [M]. London: Sage Publications, 2008.

Harris, P. *Designing and reporting experiments in psychology* [M]. Maidenhead UK: Open University Press, 2008.

Hayles, N. K. *How We Became Posthuman - Virtual Bodies in Cybernetics,*

Literature, and Informatics [M]. Chicago: The University of Chicago Press, 1999.

Held, B. S. *Psychology's Interpretive turn-The search for truth and agency in theoretical and philosophical psychology* [M]. Washington, DC: American Psychological Association, 2007.

Hill, D. B. & Kral, M. J. (Eds.) *About psychology-Essays at the crossroads of history, theory, and philosophy* [M]. New York: State University of New York Press, 2003.

Howell, D. C. *Statistical methods for psychology* [M]. Delmont, CA: Wadsworth, 2010.

Howitt, D & Cramer, D. *Introduction to research methods in psychology* [M]. Harlow: pearson, 2008.

Howitt, D. *Introduction to qualitative methods in psychology* [M]. Harlow: Pearson, 2010.

Howitt, D & Cramer, D. *Research methods in psychology* [M]. Harlow: pearson, 2017.

Ierodiakonou, K. & Roux, S. (Eds.) *Thought experiments in methodological and historical contexts* [M]. Leiden: Brill, 2011.

Jarvis, M. *Theoretical approaches in psychology* [M]. London: Routledge, 2000.

Jones, S. & Forshaw, M. *Research methods in psychology* [M]. Harlow: Pearson, 2012.

Kaplan, R. M. & Saccuzzzo, D. P. *Psychological testing-Principles, applications, and issues* [M]. Boston, MA: Cengage Learning, 2018.

Kar, B. R. (Ed.) *Cognition and brain development-Converging evidence from various methodologies* [M]. Washington DC: American Psychological Association, 2013.

Kim, U. Culture, science and indigenous psychologies: an integrated analysis [A]. In D. Matsumoto (Ed.). *Handbook of culture and psychology* [M]. New York: Oxford University Press, 2001.

Kim, U., Yang, K. S. and Hwang, K. K. *Indigenous and cultural psychol-*

ogy: understanding people in context [M]. New York: Springer, 2006.

King, G., Rosen, O. & Tanner, M. A. (Eds.) *Ecological inference-New methodological strategies* [M]. New York: Cambridge University Press, 2004.

Kline, P. *The new psychometrics-Science, psychology and measurement* [M]. London: Routledge, 2014.

Kline, R. B. *Beyond significance testing-Reforming data analysis methods in behavioral research* [M]. Washington, DC: American psychological association, 2004.

Kothari, C. R. *Research methodology-Methods and techniques* [M]. New Delhi: New Age International Publishers, 2004.

Kroker, A. *Exits to the Posthuman Future* [M]. Cambridge: Polity Press, 2014.

Kukla, A. *Methods of theoretical psychology* [M]. Cambridge, MA: The MIT Press, 2001.

Langdridge, D. *Introduction to research methods and data analysis in psychology* [M]. Harlow: Pearson, 2004.

Langston, W. *Research methods laboratory manual for psychology* [M]. Pacific Grove, CA: Wadsworth, 2011.

Mammen, J. *A new logical foundation for psychology* [M]. Berlin: Springer, 2017.

Marczyk, G., DeMatteo, D. & Festinger, D. *Essentials of research design and methodology* [M]. New Jersey: John Wiley & Sons, 2005.

Markus, H. R., & Kitayama, S. Culture and the self: Implications for cognition, emotion, and motivation [J]. *Psychological Review*, 1991 (2).

Martin, J., Sugarman, J. & Slaney, K. L. (Eds.) *The Wiley handbook of theoretical and philosophical psychology-Methods, approaches, and new directions for social sciences* [M]. Walden, MA: John Wiley & Sons, 2015.

Matsumoto, D. (Ed.) *The handbook of culture and psychology* [M]. New York: Oxford University Press, 2001.

Matsumoto, D. & Van de Vijver, F. J. R. (Eds.) *Cross-cultural research methods in psychology* [M]. New York: Cambridge University Press, 2011.

McGee, S. *Key research and study skills in psychology* [M]. Los Angeles: Sage, 2010.

Michell, J. *Measurement in psychology-Critical history of a methodological concept* [M]. New York: Cambridge University Press, 2004.

Miles, J. & Banyard, P. *Understanding and using statistics in psychology-A practical introduction* [M]. London: Sage Publications, 2007.

Morling, B. *Research methods in psychology: Evaluating a world of information* [M]. New York: Norton, 2015.

Murphy, G. & Murphy, L. *Asian Psychology* [M]. New York: Basic Book, 1968.

Murphy, K. R. & Davidshofer, C. O. *Psychological testing - Principles and applications* [M]. New Jersey: Pearson, 2005.

Neisser, U. The future of cognitive science: an ecological analysis [A]. In D. M. Johnson & C. Emeling (Eds.). *The future of the cognitive revolution*. New York: Oxford University Press, 1997.

Newman, I. & Benz, C. R. *Qualitative - quantitative research methodology: exploring the interactive continuum* [M]. Carbondale and Edwardsville: Southern Illinois University Press, 1998.

Ogawa, Y. & Odaki, N. *Methods of theoretical psychology* [M]. Cambridge: The MIT Press, 2001.

Papert, S. One AI or many? [J]. *Daedalus*, 1988 (1).

Paranjpe, A. C. *Theoretical psychology: the meeting of East and West* [M]. New York: Plenum, 1984.

Paranjpe, A. C., Ho, D. Y. F., & Rieber, R. W. *Asian contributions to psychology* [M]. New York: Praeger. 1988.

Parker, I. *Qualitative psychology: Introducing radical research* [M]. Maidenhead, UK: Open University Press, 2005.

Parker, I. *Revolution in psychology - Alienation to emancipation* [M]. London: Pluto Press, 2007.

Parker, I. *Psychology after discourse analysis - Concepts, methods, critique* [M]. London: Routledge, 2015.

Pedersen, P. (Ed). *Multiculturalism as a fourth force* [M]. New York: Routledge, 1999.

Pepperell, R. *The Posthuman Condition - Consciousness Beyond the Brain* [M]. Bristol: Intellect Book, 2003.

Proctor, R. W. & Capaldi, E. J. *Why science matters - Understanding the methods of psychological research* [M]. Oxford: Blackwell Publishing, 2006.

Ratner, C. *Cultural psychology and qualitative methodology: Theoretical and empirical considerations* [M]. New York: Plenum Press. 1997.

Reavey, P. (Ed.) *Visual methods in psychology - Using and interpreting images in qualitative research* [M]. New York: Psychology Press, 2011.

Rennie, D. L. Grounded theory methodology as methodological hermeneutics [J]. *Theory and Psychology*, 2000 (10).

Riso, L. P., and et al (Eds.). *Cognitive schemas and core beliefs in psychological problems: A scientist - practitioner guide* [M]. Washington, DC: American Psychological Association, 2007.

Roberts, M. C. & Ilardi, S. S. (Eds.) *Handbook of research methods in clinical psychology* [M]. Oxford: Blackwell Publishing, 2003.

Robins, R. W., Fraley, R. C. & Krueger, R. F. (Eds.) *Handbook of research methods in personality psychology* [M]. New York: The Guilford Press, 2007.

Robinson, D. N. *Consciousness and mental life* [M]. New York: Columbia University Press, 2007.

Rudman, L. A. *Implicit measures for social and personality psychology* [M]. London: Sage, 2011.

Rumelhart, D. E., McClelland, J. L. & the PDP Research Group. *Parallel*

Distributed Processing [M]. Cambridge, MA: MIT Press. 1986.

Sarkissian, H. & Wright, J. C. (Eds.) *Advances in experimental moral psychology* [M]. London: Bloomsbury Academic, 2014.

Savin-Baden, M. & Major, C. H. (Eds.) *New approaches to qualitative research-Wisdom and uncertainty* [M]. London: Routledge, 2010.

Shaughnessy, J. J., Zechmeister, E. B. & Zechmeister, J. S. *Research methods in psychology* [M]. New York: McGraw-Hill, 2015.

Schermer, V. L. *Spirit and psyche-A new paradigm for psychology, psychoanalysis and psychotherapy* [M]. London: Jessica Kingsley Publishers, 2003.

Searle, A. *Introducing research and data in psychology-A guide to methods and analysis* [M]. London: Routledge, 1999.

Seedat, M., Suffla, S. & Christie, D. J. (Eds.) *Emancipatory and participatory methodologies in peace, critical, and community psychology* [M]. Springer, 2017.

Sharon, T. *Human Nature in an Age of Biotechnology-The Case for Mediated Posthumanism* [M]. Nerthlands: Springer, 2014.

Shaughnessy, J. J., Zechmeister, E. B. & Zechmeister, J. S. *Research methods in psychology* [M]. New York: McGraw-Hill, 2015.

Shweder, R. A. *Thinking through cultures: Expeditions in cultural psychology* [M]. Cambridge, MA: Harvard University Press. 1991.

Singh, D. & Reddy, C. K. A survey on platforms for big data analytics [J]. *Journal of Big Data*, 2014 (1).

Slife, B. D., O'Grady, K. I. & Kosits, R. D. (Eds.) *The hidden worldviews of psychology's theory, research, and practice* [M]. New York: Routledge, 2017.

Smith, J. A., Harre, R., & Langenhove, L. V. (Eds.) *Rethinking methods in psychology* [M]. London: Sage Publications, 1995.

Sood, A. and Tellis, G. J. Technological evolution and radical innovation [J]. *Journal of marketing*, 2005 (3).

Sperry, R. W. Psychology's mentalist paradigm and the religion/science tention [J]. *American Psychologist*, 1988 (8).

Strauss, A. and Corbin, J. *The basics of qualitative research: Techniques and procedures for developing grounded theory* [M]. Newbury Park, CA: Sage. 1998.

Teo, T. *The critique of psychology-From Kant to postcolonial theory* [M]. New York: Springer, 2005.

Teo, T. (Ed.) *Re-envisioning theoretical psychology-Diverging ideas and practices* [M]. Cham, Switzerland: Palgrave Macmillan, 2018.

Todd, Z. and et al. (Eds.) *Mixing methods in psychology-The integration of qualitative and quantitative methods in theory and practice* [M]. New York: Psychology Press, 2004.

Toomela, A. History of methodology in psychology: Starting point, not the goal [J]. *Integrative Psychological and Behavioral Science*, 2007 (1).

Toomela, A. & Valsiner, J. (Eds.) *Methodological thinking in psychology-60 years gone astray?* [M]. Charlotte NC: Information Age Publishing, 2010.

Urbina, S. *Essentials of psychological testing* [M]. New Jersey: John Wiley & Sons, 2004.

Uttal, W. R. *Psychomythics-Sources of artifacts and misconceptions in scientific psychology* [M]. New Jersey: Lawrence Erlbaum Associates, 2003.

Valsiner, J. *From methodology to methods in human psychology* [M]. New York: Springer, 2017.

Vanderstoep, S. W. & Johnston, D. D. *Research methods for everyday life-Blending qualitative and quantitative approaches* [M]. San Francisco: John Wiley & Son, 2008.

Varela, F. J., Thompson, E., and Rosch, E. *The embodied mind: Cognitive science and human experience* [M]. Cambridge, MA.: The MIT Press, 1991.

Walter, M. & Anderson, C. *Indigenouse statistics - A quantitative research methodology* [M]. Walnut Creek, CA: Left Coast Press, 2013.

Watson, R. *Future minds-How the digital age is changing our minds, why this matters, and what we can do about it* [M]. London: Nicholas Brealey, 2010.

Weinstein, J. and Colebrook, C. (Eds.) *Posthumous Life-Theorizing beyond the Posthuman* [M]. New York: Columbia University Press, 2017.

Wertz, F. J., and et al. *Five ways of doing qualitative analysis-Phenomenological psychology, grounded theory, discourse analysis, narrative research, and intuitive inquiry* [M]. New York: Guilford Press, 2011.

Willig, C. *Introducing qualitative research in psychology-Adventures in theory and method* [M]. New York: Open University Press, 2008.

Yeh, K. H. (Ed.) *Asian indigenous psychologies in the global context* [M]. New York: Palgrave Macmillan, 2018.

后 记

在我投身于心理学的学习和研究之后，就一直希望能够读到一本中文写作的有关心理学方法论的系统性的专题教材或研究著作。但是，非常遗憾的是，几十年过去了，我却从来就没有看到过这样一部有价值和有启发的心理学方法论的中文专著。所以萌发了我自己去撰写一部有关心理学方法论的著作的想法。这种念头伴随着年龄的增长而越发强烈。

很显然，这不只是某一种或某几种具体的心理学研究方法，而是需要建立起一个总体的框架。这是一个相对漫长的时段。我曾经给研究生开设过一门心理学研究方法的课程。严格说来，这不是我的专长，我是从事理论心理学研究、本土心理学研究的学者。但是，我一直希望自己能够去补上这样的缺失。好在心理学方法论是一个相对宽广的领域，其中的内容包括了多样化的方面。当然了，我自己也没有什么研究的禁区。更何况，我希望自己的学生都能够有更为包容的研究视野。为此，我就搭建了一个有关心理学研究方法论的思想、理论、知识等的基本框架。

在中国心理学相对贫乏的历史时期之中，心理学要么就是一切引进和照搬外国心理学的成熟的研究，要么就是模仿和学习外国心理学的现成的方法。这带来了快速的学科扩张和进步，但是也带来了邯郸学步和鹦鹉学舌的种种弊端。那么问题就不在于是否有快速的引进，而在于能够有独立的探索。

心理学的方法论曾经被赋予了重要的使命。这是希望通过方法论的研究，给中国本土心理学带来根本性的改变和进步。当然，对于自己的研究来说，这从一开始就不是有关心理学方法学的探索，而是属于心理学方法论的探索。这显然要更为宏观，更为宽广，也更为理论化。而且，我是从事心理学本土化研究的，所以更为强调中国本土心理学的方法论研究，进而也就更为偏重中国本土的心理学资源的挖掘与提取。

对于我自己的心理学探索来说，我一直非常注重的是方法论的问题。实际上，无论是读书、学习、研究、授课等，方法论都是根本性的。学生甫一入学，我就反复强调好的方法论是事半功倍的。我经常问学生，你会听课吗？你会记笔记吗？你会读书吗？你会读文献吗？你会学术讨论吗？你会提有价值的问题吗？你会补充重要的内容吗？你会按照特定的尺度去评价吗？你会进行有专业学术影响力的研究吗？你会从事原始性的学术创造吗？这实际上都是方法论的问题，是学习的方法论，是读书的方法论，是讨论的方法论，是研究的方法论，是创造的方法论！甚至于，对于那些以后也会当老师的人来说，这实际上也就是教学、教导、教育的方法论。好的老师是使人终身受益的。

知识论是鱼，方法论则是渔！授人以鱼不如授人以渔，就是方法论所具有的不言而喻的价值。无论是在日常生活之中、学习生活之中、学术研究之中，还是在学术创造之中，方法论都是属于关键和核心的部分。当然了，这也并不是包打天下的和包治百病的，好的方法论加上真的去努力，还有什么不能实现或完成的呢！那么，对于心理学的研究来说，学习和掌握心理学方法论，实际上就是通向心理学创造之门的最好的路径。

我自己就是方法论的信奉者、学习者和创造者。我在日常生活之中，最重视的就是方法论。读书的方法论、听课的方法论、提问的方法论、笔记的方法论、学习的方法论、讨论的方法论、研究的方法论、评价的方法论、写作的方法论，等等，这不仅给了我自己非常好的收益，也给了我的学生非常大的帮助。因此，无论是做什么事情，从事什么活动，掌握了方法论，也就掌握了关键的枢纽。所以，从方法论入手也就成为把握的关键。这绝不是投机取巧，而恰恰就是脚踏实地。

运筹帷幄不仅仅是谋略、策划、计算，也是方法论的掌控；提纲挈领不仅仅是全局、细节、关键，也是方法论的把握，这实际上也是中心、重心、要点、基点、症结、枢纽。心理学研究和创造的好手或高手，也都是方法论的强手和旗手。因此，心理学方法论就不仅仅是心理学研究的引导，而且也应该是人的心理生活的引导，更是人的心理成长的引导。

　　心理学的探索既是心理学专业研究者的事业，也是普通人日常生活中的作为。理解人的生活、阐释人的心理、探究人的改变，普通人也可以去从事。那么，持有一种高效的方法论就是专业研究和日常生活都理所应当需要的。这实际上也是这部学术著作的基本价值。

葛鲁嘉

于吉林大学哲学社会学院心理学系

2021 年 2 月 8 日